大学物理简明教程

主　编　冷建材　张美娜　胡　涛
副主编　高兴国　许玉龙　马　慧
参　编　曹玉萍　孟　岩　左春华　张玉瑾

DAXUE WULI JIANMING JIAOCHENG

中国教育出版传媒集团
高等教育出版社·北京

内容简介

本教材参考教育部高等学校大学物理课程教学指导委员会编制的《理工科类大学物理课程教学基本要求》（2023 年版）中的核心内容进行编写，对物理学基本概念、基本规律的阐述尽量准确透彻，既作必要的数学论证，同时又尽量避免艰深的公式及数学推导，突出物理本质，力求物理图像清晰。全书共十一章，涵盖力学、热学、光学、电磁学等内容，适合在学时较少的情况下使用。

本书可作为综合性大学、师范院校、工科院校非物理学类专业的大学物理课程教材，也可供社会读者阅读。

图书在版编目（CIP）数据

大学物理简明教程 / 冷建材，张美娜，胡涛主编 ；高兴国，许玉龙，马慧副主编 . -- 北京 : 高等教育出版社，2024. 12（2025.3 重印）

ISBN 978-7-04-061851-8

Ⅰ. ①大…　Ⅱ. ①冷…　②张…　③胡…　④高…　⑤许…　⑥马…　Ⅲ. ①物理学-高等学校-教材　Ⅳ. ①O4

中国国家版本馆 CIP 数据核字（2024）第 047213 号

DAXUE WULI JIANMING JIAOCHENG

策划编辑　张琦玮　　责任编辑　张琦玮　　封面设计　李小璐　　版式设计　马　云
责任绘图　黄云燕　　责任校对　张　薇　　责任印制　刁　毅

出版发行　高等教育出版社
社　　址　北京市西城区德外大街 4 号
邮政编码　100120
印　　刷　涿州市京南印刷厂
开　　本　787 mm×1092 mm　1/16
印　　张　20
字　　数　450 千字
购书热线　010-58581118
咨询电话　400-810-0598
网　　址　http://www.hep.edu.cn
　　　　　http://www.hep.com.cn
网上订购　http://www.hepmall.com.cn
　　　　　http://www.hepmall.com
　　　　　http://www.hepmall.cn
版　　次　2024 年 12 月第 1 版
印　　次　2025 年 3 月第 3 次印刷
定　　价　40.90 元

物 料 号　61851-00

前　言

物理学是研究物质运动普遍规律及物质基本结构的基础科学。物理学是科技发展的基础，与我们的生活息息相关，因此大学物理课程是理工科学生必修的一门基础课。开设大学物理课程，一方面是为学生后续课程的学习奠定必要的物理基础，另一方面是为了使学生学会灵活运用物理学的思想和方法解决问题，培养他们严谨的科学态度以及探索真理的勇气和担当。

物理学是一门基础学科，对于理工科专业的学生而言，学会直接大量应用物理学的定律和公式解决工作中的困难和问题不是根本目的，我们更希望理工科专业的学生通过学习物理学知识、物理规律以及物理研究方法，提高自身的逻辑思维能力，分析问题、解决问题的能力并提高科学素养。我们希望对学生今后的工作和生活产生启迪。因此，本书减少了复杂的理论推导过程，增加了与实际应用以及前沿的科技技术密切相关的知识内容。

教书育人是教师的中心任务，是立身之本，因此作者在本教材中以不同的形式，用丰富的素材体现教材的育人功能，旨在培养学生的辩证唯物主义世界观和科学的思维方法，培育社会主义核心价值观、弘扬传统文化、弘扬工匠精神、倡导科学理论，培养科研精神，弘扬大国成就，激发民族自豪感。

本书由冷建材、张美娜、胡涛任主编，由高兴国、许玉龙、马慧任副主编。参加本教材编写工作的还有曹玉萍、孟岩、左春华、张玉瑾等老师。

编者在编写过程中参考和学习了国内外很多优秀的教材，在此表示衷心感谢。

编者水平有限，书中难免出现疏漏和错误，恳请读者批评指正。

编　者

2023 年 10 月

目　录

附录 / 305

第一章　质点运动学

本章资源

物理学是研究物质运动中最普遍、最基本运动形式的规律的一门学科，这些运动形式包括机械运动、分子热运动、电磁运动、原子和原子核运动以及其他微观粒子运动等。机械运动是这些运动中最简单、最常见的运动形式，其基本形式有平动和转动。在力学中，研究物体的位置随时间的变化规律的分支称为运动学。

本章讨论质点运动学，其主要内容为位置矢量、位移、速度、加速度、质点的运动方程、切向加速度、法向加速度和相对运动等。

第一节　质点运动的描述

一、质点 参考系 坐标系

1. 质点

在研究物体的机械运动时，为了便于研究和突出物体的运动特点和规律，在一般情况下，我们可以根据问题的性质和运动情况，将物体看成没有大小和形状、具有物体全部质量的点，并称其为质点。质点是实际物体经过科学抽象而形成的一个理想化模型。同一物体在不同的问题中，有时可以看成质点，有时却不能。例如，在讨论地球绕太阳的公转时，由于地球到太阳的平均距离约为地球半径的 10^4倍，所以地球上各点相对于太阳的运动可近似视为相同的，此时，可以将地球的大小忽略不计，视为质点；但在讨论地球自转时，地球就不能被当成质点。因此，将物体当成质点是有条件的、相对的。另外，是否将物体视为质点，与物体的形状和大小无关，只与物体的运动情况有关。所以，物体能否被视为质点要根据具体情况作具体分析。

在本书力学部分的各章节中，除刚体以外，都把物体视为质点处理。

下面讨论如何描述机械运动中质点的位置随时间变化的规律。

2. 参考系

在力学范围内，机械运动简称运动，是指物体空间位置的变化。宇宙中的一切物体都处于永恒的运动中，绝对静止的物体是不存在的，这就是运动的绝对性。

一个物体的空间位置及其变化，总是相对于其他物体而言的，这便是机械运动的相对性。例如，我们坐在匀速直线航行的船上，如果不看船外景物（树、岸等），往往不能确定船是否在航行。为了确定某个物体的运动，需要选择一个或几个其他物体作为参考，假定它们不动，相对于它们来描述所要讨论的物体的运动。这些为描述物体运动而选的标准物，称为**参考系**。显然，这样所描述的运动是相对于该参考系而言的。对于同一个物体的运动，选择不同的参考系，将给出不同的描述结果。这就是运动描述的相对性。因此，在描述物体的运动情况时，必须指明是对那个参考系而言的。在讨论地表物体的运动时，通常选地球为参考系。

3. 坐标系

为了把运动物体在每一时刻相对于参考系的位置定量地表示出来，需要在参考系上建立适当的**坐标系**。将坐标系的原点 O 固定在参考系上的一点，以通过原点并标有长度单位且有方向的直线作为坐标轴，并按一定的规律使坐标轴构成一个坐标系。常用的坐标系是直角坐标系，另外还有平面极坐标系、自然坐标系等。下面主要讨论上述三种坐标系。

（1）直角坐标系

在参考系上取一个固定点 O 作为坐标原点，过点 O 分别作三个相互垂直的带有方向的直线作为三个坐标轴，即 x 轴、y 轴和 z 轴，就可构成直角坐标系 $Oxyz$，如图 1-1 所示。沿三个坐标轴正方向分别取大小为单位长度的矢量 $\boldsymbol{i}$、$\boldsymbol{j}$、$\boldsymbol{k}$，称为单位矢量，分别用来表示相应坐标轴的正方向。通常采用的直角坐标系属右旋系，即当右手四指由 x 轴方向转向 y 轴方向时，竖起的大拇指则指向 z 轴的正方向。

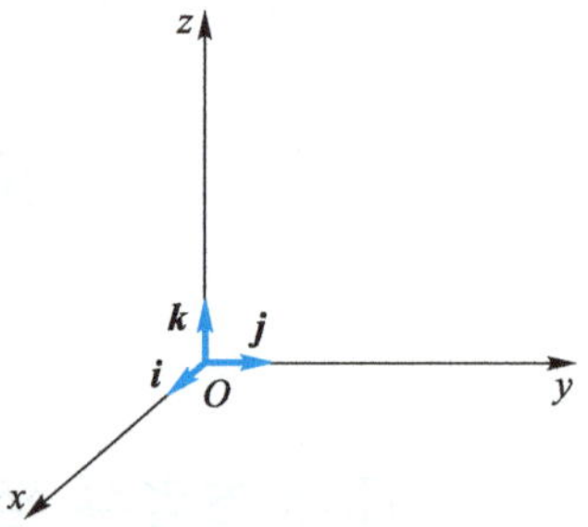

图 1-1　直角坐标系

由于坐标系与参考系是固连在一起的，所以物体相对于坐标系的运动，其实就是相对于参考系的运动。因此，建立了坐标系，就意味着也已选定了参考系。

（2）平面极坐标系

虽然直角坐标系是应用最广泛的坐标系，但是在处理如圆周运动一类的运动时，采用平面极坐标系更为简便。取参考系上一固定点 O 作为极点，过极点所作的一条固定射线 OA 称为极轴。过极轴作平面，并假定质点就在该平面内运动。假设某时刻质点处于点 P，连线 OP 称为点 P 的极径，用 ρ 表示，OP 的方向称为径向；自 OA 到 OP 所转过的角 θ 称为点 P 的极角。于是点 P 的位置可用两个量 (ρ,θ) 来表示，这两个量就称为点 P 的极坐标，如图 1-2 所示。

（3）自然坐标系

沿着质点的运动轨道所建立的坐标系称为自然坐标系。取轨道上一固定点为坐标原点，同时规定两个随着位置的变化而改变方向的单位矢量，一个是指向质点运动方向的切向单位矢量，用 $\boldsymbol{e}_t$ 表示，另一个是垂直于切向并指向轨道凹侧的法向单位矢量，用 $\boldsymbol{e}_n$ 表示。质点到原点的路程用 s 表示。

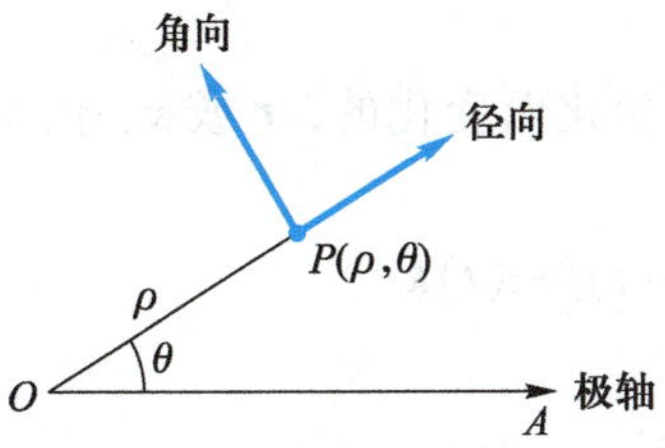

图 1-2 平面极坐标系

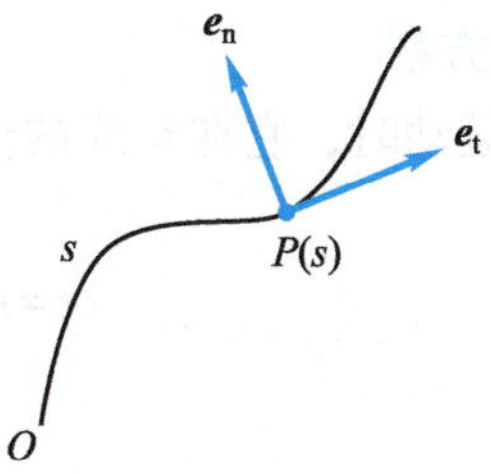

图 1-3 自然坐标系

二、时刻 时间

在物理学中，“时间”是一个重要的物理量。然而，人们很容易将时刻和时间间隔（简称时间）这两个概念混淆。例如，“火车什么时间发车?”和“火车从北京到上海多长时间?”这两句话中，“时间”的含义是完全不同的。前一句话中的“时间”指的是物理学中的“时刻”，表示火车发车那一瞬间时钟的读数。而后一句话中的“时间”指的是物理学中的“时间间隔”，表示火车从北京站发车那一瞬间时钟的读数与行驶到上海站那一瞬间时钟读数之间的间隔。

在一定坐标系中考察质点运动时，质点的位置是与时刻相对应的，质点运动所经过的路程是与时间相对应的。时间是标量，单位是秒，符号为 s，是国际单位制（SI）中的七个基本物理量之一。

三、位置矢量 运动方程

1. 位置矢量

在如图 1-4 所示的直角坐标系中，在某时刻 t，质点 P 在坐标系的位置可以用位置矢量 $\boldsymbol{r}(t)$表示。位置矢量简称位矢，它是一条有向线段，其始端位于坐标系的原点 O，末端则与质点 P 在时刻 t 的位置重合。从图 1-4 中可以看出，位矢 $\boldsymbol{r}$ 在 Ox 轴、Oy 轴、Oz 轴的投影分别为 x、y、z。所以，质点 P 在直角坐标系 $Oxyz$ 中的位置既可用 $\boldsymbol{r}$ 表示，也可用坐标 x、y 和 z 表示。这样，位矢 $\boldsymbol{r}$ 便可用沿 Ox 轴、Oy 轴、Oz 轴正向分解的三个分矢量 $x\boldsymbol{i}$、$y\boldsymbol{j}$、$z\boldsymbol{k}$ 表示，其中 $\boldsymbol{i}$、$\boldsymbol{j}$、$\boldsymbol{k}$ 分别表示沿 Ox 轴、Oy 轴、Oz 轴的单位矢量，即

$$\boldsymbol{r}=x\boldsymbol{i}+y\boldsymbol{j}+z\boldsymbol{k} \tag{1-1}$$

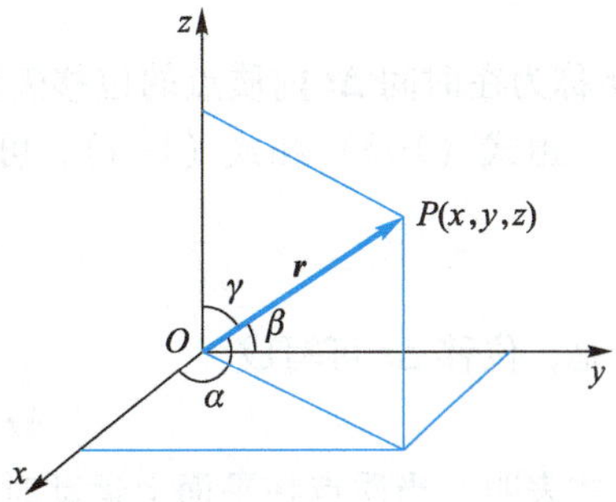

图 1-4 位置矢量

位矢 $\boldsymbol{r}$ 的大小为

$$r=|\boldsymbol{r}|=\sqrt{x^2+y^2+z^2} \tag{1-2}$$

位矢 $\boldsymbol{r}$ 的方向余弦由下式确定：

$$\cos\alpha=\frac{x}{|\boldsymbol{r}|},\quad \cos\beta=\frac{y}{|\boldsymbol{r}|},\quad \cos\gamma=\frac{z}{|\boldsymbol{r}|}$$

式中，α、β、γ 分别是 $\boldsymbol{r}$ 与 Ox 轴、Oy 轴、Oz 轴之间的夹角。

2. 运动方程

当质点运动时，它在空间的位置是随时间变化而变化的，$\boldsymbol{r}$ 或 x、y、z 都是时间的函数，即

$$\boldsymbol{r}=\boldsymbol{r}(t)=x(t)\boldsymbol{i}+y(t)\boldsymbol{j}+z(t)\boldsymbol{k} \tag{1-3}$$

或者

$$\begin{cases}x=x(t)\\y=y(t)\\z=z(t)\end{cases} \tag{1-4}$$

式（1-3）和式（1-4）都称为**质点的运动方程**，其中式（1-4）是位矢 $\boldsymbol{r}(t)$ 在 Ox 轴、Oy 轴、Oz 轴上的分量，从中消去时间 t 便可得到质点运动的轨迹方程。运动质点的轨迹是一条空间曲线。前面我们已经说过，运动的描述是相对的，对同一质点的运动来说，选择不同参考系，它的运动函数是不相同的。但对于同一质点的运动，在选定了一个参考系后，即使在不同的坐标系中其运动函数的形式不尽相同，但其运动轨迹是同一条曲线。应当指出，运动学的重要任务之一就是要找出各种具体运动所遵循的运动函数。

式（1-3）和式（1-4）还反映了运动叠加原理。物体运动的一个重要特征是独立性（或叠加性）。人们从大量事实中发现，一个运动可以看成是由几个同时进行且各自独立的运动叠加而成的。这就是运动叠加原理，或称为运动独立性原理。

运动叠加原理在日常生活和工作中随处可见，例如我们在乘坐扶梯上楼时，我们的运动就可以视为由竖直的上升运动与水平运动叠加而成的。

四、位移

在如图 1-5（a）所示的 Oxy 平面直角坐标系中，有一质点在运动时，它的位置随时间在不断地变化，设 t 时刻质点在点 A，它的位矢是 $\boldsymbol{r}_A$，经过时间 Δt 后，在 $t+\Delta t$ 时刻，质点运动到点 B，这时位矢是 $\boldsymbol{r}_B$，则在时间 Δt 内，它的位置变化可表示为

$$\Delta\boldsymbol{r}=\boldsymbol{r}_B-\boldsymbol{r}_A \tag{1-5}$$

$\Delta\boldsymbol{r}$ 称为在时间 Δt 内质点的位移矢量，简称位移。

由式（1-3）和式（1-4），可将 A、B 两点的位矢分别写成

$$\boldsymbol{r}_A=x_A\boldsymbol{i}+y_A\boldsymbol{j}$$

$$\boldsymbol{r}_B=x_B\boldsymbol{i}+y_B\boldsymbol{j}$$

于是，位移 $\Delta\boldsymbol{r}$ 可写成

$$\Delta\boldsymbol{r}=(x_B-x_A)\boldsymbol{i}+(y_B-y_A)\boldsymbol{j} \tag{1-6}$$

上式表明，当质点在平面上运动时，它的位移等于在 Ox 轴和 Oy 轴上的位移的矢量和，如图 1-5（b）所示。

若质点在三维空间中运动，则在直角坐标系 $Oxyz$ 中的位移为

$$\Delta\boldsymbol{r}=(x_B-x_A)\boldsymbol{i}+(y_B-y_A)\boldsymbol{j}+(z_B-z_A)\boldsymbol{k} \tag{1-7}$$

应当注意，位移是描述质点位置变化的物理量，而并非指质点所经历的路程。路程是指在 t 到 $t+\Delta t$ 这一段时间内，质点所经过的轨迹的长度。从图 1-5 中可看出，质

点作曲线运动从点 A 运动到点 B，所经历的路程为 Δs，而位移则是 $\Delta\boldsymbol{r}$。所以一般情况下，$|\Delta\boldsymbol{r}|\neq\Delta s$。在时间 $\Delta t\to0$ 的极限情况下，点 B 无限接近点 A，此时路程 $\mathrm{d}s$ 和位移的大小 $|\mathrm{d}\boldsymbol{r}|$ 是相等的。位移和路程的单位在国际单位制（SI）中用 m（米）、km（千米）或 mm（毫米）等来表示，时间的单位是 s（秒）、min（分）、h（小时）、d（天）或 a（年）。

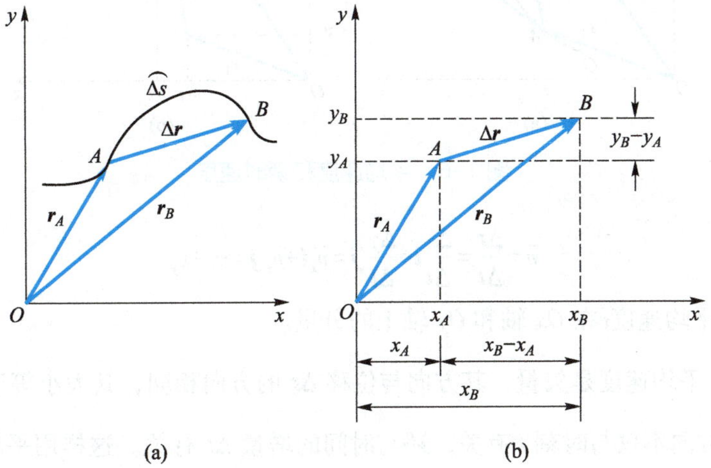

图 1-5 位移矢量

第二节 速度 加速度

一、速度

1. 速度

我们知道速度是描述质点运动快慢的物理量。在力学中，只有当质点的位矢和速度同时被确定时，其运动状态才被确定。所以，位矢和速度是描述质点运动状态的两个重要物理量。

如图 1-6 所示，一质点在平面上沿轨迹 $CABD$ 作曲线运动，在时刻 t，它处于点 A，其位矢为 $\boldsymbol{r}_1(t)$；在时刻 $t+\Delta t$，它处于点 B，其位矢为 $\boldsymbol{r}_2(t+\Delta t)$。在时间 Δt 内，质点的位移是 $\Delta\boldsymbol{r}=\boldsymbol{r}_2-\boldsymbol{r}_1$，我们定义 $\Delta\boldsymbol{r}$ 和 Δt 的比值为质点从 t 时刻起 Δt 时间内的平均速度，用 $\bar{\boldsymbol{v}}$ 表示，即

$$\bar{\boldsymbol{v}}=\frac{\Delta\boldsymbol{r}}{\Delta t} \tag{1-8}$$

考虑到

$$\Delta\boldsymbol{r}=(x_2-x_1)\boldsymbol{i}+(y_2-y_1)\boldsymbol{j}$$

平均速度可以写成

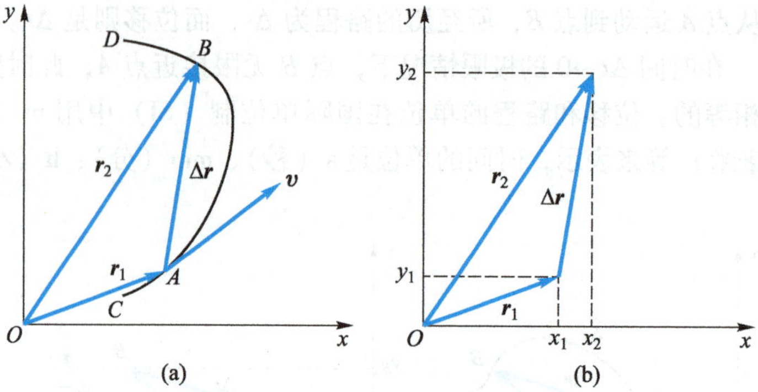

图 1-6　平均速度和瞬时速度

$$\bar{\boldsymbol{v}}=\frac{\Delta \boldsymbol{r}}{\Delta t}=\frac{\Delta x}{\Delta t}\boldsymbol{i}+\frac{\Delta y}{\Delta t}\boldsymbol{j}=\bar{v}_x\boldsymbol{i}+\bar{v}_y\boldsymbol{j}=\bar{\boldsymbol{v}}_x+\bar{\boldsymbol{v}}_y$$

其中$\bar{\boldsymbol{v}}_x$和$\bar{\boldsymbol{v}}_y$是平均速度$\bar{\boldsymbol{v}}$在 Ox 轴和 Oy 轴上的分量。

应注意，平均速度是矢量，其方向与位移 $\Delta \boldsymbol{r}$ 的方向相同，其大小等于$\frac{|\Delta \boldsymbol{r}|}{\Delta t}$。由于 $\Delta \boldsymbol{r}$ 的大小和方向不仅与时刻 t 有关，还与时间的增量 Δt 有关。这样用平均速度描述质点的运动无法精确地说明质点在某一时刻 t（或空间某点）的运动快慢程度和运动方向。

平均速率也可以用于表征质点运动的快慢，它是质点从某时刻 t 到 $t+\Delta t$ 的时间内所经过的路程 Δs 与 Δt 的比值，即

$$\bar{v}=\frac{\Delta s}{\Delta t} \tag{1-9}$$

由于一般情况下 $\Delta s\neq|\Delta \boldsymbol{r}|$，所以通常 $\bar{v}\neq|\bar{\boldsymbol{v}}|$。

2. 瞬时速度

为了精确地描述质点在某一时刻（或空间某一位置）的运动状态，令 Δt 趋于零，位移 $\Delta \boldsymbol{r}$ 也相应地趋于零，但它们的比值$\frac{\Delta \boldsymbol{r}}{\Delta t}$却趋近于某一极限值$\boldsymbol{v}$，这个值称为瞬时速度，简称速度，即

$$\boldsymbol{v}=\lim_{\Delta t\to 0}\frac{\Delta \boldsymbol{r}}{\Delta t}=\frac{\mathrm{d}\boldsymbol{r}}{\mathrm{d}t} \tag{1-10}$$

由此可知，质点在某时刻（或空间某一位置）的速度$\boldsymbol{v}$ 等于运动函数 $\boldsymbol{r}$ 对时间 t 的一阶导数。从图 1-6 中可以看到，平均速度的方向就是该段时间内位移 $\Delta \boldsymbol{r}$ 的方向，而瞬时速度的方向是平均速度的极限方向，即轨迹在该位置的切线方向，并且指向运动前方。

需要指出，某一时刻的位矢 $\boldsymbol{r}$ 和速度$\boldsymbol{v}$ 是描述质点运动状态的两个物理量。

与瞬时速度相似，瞬时速率（简称速率）的定义是：从 t 时刻起，当 Δt 趋于零时，平均速率 $\bar{v}$ 的极限值，即

$$v=\lim_{\Delta t\to 0}\bar{v}=\lim_{\Delta t\to 0}\frac{\Delta s}{\Delta t}=\frac{\mathrm{d}s}{\mathrm{d}t} \tag{1-11}$$

由于当 Δt 趋于零时，$|d\boldsymbol{r}|$ 和 ds 的值趋于相等，所以，瞬时速度的大小与同一时刻的瞬时速率相等。

如果质点在三维直角坐标系中运动，其速度为

$$\boldsymbol{v}=\frac{d\boldsymbol{r}}{dt}=\frac{dx}{dt}\boldsymbol{i}+\frac{dy}{dt}\boldsymbol{j}+\frac{dz}{dt}\boldsymbol{k} \tag{1-12}$$

并记作

$$\boldsymbol{v}=v_x\boldsymbol{i}+v_y\boldsymbol{j}+v_z\boldsymbol{k} \tag{1-13}$$

其中 $v_x=\frac{dx}{dt}$、$v_y=\frac{dy}{dt}$、$v_z=\frac{dz}{dt}$ 分别表示速度在相应的三个坐标轴 Ox、Oy、Oz 上的分量。由此，可计算速度的大小和方向（用 $\boldsymbol{v}$ 与 Ox、Oy、Oz 轴之间的夹角 α'、β'、γ' 的方向余弦表示），即

$$v=|\boldsymbol{v}|=\sqrt{v_x^2+v_y^2+v_z^2}=\sqrt{\left(\frac{dx}{dt}\right)^2+\left(\frac{dy}{dt}\right)^2+\left(\frac{dz}{dt}\right)^2} \tag{1-14}$$

及

$$\cos\alpha'=\frac{v_x}{v},\quad \cos\beta'=\frac{v_y}{v},\quad \cos\gamma'=\frac{v_z}{v}$$

在国际单位制中，速度的单位是米每秒，符号是 $m\cdot s^{-1}$。

综上所述，速度具有矢量性和瞬时性。此外，由于运动的描述还与参考系的选择有关，所以速度也具有相对性。

因为速度既指出运动物体的运动方向，又反映了物体运动的快慢程度，所以速度是运动学中描述物体运动状态的物理量。表 1-1 中择要列出了一些物体运动速度的大小。

表 1-1 一些物体运动速度的大小

名　称	速度/$(m\cdot s^{-1})$	名　称	速度/$(m\cdot s^{-1})$
高速铁路列车运行速度	约 1.0×10^2	第二宇宙速度	1.12×10^4
超声速飞机的巡航速度	3.40×10^2	第三宇宙速度	1.67×10^4
0 ℃空气分子热运动的平均速度	4.50×10^2	地球绕太阳公转的线速度	2.98×10^4
地球自转时赤道上一点的线速度	4.60×10^2	太阳绕银河系中心旋转的线速度	2.50×10^5
步枪子弹离开枪口时的速度	约 7.0×10^2	光子在真空中的速度	299792458
第一宇宙速度	7.91×10^3		

［例 1-1］设质点的运动方程为 $\boldsymbol{r}(t)=x(t)\boldsymbol{i}+y(t)\boldsymbol{j}$，其中 $x(t)=1.0t+2.0$，$y(t)=0.25t^2+2.0$，式中 x、y 的单位为 m（米），t 的单位为 s（秒）。（1）求 $t=3$ s 时的速度；（2）作出质点的运动轨迹图。

解（1）由题意可得速度分量分别为

$$v_x=\frac{dx}{dt}=1.0\ m\cdot s^{-1},\quad v_y=0.5t$$

故 $t=3\,\mathrm{s}$ 时的速度分量分别为

$$v_x=1.0\,\mathrm{m\cdot s^{-1}},\quad v_y=1.5\,\mathrm{m\cdot s^{-1}}$$

所以 $t=3\,\mathrm{s}$ 时质点的速度为

$$\boldsymbol{v}=(1.0\boldsymbol{i}+1.5\boldsymbol{j})\,\mathrm{m\cdot s^{-1}}$$

速度大小为 $v=\sqrt{1.0^2+1.5^2}\,\mathrm{m\cdot s^{-1}}=1.8\,\mathrm{m\cdot s^{-1}}$，速度 $\boldsymbol{v}$ 与 x 轴之间的夹角为

$$\theta=\arctan\frac{1.5}{1.0}=56.3°$$

（2）已知运动方程 $x(t)=1.0t+2.0$，$y(t)=0.25t^2+2.0$，联立 x、y 方向的运动方程，消去 t，即可得到轨迹方程

$$y=0.25x^2-x+3.0$$

并可作出如图 1-7 所示的质点运动轨迹图。

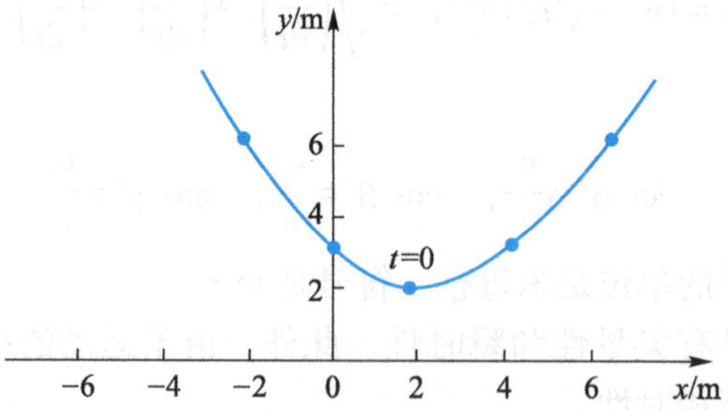

图 1-7　质点运动轨迹图

二、加速度

1. 平均加速度

一般情况下，质点在运动中的速度 $\boldsymbol{v}$ 的大小和方向都可能随时间变化，如图 1-8 所示。

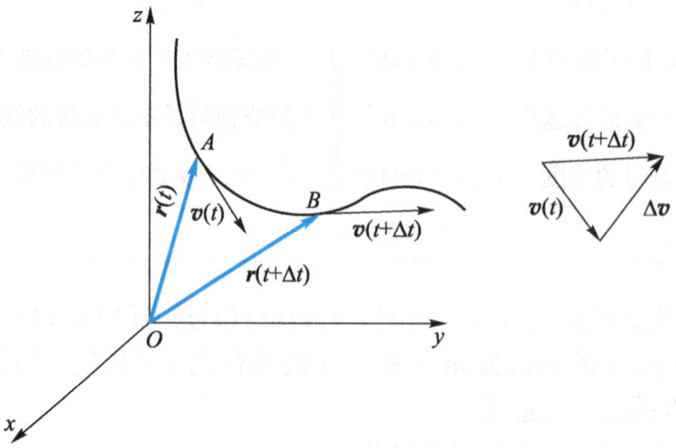

图 1-8　平均加速度和瞬时加速度

设质点在 t 时刻（点 A 处）的速度为$\boldsymbol{v}_1$，在 $t+\Delta t$ 时刻（点 B 处）速度为$\boldsymbol{v}_2$，那么，在时间间隔 Δt 内，质点速度的增量为

$$\Delta \boldsymbol{v}=\boldsymbol{v}_2-\boldsymbol{v}_1=\boldsymbol{v}(t+\Delta t)-\boldsymbol{v}(t)$$

我们定义，质点速度的增量 $\Delta \boldsymbol{v}$ 与其所经历时间 Δt 的比值称为这段时间内质点的平均加速度，即

$$\overline{\boldsymbol{a}}=\frac{\Delta \boldsymbol{v}}{\Delta t}$$

与平均速度一样，平均加速度不能精确地描述质点在任一时刻（或任一位置）的速度的变化情况。因此，需要导出瞬时加速度。

2. 瞬时加速度

质点在某时刻（或某位置）的瞬时加速度 $\boldsymbol{a}$ 等于从 t 时刻起的一段时间 Δt 趋于零时平均加速度的极限值，即

$$\boldsymbol{a}=\lim_{\Delta t\to 0}\frac{\Delta \boldsymbol{v}}{\Delta t}=\frac{\mathrm{d}\boldsymbol{v}}{\mathrm{d}t}=\frac{\mathrm{d}^2\boldsymbol{r}}{\mathrm{d}t^2} \tag{1-15}$$

可见，瞬时加速度 $\boldsymbol{a}$（简称加速度）是速度$\boldsymbol{v}$ 对时间 t 的一阶导数，也是位矢 $\boldsymbol{r}$ 对时间 t 的二阶导数。加速度是矢量，加速度的方向是当时间间隔 $\Delta t\to 0$ 时，速度增量 $\Delta \boldsymbol{v}$ 的方向。一般情况下，加速度的方向与速度方向不相同。在国际单位制中，加速度的单位是米每二次方秒，符号是 $\mathrm{m\cdot s^{-2}}$。

显然，加速度也具有矢量性、瞬时性以及相对性。

3. 直角坐标系中的加速度

在直角坐标系中，加速度可写成

$$\boldsymbol{a}=a_x\boldsymbol{i}+a_y\boldsymbol{j}+a_z\boldsymbol{k} \tag{1-16}$$

其中

$$\begin{cases} a_x=\dfrac{\mathrm{d}v_x}{\mathrm{d}t}=\dfrac{\mathrm{d}^2x}{\mathrm{d}t^2} \\ a_y=\dfrac{\mathrm{d}v_y}{\mathrm{d}t}=\dfrac{\mathrm{d}^2y}{\mathrm{d}t^2} \\ a_z=\dfrac{\mathrm{d}v_z}{\mathrm{d}t}=\dfrac{\mathrm{d}^2z}{\mathrm{d}t^2} \end{cases} \tag{1-17}$$

为加速度沿 Ox、Oy 和 Oz 三个坐标轴的分量。由此式可具体计算加速度的大小

$$a=|\boldsymbol{a}|=\sqrt{a_x^2+a_y^2+a_z^2} \tag{1-18}$$

加速度的方向亦可仿照前述，用 $\boldsymbol{a}$ 与各轴之间夹角的余弦来确定。如果已知质点的运动方程，那么，根据上述定义，就可求得速度和加速度。

［例 1-2］设质点沿 Ox 轴作匀变速直线运动，加速度不随时间变化，初位置为 x_0，初速度为$\boldsymbol{v}_0$。试用积分法求出质点的速度大小公式和运动方程。

解 由 $a_x=\dfrac{\mathrm{d}v_x}{\mathrm{d}t}$可知

$$\mathrm{d}v_x=a_x\mathrm{d}t$$

对上式两边进行积分运算（直线运动只有一个方向，下角标可以省略并将速度仅表示为大小）

$$\int dv_x = \int a_x dt$$

得到

$$v = at + C_1$$

将初始条件代入上式，确定积分常量

$$C_1 = v_0$$

所以速度公式为

$$v = v_0 + at$$

［例 1-3］湖中有一小船，岸边有人用绳子跨过离水面高 h 的滑轮拉船靠岸，如图 1-9 所示。设绳的原长为 l_0，人以匀速$\boldsymbol{v}_0$拉绳。试描述小船的运动。

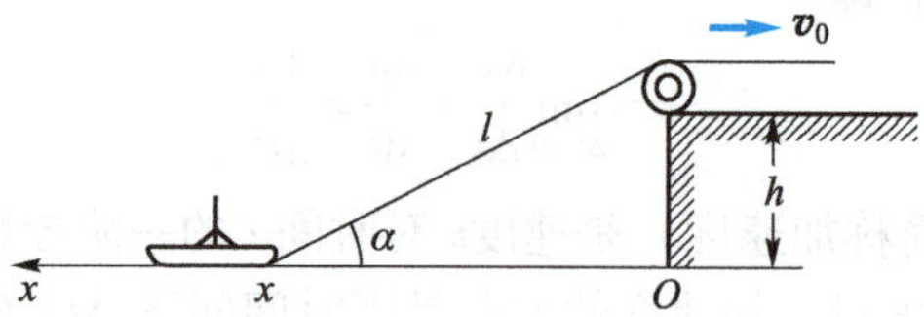

图 1-9　例 1-3 图

解　建立如图所示的直线坐标轴 Ox。根据题意，初始时刻（$t=0$）滑轮至小船的绳长是 $l=l_0-v_0t$。此刻船的位置坐标为

$$x = \sqrt{(l_0-v_0t)^2-h^2} \tag{1}$$

这就是小船的运动方程 $x=x(t)$。将式（1）对时间求导，得到小船的运动速度大小为

$$v = \frac{dx}{dt} = -\frac{(l_0-v_0t)v_0}{\sqrt{(l_0-v_0t)^2-h^2}} = -\frac{(l_0-v_0t)v_0}{x} = -\frac{v_0}{\cos\alpha} \tag{2}$$

再求速度对时间的导数，得到小船的加速度大小为

$$a = \frac{dv}{dt} = -\frac{v_0^2}{[(l_0-v_0t)^2-h^2]^{3/2}} = -\frac{v_0^2h^2}{x^3} = -\frac{v_0^2}{h}\tan^3\alpha \tag{3}$$

式（2）和式（3）中的负号说明，小船沿 Ox 轴的负方向（即向岸靠拢的方向）作变加速直线运动，离岸越近（x 越小，α 越大），加速度和速度的绝对值越大。通过这道例题，我们发现：知道了运动方程，就能把握质点运动的全过程，掌握质点的运动规律。

［例 1-4］已知质点的运动方程为 $\boldsymbol{r}(t)=A\cos\omega t\boldsymbol{i}+B\sin\omega t\boldsymbol{j}$，其中 A、B、ω 均为正的常量。求：（1）质点的速度和加速度；（2）质点的运动轨迹。

解　（1）由速度的定义，将 $\boldsymbol{r}$ 对时间求一阶导数，可得

$$\boldsymbol{v} = \frac{d\boldsymbol{r}}{dt} = \frac{d}{dt}[(A\cos\omega t)\boldsymbol{i}+(B\sin\omega t)\boldsymbol{j}] = (-A\omega\sin\omega t)\boldsymbol{i}+(B\omega\cos\omega t)\boldsymbol{j}$$

再由加速度的定义，将$\boldsymbol{v}$ 对时间求一阶导数，得

$$\boldsymbol{a} = \frac{d\boldsymbol{v}}{dt} = \frac{d}{dt}[(-A\omega\sin\omega t)\boldsymbol{i}+(B\omega\cos\omega t)\boldsymbol{j}] = -[(A\omega^2\cos\omega t)\boldsymbol{i}+(B\omega^2\sin\omega t)\boldsymbol{j}]$$

将运动方程写成参量方程

$$x=A\cos\omega t,\quad y=B\sin\omega t$$

合并上述两式，消去时间 t，即可得轨迹方程

$$\frac{x^2}{A^2}+\frac{y^2}{B^2}=1$$

运动轨迹是一个半轴分别为 A 和 B 的椭圆。

第三节 圆周运动

质点的运动轨迹是固定的圆周的运动称为圆周运动。作圆周运动的物体，位矢、速度和加速度的方向是随时间不断变化的，为了更方便地描述圆周运动，物理学中常引入角位移、角速度及角加速度等物理量。

一、描述圆周运动的物理量

1. 角位移

设质点在平面内绕点 O 作圆周运动，圆周半径为 R。而今，过圆心 O 任意作一条射线作为 x 轴（图 1-10）。如果在 t 时刻质点在点 A，位矢 $\overrightarrow{OA}$ 与 x 轴成角 θ，角 θ 称为该时刻质点的角位置。$t+\Delta t$ 时刻质点位于点 B，位矢 $\overrightarrow{OB}$ 与 x 轴成角 $\theta+\Delta\theta$，显然，在 Δt 时间内，质点相对于点 O 经过了角位移 $\Delta\theta$。对于平面圆周运动来说，角位移是一个标量，一般规定沿逆时方向转动的角位移取正值，沿顺时针方向转动的则取负值。在国际单位制中，角位移的单位是弧度，符号是 rad。

2. 角速度

为了描述质点作圆周运动的快慢程度，引入角速度这个物理量。

我们把质点从 t 时刻起、在 Δt 时间内经历的角位移 $\Delta\theta$ 与 Δt 之比定义为在 Δt 时间内质点相对于点 O 的平均角速度，即

$$\overline{\omega}=\frac{\Delta\theta}{\Delta t}$$

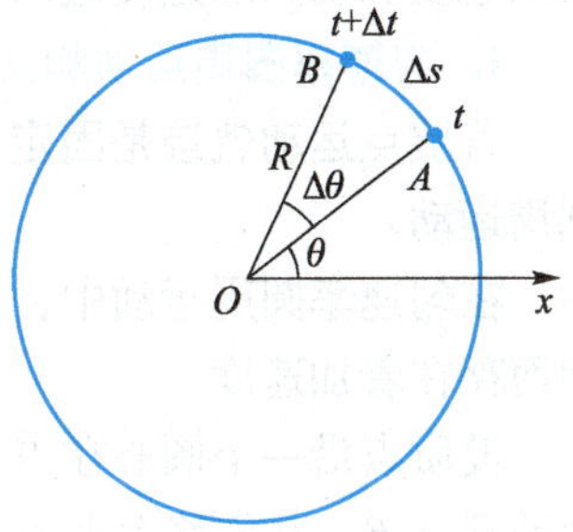

图 1-10 角位移

当 Δt 趋于零时，平均角速度的极限值称为质点在 t 时刻相对于点 O 的瞬时角速度，简称角速度，即

$$\omega=\lim_{\Delta t\to 0}\frac{\Delta\theta}{\Delta t}=\frac{d\theta}{dt} \tag{1-19}$$

在国际单位制中，角速度的单位是 $rad\cdot s^{-1}$（弧度每秒）。有时也用单位时间内质点转过的圈数来描述质点作圆周运动的快慢程度，称为转速 n，单位是 $r\cdot s^{-1}$ 或

$r \cdot min^{-1}$（转每秒或转每分）。

如果在时间 Δt 内，质点由图 1-10 上的点 A 运动到点 B，所经过的弧长为 $\Delta s = R\Delta\theta$。当 $\Delta t \to 0$ 时，$\Delta s/\Delta t$ 的极限值为

$$\frac{ds}{dt}=R\frac{d\theta}{dt}$$

而质点在点 A 的线速度大小为 $v=ds/dt$，由式（1-19）可得质点作圆周运动时速率和角速度之间的瞬时关系式为

$$v=R\omega \tag{1-20}$$

3. 角加速度

当质点的角速度随时间变化时，可用角加速度来描述角速度的变化情况。设在 t 和 $t+\Delta t$ 时刻质点的角速度分别为 ω_1 和 ω_2，则在 Δt 时间内角速度的增量为 $\Delta\omega=\omega_2-\omega_1$。我们称 $\Delta\omega$ 与 Δt 的比值为 Δt 时间内质点相对于点 O 的平均角加速度，即

$$\overline{\beta}=\frac{\Delta\omega}{\Delta t}$$

当 Δt 趋于零时，平均角加速度的极限值称为质点在 t 时刻相对于点 O 的瞬时角加速度，简称角加速度，即

$$\beta=\lim_{\Delta t\to 0}\frac{\Delta\omega}{\Delta t}=\frac{d\omega}{dt}=\frac{d^2\theta}{dt^2} \tag{1-21}$$

在国际单位制中，角加速度的单位是弧度每二次方秒，符号是 $rad \cdot s^{-2}$。

二、法向加速度和切向加速度

加速度反映速度随时间的变化情况，而速度既有方向的变化，又有大小的变化。所以，只要是两者之一有变化，就有加速度存在。那么，能否将加速度 $\boldsymbol{a}$ 分解为两部分，分别描述速度这两方面的变化呢？为此，我们将通过对圆周运动的讨论，引出法向加速度和切向加速度这两个物理量，用于描述速度在这两方面的变化。

1. 匀速率圆周运动和法向加速度

若质点运动轨迹是固定的圆周，而且速度大小保持不变，则这种运动称为匀速率圆周运动。

在匀速率圆周运动中，质点的速度大小始终保持不变，但速度方向在不断地变化，因而存在着加速度。

设质点沿一个圆心在点 O、半径为 R 的圆周运动，质点在 t 到 $t+\Delta t$ 时间内由点 A 运动到点 B，其位移大小为 $|AB|$，弧长 $\overset{\frown}{AB}$ 则是这段时间内质点经过的路程。质点的速度由 $\boldsymbol{v}_A$ 变为 $\boldsymbol{v}_B$，如图 1-11 所示。

于是由加速度定义有

$$\boldsymbol{a}=\lim_{\Delta t\to 0}\frac{\Delta\boldsymbol{v}}{\Delta t}=\lim_{\Delta t\to 0}\frac{\boldsymbol{v}_B-\boldsymbol{v}_A}{\Delta t}$$

为了求上式中的 $\Delta\boldsymbol{v}$，将 $\boldsymbol{v}_A$ 和 $\boldsymbol{v}_B$ 平移到同一点 O'，就可画出 $\Delta\boldsymbol{v}$。从图 1-11 中可见，两个等腰三角形 $\triangle OAB$ 和 $\triangle O'A'B'$ 相似，由此可得关系式

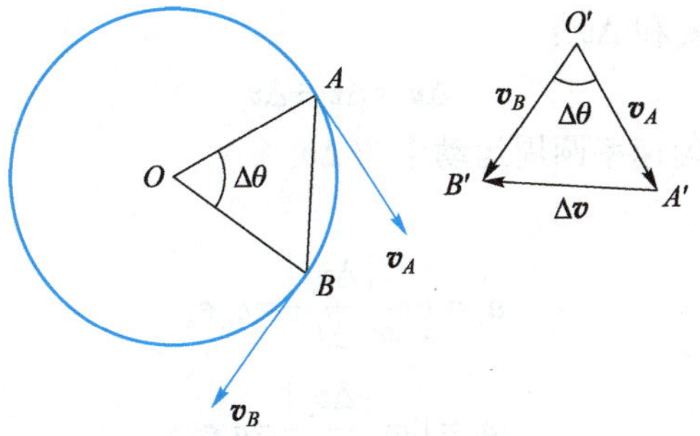

图 1-11 匀速率圆周运动

$$\frac{|\Delta \boldsymbol{v}|}{v}=\frac{|AB|}{R}$$

当时间 Δt 趋于零时，点 B 无限趋近于点 A，弦长 $|AB|$ 趋近于弧长 $\widehat{AB}$，于是，加速度大小为

$$a=\lim_{\Delta t\to 0}\frac{|\Delta \boldsymbol{v}|}{\Delta t}=\lim_{\Delta t\to 0}\frac{v}{R}\frac{|AB|}{\Delta t}=\frac{v}{R}\lim_{\Delta t\to 0}\frac{\widehat{AB}}{\Delta t}=\frac{v^2}{R} \tag{1-22}$$

加速度的方向可以这样确定：在等腰三角形 $\triangle O'A'B'$ 中，$\angle A'=\angle B'=\frac{1}{2}(180°-\Delta\theta)$，当 Δt 趋于零时，$\triangle O'A'B'$ 的顶角 $\Delta\theta$ 也趋于零，所以 $\angle A'=\angle B'=90°$，即 $\Delta \boldsymbol{v}$ 的极限位置与 $\boldsymbol{v}_A$ 垂直，而 $\boldsymbol{a}$ 的方向正是 $\Delta \boldsymbol{v}$ 在 Δt 趋于零时的方向，可见，$\boldsymbol{a}$ 的方向沿圆周的半径指向圆心，故称为向心加速度，或称为法向加速度。

上述结果表明，在匀速率圆周运动中，质点的速度大小保持不变，速度方向却随时在变，但始终沿轨迹的切线方向；质点的加速度大小亦保持不变，加速度方向却时刻在变，但始终沿半径指向圆心。法向加速度的作用就是让速度方向不断发生变化。

2. 变速率圆周运动和切向加速度

质点的速率不断变化的圆周运动称为变速率圆周运动。

设质点沿一个圆心在点 O、半径为 R 的圆周运动，在 t 到 $t+\Delta t$ 时间内，质点由点 A 运动到点 B，速度由 $\boldsymbol{v}_A$ 变为 $\boldsymbol{v}_B$（图 1-12）。

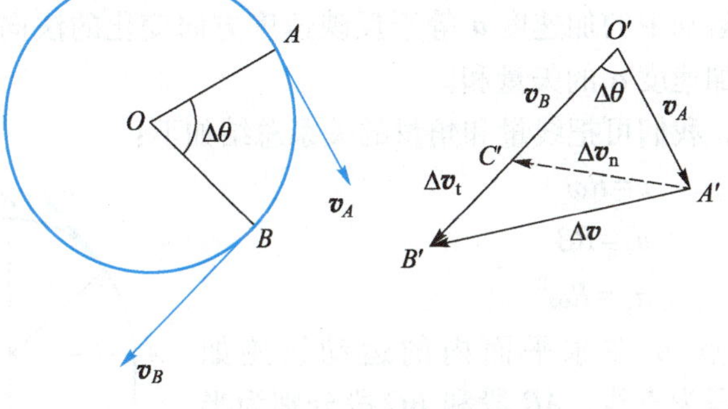

图 1-12 变速率圆周运动

我们将 $\boldsymbol{v}_A$、$\boldsymbol{v}_B$ 平移至同一点 O'，构成矢量三角形 $\triangle O'A'B'$，作出速度增量 $\Delta \boldsymbol{v}(\boldsymbol{v}_B-\boldsymbol{v}_A)$。考虑到在匀速率圆周运动中速度增量的特点，作线段 $|O'C'|=|O'A'|$，将这里的

$\Delta \boldsymbol{v}$ 分解为两个分量 $\Delta \boldsymbol{v}_n$ 和 $\Delta \boldsymbol{v}_t$：

$$\Delta \boldsymbol{v}=\Delta \boldsymbol{v}_n+\Delta \boldsymbol{v}_t$$

显然，式中 $\Delta \boldsymbol{v}_n$ 相当于匀速率圆周运动中的 $\Delta \boldsymbol{v}$。

加速度可以写成

$$\boldsymbol{a}_n=\lim_{\Delta t\to 0}\frac{|\Delta \boldsymbol{v}_n|}{\Delta t}=a_n\boldsymbol{e}_n \tag{1-23}$$

$$\boldsymbol{a}_t=\lim_{\Delta t\to 0}\frac{|\Delta \boldsymbol{v}_t|}{\Delta t}=a_t\boldsymbol{e}_t \tag{1-24}$$

$\boldsymbol{a}_n$ 就是匀速率圆周运动中的向心加速度，或称法向加速度，它的大小为 v^2/R（v 为质点在该时刻的速率），方向沿轨迹的法线方向，用单位矢量 $\boldsymbol{e}_n$ 表示，它只反映速度在方向上的变化。

当 Δt 趋于零时，$\boldsymbol{v}_B$ 的方向趋于 $\boldsymbol{v}_A$ 的方向，因为 $\Delta \boldsymbol{v}_t$ 与 $\boldsymbol{v}_B$ 的方向一致，所以 $\Delta \boldsymbol{v}_t$ 的极限方向就是 $\boldsymbol{v}_A$ 的方向，亦即 $\boldsymbol{a}_t$ 的方向与 $\boldsymbol{v}_A$ 的方向一致，沿点 A 的切线方向，用 $\boldsymbol{e}_t$ 表示轨迹切线方向的单位矢量，故称 $\boldsymbol{a}_t$ 为切向加速度。它的大小等于速率对时间的变化率，即

$$a_t=\lim_{\Delta t\to 0}\frac{\Delta v_t}{\Delta t}=\frac{dv}{dt} \tag{1-25}$$

可见，切向加速度只反映速度大小的变化。必须注意，这里 $\frac{dv}{dt}\neq\left|\frac{d\boldsymbol{v}}{dt}\right|$。

另外，由式（1-20），可得质点切向加速度与角加速度之间的关系式为

$$a_t=\frac{dv}{dt}=R\frac{d\omega}{dt}=R\beta \tag{1-26}$$

将式 $v=R\omega$ 代入式 $a_n=\frac{v^2}{R}$，可得质点法向加速度与角速度之间的关系式为

$$a_n=\frac{v^2}{R}=R\omega^2 \tag{1-27}$$

由式（1-26）和式（1-27）可知加速度为

$$\boldsymbol{a}=\boldsymbol{a}_t+\boldsymbol{a}_n=R\beta\boldsymbol{e}_t+R\omega^2\boldsymbol{e}_n \tag{1-28}$$

这样，变速率圆周运动中的加速度 $\boldsymbol{a}$ 等于反映速度方向变化的法向加速度 $\boldsymbol{a}_n$ 与反映速度大小变化的切向加速度 $\boldsymbol{a}_t$ 的矢量和。

结合上述内容，我们可把线量和角量的关系总结如下：

$$v=R\omega$$
$$a_t=R\beta$$
$$a_n=R\omega^2$$

[例 1-5] 质点 M 在水平面内的运动轨迹如图 1-13 所示：OA 段为直线，AB 段和 BC 段分别为半径不同的两个 1/4 圆周。设 $t=0$ 时 M 在点 O，其运动方程为 $s=30t+5t^2$（SI 单位）。

求：$t=2$ s 时质点 M 的切向加速度和法向加速度。

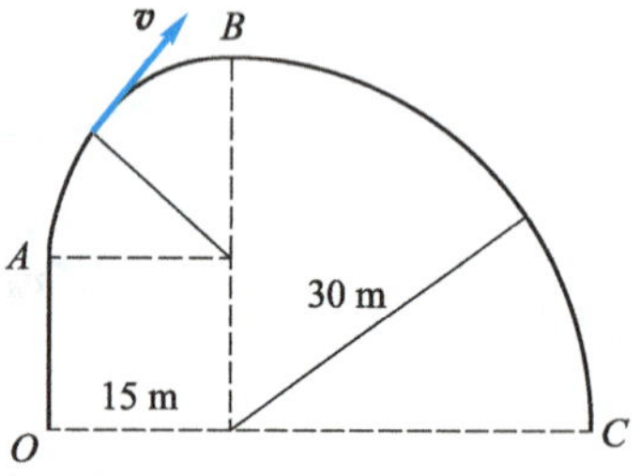

图 1-13　例 1-5 图

解 根据运动方程 $s=30t+5t^2$，可知 $t=2$ s 时 $s=80$ m，此时 M 在大圆上。

质点的瞬时速率

$$v=\frac{\mathrm{d}s}{\mathrm{d}t}=30+10t(\text{SI 单位})$$

根据 $a_t=\frac{\mathrm{d}v}{\mathrm{d}t}=\frac{\mathrm{d}^2s}{\mathrm{d}t^2}$，可知 $t=2$ s 时，$a_t=10\ \mathrm{m\cdot s^{-2}}$。

根据 $a_n=\frac{v^2}{r}$，可知 $t=2$ s 时，$a_n=83.3\ \mathrm{m\cdot s^{-2}}$。

[例 1-6] 一质点沿半径 $R=0.1$ m 的圆周运动，其运动方程为 $\theta=a+bt^3$，式中 t 以 s 计，θ 以 rad 计，$a=2$ rad，$b=4\ \mathrm{rad\cdot s^{-3}}$。问：(1) 在 $t=2$ s 时，质点的法向加速度和切向加速度各是多少？(2) 角 θ 等于多大时，质点的总加速度方向和半径成 45°角？

解 (1) 已知运动方程，通过求导可得角速度和角加速度，利用线量和角量的关系可求得法向加速度和切向加速度：

$$\omega=\frac{\mathrm{d}\theta}{\mathrm{d}t}=3bt^2,\quad \beta=\frac{\mathrm{d}\omega}{\mathrm{d}t}=6bt$$

$t=2$ s 时，

$$\omega_2=3bt^2=3\times4\times2^2\ \mathrm{rad\cdot s^{-1}}=48\ \mathrm{rad\cdot s^{-1}}$$

$$\beta_2=6bt=6\times4\times2\ \mathrm{rad\cdot s^{-2}}=48\ \mathrm{rad\cdot s^{-2}}$$

因此，法向加速度和切向加速度分别为

$$a_n=R\omega_2^2=0.1\times48^2\ \mathrm{m\cdot s^{-2}}=230.4\ \mathrm{m\cdot s^{-2}}$$

$$a_t=R\beta_2=0.1\times48\ \mathrm{m\cdot s^{-2}}=4.8\ \mathrm{m\cdot s^{-2}}$$

(2) 由上面的计算可知，β_2 与 ω_2 符号相同，质点作圆周运动的速率是随时间而增大的。题中已知 $\boldsymbol{a}$ 与半径成 45°角，则 $\boldsymbol{a}$ 与 $\boldsymbol{v}$（沿切线方向）也成 45°角。由 $\tan(\boldsymbol{a},\boldsymbol{v})=\frac{a_n}{a_t}$ 和 $\tan 45°=1$ 知 $a_n=a_t$，即

$$R\omega^2=R\beta$$

那么，令

$$(3bt^2)^2=6bt$$

得到

$$t^3=\frac{2}{3b}$$

所以

$$\theta=a+bt^3=\left(2+\frac{2}{3}\right)\ \mathrm{rad}=2.67\ \mathrm{rad}$$

三、对曲线运动的描述

任何曲线运动都可以视为由若干个半径不同的圆周运动组成的，如图 1-14 所示。

因此，对于作任意曲线运动的质点，我们仍然可以采用角位移、角速度和角加速度来描述它的运动状态。角位移、角速度及切向加速度的定义与圆周运动中的定义相同。在变速圆周运动中，反映运动质点速度方向变化快慢的法向加速度 $a_n=\frac{v^2}{R}$，这里 R 是圆周运动的半径。对于曲线运动来说，用曲率半径 ρ 代替 R 就可以得到曲线运动的法向加速度，即

$$a_n=\frac{v^2}{\rho}$$

［例 1-7］将一小球在水平面上以倾角 θ 斜抛出去，不计空气阻力，试求任意时刻小球的切向加速度和法向加速度。

解　选取如图 1-15 所示的直角坐标系，物体作抛物线运动，根据运动叠加原理，可认为物体在水平方向上作匀速直线运动，同时在竖直方向上作匀变速直线运动，加速度为 $\boldsymbol{g}$，于是有

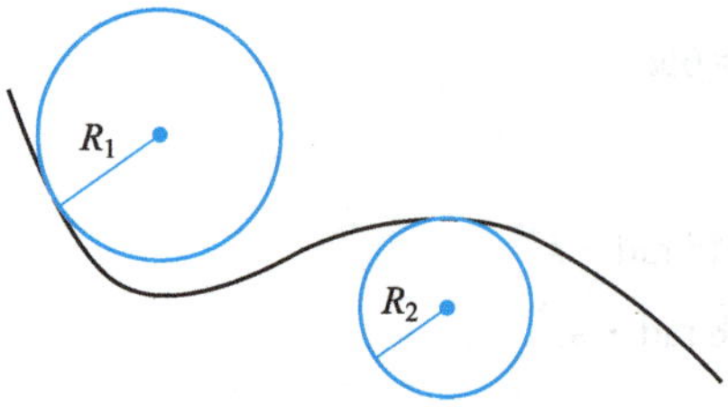

图 1-14　曲线运动

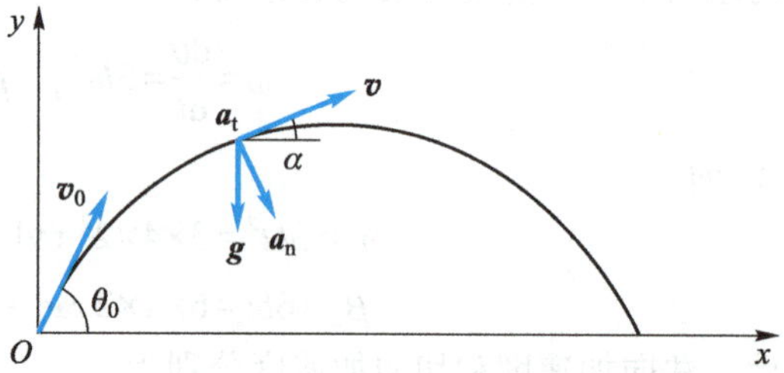

图 1-15　例 1-7 图

$$v_x=v_{0x}=v_0\cos\theta_0$$

$$v_y=v_0\sin\theta_0-gt$$

即

$$v=\sqrt{v_x^2+v_y^2}=\sqrt{v_0^2+g^2t^2-2v_0gt\sin\theta_0}$$

设速度 $\boldsymbol{v}$ 与 Ox 轴方向的夹角为 α，由图可知

$$\cos\alpha=\frac{v_x}{v}$$

$$\sin\alpha=\frac{v_y}{v}$$

以及

$$a_n=g\cos\alpha=\frac{gv_x}{v}=\frac{gv_0\cos\theta_0}{\sqrt{v_0^2+g^2t^2-2v_0gt\sin\theta_0}}$$

$$a_t=-g\sin\alpha=\frac{gv_0\sin\theta_0-g^2t}{\sqrt{v_0^2+g^2t^2-2v_0gt\sin\theta_0}}$$

第四节 相对运动

一、时间与空间

在图 1-16 中，小车以较低的速度沿水平轨道先后通过点 A 和点 B，如站在地面的人测得通过点 A 和点 B 的时间间隔为 $\Delta t=t_B-t_A$，而站在车上的人测得通过 A、B 两点的时间间隔为 $\Delta t'=t'_B-t'_A$，两者是相等的，即 $\Delta t=\Delta t'$。也就是说，在两个作相对直线运动的参考系（地面和小车）中，时间的测量是绝对的，与参考系无关。

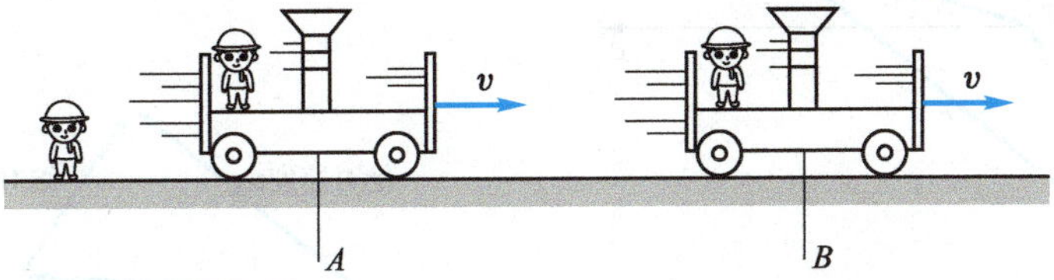

图 1-16 在低速运动时，时间和空间的测量是绝对的

同样，在地面上的人和在车上的人测得 A、B 两点之间的距离相等，都等于 $|AB|$。这也就是说，两个作相对运动的参考系中，长度的测量也是绝对的，与参考系无关。在我们的日常生活和一般的科技活动中，上述关于时间和空间量度的结论是毋庸置疑的。时间和长度的绝对性是经典力学或牛顿力学的基础，但当相对运动的速度接近于光速时，时间和空间的测量将依赖于相对运动的速度。只是由于牛顿力学所涉及物体的运动速度远小于光速，即 $v\ll c$，所以在牛顿力学范围内，才可以认为时间与空间的测量与参考系的选取无关。而在牛顿力学范围内，运动质点的位移、速度和运动轨迹则与参考系的选择有关。本节将着重讨论这方面的问题。

二、相对运动

描述某个物体的运动时，必须指明是相对于哪个参考系而言的。这是因为，即使是同一物体的运动，相对于不同的参考系，它的运动形式也可能不同。物体的运动形式随着参考系的不同而不同，这就是运动的相对性。在运动学范畴内，参考系的选择是任意的，因此我们在处理实际问题时常常需要处理参考系之间的变换问题。对于不同的参考系而言，同一个质点的位移、速度和加速度都可能不同。

如图 1-16 所示，设 S′系相对于 S 系运动，分别在参考系 S、S′内建立直角坐标系 Oxy、$O'x'y'$。在 $t=0$ 时刻，两个坐标系的原点 O、O'重合。

在 t 时刻，点 O' 相对于点 O 的位移为 $\boldsymbol{R}$。设空间一质点 P 在 t 时刻相对于 S 系的位矢为 $\boldsymbol{r}$，相对于 S′系的位矢为 $\boldsymbol{r}'$。根据运动叠加原理可知，质点 P 相对于 S 系的运动可以视为它相对于 S′系的运动与 S′系相对于 S 系的运动的合成。因此有

$$\boldsymbol{r}=\boldsymbol{r}'+\boldsymbol{R} \tag{1-29}$$

随着时间的变化，$\boldsymbol{r}$、$\boldsymbol{r}'$、$\boldsymbol{R}$ 可看成运动函数，对上式两端取时间的微分，得到

$$\boldsymbol{v}=\boldsymbol{v}'+\boldsymbol{u} \tag{1-30}$$

式中，$\boldsymbol{v}$ 和 $\boldsymbol{v}'$ 分别为质点 P 相对于 S 系和 S′系的速度，$\boldsymbol{u}$ 为 S′系相对于 S 系运动的速度。上式的物理意义是：质点相对 S 系的速度等于它相对于 S′系的速度与 S′系相对 S 系的速度的矢量和，如图 1-18 所示。

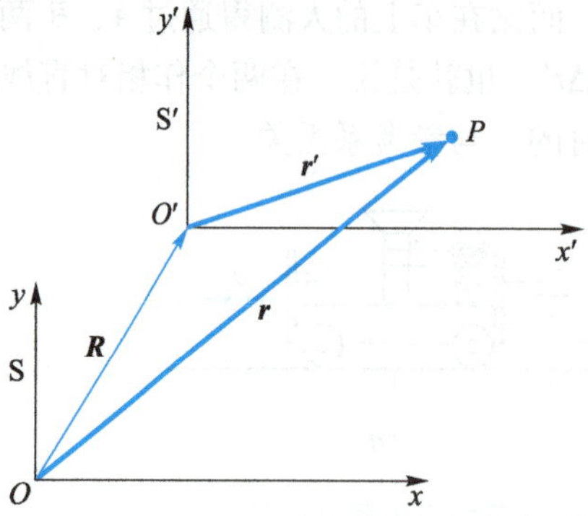

图 1-17　相对运动

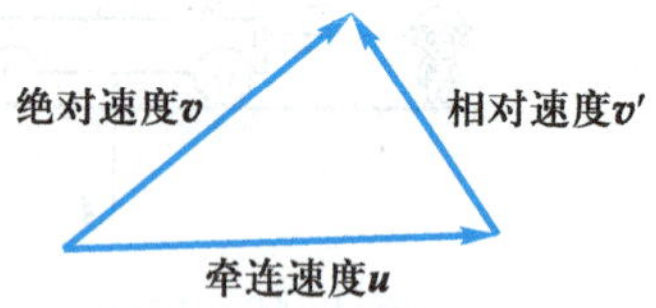

图 1-18　速度的相对性

习惯上，常把视为静止的参考系 S 系作为基本参考系，把相对 S 系运动的参考系 S′系作为运动的参考系。这样，质点相对基本参考系 S 系的速度 $\boldsymbol{v}$ 称为**绝对速度**，质点相对运动参考系 S′系的速度 $\boldsymbol{v}'$ 称为**相对速度**，而运动参考系 S′系相对基本参考系 S 系的速度 $\boldsymbol{u}$ 称为**牵连速度**。于是式（1-28）可理解为：质点相对基本参考系 S 系的绝对速度 $\boldsymbol{v}$，等于运动参考系相对基本参考系的牵连速度 $\boldsymbol{u}$ 与质点相对运动参考系的相对速度 $\boldsymbol{v}'$ 之和。

如果质点的运动速度是随时间变化的，对式（1-29）两端取时间的导数，可以得到同一个质点在两个相对运动的参考系中加速度之间的关系：

$$\frac{\mathrm{d}\boldsymbol{v}}{\mathrm{d}t}=\frac{\mathrm{d}\boldsymbol{v}'}{\mathrm{d}t}+\frac{\mathrm{d}\boldsymbol{u}}{\mathrm{d}t}$$

$$\boldsymbol{a}=\boldsymbol{a}'+\boldsymbol{a}_0 \tag{1-31}$$

在式（1-30）中，$\boldsymbol{a}$ 表示质点相对于 S 系的加速度；$\boldsymbol{a}'$ 表示质点相对于 S′系的加速度；$\boldsymbol{a}_0$ 表示参考系 S′相对于 S 系的加速度，又称为牵连加速度。

如果 S′系相对于 S 系的运动是匀速的，那么相对速度 $\boldsymbol{u}$ 应是一个常矢量，该矢量随时间的变化率

$$\boldsymbol{a}_0=\frac{\mathrm{d}\boldsymbol{u}}{\mathrm{d}t}=\boldsymbol{0}$$

此时

$$\boldsymbol{a}=\boldsymbol{a}'$$

也就是说，在两个相对静止或相对作匀速直线运动的参考系中观测同一个运动质点的加速度时，测量结果是相同的。

［例 1-8］ 如图 1-19 所示，一实验者 A 在以 $10\,\mathrm{m\cdot s^{-1}}$ 的速率沿水平轨道前进的平板车上控制一台弹射器。此弹射器以与车前进的反方向呈 60°角的方向斜向上射出一弹丸。此时站在地面上的另一实验者 B 看到弹丸竖直向上运动。求弹丸上升的高度。

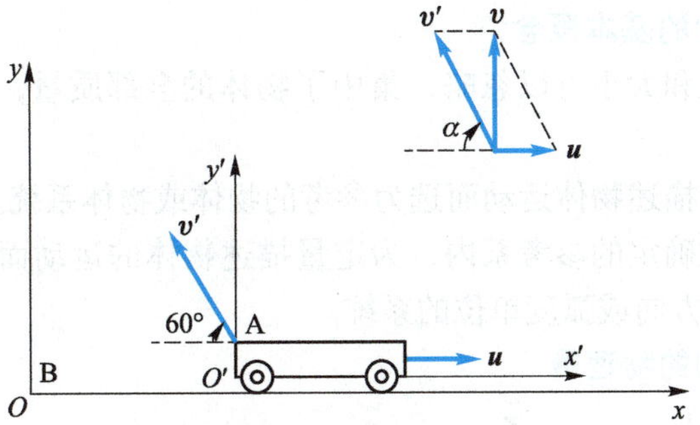

图 1-19

解 设地面参考系为 S 系，其坐标系为 Oxy，平板车参考系为 S′系，其坐标系为 $O'xy$ 且 S′系以速率 $u=10\,\mathrm{m\cdot s^{-1}}$ 沿 Ox 轴正向相对 S 系运动。由图中所选定的坐标可知，在 S 系中的实验者 A 射出弹丸的速度 v' 在 Ox'、Oy' 轴上的分量分别为 v'_x 和 v'_y。它们与抛出角的关系为

$$\tan\alpha=\frac{v'_y}{v'_x} \tag{1}$$

若以 $\boldsymbol{v}$ 代表弹丸相对 S 系的速度，那么它在 Ox、Oy 轴上的分量则分别为 v_x 和 v_y。由速度变换式（1-30）及题意可得

$$v_x=v'_x+u \tag{2}$$

$$v_y=v'_y \tag{3}$$

由于 S 系（地面）的实验者 B 看到弹丸是竖直向上运动的，故 $v_x=0$，于是由式（2），有

$$v'_x=-u=-10\,\mathrm{m\cdot s^{-1}}$$

另由式（3）和式（1）可得

$$|v_y|=|v'_y|=|v'_x\tan\alpha|=10\tan60^\circ\,\mathrm{m\cdot s^{-1}}=17.3\,\mathrm{m\cdot s^{-1}}$$

由匀变速直线运动公式可得弹丸上升的高度为

$$y=\frac{v_y^2}{2g}=15.3\,\mathrm{m}$$

小　结

1. 描述质点运动的基本概念

（1）质点：形状和大小可以忽略，集中了物体的全部质量，可以表征物体的运动特征的点。

（2）参考系：为描述物体运动而选为参考的物体或物体系统。

（3）坐标系：在确定的参考系内，为定量描述物体的运动而选定的以某一点为原点，具有长度单位、方向或弧度单位的系统。

2. 描述质点运动的物理量

位置矢量（位矢）　$\boldsymbol{r}$

运动方程　$\boldsymbol{r}=\boldsymbol{r}(t)$

位移　$\Delta\boldsymbol{r}=\boldsymbol{r}(t+\Delta t)-\boldsymbol{r}(t)$

（瞬时）速度　$\boldsymbol{v}=\dfrac{\mathrm{d}\boldsymbol{r}}{\mathrm{d}t}$

（瞬时）加速度　$\boldsymbol{a}=\dfrac{\mathrm{d}\boldsymbol{v}}{\mathrm{d}t}=\dfrac{\mathrm{d}^2\boldsymbol{r}}{\mathrm{d}t^2}$

3. 质点作圆周运动的角量描述

角位移　$\Delta\theta=\theta(t+\Delta t)-\theta(t)$

角速度　$\omega=\dfrac{\mathrm{d}\theta}{\mathrm{d}t}$

角加速度　$\beta=\dfrac{\mathrm{d}\omega}{\mathrm{d}t}$

4. 变速圆周运动的加速度

切向加速度　$a_{\mathrm{t}}=\dfrac{\mathrm{d}v}{\mathrm{d}t}=R\dfrac{\mathrm{d}\omega}{\mathrm{d}t}=R\beta$

法向加速度　$a_{\mathrm{n}}=\dfrac{v^2}{R}=R\omega^2$

$$\boldsymbol{a}=\boldsymbol{a}_{\mathrm{t}}+\boldsymbol{a}_{\mathrm{n}}=R\beta\boldsymbol{e}_{\mathrm{t}}+R\omega^2\boldsymbol{e}_{\mathrm{n}}$$

5. 相对运动

$$\boldsymbol{r}=\boldsymbol{r}'+\boldsymbol{R}$$

$$\boldsymbol{v}=\boldsymbol{v}'+\boldsymbol{u}$$

$$\boldsymbol{a}=\boldsymbol{a}'+\boldsymbol{a}_0$$

习　　题

1-1　质点作曲线运动，在时刻 t 的位矢为 $\boldsymbol{r}$，速度为 $\boldsymbol{v}$，速率为 v，t 至 $t+\Delta t$ 时间内的位移为 $\Delta\boldsymbol{r}$，路程为 Δs，位矢大小的变化量为 Δr（或称 $\Delta|\boldsymbol{r}|$），平均速度为 $\bar{\boldsymbol{v}}$，平均速率为 $\bar{v}$。

（1）根据上述情况，则必有（　　）。

（A）$|\Delta\boldsymbol{r}|=\Delta s=\Delta r$

（B）$|\Delta\boldsymbol{r}|\neq\Delta s\neq\Delta r$，当 $\Delta t\to 0$ 时有 $|\mathrm{d}\boldsymbol{r}|=\mathrm{d}s\neq\mathrm{d}r$

（C）$|\Delta\boldsymbol{r}|\neq\Delta s\neq\Delta r$，当 $\Delta t\to 0$ 时有 $|\mathrm{d}\boldsymbol{r}|=\mathrm{d}r\neq\mathrm{d}s$

（D）$|\Delta\boldsymbol{r}|=\Delta s\neq\Delta r$，当 $\Delta t\to 0$ 时有 $|\mathrm{d}\boldsymbol{r}|=\mathrm{d}r=\mathrm{d}s$

（2）根据上述情况，则必有（　　）。

（A）$|\boldsymbol{v}|=v$，$|\bar{\boldsymbol{v}}|=\bar{v}$　　（B）$|\boldsymbol{v}|\neq v$，$|\bar{\boldsymbol{v}}|\neq\bar{v}$

（C）$|\boldsymbol{v}|=v$，$|\bar{\boldsymbol{v}}|\neq\bar{v}$　　（D）$|\boldsymbol{v}|\neq v$，$|\bar{\boldsymbol{v}}|=\bar{v}$

1-2　一运动质点在某瞬间位于位矢 $\boldsymbol{r}(x,y)$ 的端点处，对其速度的大小有四种意见，分别为：

（1）$\dfrac{\mathrm{d}r}{\mathrm{d}t}$；（2）$\dfrac{\mathrm{d}\boldsymbol{r}}{\mathrm{d}t}$；（3）$\dfrac{\mathrm{d}s}{\mathrm{d}t}$；（4）$\sqrt{\left(\dfrac{\mathrm{d}x}{\mathrm{d}t}\right)^2+\left(\dfrac{\mathrm{d}y}{\mathrm{d}t}\right)^2}$

下述判断正确的是（　　）。

（A）只有（1）、（2）正确　　（B）只有（2）正确

（C）只有（2）、（3）正确　　（D）只有（3）、（4）正确

1-3　质点作曲线运动，$\boldsymbol{r}$ 表示位置矢量，$\boldsymbol{v}$ 表示速度，$\boldsymbol{a}$ 表示加速度，s 表示路程，$\boldsymbol{a}_t$ 表示切向加速度，有以下表达式：

（1）$\dfrac{\mathrm{d}v}{\mathrm{d}t}=a$；（2）$\dfrac{\mathrm{d}r}{\mathrm{d}t}=v$；（3）$\dfrac{\mathrm{d}s}{\mathrm{d}t}=v$；（4）$\left|\dfrac{\mathrm{d}\boldsymbol{v}}{\mathrm{d}t}\right|=a_t$

下述判断正确的是（　　）。

（A）只有（1）、（4）是对的　　（B）只有（2）、（4）是对的

（C）只有（2）是对的　　（D）只有（3）是对的

1-4　一个质点在作圆周运动时，有（　　）。

（A）切向加速度一定改变，法向加速度也改变

（B）切向加速度可能不变，法向加速度一定改变

（C）切向加速度可能不变，法向加速度不变

（D）切向加速度一定改变，法向加速度不变

1-5　已知质点沿 x 轴作直线运动，其运动方程为 $x=2+6t^2-2t^3$，式中 x 的单位为 m，t 的单位为 s，求：（1）质点在运动开始后 4.0 s 内的位移的大小；（2）质点在该时间内所通过的路程；（3）$t=4$ s 时质点的速度和加速度。

1-6 一质点沿 x 轴方向作直线运动，其速度与时间的关系如图所示。设 $t=0$ 时，$x=0$。试根据已知的 $v-t$ 图，画出 $a-t$ 图以及 $x-t$ 图。

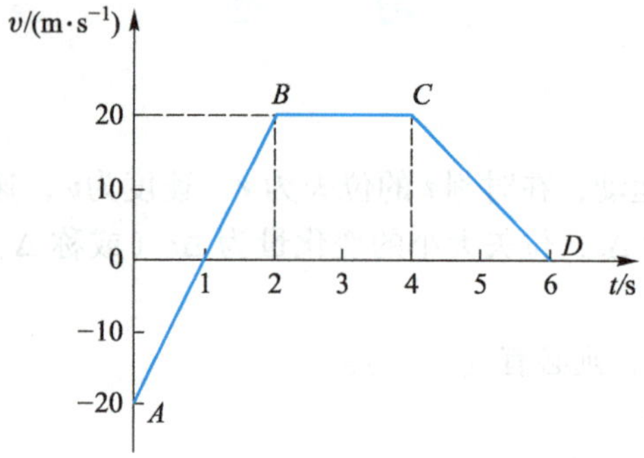

习题 1-6 图

1-7 质点的运动方程 $\boldsymbol{r}=2t\boldsymbol{i}+(2-t^2)\boldsymbol{j}$，式中 r 的单位为 m，t 的单位为 s。求：(1) 质点的轨迹；(2) $t=0$ 及 $t=2$ s 时，质点的位矢；(3) $t=0$ 到 $t=2$ s 内质点的位移 $\Delta\boldsymbol{r}$ 和径向增量 Δr；(4) 2 s 内质点所走过的路程 s。

1-8 一升降机以加速度 1.22 m · s^{-2} 上升，当上升速度为 2.44 m · s^{-1} 时，有一螺丝从升降机的天花板上松脱，天花板与升降机的底面相距 2.74 m。计算：(1) 螺丝从天花板落到底面所需要的时间；(2) 螺丝相对升降机外柱子的下降距离。

1-9 设一辆动车有 9 节长度相等的车厢，如动车匀加速地从站台处驶出，一观察者站在第一节车厢的最前端，他测到第一节车厢驶过他的时间是 4.0 s，问第 9 节车厢驶过他时用时多少？

1-10 一质点具有恒定加速度 $\boldsymbol{a}=(6\boldsymbol{i}+4\boldsymbol{j})$ m · s^{-2}。在 $t=0$ 时，其速度为零，位置矢量 $\boldsymbol{r}_0=(10\text{ m})\boldsymbol{i}$。求：(1) 在任意时刻的速度和位置矢量；(2) 质点在 Oxy 平面上的轨迹方程。

1-11 一石子从空中由静止下落，由于空气阻力，石子并非作自由落体运动，现已知加速度大小 $a=A-Bv$，式中，A、B 为常量。试求石子的速度和运动方程。

1-12 一质点沿 x 轴运动，其加速度 a 与位置坐标 x 的关系为 $a=6+2x^2$，式中 a 的单位为 m · s^{-2}，x 的单位为 m。如果质点在原点处的速度为零，试求其在任意位置处的速度。

1-13 质点在 Oxy 平面内运动，其运动方程为 $\boldsymbol{r}=2.0t\boldsymbol{i}+(19.0-2.0t^2)\boldsymbol{j}$，式中 r 的单位为 m，t 的单位为 s。求：(1) 质点的轨迹方程；(2) 在 $t_1=1.0$ s 到 $t_2=2.0$ s 时间内的平均速度；(3) $t_1=1.0$ s 时的速度、切向速度和法向速度；(4) $t=1.0$ s 时质点所在处轨迹的曲率半径 ρ。

1-14 一质点在半径为 0.10 m 的圆周上运动，其角位置为 $\theta=2+4t^3$，式中，θ 的单位为 rad，t 的单位为 s。(1) 求在 $t=2.0$ s 时质点的法向加速度和切向加速度；(2) 当切向加速度的大小恰等于总加速度大小的一半时，θ 值为多少？(3) t 为多少时，法向加速度和切向加速度的值相等？

1-15 一无风的下雨天，一列火车以 $v_1=20.0$ m · s^{-1} 的速度匀速前进，在车内的旅客看见玻璃外的雨滴沿和竖直线成 75°角的方向下降，求雨滴下落的速度 v_2。（设下落的雨滴作匀速运动。）

1-16 一人能在静水中以 $1.10\ \mathrm{m\cdot s^{-1}}$ 的速度划船前进。今此人欲横渡一宽为 $1.00\times10^3\ \mathrm{m}$、水流速度为 $0.55\ \mathrm{m\cdot s^{-1}}$ 的大河，(1) 他若要从出发点横渡该河而到达正对岸的一点，那么该如何确定划行方向？到达正对岸需要多长时间？(2) 如果希望用最短的时间过河，应如何确定划行方向？船到达对岸的位置在什么地方？

习题答案

第二章　质点动力学

本章资源

上一章我们研究了质点运动学，用位置矢量、位移、速度、加速度来描述物体的运动以及运动状态的变化。力是使物体运动状态发生改变的原因，研究物体运动与力的关系的理论称为动力学。动力学的研究对象是运动速度远小于光速的宏观物体。动力学的基础定律是牛顿归纳提出的牛顿运动三定律，只要知道作用于物体上的力，用牛顿运动定律就可以研究不同时刻物体的运动状态。如果力持续作用了一段距离或者一段时间，我们就要考虑力对空间和时间的累积作用，在这两种累积作用下，物体的动能、动量或者能量就要发生变化或转移。本章的主要内容有牛顿运动定律及其应用，功和动能定理，保守力、非保守力、势能的概念，机械能守恒定律，能量守恒定律，动量定理和动量守恒定律等。

第一节　牛顿运动定律

一、牛顿第一定律

古希腊哲学家亚里士多德（公元前384—公元前322）认为，要使物体以某一速度作匀速运动，必须有力对它作用。人们的确看到，在水平面上运动的物体最后都要趋于静止，从地面上抛出的石子最终都要落回地面。这个观点一直被许多哲学家和物理学家所接受。直到17世纪，意大利物理学家和天文学家伽利略从实验中总结出，在没有摩擦力的情况下，如果没有外力作用，物体将以恒定的速度运动下去。物体沿水平面滑动趋于静止是由于有摩擦力作用在物体上。力不是维持物体运动的原因，而是使物体运动状态发生改变的原因。

牛顿继承发展了伽利略的观点，于1687年在他的名著《自然哲学的数学原理》一书中写道：**任何物体都要保持其静止或匀速直线运动状态，直到外力作用于它，迫使它改变运动状态**。这就是**牛顿第一定律**。

从牛顿第一定律可看出，物体在不受外力作用时，将保持静止或匀速直线运动状态，保持原有的运动状态不变是物体自身的特性，这种特性称为惯性，所以牛顿第一定律又被称为**惯性定律**。质量越大，物体运动状态越不容易改变，越容易保持原来的运动状态；质量越大，惯性越大，质量是物体惯性大小的量度。

任何物体的运动都是相对某个参考系而言的，如果在这个参考系中的物体在不受力的情况下保持静止或匀速直线运动状态，这个参考系就称为**惯性系**。若某参考系相对惯性系作加速运动，则这个参考系就是**非惯性系**。例如在平直轨道上静止或者匀速运动的火车可视为惯性系，而加速运动的火车就是非惯性系。

二、牛顿第二定律

物体的质量 m 与其运动速度 $\boldsymbol{v}$ 的乘积称为物体的动量，用 $\boldsymbol{p}$ 表示，即

$$\boldsymbol{p}=m\boldsymbol{v} \tag{2-1}$$

动量 $\boldsymbol{p}$ 也是一个矢量，其方向与速度的方向相同，动量也是描述物体运动状态的量，且运用更为广泛。当不为零的合外力作用于物体时，物体的动量就要发生改变。

牛顿第二定律指出，**动量为 $\boldsymbol{p}$ 的物体，在合外力 $\boldsymbol{F}$ 的作用下，其动量随时间的变化率等于作用于物体的合力**，即

$$\boldsymbol{F}=\frac{\mathrm{d}\boldsymbol{p}}{\mathrm{d}t}=\frac{\mathrm{d}(m\boldsymbol{v})}{\mathrm{d}t} \tag{2-2}$$

当物体的运动速度 $\boldsymbol{v}$ 远小于光速 c 时，质量为常量，上式可写成

$$\boldsymbol{F}=\frac{\mathrm{d}\boldsymbol{p}}{\mathrm{d}t}=m\frac{\mathrm{d}\boldsymbol{v}}{\mathrm{d}t}=m\boldsymbol{a} \tag{2-3}$$

式（2-2）、式（2-3）都是牛顿第二定律的数学表达式。式（2-2）阐明了作用于物体的外力与物体动量变化的关系。式（2-3）为更被普遍认知的牛顿第二定律，即物体受到外力作用时，物体获得的加速度的大小与合外力大小成正比，与物体质量成反比，加速度的方向与合外力方向相同。

应用牛顿第二定律解决问题时必须注意以下几点：

（1）牛顿第二定律只适用于质点运动。

（2）牛顿第二定律所表示的合力与加速度之间的关系是瞬时对应的关系。

（3）当几个力同时作用于物体时，其合力 $\boldsymbol{F}$ 所产生的加速度 $\boldsymbol{a}$，等于各个力单独作用时所产生加速度的矢量和，这就是**力的叠加原理**，根据力的叠加原理，可以将牛顿第二定律的矢量式（2-3）在直角坐标系 $Oxyz$ 中分解成三个分量式，即

$$\begin{cases}\sum \boldsymbol{F}_{ix}=m\boldsymbol{a}_x\\ \sum \boldsymbol{F}_{iy}=m\boldsymbol{a}_y\\ \sum \boldsymbol{F}_{iz}=m\boldsymbol{a}_z\end{cases} \tag{2-4}$$

质点在平面上作曲线运动时，取如图 2-1 所示的自然坐标系，$\boldsymbol{e}_n$ 为法向单位矢量，$\boldsymbol{e}_t$ 为切向单位矢量。质点在点 A 的加速度 $\boldsymbol{a}$ 在自然坐标系的两个相互垂直方向上的分矢量为 $\boldsymbol{a}_t$ 和 $\boldsymbol{a}_n$，如果 A 处的曲率半径为 ρ，则质点在平面上作曲线运动时，在自然坐标系中牛顿第二定律可写成

$$F = ma = m(a_t + a_n) = m\frac{dv}{dt}e_t + m\frac{v^2}{\rho}e_n$$

写成分量形式，为

$$\begin{cases} F_t = ma_t = m\dfrac{dv}{dt}e_t \\ F_n = ma_n = m\dfrac{v^2}{\rho}e_n \end{cases} \tag{2-5}$$

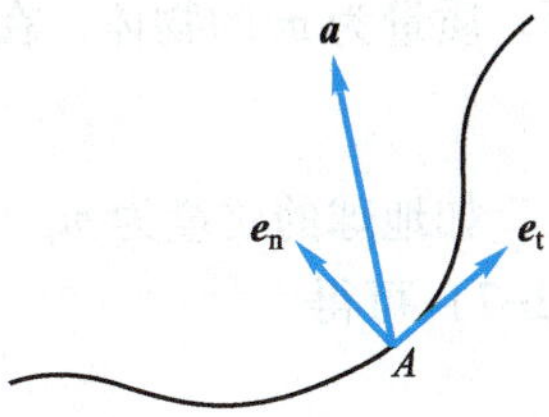

图 2-1 自然坐标系中的加速度

F_t称为切向力，F_n称为法向力（或向心力），a_t和a_n分别为切向加速度和法向加速度。

三、牛顿第三定律

牛顿第三定律的内容是：**两个物体之间的作用力 F 和反作用力 F'，大小相等，方向相反，沿同一直线，分别作用在两个物体上。**

运用牛顿第三定律分析物体受力情况时需注意：作用力和反作用力同时产生，同时消失，不能孤立地存在，并分别作用在两个物体上，它们属于同种性质的力。

四、几种常见的力

在解决问题时，对物体进行受力分析是非常重要的。在力学中常见的力有万有引力、重力、弹性力、摩擦力等，它们是不同性质的力。下面我们介绍这几种力。

1. 万有引力

17 世纪初，德国天文学家开普勒（J. Kepler，1571—1630）提出了行星绕太阳沿椭圆轨道运动的开普勒定律。牛顿继承了前人的研究成果，通过深入研究，提出了著名的万有引力定律。星体之间、地球与地球表面附近的物体之间以及所有物体与物体之间都存在一种相互吸引的力，称为**万有引力**。万有引力定律可表述为：**在相距为 r，质量分别为 m_1、m_2的两质点间存在万有引力，其方向沿着它们的连线，其大小与它们质量的乘积成正比，与它们之间距离的平方成反比。**数学表达式为

$$F = -G\frac{m_1 m_2}{r^2}e_r \tag{2-6}$$

式中，G 为一普适常量，称为引力常量。其值可由实验测定，一般计算时取 $G = 6.67\times 10^{-11}\ \mathrm{N\cdot m^2\cdot kg^{-2}}$。$e_r$为由 m_1指向 m_2的单位矢量，上式中的负号表示 m_1施于 m_2的万有引力的方向始终与位矢的单位矢量 e_r的方向相反。

万有引力定律指出，两质点间的引力与它们之间距离的平方成反比，而与质点周围的介质无关。具有引力作用的两个质点不需要相互接触，20 世纪爱因斯坦在引力理论中明确指出，任何物体周围都存在引力场，处在引力场中的物体都将受到引力作用，引力是依赖于引力场来传递的，且传递速度为光速。

2. 重力

通常把地球对地面附近物体的万有引力称为**重力**，用符号 P 表示，其方向竖直向

下。质量为 m 的物体，在重力作用下获得的加速度为 $\boldsymbol{g}$，根据牛顿第二定律，

$$\boldsymbol{P}=m\boldsymbol{g} \tag{2-7}$$

如地球的质量为 m_e，半径为 R_e，物体在地面附近高度为 h 处，由式（2-6）和式（2-7）可得

$$g=\frac{Gm_e}{(R_e+h)^2}$$

在地球表面附近，物体与地球中心的距离 $r=R_e+h$ 与地球的半径 R_e 相差很小，所以上式可写成

$$g=\frac{Gm_e}{R_e^2} \tag{2-8}$$

已知 $G=6.67\times10^{-11}\ \mathrm{N\cdot m^2\cdot kg^{-2}}$，$m_e=5.97\times10^{24}\ \mathrm{kg}$，$R_e=6.37\times10^6\ \mathrm{m}$，代入式（2-8）可得，$g=9.81\ \mathrm{m\cdot s^{-2}}$，计算时一般取 $9.8\ \mathrm{m\cdot s^{-2}}$。

若考虑地球自转的影响，地球表面附近物体的 g 略有不同，两极处 g 最大，赤道处 g 最小。

3. 弹性力

物体在外力作用下因为发生形变而产生的想要恢复原来形状的力称为弹性力。常见的弹性力有：弹簧被拉伸或压缩时产生的弹簧弹性力、物体间相互挤压而引起的弹性力、绳索被拉紧时所产生的张力、重物放在支撑面上时产生的作用在支撑面上的正压力和支撑面作用在物体上的支持力等。

弹簧在外力作用下发生形变，弹簧反抗形变而对施力物体有力的作用，这个力就是弹簧的弹性力。如图 2-2 所示，把弹簧的一端固定，另一端连接一个放在水平面上的物体，取弹簧为原长时物体的位置（平衡位置）为坐标原点 O，弹簧伸长方向为 x 轴正方向，实验表明，在弹性范围内，弹性力可以表示为

$$\boldsymbol{F}=-k\boldsymbol{x} \tag{2-9}$$

式中，$\boldsymbol{x}$ 为物体相对于平衡位置的位移，位移大小即弹簧的伸长或压缩量；比例系数 k 称为弹簧的弹性系数；负号表示弹性力方向与位移方向相反。

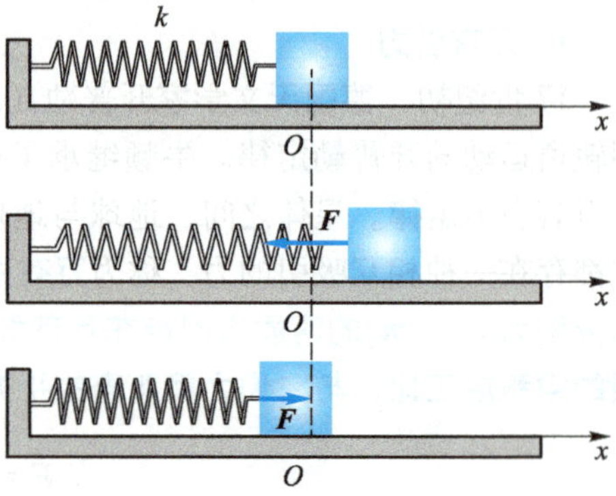

图 2-2　弹簧的弹性力

4. 摩擦力

将一物体放在一支撑面上，用不太大的外力推此物体，物体相对支撑面有滑动的趋势但没有滑动，在二者接触面上便产生阻碍相对滑动的力，这个力称为静摩擦力 $\boldsymbol{F}_{f0}$。静摩擦力方向与相对运动趋势方向相反，随着外力的增大，静摩擦力也相应增大，直到增大到某一值时，物体将开始滑动，此时的静摩擦力称为**最大静摩擦力** $\boldsymbol{F}_{f0,\max}$。实验表明，最大静摩擦力的大小与物体的正压力 $\boldsymbol{F}_N$ 的大小成正比，即

$$F_{f0,\max}=\mu_0 F_N$$

μ_0称为**静摩擦系数**。静摩擦系数与两接触面的材料性质以及接触面的粗糙程度、干湿状况有关。

静摩擦力的大小介于零与最大静摩擦力之间，即

$$0<F_{f0}\leqslant F_{f0,max}$$

物体在平面上滑动时所受的摩擦力称为**滑动摩擦力**，其方向总是与物体相对运动方向相反，其大小也与物体的正压力成正比，即

$$F_f=\mu F_N \tag{2-10}$$

μ 称为滑动摩擦系数，通常它比静摩擦系数稍小一些，在一般计算时，如不特别说明，静摩擦系数与滑动摩擦系数近似相等，统称为摩擦系数。

第二节 牛顿运动定律应用举例

牛顿运动定律是力学基本定律，它在实践中有着广泛的应用。本节通过举例说明如何应用牛顿运动定律分析问题和解决问题。求解质点动力学问题的方法一般分为两类。一类是已知物体的受力情况，由牛顿运动定律来求其运动情况；另一类是已知物体的运动情况，求作用于物体上的力。

在应用牛顿第二定律时，首先要正确地分析运动物体的受力情况，画出受力分析图，画受力分析图时，有时需要把几个物体当作一个整体来受力分析，这种方法叫整体法；有时要把所研究的物体从与之相联系的其他物体中“隔离”出来，这种方法叫隔离法。整体法、隔离法都是分析物体受力的有效方法，应熟练掌握。

画出受力分析图后，还要根据题意选择合适的坐标系，然后列出运动方程，求解运动方程。解题时先用物理量符号列出方程，再代入已知数据进行运算，这样既清晰又简单明了。

[例 2-1] 阿特伍德（Atwood）机。

（1）如图 2-3 所示，一根细绳跨过定滑轮，在细绳两侧各悬挂质量分别为 m_1和 m_2的物体，且 $m_1>m_2$，滑轮的质量与细绳的质量均忽略不计，滑轮与细绳间无滑动以及轮轴的摩擦力略去不计，求重物释放后，物体的加速度和细绳的张力。

（2）若将上述装置固定在电梯顶部，当电梯以加速度 $\boldsymbol{a}$ 相对地面竖直向上运动时，求两物体相对电梯的加速度和细绳的张力。

解 （1）选取地面为惯性参考系，受力分析如图 2-3 所示，忽略细绳和滑轮质量，细绳对两物体的拉力 F_T相等。

把整个系统视为一个整体，利用牛顿第二定律得

$$m_1g-m_2g=(m_1+m_2)a \tag{1}$$

隔离 m_1，运用牛顿第二定律得

$$m_1g-F_T=m_1a \tag{2}$$

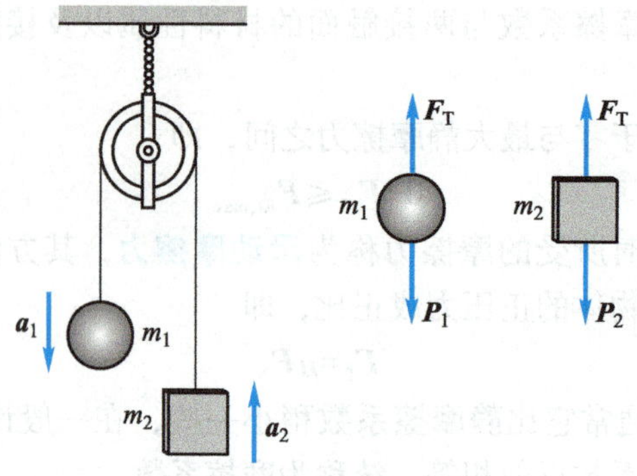

图 2-3 阿特伍德机

隔离 m_2，运用牛顿第二定律得

$$F_T - m_2 g = m_2 a \tag{3}$$

任取两式即可得到方程组，可解得

$$a = \frac{m_1 - m_2}{m_1 + m_2} g$$

$$F_T = \frac{2m_1 m_2}{m_1 + m_2} g$$

（2）仍选地面为参考系，如图 2-4 所示，电梯相对地面加速度为 $\boldsymbol{a}$，$\boldsymbol{a}_r$为物体相对电梯的加速度。物体 1 相对地面的加速度为 $\boldsymbol{a}_1 = \boldsymbol{a}_r - \boldsymbol{a}$，物体 2 相对地面的加速度为 $\boldsymbol{a}_2 = \boldsymbol{a}_r + \boldsymbol{a}$，对物体 1、2 运用牛顿第二定律得

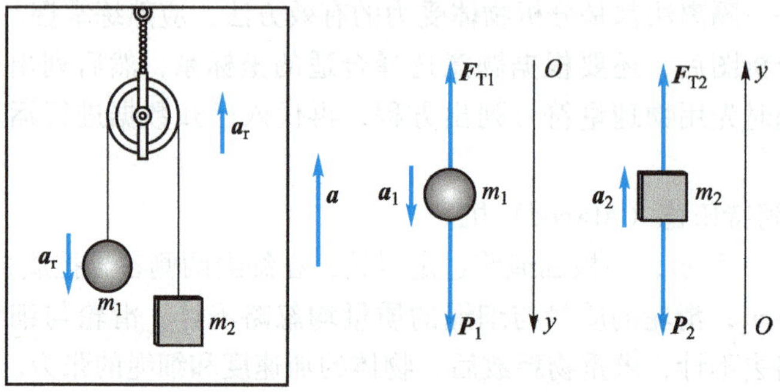

图 2-4 电梯中的阿特伍德机

$$m_1 g - F_T = m_1 a_1 = m_1(a_r - a) \tag{4}$$

$$F_T - m_2 g = m_2 a_2 = m_2(a_r + a) \tag{5}$$

解方程（4）和（5）可得

$$a_r = \frac{m_1 - m_2}{m_1 + m_2}(g + a)$$

$$F_T = \frac{2m_1 m_2}{m_1 + m_2}(g + a)$$

[例 2-2] 如图 2-5 所示，摆长为 l 的圆锥摆，细绳一端固定在天花板上，另一端悬挂质量为 m 的小球，小球经推动后，在水平面内绕通过圆心 O 的竖直轴作角速度为 ω 的匀速率圆周运动。问细绳和竖直方向所成的角度为多少？空气阻力不计。

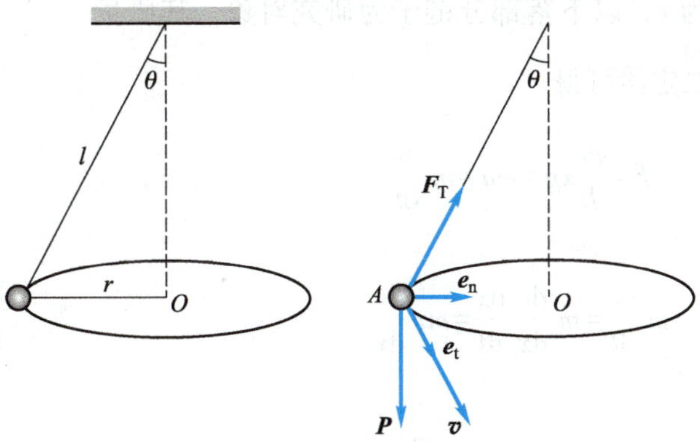

图 2-5 圆锥摆

解 小球受重力 $\boldsymbol{P}$ 和细绳的拉力 $\boldsymbol{F}_T$ 作用，运用牛顿第二定律得

$$\boldsymbol{P}+\boldsymbol{F}_T=m\boldsymbol{a}$$

在小球运动的圆周建立自然坐标系，如图 2-5 所示，其法向单位矢量和切向单位矢量分别为 $\boldsymbol{e}_n$ 和 $\boldsymbol{e}_t$，小球的法向加速度的大小为 $a_n=v^2/r=\omega^2 r$，而切向加速度的大小为 $a_t=0$，由牛顿第二定律得

$$F_T\sin\theta=ma_n=m\omega^2 r \tag{1}$$

$$F_T\cos\theta-P=0 \tag{2}$$

$$r=l\sin\theta \tag{3}$$

由方程式（1）、(2)、(3) 可得

$$\cos\theta=\frac{g}{\omega^2 l}$$

可见，ω 越大时，绳与竖直方向所成的夹角 θ 也越大。

[例 2-3] 质量为 m 的小球在水中受的浮力为 $\boldsymbol{F}$，受到水的黏性力大小为 $F_f=kv$，k 为常量，小球入水时初速度为 v_0，方向竖直向下，求小球在水中下沉的速度。

解 对小球受力分析，小球在水中受到重力 $m\boldsymbol{g}$、浮力 $\boldsymbol{F}$ 和阻力 $\boldsymbol{F}_f$ 的作用。取向下为正方向，由牛顿第二定律，可得

$$mg-kv-F=m\frac{\mathrm{d}v}{\mathrm{d}t}$$

分离变量，积分

$$\int_{v_0}^{v}\frac{1}{mg-kv-F}\mathrm{d}v=\int_0^t\frac{1}{m}\mathrm{d}t$$

解得

$$v=\frac{1}{k}\left[(mg-F)-(mg-F-kv_0)\mathrm{e}^{-\frac{kt}{m}}\right]$$

[例 2-4] 有一链子在光滑的桌面上由静止下滑，整个链子质量为 m，长为 L，初始下垂的长度为 L_0，求链子完全脱离桌面时的速度。

解　建立如图 2-6 所示的坐标系。设某时刻下落长度为 x，此时链子速度为 v，以下落部分链子为研究对象，其质量为 $\frac{m}{L}x$，由牛顿第二定律可得

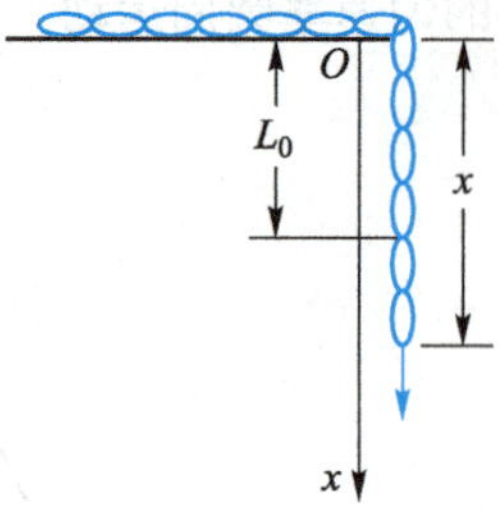

图 2-6　光滑桌面上的链子

$$F=\frac{m}{L}xg=ma=m\frac{\mathrm{d}v}{\mathrm{d}t}$$

变换积分变量

$$m\frac{\mathrm{d}v}{\mathrm{d}t}=m\frac{\mathrm{d}v}{\mathrm{d}x}\frac{\mathrm{d}x}{\mathrm{d}t}=mv\frac{\mathrm{d}v}{\mathrm{d}x}$$

可得

$$\frac{m}{L}gx\mathrm{d}x=mv\mathrm{d}v$$

两边积分

$$\frac{g}{L}\int_{L_0}^{L}x\mathrm{d}x=\int_0^v v\mathrm{d}v$$

积分可得

$$v=\sqrt{\frac{g(L^2-L_0^2)}{L}}$$

第三节　功与动能定理

牛顿第二定律指出，在外力作用下，质点的运动状态要发生改变，获得加速度。然而力作用于质点或者质点系时往往持续一段距离，或者持续一段时间，这时要考虑的不是力的瞬时作用，而是力对空间的累积作用和力对时间的累积作用。为了研究力对空间的累积，我们引入了功这个物理量。

一、功

1. 恒力的功

如图 2-7 所示，一个大小和方向都不变的恒力 $\boldsymbol{F}$ 作用在质点上，质点作直线运动，位移为 $\Delta\boldsymbol{r}$，且 $\boldsymbol{F}$ 与 $\Delta\boldsymbol{r}$ 的夹角为 θ。恒力 $\boldsymbol{F}$ 对质点在该段位移 $\Delta\boldsymbol{r}$ 上所做的功 W 定义为力与位移的标积，即

$$W=\boldsymbol{F}\cdot\Delta\boldsymbol{r}=F|\Delta\boldsymbol{r}|\cos\theta \tag{2-11}$$

功是标量，它的值与力 $\boldsymbol{F}$ 的大小、质点位移 $\Delta\boldsymbol{r}$ 的大小及力与物体运动方向之间夹角 θ 有关。在国际单位制中，功的单位是 N · m（牛米）或 J（焦）。

(1) 当 $0<\theta<\frac{\pi}{2}$ 时，$W>0$，则力对质点做正功；

(2) 当 $\frac{\pi}{2}<\theta<\pi$ 时，$W<0$，则力对质点做负功；

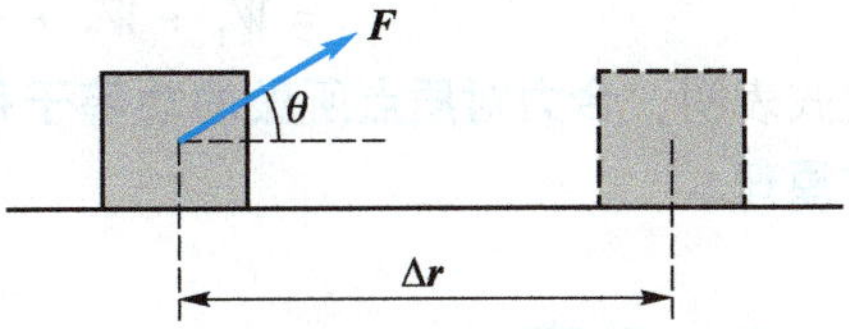

图 2-7 恒力的功

(3) 当 $\theta=\frac{\pi}{2}$ 时，$W=0$，则力对质点不做功。

2. 变力的功

在一般情况下，作用于质点的力可能随时间发生变化，质点的运动轨迹也不一定是直线，此时可以用微积分的方法来计算功。设质点在变力作用下，沿任意曲线运动，如图 2-8 所示，可将质点所经过的全部路程分成许多位移元 $\mathrm{d}\boldsymbol{r}$，在位移元内，质点所受力的变化甚小，可认为是恒力，所做的功称为**元功** $\mathrm{d}W$，根据功的定义，

$$\mathrm{d}W=\boldsymbol{F}\cdot\mathrm{d}\boldsymbol{r}=F|\mathrm{d}\boldsymbol{r}|\cos\theta \tag{2-12}$$

质点沿曲线由点 A 运动到点 B 的整个过程中，变力 $\boldsymbol{F}$ 所做的总功为所有元功 $\mathrm{d}W$ 之和，用积分表示为

$$W=\int_A^B \mathrm{d}W=\int_A^B \boldsymbol{F}\cdot\mathrm{d}\boldsymbol{r}=\int F\mathrm{d}r\cos\theta\int_A^B F\cos\theta\mathrm{d}s \tag{2-13}$$

式（2-13）是变力做功的一般表达式。由于位移 $\mathrm{d}\boldsymbol{r}$ 取值为无限小，所以它的大小 $|\mathrm{d}\boldsymbol{r}|$ 等于沿质点运动轨迹上的微小路程 $\mathrm{d}s$ 的长度。功的大小不仅与力的大小、方向、始末位置有关，还与具体路径有关，所以功是一个过程量。

功可以用图示法计算。如图 2-9 所示，如果以 $F\cos\theta$ 为纵坐标，质点运动的路程 s 为横坐标，画出 $F\cos\theta$ 随 s 变化的关系曲线，则曲线下方面积就等于在这段路程上变力 $\boldsymbol{F}$ 对质点所做的功。

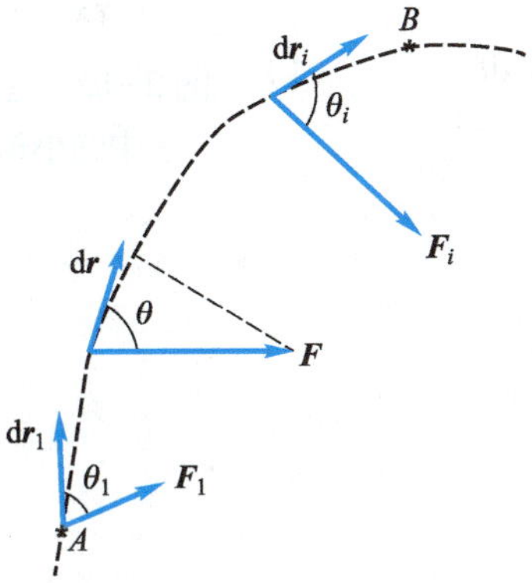

图 2-8 变力做功

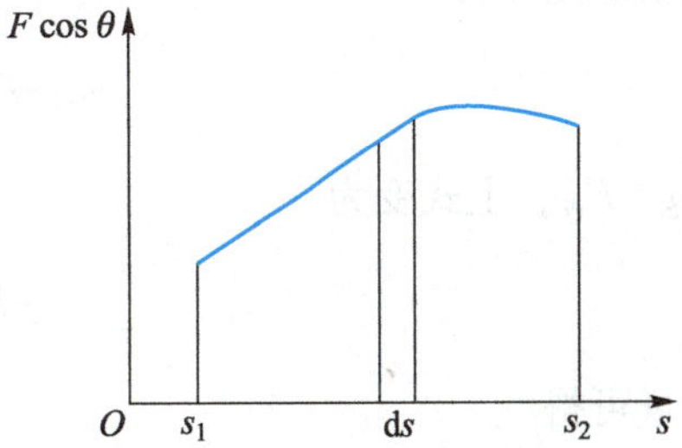

图 2-9 用图示法计算功

若质点在运动过程中同时受几个力（$\boldsymbol{F}_1,\boldsymbol{F}_2,\cdots,\boldsymbol{F}_n$）作用，则合力 $\boldsymbol{F}$ 所做的功为

$$\begin{aligned}W&=\int_A^B\boldsymbol{F}\cdot\mathrm{d}\boldsymbol{r}=\int_A^B(\boldsymbol{F}_1+\boldsymbol{F}_2+\cdots+\boldsymbol{F}_n)\cdot\mathrm{d}\boldsymbol{r}\\&=\int_A^B\boldsymbol{F}_1\cdot\mathrm{d}\boldsymbol{r}+\int_A^B\boldsymbol{F}_2\cdot\mathrm{d}\boldsymbol{r}+\cdots+\int_A^B\boldsymbol{F}_n\cdot\mathrm{d}\boldsymbol{r}\end{aligned}$$

$$=W_1+W_2+\cdots+W_n \tag{2-14}$$

上式表明，**合力对质点所做的功等于每个分力对质点所做功的代数和**，这就是**功的叠加原理**。

二、功率

在一些实际问题中，不仅要确定做功的多少，而且还要知道做功的快慢，为此我们引入功率这一物理量。**力在单位时间内所做的功**称为**功率**，用 P 表示，

$$P=\frac{\mathrm{d}W}{\mathrm{d}t} \tag{2-15}$$

因为 $\mathrm{d}W=\boldsymbol{F}\cdot\mathrm{d}\boldsymbol{r}$，所以

$$P=\boldsymbol{F}\cdot\frac{\mathrm{d}\boldsymbol{r}}{\mathrm{d}t}=\boldsymbol{F}\cdot\boldsymbol{v} \tag{2-16}$$

功率的大小等于力与速度的标积。在国际单位制中，功率的单位为瓦特，简称瓦，符号为 W。

上式也表明，对于功率一定的机械，其牵引力与速度成反比。所以汽车在上坡时，需减速以增大牵引力。

［例 2-5］如图 2-10 所示，一质量为 m 的小球竖直落入水中，刚接触水面时其速率为 v_0。设此球在水中所受的浮力与重力相等，水的阻力大小 $F_f=bv$，b 为一常量。求阻力对球做的功与时间的函数关系。

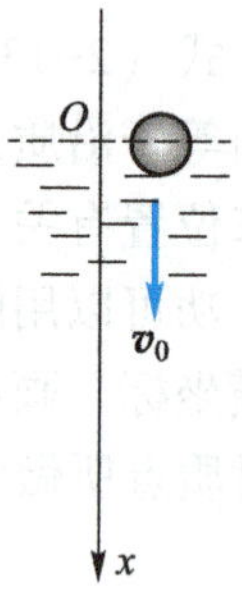

图 2-10　落入水中的小球

解　由于阻力随球的速率而变化，所以本题是变力做功问题，取刚接触水面时的点为坐标原点 O，以竖直向下的轴为 x 轴正向。由变力做功的定义可知

$$W=\int\boldsymbol{F}\cdot\mathrm{d}\boldsymbol{r}=\int-bv\mathrm{d}x=-\int bv\frac{\mathrm{d}x}{\mathrm{d}t}\mathrm{d}t=-b\int v^2\mathrm{d}t \tag{1}$$

由牛顿第二定律得

$$mg-F_{浮}-F_f=m\frac{\mathrm{d}v}{\mathrm{d}t}$$

由于 $mg=F_{浮}$，上式变为

$$-bv=m\frac{\mathrm{d}v}{\mathrm{d}t}$$

分离变量可得

$$\frac{1}{v}\mathrm{d}v=-\frac{b}{m}\mathrm{d}t$$

两边积分

$$\int_{v_0}^{v}\frac{1}{v}\mathrm{d}v=\int_0^t-\frac{b}{m}\mathrm{d}t$$

解得

$$v=v_0 e^{-\frac{b}{m}t} \tag{2}$$

把式（2）代入式（1）可得

$$W=-b\int_0^t v^2 \mathrm{d}t=-bv_0^2\int_0^t e^{-\frac{2b}{m}t}\mathrm{d}t$$

积分得

$$W=\frac{1}{2}mv_0^2(e^{-\frac{2b}{m}t}-1)$$

三、动能定理

如图2-11所示，一质量为m的质点在合外力$\boldsymbol{F}$作用下，自点A沿曲线移动到点B，设质点的初速度为$\boldsymbol{v}_1$，末速度为$\boldsymbol{v}_2$，根据功的定义，合外力$\boldsymbol{F}$对质点所做的元功为

$$\mathrm{d}W=\boldsymbol{F}\cdot\mathrm{d}\boldsymbol{r}=F|\mathrm{d}\boldsymbol{r}|\cos\theta$$

由牛顿第二定律及切向加速度$\boldsymbol{a}_t$的定义，有

$$F\cos\theta=ma_t=m\frac{\mathrm{d}v}{\mathrm{d}t}$$

由于$|\mathrm{d}\boldsymbol{r}|=\mathrm{d}s$，$\mathrm{d}s=v\mathrm{d}t$，可得

$$\mathrm{d}W=m\frac{\mathrm{d}v}{\mathrm{d}t}\mathrm{d}s=mv\mathrm{d}v$$

则质点自点A移至点B的过程中，合外力所做的总功为

$$W=\int_{v_1}^{v_2}mv\mathrm{d}v=\frac{1}{2}mv_2^2-\frac{1}{2}mv_1^2$$

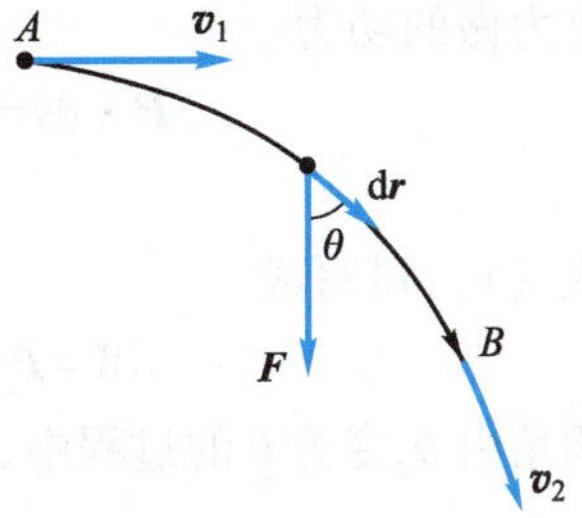

图2-11 外力$\boldsymbol{F}$所做的功与动能的关系

我们称$\frac{1}{2}mv^2$为质点的动能，用E_k表示，即

$$E_k=\frac{1}{2}mv^2$$

$E_{k1}=\frac{1}{2}mv_1^2$，$E_{k2}=\frac{1}{2}mv_2^2$，分别表示质点在始末位置时的动能。上式可写成

$$W=E_{k2}-E_{k1}=\Delta E_k \tag{2-17}$$

式（2-17）表明，**合外力对质点所做的功等于质点动能的增量**，这就是**质点的动能定理**。

当合力做正功（$W>0$）时，质点的动能增加；当合力做负功（$W<0$）时，质点的动能减少。

关于质点的动能定理，请注意以下两点：

（1）功与动能之间的联系和区别：质点动能定理指出了外力做功与质点运动状态变化（动能变化）的关系，力对质点做功，才能使质点的动能发生变化，功是能量变化的量度，功是一个过程量。而动能是由质点的运动状态决定的，是运动状态的函数。

（2）与牛顿第二定律一样，动能定理也适用于惯性系。在不同的惯性系中，质点

的位移和速度都是不同的，因此功和动能依赖于惯性系的选取。对不同的惯性系，动能定理的形式相同。

［例 2-6］一质量为 m 的小球系在长为 l 的细绳下端，细绳的上端固定在天花板上，开始把细绳放在与竖直线成 θ_0 角处，然后由静止释放，小球沿圆弧下落。试求摆动过程中任意角度处小球的速率。

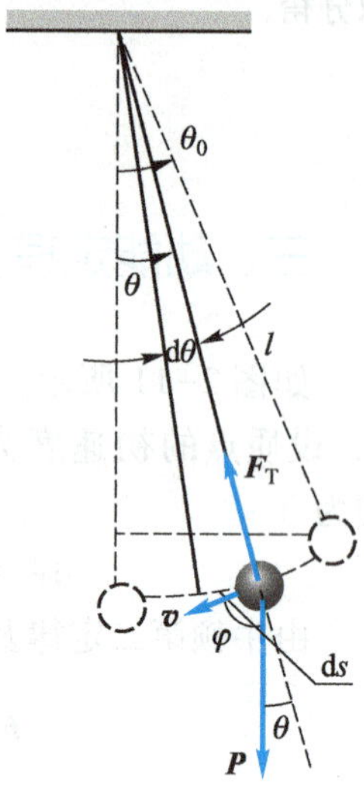

图 2-12　向下摆动的小球

解　根据已知条件，小球的质量为 m，细绳长为 l，在起始时刻细绳与竖直线的夹角为 θ_0，小球的初始速率 $v=0$，如图 2-12 所示。假设在某一时刻细绳与竖直线的夹角为 θ，以逆时针方向为正，小球的速率为 v，通过受力分析可知，小球受到细绳的拉力 $\boldsymbol{F}_T$ 和重力 $\boldsymbol{P}$ 的作用。由功的定义可知，在合外力作用下，位移为 $d\boldsymbol{s}$ 时，合外力 $\boldsymbol{F}$ 做的功为

$$dW=\boldsymbol{F}\cdot d\boldsymbol{s}=\boldsymbol{F}_T\cdot d\boldsymbol{s}+\boldsymbol{P}\cdot d\boldsymbol{s} \tag{1}$$

由于拉力 $\boldsymbol{F}_T$ 的方向始终与小球运动方向垂直，所以做功为 0，重力做的功为

$$\boldsymbol{P}\cdot d\boldsymbol{s}=P\cos\varphi ds=P\sin\theta ds$$

$$ds=-l d\theta$$

式（1）可写成

$$dW=\boldsymbol{P}\cdot d\boldsymbol{s}=-mgl\sin\theta d\theta$$

摆角由 θ_0 变为 θ 的过程中，合外力所做的功为

$$W=-mgl\int_{\theta_0}^{\theta}\sin\theta d\theta=mgl(\cos\theta-\cos\theta_0)$$

由动能定理得

$$W=mgl(\cos\theta-\cos\theta_0)=\frac{1}{2}mv^2-\frac{1}{2}mv_0^2$$

由题意知，$v_0=0$，所以当绳与竖直线成 θ 角时，小球的速率为

$$v=\sqrt{2gl(\cos\theta-\cos\theta_0)}$$

第四节　势能　机械能守恒定律

这一节我们将讨论万有引力、弹性力以及摩擦力等力的做功特点，引出保守力和非保守力概念，然后介绍引力势能、弹性势能和重力势能。

一、万有引力和弹性力做功的特点

1. 万有引力做功

如图 2-13 所示，有两个质量分别为 m 和 m' 的质点，其中质点 m' 固定不动，质点 m 在 m' 引力作用下沿任意路径由点 A 运动到点 B，A、B 两点相对 m' 的距离分别为 r_A 和

r_B，则万有引力做的功为

$$W=\int_A^B \boldsymbol{F}\cdot \mathrm{d}\boldsymbol{r}=\int_{r_A}^{r_B} -G\frac{m'm}{r^2}\boldsymbol{e}_r\cdot \mathrm{d}\boldsymbol{r}$$

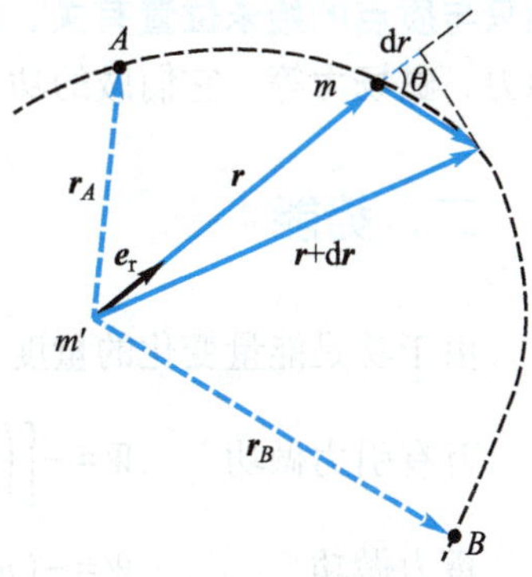

图 2-13 万有引力做功

由图 2-13 可以看出

$$\boldsymbol{e}_r\cdot \mathrm{d}\boldsymbol{r}=|\boldsymbol{e}_r||\mathrm{d}\boldsymbol{r}|\cos\theta=|\mathrm{d}\boldsymbol{r}|\cos\theta=\mathrm{d}r$$

所以质点 m 从点 A 沿任一路径到点 B 的过程中，万有引力做的功为

$$W=-\int_{r_A}^{r_B} G\frac{m'm}{r^2}\mathrm{d}r$$

积分得

$$W=Gm'm\left(\frac{1}{r_B}-\frac{1}{r_A}\right) \qquad (2-18)$$

上式表明，当质量一定时，万有引力做的功只与始末位置有关，而与具体路径无关，这是万有引力做功的重要特点。若质点沿任意闭合路径运动一周，又回到原来的位置，万有引力做的功为零。

2. 重力做功

质点在运动过程中重力所做的功，也具有上述万有引力做功的特点。一个质量为 m 的质点从 A 位置运动到 B 位置，始末位置离地面的高度分别为 h_A、h_B，则重力所做的功为

$$W=mgh_A-mgh_B$$

所以重力做功也只与始末位置有关，而与所经过的路径无关。

3. 弹性力做功

如图 2-14 所示，弹性系数为 k 的弹簧的一端固定，另一端连着一质量为 m 的质点，质点在水平方向运动（忽略摩擦），以质点平衡位置（弹簧原长）为坐标原点 O，水平向右为 x 轴正向，建立一维坐标轴 Ox。在弹簧弹性范围内，作用于质点的弹性力 $\boldsymbol{F}=-k\boldsymbol{x}$，弹簧的伸长量由 x_1 变到 x_2 时，弹性力所做的功为

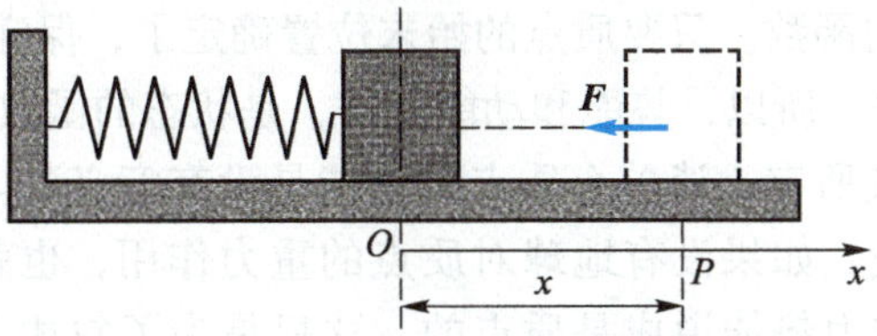

图 2-14 弹簧弹性力做功

$$W=\int_{x_1}^{x_2}\boldsymbol{F}\cdot \mathrm{d}\boldsymbol{x}=-k\int_{x_1}^{x_2}x\mathrm{d}x$$

积分得

$$W=\frac{1}{2}kx_1^2-\frac{1}{2}kx_2^2 \qquad (2-19)$$

上式表明，在弹性范围内，弹性力做的功只与质点始末位置 x_1 和 x_2 有关，与所经过的路径无关。

从上面的讨论可以看出，万有引力、重力及弹性力做功都有一个共同特点，即**做功只与质点的始末位置有关，而与质点所经过的路径无关**，这种力称为**保守力**。而摩擦力、磁场力等，它们做的功与路径有关，这种力称为**非保守力**。

二、势能

由于功是能量变化的量度，因此保守力做功必将导致相应能量的变化。

万有引力做功 $W=-\left[\left(-Gm'm\dfrac{1}{r_B}\right)-\left(-Gm'm\dfrac{1}{r_A}\right)\right]$

重力做功 $W=-(mgh_B-mgh_A)$

弹性力做功 $W=-\left(\dfrac{1}{2}kx_2^2-\dfrac{1}{2}kx_1^2\right)$

从保守力做功的公式可看出，保守力做功只与质点的始末位置有关，为此，而等式的左边的功是能量变化的量度，我们可以引入势能概念。我们把只与质点位置有关的能量称为势能，用符号 E_p 表示。

万有引力势能 $E_p=-Gm'm\dfrac{1}{r}$ (2-20)

重力势能 $E_p=mgh$ (2-21)

弹性势能 $E_p=\dfrac{1}{2}kx^2$ (2-22)

保守力做功可统一写成以下公式：

$$W=-(E_{pB}-E_{pA})=-\Delta E_p \tag{2-23}$$

即**保守力对质点做的功等于质点势能增量的负值**。保守力做正功，势能减小；保守力做负功，则势能增加。

关于势能，需要注意以下几点：

(1) 势能是状态的函数。只要质点的始末位置确定了，保守力所做的功就确定了，而与所经过的路径无关。所以，势能和动能一样，是状态的函数。

(2) 势能属于系统所有，谈单个质点的势能是没有意义的。例如，重力势能属于质点与地球组成的系统，如果没有地球对质点的重力作用，也就不存在重力势能，常将地球与质点系统的重力势能说成是质点的，这只是为了叙述上方便。引力势能和弹性势能也是如此。

(3) 势能具有相对性。势能的大小与势能零点的选取有关，一般选地面为重力势能零点；选无限远处为万有引力势能零点；水平放置的弹簧取平衡位置处为弹性势能零点。势能零点也可以任意选取，选取不同的势能零点，物体的势能就具有不同的值，所以势能具有相对性，但任意两点之间的势能差是绝对的。

势能零点确定之后，质点的势能便仅仅是位置坐标的函数 $E_p(r)$，势能与位置坐标的关系曲线称为势能曲线，图 2-15 给出了重力势能、弹性势能、万有引力势能的势能曲线。

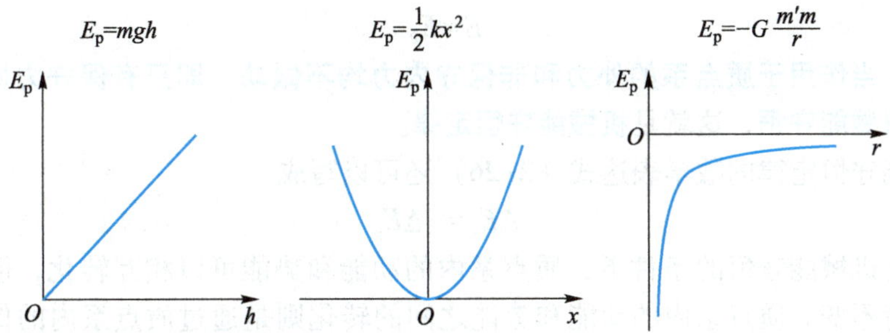

图 2-15 重力势能、弹性势能、万有引力势能的势能曲线

三、质点系的动能定理和功能原理

在许多实际问题中，我们需要研究由许多质点所构成的系统，这时系统内的质点，既受到系统内各质点之间相互作用的内力，又可能受到系统外的质点对系统内质点作用的外力。

设一个系统内有 n 个质点，作用于各个质点的力所做的功分别为 $W_1, W_2, W_3, \cdots$，各质点的初动能分别为 $E_{k10}, E_{k20}, E_{k30}, \cdots$，末动能分别为 $E_{k1}, E_{k2}, E_{k3}, \cdots$，由质点的动能定理可得

$$W_1 = E_{k1} - E_{k10}$$
$$W_2 = E_{k2} - E_{k20}$$
$$W_3 = E_{k3} - E_{k30}$$
$$\cdots\cdots\cdots\cdots$$

将以上各式相加，可得

$$W_{总} = E_k - E_{k0} \tag{2-24}$$

即**系统内所有的力做功的和等于系统动能的增量**，这就是**质点系的动能定理**。

系统内质点所受的力，既有来自系统外的外力，也有来自系统内各质点间相互作用的内力，而内力又分为保守力和非保守力，所以式（2-24）可写为

$$W_{外} + W_{保内} + W_{非保内} = E_k - E_{k0}$$

而保守力所做的功等于势能增量的负值，即

$$W_{保内} = -(E_p - E_{p0})$$

代入可得

$$W_{外} + W_{非保内} = (E_k + E_p) - (E_{k0} + E_{p0})$$

动能和势能之和统称为**机械能**，即 $E_k + E_p = E$，所以上式变为

$$W_{外} + W_{非保内} = E - E_0 \tag{2-25}$$

该式表明，**质点系的机械能的增量等于外力与非保守内力做功之和**，这就是**质点系的功能原理**。

四、机械能守恒定律

从式（2-25）可以看出，当 $W_{外} = 0$，$W_{非保内} = 0$ 时

$$E=E_0 \tag{2-26}$$

该式表明，**当作用于质点系的外力和非保守内力均不做功，即只有保守力做功时，质点系的总机械能守恒**，这就是**机械能守恒定律**。

机械能守恒定律的数学表达式（2-26）还可以写成

$$\Delta E_k=-\Delta E_p \tag{2-27}$$

在满足机械能守恒的条件下，质点系内的动能和势能可以相互转化，但动能和势能之和保持不变。质点系内的动能和势能之间的转化则是通过质点系内的保守力做功来实现的。

五、能量守恒定律

若一个系统中，除重力、弹性力、万有引力等保守力做功外，还有其他非保守外力（例如摩擦力）做功，则系统的机械能就要变化。若非保守外力做正功，则机械能增加，增加的机械能是由其他形式的能量转化来的；若非保守外力做负功，则机械能减少，减少的机械能转化成了其他形式的能量。例如沿着斜面下滑的物体，除重力做功外，还有摩擦力做了负功，摩擦力做功消耗了一部分机械能，同时实验发现，物体和斜面的温度均有升高，这说明物体的一部分机械能转化成了热能。热能是区别于机械能的另一种形式的能量。自然界中，除了机械能和热能，还有很多其他形式的能量，例如电磁能、化学能、核能等。

无数事实证明，各种形式的能量是可以相互转化的，风能可以转化为机械能，机械能可以转化为电能，电能又可以转化为热能、机械能等。对于一个封闭系统来说，某种能量的增加或减少，必然伴随着其他形式的能量的减少或增加，系统内部各种形式能量的总和是不变的，即**能量既不能产生，也不能消失，只能从一个物体转移到另一个物体，或者从一种形式转化为另一种形式，能量总和不变**，这就是**能量守恒定律**。

能量守恒定律是自然界的普适定律，这一定律表明，一个物体或系统的能量变化时，必有另一个系统的能量同时发生变化。以做功的方式使一个系统的能量发生变化，本质上是这个系统与另一个系统之间发生了能量的交换，能量的交换用功来度量，所以功是能量转化的量度。

［例 2-7］ 如图 2-16 所示，一雪橇从高度为 50 m 的山顶自点 A 沿冰道由静止下滑，山顶到山下的坡道长为 500 m，雪橇滑至山下的点 B 后，又沿水平冰道继续滑行，滑行若干米后停止在 C 处。若雪与冰道的摩擦系数为 0.05，求此雪橇沿水平冰道滑行的路程。（点 B 附近可视为连续弯曲的冰道，略去空气阻力的作用。）

解　把雪橇、冰道和地球视为一个系统，略去空气阻力，作用于雪橇的力有重力 $\boldsymbol{P}$、支持力 $\boldsymbol{F}_N$ 和摩擦力 $\boldsymbol{F}_f$，只有重力 $\boldsymbol{P}$ 和摩擦力 $\boldsymbol{F}_f$ 做功。由功能原理可知，雪橇在下滑过程中，摩擦力所做的功为

$$W_f=W_{f1}+W_{f2}=-[(E_{k2}+E_{p2})-(E_{k1}+E_{p1})]$$

式中，W_{f1} 和 W_{f2} 分别为下滑时和水平运动时摩擦力做的功，E_{p1} 和 E_{k1} 为雪橇在山顶时的势能和动能，E_{p2} 和 E_{k2} 为雪橇静止在水平冰道上的势能和动能。取水平冰道处的势能为

零，由题意可知，$E_{p1}=mgh$，$E_{k1}=0$，$E_{p2}=0$，$E_{k2}=0$，所以

$$W_{f1}+W_{f2}=-mgh \tag{1}$$

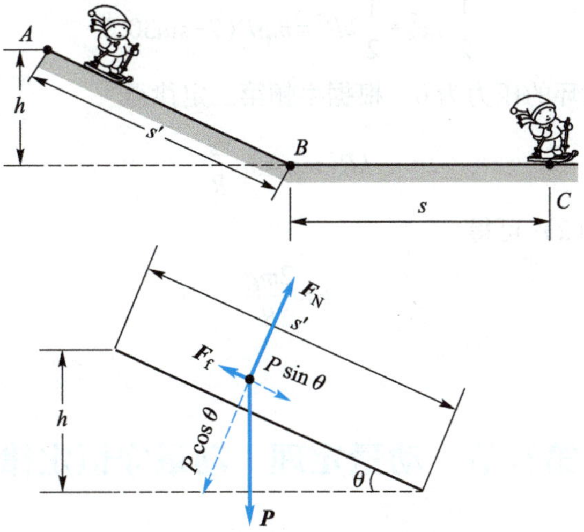

图 2-16 雪橇下滑示意图

由功的定义可得

$$W_f=\int_A^B \boldsymbol{F}_f\cdot d\boldsymbol{r}=-\int_A^B \mu mg\cos\theta dr$$

斜坡的坡度很小，所以 $\cos\theta=1$，

$$W_{f1}=-umgs'$$

$$W_{f2}=\boldsymbol{F}_f\cdot\boldsymbol{r}=-umgs$$

把上述结果代入式（1），得

$$s=\frac{h}{\mu}-s'$$

将 $h=50$ m，$\mu=0.05$，$s'=500$ m 代入上式，可得雪橇沿水平冰道滑行的路程为

$$s=500\text{ m}$$

这道题目也可以应用牛顿第二定律先求出加速度，再利用匀变速直线运动公式解出。但运算步骤更繁琐，有兴趣的读者可以试做一下。

［例 2-8］ 如图 2-17 所示，一质量略去不计的轻弹簧，其一端系在竖直放置的圆环的顶点 P，另一端系一质量为 m 的小球，小球穿过圆环并在圆环上作摩擦可略去不计的运动。设开始时小球静止于点 A，弹簧处于自然状态，其长度为圆环的半径 R。当小球运动到圆环的底端点 B 时，小球对圆环恰好没有压力。求此弹簧的弹性系数。

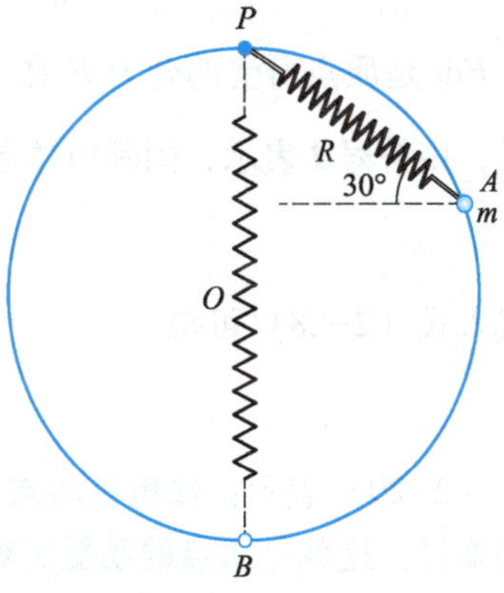

图 2-17

解 取弹簧、小球和地球为一个系统，重力、弹簧弹性力均为保守内力。而圆环对小球的支持力和点 P 对弹簧的拉力虽都为外力，但都不做功。因此小球

从点 A 运动到点 B 的过程中系统的机械能应守恒。因小球在点 A 时弹簧为自然状态，故 A 处的弹簧的弹性势能为零，取点 B 为重力势能零点，由机械能守恒定律可得

$$\frac{1}{2}mv_B^2+\frac{1}{2}kR^2=mgR(2-\sin30°) \tag{1}$$

因为在点 B，小球对环的压力为 0，根据牛顿第二定律得

$$kR-mg=m\frac{v_B^2}{R} \tag{2}$$

解方程式（1）、式（2）可得

$$k=\frac{2mg}{R}$$

第五节　动量定理　动量守恒定律

牛顿第二定律指出，在外力作用下，质点的运动状态要发生改变，获得加速度。上一节我们讨论了若力持续作用在质点或质点系上，使质点或质点系运动一段距离，则该力做功，质点或质点系的动能或者能量发生变化或转移，在该力是保守力的情况下，机械能守恒。本节研究力对时间的累积作用。

一、冲量 质点的动量定理

牛顿第二定律的微分表达式为

$$\boldsymbol{F}=\frac{\mathrm{d}\boldsymbol{p}}{\mathrm{d}t}=\frac{\mathrm{d}(m\boldsymbol{v})}{\mathrm{d}t}$$

写成积分形式为

$$\int_{t_1}^{t_2}\boldsymbol{F}\mathrm{d}t=\int_{\boldsymbol{p}_1}^{\boldsymbol{p}_2}\mathrm{d}\boldsymbol{p}=\boldsymbol{p}_2-\boldsymbol{p}_1=m\boldsymbol{v}_2-m\boldsymbol{v}_1 \tag{2-28}$$

$\int_{t_1}^{t_2}\boldsymbol{F}\mathrm{d}t$ 是质点所受的合力 $\boldsymbol{F}$ 在 t_1 到 t_2 这段时间内的累积量，定义为**冲量**，冲量也是矢量，用符号 $\boldsymbol{I}$ 表示，国际单位制中，冲量的单位是 N · s（牛秒），即

$$\boldsymbol{I}=\int_{t_1}^{t_2}\boldsymbol{F}\mathrm{d}t$$

代入式（2-28）可得

$$\boldsymbol{I}=\int_{t_1}^{t_2}\boldsymbol{F}\mathrm{d}t=\boldsymbol{p}_2-\boldsymbol{p}_1=\Delta\boldsymbol{p} \tag{2-29}$$

式（2-29）表示：**作用在质点上的合力在某段时间内的冲量等于质点在此时间内动量的增量**，这就是**质点的动量定理**。

冲量的方向与质点动量增量的方向相同，而不是与动量方向相同。

如果作用在质点上的力为恒力 $\boldsymbol{F}$，则该力在 t_2-t_1 时间内的冲量为

$$I=\int_{t_1}^{t_2}\boldsymbol{F}\mathrm{d}t=\boldsymbol{F}(t_2-t_1)$$

在诸如打击、碰撞、爆炸等一类问题中，物体与物体之间的相互作用时间极短，但作用力却很大，这种力称为冲力，冲力的作用时间极为短暂，因为冲力随时间的变化非常大，很难用函数来表示，可用平均冲力$\overline{\boldsymbol{F}}$表示，平均冲力为

$$\overline{\boldsymbol{F}}=\frac{\int_{t_1}^{t_2}\boldsymbol{F}\mathrm{d}t}{t_2-t_1}$$

引入平均冲力后，动量定理［式（2-29）］可以表示为

$$\boldsymbol{I}=\overline{\boldsymbol{F}}(t_2-t_1)=\boldsymbol{p}_2-\boldsymbol{p}_1$$

在处理一般碰撞问题时，可以从质点动量的变化求出作用时间内的平均冲力。动量变化量（即冲量）相同时，作用时间越长，平均冲力越小。跳高场地铺设厚垫子以及减震运动鞋，都是通过增加作用时间来减少落地时对人的冲力。

动量定理表达式（2-29）为矢量式，在直角坐标系中，其分量式为

$$I_x=\int_{t_1}^{t_2}F_x\mathrm{d}t=mv_{2x}-mv_{1x}$$

$$I_y=\int_{t_1}^{t_2}F_y\mathrm{d}t=mv_{2y}-mv_{1y}$$

$$I_z=\int_{t_1}^{t_2}F_z\mathrm{d}t=mv_{2z}-mv_{1z}$$

在某段时间内，质点在某一方向上的动量的增量，只与该质点在此方向上所受外力的冲量有关。

二、质点系的动量定理

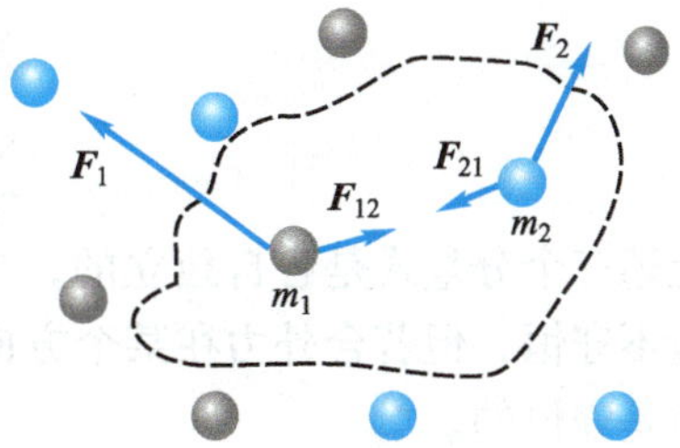

图 2-18 质点系的内力和外力

如图 2-18 所示，在系统内有两个质点 m_1、m_2，系统内质点间的相互作用力称为内力，系统外的物体对质点的作用力称为外力。作用在两质点上的作用力为 $\boldsymbol{F}_1$、$\boldsymbol{F}_2$，两质点间的相互作用力为 $\boldsymbol{F}_{12}$、$\boldsymbol{F}_{21}$，根据质点的动量定理，在 $\Delta t=t_2-t_1$ 时间内：

$$\int_{t_1}^{t_2}(\boldsymbol{F}_1+\boldsymbol{F}_{12})\mathrm{d}t=m_1\boldsymbol{v}_1-m\boldsymbol{v}_{10}$$

$$\int_{t_1}^{t_2}(\boldsymbol{F}_2+\boldsymbol{F}_{21})\mathrm{d}t=m_2\boldsymbol{v}_2-m\boldsymbol{v}_{20}$$

两式相加得

$$\int_{t_1}^{t_2}(\boldsymbol{F}_1+\boldsymbol{F}_2+\boldsymbol{F}_{12}+\boldsymbol{F}_{21})\mathrm{d}t=(m_2\boldsymbol{v}_2+m_1\boldsymbol{v}_1)-(m\boldsymbol{v}_{20}+m\boldsymbol{v}_{10})$$

根据牛顿第三定律，$\boldsymbol{F}_{12}=-\boldsymbol{F}_{21}$，所以上式可表示为

$$\int_{t_1}^{t_2}(\boldsymbol{F}_1+\boldsymbol{F}_2)\mathrm{d}t=(m_2\boldsymbol{v}_2+m_1\boldsymbol{v}_1)-(m\boldsymbol{v}_{20}+m\boldsymbol{v}_{10})$$

上式表明，系统所受合外力的冲量等于系统总动量增量。

对于由 n 个质点组成的质点系，

$$\int_{t_1}^{t_2}\sum_{i=1}^{n}\boldsymbol{F}_i\mathrm{d}t=\sum_{i=1}^{n}m_i\boldsymbol{v}_i-\sum_{i=1}^{n}m_i\boldsymbol{v}_{i0}=\boldsymbol{p}-\boldsymbol{p}_0 \tag{2-30}$$

上式说明：**系统所受合外力的冲量等于系统总动量的增量**，这一结论称为**质点系的动量定理**。

可以看出，只有外力才对系统总动量的变化有贡献，内力不会改变系统的总动量。内力可以使系统内质点的动量发生转移。

三、质点系的动量守恒定律

从式（2-30）可以看出，如果系统不受外力或所受合外力为零，即

$$\int_{t_1}^{t_2}\sum_{i=1}^{n}\boldsymbol{F}_i\mathrm{d}t=\boldsymbol{0}$$

从而得到 $\boldsymbol{p}=\boldsymbol{p}_0$，即

$$\boldsymbol{p}=\sum_{i=1}^{n}m_i\boldsymbol{v}_i=\text{常矢量} \tag{2-31}$$

即**当质点系不受外力或所受合外力为零时，系统的总动量保持不变**，这就是质点系的**动量守恒定律**。

动量守恒定律的表达式可以写成分量式：

$$\sum_i m_i v_{ix}=C \quad (F_x=0)$$

$$\sum_i m_i v_{iy}=C \quad (F_y=0)$$

$$\sum_i m_i v_{iz}=C \quad (F_z=0)$$

上述三个分量式是各自独立的，当质点系受到的合外力不为零时，虽然质点系的总动量不守恒，但若合外力在某个方向的分量等于零，则质点系的总动量在该方向的分量也是守恒的。

大量事实证明，动量守恒定律是自然界普遍遵循的守恒定律之一，不仅适用于宏观物体，也适用于微观世界。

动量守恒定律表明：系统的内力不能改变系统的总动量。例如用手向上拉自己的头发，不能将自己提离地面。因为对人这个整体来说，手与头发间的相互作用力属于内力。

动量守恒定律也表明，当不受外力或合外力为零时，质点系的总动量守恒，但是质点系中各个质点的动量可以变化。比如冰面上的两个人互推（忽略冰面摩擦），因为合外力为零，总动量不变，但每个人的动量发生了变化。总而言之，内力只能改变系统内质点的动量，却不能改变整个系统的动量。

[例 2-9] 如图 2-19 所示，一质量为 0.05 kg、速率为 10 m · s^{-1} 的钢球，以与钢板法线呈 45°角的方向撞击在钢板上，并以相同的速率和角度弹回来。设碰撞时间为 0.05 s，求在此时间内钢板所受到的平均冲力。

解 根据动量定理的分量形式得

$$\overline{F}_x\Delta t=mv_{2x}-(-mv_{1x})=2mv_2\cos\alpha$$

$$\overline{F}_y\Delta t=mv_{2y}-mv_{1y}=0$$

解得

$$\overline{F}=\overline{F}_x=\frac{2mv_2\cos\alpha}{\Delta t}=14.1\ \mathrm{N}$$

小球所受冲力方向与 x 轴正方向相同。钢板所受冲力 $\overline{F}'=-\overline{F}$，方向沿 x 轴负方向。

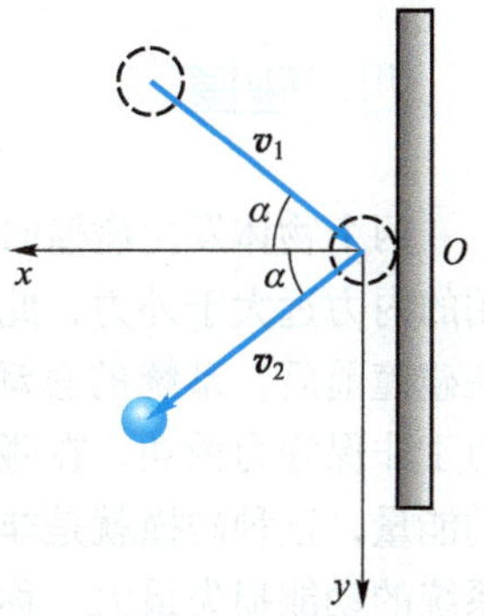

图 2-19 小球撞击钢板

[* 例 2-10] 一枚返回式火箭以 $2.5\times10^3\ \mathrm{m\cdot s^{-1}}$ 的速率相对惯性系 S 沿如图 2-20 所示的 Ox 轴正向飞行，空气阻力不计，现由控制系统使火箭分离为两部分，前半部分是质量为 100 kg 的仪器舱，后半部分是质量为 200 kg 的火箭容器，若仪器舱相对火箭容器的水平速率为 $1.0\times10^3\ \mathrm{m\cdot s^{-1}}$，求仪器舱和火箭容器相对惯性系的速率。

解 如图所示，S 系（$Oxyz$）为惯性系，设 $\boldsymbol{v}$ 为火箭分离前火箭相对 S 系沿 xx' 轴的速度，$\boldsymbol{v}_1$ 和 $\boldsymbol{v}_2$ 为火箭分离后仪器舱 m_1 和火箭容器 m_2 相对 S 系的速度，$\boldsymbol{v}'$ 为分离后仪器舱相对火箭容器的速度，S′ 系沿 xx' 轴以速度 $\boldsymbol{v}_2$ 相对 S 系运动，由相对运动的速度公式得

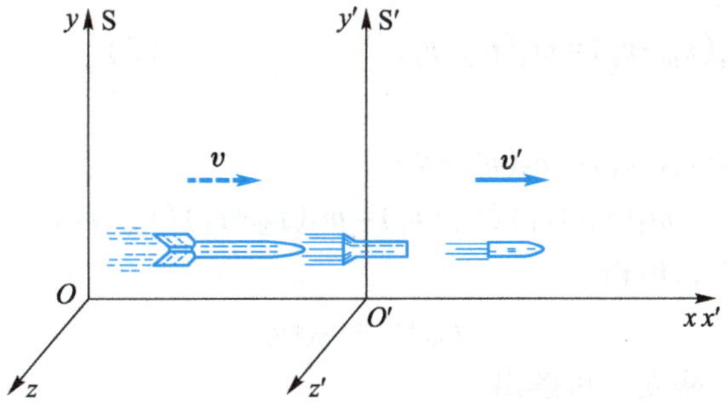

图 2-20 火箭分离

$$v_1=v_2+v'$$

火箭分离后，在 x 方向不受外力作用，所以 x 方向动量守恒，

$$(m_1+m_2)v=m_1v_1+m_2v_2$$

由上面两式可得

$$v_2=v-\frac{m_1}{m_1+m_2}v'$$

代入数据得

$$v_2=2.17\times10^3\ \mathrm{m\cdot s^{-1}}$$

$$v_1=3.17\times10^3\ \mathrm{m\cdot s^{-1}}$$

v_1 和 v_2 都为正值，它们的速度方向相同，且与 v 同向，仪器舱在火箭分离后速率变大，火箭容器的速率却变小了，但系统总动量不变。

四、碰撞

两个物体发生碰撞时，如果物体之间的相互作用时间极为短暂，物体之间相互作用的内力远大于外力，此时外力可以忽略，碰撞物体组成的系统的总动量守恒。如果在碰撞前后，系统的总动能没有损失，这种碰撞称为完全弹性碰撞。实际的碰撞中，由于非保守力做功，在碰撞过程中，机械能会转化为热能、声能、化学能等其他形式的能量，这种碰撞就是非完全弹性碰撞。如果碰撞后的物体以同一速度共同运动，则系统的动能损失最大，称为完全非弹性碰撞。

[例 2-11] 如图 2-21 所示，质量分别为 m_1 和 m_2、速度分别为$\boldsymbol{v}_{10}$和$\boldsymbol{v}_{20}$的两个弹性小球作对心完全弹性碰撞，两球初速度方向相同，求碰撞后两球的速度$\boldsymbol{v}_1$和$\boldsymbol{v}_2$。

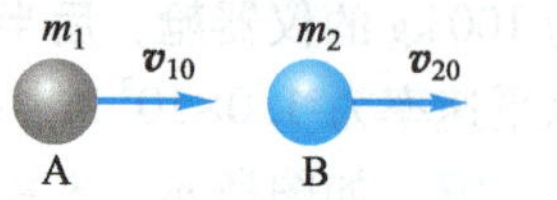

(a) 碰撞前

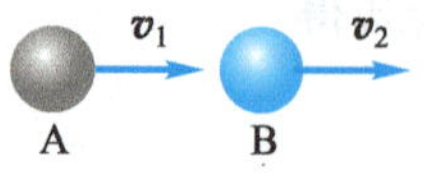

(b) 碰撞后

图 2-21 碰撞

解 本题中，A 和 B 小球运动方向都沿水平方向，因此速度都只用其大小表示，由动量守恒定律得

$$m_1 v_{10}+m_2 v_{20}=m_1 v_1+m_2 v_2 \tag{1}$$

由机械能守恒定律得

$$\frac{1}{2}m_1 v_{10}^2+\frac{1}{2}m_2 v_{20}^2=\frac{1}{2}m_1 v_1^2+\frac{1}{2}m_2 v_2^2 \tag{2}$$

式（1）移项得

$$m_1(v_{10}-v_1)=m_2(v_{20}-v_2) \tag{3}$$

式（2）移项整理得

$$m_1(v_{10}^2-v_1^2)=m_2(v_{20}^2-v_2^2)$$

$$m_1(v_{10}+v_1)(v_{10}-v_1)=m_2(v_{20}+v_2)(v_{20}-v_2) \tag{4}$$

式(3)与式（4）相除，可得

$$v_{10}+v_1=v_{20}+v_2 \tag{5}$$

将式（3）和式（5）联立，可解出

$$v_1=\frac{(m_1-m_2)v_{10}+2m_2 v_{20}}{m_1+m_2}$$

$$v_2=\frac{(m_2-m_1)v_{20}+2m_1 v_{10}}{m_1+m_2}$$

讨论：

（1）若 $m_1=m_2$，可得 $v_1=v_{20}$，$v_2=v_{10}$，即两质量相同的小球碰撞后互相交换速度。

（2）若 $m_2\gg m_1$，且 $v_{20}=0$，可得 $v_1\approx -v_{10}$，$v_2\approx 0$，即碰撞后，质量为 m_1 的小球将以几乎同样大小的速度反弹回来，而大球 m_2 几乎保持静止。皮球对墙壁的碰撞以及气体分子和容器壁的碰撞都属于这种情形。

（3）若 $m_2\ll m_1$，且 $v_{20}=0$，可得 $v_1\approx v_{10}$，$v_2\approx 2v_{10}$，即对于一个质量很大的球体，当它与质量很小的球体相碰撞时，大球的速度几乎不变，质量很小的球却以近两倍于大球体的速度向前运动。

小　结

1. 牛顿运动定律

牛顿第一定律：物体在不受外力作用的情况下将保持静止或速直线运动状态.

牛顿第二定律　$\boldsymbol{F}=\frac{\mathrm{d}\boldsymbol{p}}{\mathrm{d}t}=\frac{\mathrm{d}(m\boldsymbol{v})}{\mathrm{d}t}$

$\boldsymbol{F}=m\boldsymbol{a}$（质量不变时）

牛顿第三定律　$\boldsymbol{F}=-\boldsymbol{F}'$

2. 万有引力定律

$$\boldsymbol{F}=-G\frac{m_1m_2}{r^2}\boldsymbol{e}_r$$

万有引力是通过引力场以光速传递的。

3. 力在空间上的累积——功

恒力的功　$W=\boldsymbol{F}\cdot\Delta\boldsymbol{r}=F|\Delta r|\cos\theta$

变力的功　$W=\int_A^B\boldsymbol{F}\cdot\mathrm{d}\boldsymbol{r}=\int_A^B F\cos\theta\mathrm{d}s$

4. 保守力的功

只与始末位置有关，而与所经过的路径无关。

万有引力做功　$W=-\left[\left(-Gm'm\frac{1}{r_B}\right)-\left(-Gm'm\frac{1}{r_A}\right)\right]$

重力做功　$W=-(mgh_B-mgh_A)$

弹性力做功　$W=-\left(\frac{1}{2}kx_2^2-\frac{1}{2}kx_1^2\right)$

5. 动能和势能 机械能

动能　$E_\mathrm{k}=\frac{1}{2}mv^2$

势能：属于相互之间作用力为保守力的物体所组成的系统.

万有引力势能　$E_\mathrm{p}=-Gm'm\frac{1}{r}$

重力势能　$E_\mathrm{p}=mgh$

弹性势能　$E_\mathrm{p}=\frac{1}{2}kx^2$

机械能　$E=E_\mathrm{k}+E_\mathrm{p}$

6. 动能定理

合外力所做的功等于动能的增量。

$$W=E_{\mathrm{k2}}-E_{\mathrm{k1}}=\Delta E_\mathrm{k}$$

7. 功能原理

合外力和非保守内力所做的功等于系统机械能的增量。

$$W_{外}+W_{非保内}=E-E_0$$

8. 机械能守恒定律

如果所有外力和非保守内力对系统都不做功，系统的机械能保持不变。若 $W_{外}=0$，$W_{非保内}=0$，则

$$E=E_k+E_p=C$$

9. 力在时间上的累积——冲量

冲量 $$\boldsymbol{I}=\int_{t_1}^{t_2}\boldsymbol{F}\mathrm{d}t$$

10. 动量

动量 $$\boldsymbol{p}=m\boldsymbol{v}$$

11. 质点的动量定理

合外力的冲量等于质点动量的增量。

$$\boldsymbol{I}=\int_{t_1}^{t_2}\boldsymbol{F}\mathrm{d}t=\int_{p_1}^{p_2}\mathrm{d}\boldsymbol{p}=\boldsymbol{p}_2-\boldsymbol{p}_1=\Delta\boldsymbol{p}$$

12. 质点系的动量定理

所有外力的冲量的矢量和等于质点系动量的增量。

$$\boldsymbol{I}=\sum_i\boldsymbol{F}_i\mathrm{d}t=\frac{\mathrm{d}}{\mathrm{d}t}\left(\sum_i m_i\boldsymbol{v}_i\right)$$

13. 动量守恒定律

当质点不受外力或所受合力为零时，系统的总动量保持不变，即

$$\boldsymbol{F}_{合}=\boldsymbol{0}\text{ 时，}\quad\boldsymbol{p}=\sum_i m_i\boldsymbol{v}_i=C$$

14. 碰撞

完全弹性碰撞：动量守恒，动能没有损失。

非弹性碰撞：动量守恒，动能损失。

习 题

2-1 物体作匀速率曲线运动，则（　　）。

（A）其所受合外力一定总为零　　（B）其加速度一定总为零

（C）其法向加速度一定总为零　　（D）其切向加速度一定总为零

2-2 牛顿第二定律的动量表达式为 $\boldsymbol{F}=\frac{\mathrm{d}(m\boldsymbol{v})}{\mathrm{d}t}$，即有 $\boldsymbol{F}=m\frac{\mathrm{d}\boldsymbol{v}}{\mathrm{d}t}+\boldsymbol{v}\frac{\mathrm{d}m}{\mathrm{d}t}$，物体作怎样的运动才能使上式中右边的两项都不等于零，而且方向不在一条线上？（　　）。

（A）定质量的加速直线运动　　（B）定质量的加速曲线运动

（C）变质量的直线运动　　（D）变质量的曲线运动

2-3 两颗相同的子弹以相同的速度分别打入固定的软、硬两块木块，最后停止在木块内部，则关于木块受到的冲量及平均作用力，下列说法正确的是（　　）。

（A）硬木块所受冲量和作用力较大

（B）冲量相同，硬木块所受作用力较大

（C）软木块所受冲量较大，硬木块所受作用力较大

（D）无法判断

2-4 对一个系统来说，在下列条件中，哪种情况下系统的机械能守恒？（　　）。

（A）合外力为零

（B）外力和非保守力都不做功

（C）合外力不做功

（D）外力和保守内力都不做功

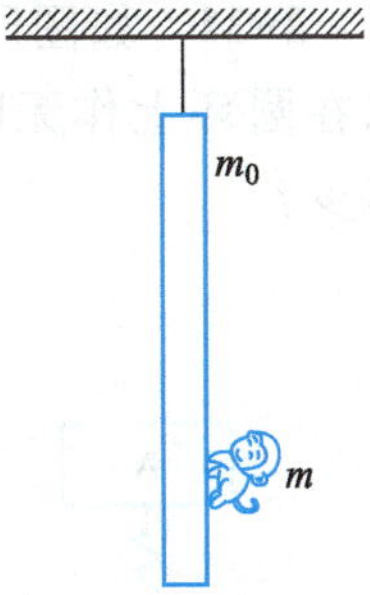

习题 2-5 图

2-5 如图所示，一只质量为 m 的小猴，抓住质量为 m_0 的直杆，直杆与天花板用一线相连，若悬线突然断开后，小猴沿直杆竖直向上爬以保持它离地面的高度不变，则此时直杆下落的加速度为（　　）。

（A）g　　（B）mg/m_0

（C）$\frac{m_0+m}{m_0}g$　　（D）$\frac{m_0-m}{m_0}g$

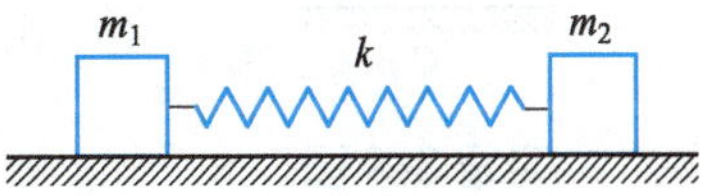

习题 2-6 图

2-6 质量分别为 m_1、m_2 的两个物体用弹性系数为 k 的轻弹簧相连，放在水平光滑桌面上，如图所示，当两物体相距 x 时，系统由静止释放，已知弹簧的自然长度为 x_0，则当物体相距 x_0 时，m_1 的速度大小为（　　）。

（A）$\sqrt{\frac{k(x-x_0)^2}{m_1}}$　　（B）$\sqrt{\frac{k(x-x_0)^2}{m_2}}$

（C）$\sqrt{\frac{k(x-x_0)^2}{m_1+m_2}}$　　（D）$\sqrt{\frac{km_2(x-x_0)^2}{m_1(m_1+m_2)}}$

2–7　质量为 m 的质点，在半径为 R 的半球形容器中，由静止开始自边缘上的点 A 滑下，到达最低点 B 时，它对容器的正压力数值为 F_N，如图所示，则质点自 A 滑到 B 的过程中，摩擦力对其做的功为（　　）。

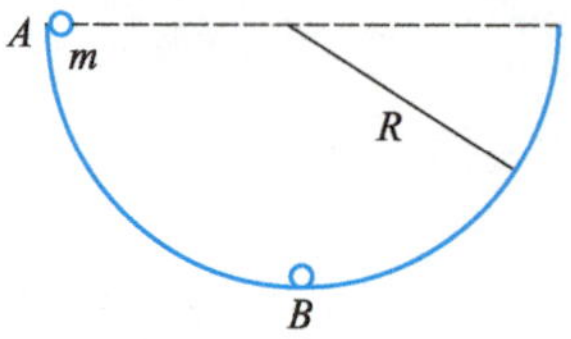

习题 2–7 图

（A）$R(F_N-3mg)/2$

（B）$R(3mg-F_N)/2$

（C）$R(F_N-mg)/2$

（D）$R(F_N-2mg)/2$

2–8　烟火总质量为 m_0+2m，从离地面高 h 处自由下落到 $h/2$ 时炸开，并飞出质量均为 m 的两块，它们相对于烟火体的速度大小相等，方向一上一下，爆炸后烟火体从 $h/2$ 处落到地面的时间为 t_1，若烟火体在自由下落到 $h/2$ 处时不爆炸，它从 $h/2$ 处落到地面的时间为 t_2，则（　　）。

（A）$t_1>t_2$　　（B）$t_1<t_2$

（C）$t_1=t_2$　　（D）无法确定

2–9　质量相等的两物体 A 和 B，分别固定在弹簧的两端，竖直放在光滑水平面 C 上，如图所示；弹簧的质量与物体 A、B 的质量相比，可以忽略不计，若把 C 迅速移走，则在移开的一瞬间，A、B 的加速度各为多少？

2–10　如图所示，半径为 R 的圆环固定在光滑的水平桌面上，一物体沿圆环内壁作圆周运动，$t=0$ 时，物体的速度为 v_0（沿切线方向），若物体与圆环的摩擦系数为 μ，物体稍后任意时刻的速率为多少？

2–11　如图所示，半径为 R 的圆环绕其竖直直径以角速度 ω 转动，一小珠可以在圆环上作无摩擦的滑动。要使小珠相对静止在角 θ 位置，则角速度 ω 应为多少？

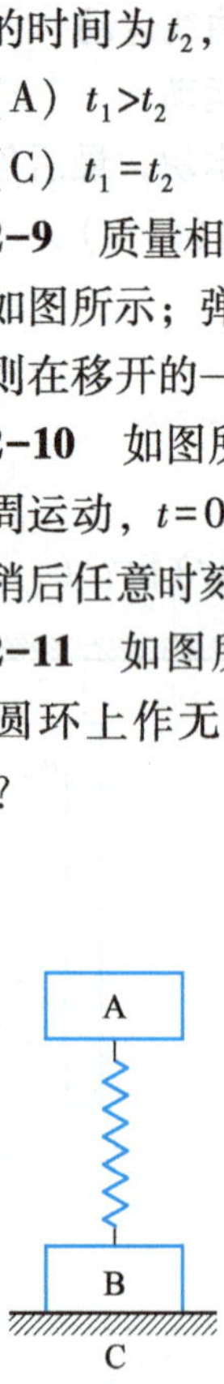

习题 2–9 图

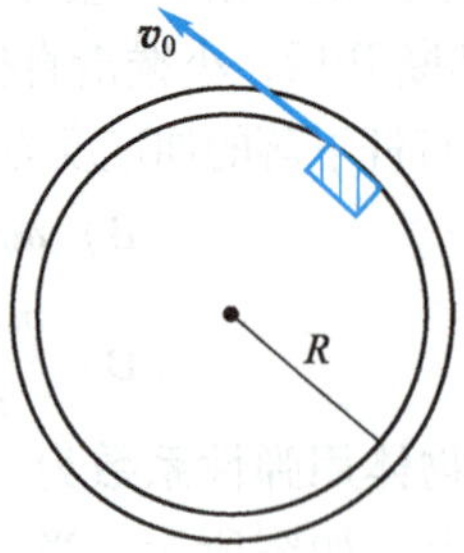

习题 2–10 图

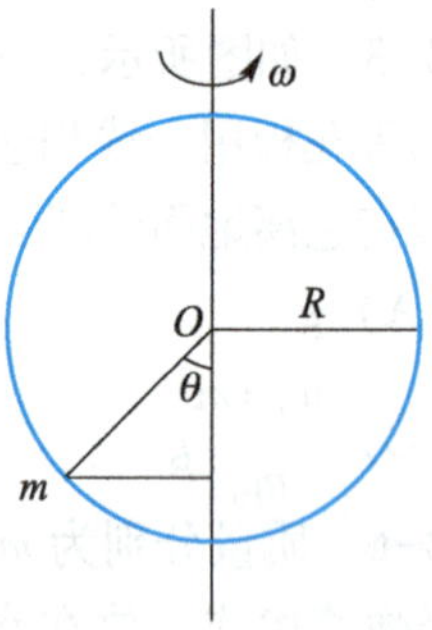

习题 2–11 图

2–12　一质量为 $m=10\,\text{kg}$ 的质点在力 $F=120t+40$（SI 单位）的作用下，沿 x 轴作直线运动，在 $t=0$ 时，质点位于 $x=5\,\text{m}$ 处，其速度 $v_0=6\,\text{m}\cdot\text{s}^{-1}$，求质点在任意时刻的速度和位置表达式。

2–13　如图所示，弹性系数为 k 的轻弹簧，一端固定在墙壁上，另一端连一质量为 m 的滑块，滑块静止在坐标原点 O，此时弹簧长度为原长，滑块与桌面间的摩擦系数为μ，若滑块在不变的外力$\boldsymbol{F}$作用下向右移动，则它到达最远位置时系统的弹性势能为多少？

2-14 如图所示，两块并排的木块A和B，质量分别为m_1和m_2，静止地放置在光滑的水平面上，一子弹水平地穿过两木块，设子弹穿过两木块所用的时间分别为Δt_1和Δt_2，木块对子弹的阻力为恒力$\boldsymbol{F}$，则子弹穿出后，木块A、B的速度大小各为多少？

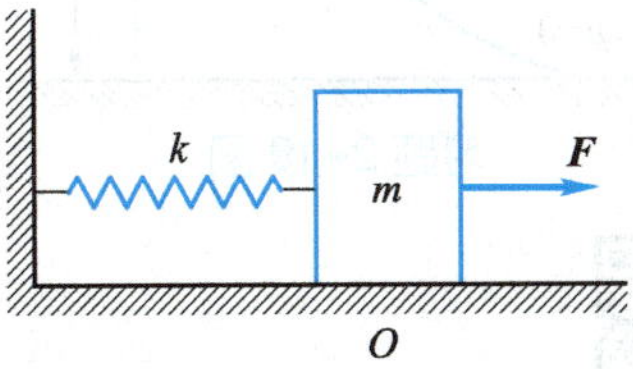

习题 2-13 图

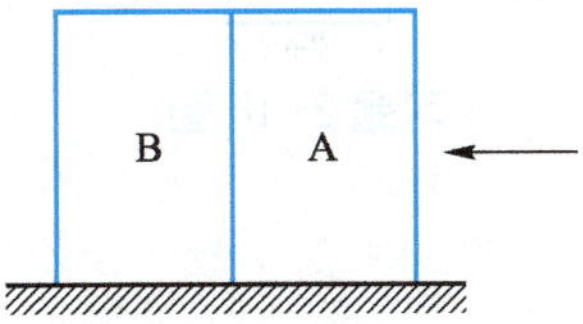

习题 2-14 图

2-15 一人从10 m深的井中提水，起始时桶中装有10 kg的水，桶的质量为1 kg，由于水桶漏水，每升高1 m要漏去0.2 kg的水，求人将水桶匀速地从井底提到井口的过程中，人所做的功。

2-16 如图所示，一匀质链条总长为L，质量为m，放在桌面上，并使其下垂，下垂一端的长度为a，设链条与桌面之间的滑动摩擦系数为μ，令链条由静止开始运动，问：(1) 由静止到链条离开桌面的过程中，摩擦力对链条做了多少功？(2) 链条离开桌面时的速率是多少？

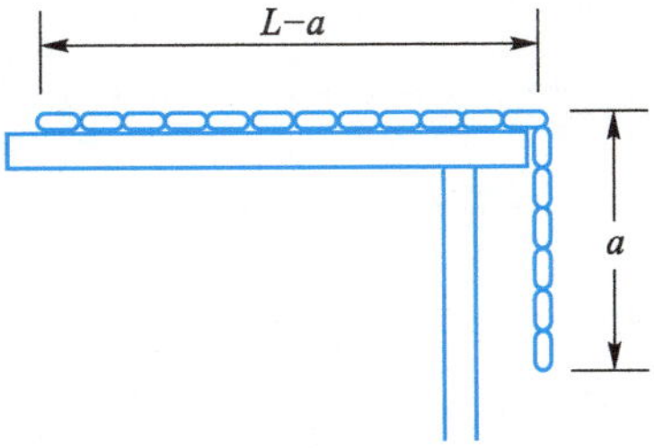

习题 2-16 图

2-17 用铁锤将一枚铁钉击入木板内，设木板对铁钉的阻力与铁钉进入木板的深成正比，如果在击第一次时，能将铁钉击入木板内1 cm，再击第二次时（锤仍然以与第一次同样的速度击铁钉），能击入多深？

2-18 如图所示将质量为$m_0=2.0$ kg的物体（不考虑体积）用一根长为$l=1.0$ m的细绳悬挂在天花板上，今有一质量为$m=20$ g的子弹以$v_0=600\ \mathrm{m\cdot s^{-1}}$的水平速度射穿物体，刚射出物体的子弹的速度大小$v=30\ \mathrm{m\cdot s^{-1}}$，设穿透时间极短。求：(1) 子弹刚穿出时细绳中张力的大小；(2) 子弹在穿透过程中所受的冲量。

2-19 如图所示，有一光滑的滑梯，质量为m_0，高度为h，放在光滑水平面上，滑梯轨道底部与水平面相切，质量为m的小物块自滑梯顶部由静止下滑，问：(1) 物块滑到地面时，滑梯的速度为多少？(2) 物块下滑的整个过程中，滑梯对物块做的功为多少（单位：J）？

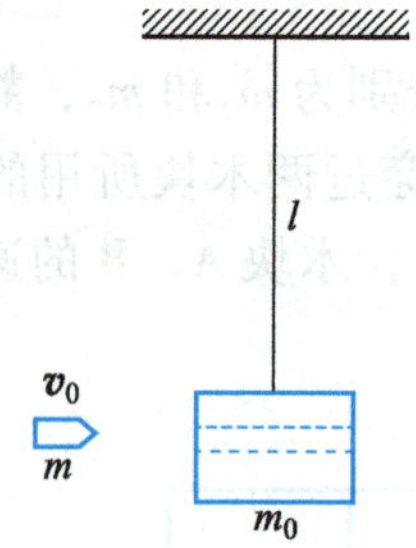

习题 2-18 图

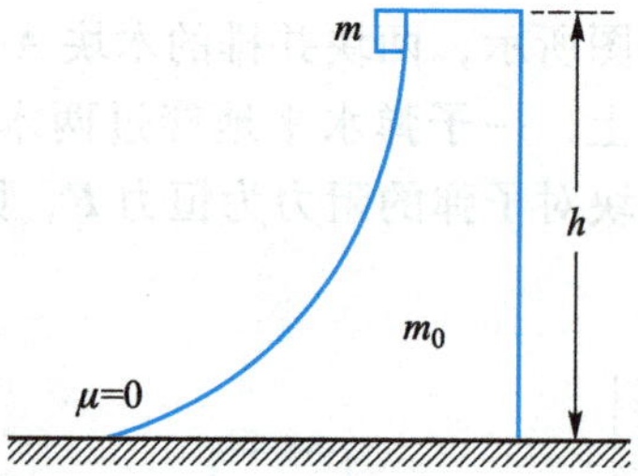

习题 2-19 图

习题答案

第三章　刚体的定轴转动

本章资源

在质点力学部分，我们已经讨论了质点的运动规律。而实际的物体是具有大小和形状的，且在外力作用下还会发生形变，这使问题变得很复杂。当我们讨论的物体大小和形状不能忽略时，如果物体的形变很小，为了便于研究，可以忽略物体的形变，即物体内任意两点间的距离都保持恒定，这种理想化了的物体就称为刚体。应当注意，与质点的概念一样，刚体也是一种抽象的理想模型，在现实中是不存在的。但刚体模型忽略了形变所带来的复杂性，会使问题的讨论得到大大的简化。

通常情况下，对于质量均匀、连续分布的刚体总可以视为由无数个小体积元所组成的，而每个小体积元称为质量是 dm 的质元。若每个质元可视为一个质点，则对刚体的讨论就可归结为对质点系的研究。从而使得牛顿力学的研究范围从质点拓展到了刚体。

本章将着重讲述刚体的定轴转动，其主要内容包括角速度和角加速度、力矩、转动惯量、转动定律、转动动能、角动量定理和角动量守恒定律。

第一节　刚体的定轴转动

刚体的基本运动形式有两种：平动和转动。任何复杂的刚体运动都可以视为这两种最简单、最基本的运动的合成。

若刚体中所有点的运动轨迹都保持完全相同，或刚体内任意两点的连线在运动中始终平行于它们初始位置间的连线，这种运动就称为刚体的**平动**，如图 3-1 所示。如电梯的升降、活塞的往返、刨床刀具的运动等都是平动的例子。在刚体平动时，组成刚体的各个质点的位移以及质点运动轨迹的形状都相同；任何时刻，它们的速度和加速度也都相同。所以，刚体的平动就可以由刚体内任何一个质点的运动所代表。这样，质点运动学和动力学的知识皆适用于研究刚体的平动。

刚体的另一种基本运动是转动。当组成刚体的各个质点都绕某一条直线作圆周运动时，我们就说刚体在**转动**，这条直线称为**转轴**。转动又可分为定轴转动和非定轴转动。如果转轴的位置和方向是固定不动的，此时刚体的运动称为**刚体的定轴转动**，例如车床上工件的转动、钟表指针的运动以及直升机螺旋桨的转动（图 3-2）。

如果转轴上一点相对于参考系是静止的，而转轴的方向随时间在不断变化，这种转动称为**定点转动**，如雷达天线的转动、陀螺的转动等。以下我们将只讨论刚体的定轴转动。

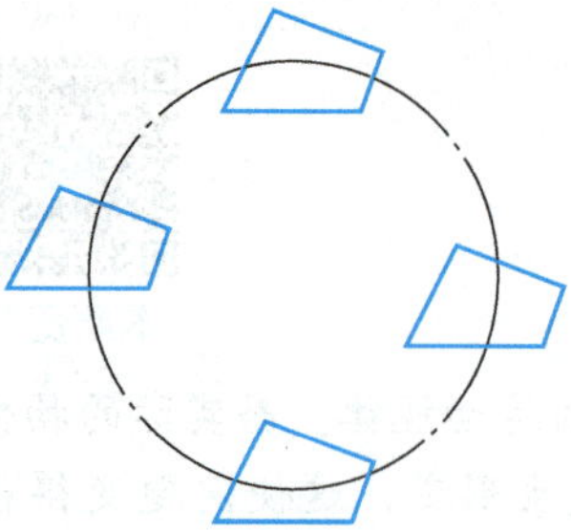

图 3-1　刚体的平动

图 3-2　直升机螺旋桨的转动

一、刚体定轴转动的描述

当刚体作定轴转动时，刚体内不在转轴上的任意一个质元都在垂直于转轴且通过该质点的平面上作圆周运动，此平面称为**转动平面**。转动平面是描述刚体转动时的一个参考平面。转动平面与转轴的交点 O 是该平面内各个质点作圆周运动的圆心。对于一个刚体来说，相对于一个转轴可以作无数个转动平面，但对刚体内某个指定的质元而言，它相对于某个转轴只处在相应的一个转动平面内。

如图 3-3 所示，一刚体绕固定轴 Oz 转动，我们选择任意一个转动平面作为参考平面来研究，且从点 O 出发，在此转动平面上任意画一条直线作为参考方向 Ox，参考方向一经选定就固定不动。设在任一时刻 t，转动平面上某一质元 P 的位矢 $\boldsymbol{r}$ 与参考方向 Ox 间的夹角为 θ，角 θ 称为**角坐标**，它可以表示刚体的位置。当刚体绕固定轴 Oz 转动时，角坐标 θ 会随时间 t 改变，即

$$\theta=\theta(t) \tag{3-1}$$

这就是刚体作定轴转动时的运动函数，它描述了刚体位置随时间而变化的规律。

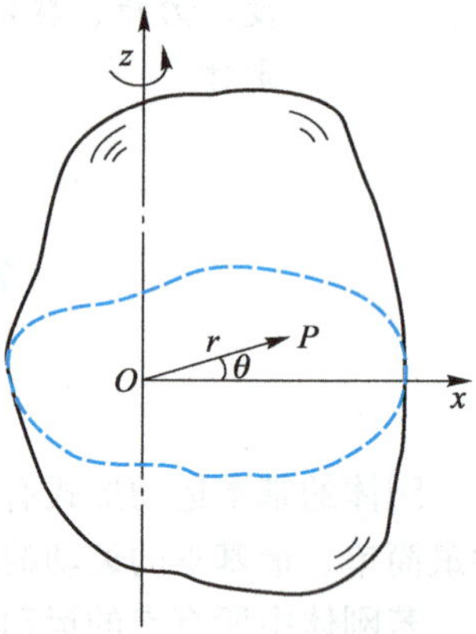

图 3-3　刚体的定轴转动

设在 t 到 $t+\Delta t$ 的时间内，刚体从 $\theta(t)$ 转到 $\theta(t+\Delta t)$，于是，转过的角位移为

$$\Delta\theta=\theta(t+\Delta t)-\theta(t)$$

角位移和角坐标的单位都是 rad（弧度）。在一段时间 Δt 内，刚体转过的角位移 $\Delta\theta$ 与时间 Δt 的比值，称为平均角速度，它是对刚体转动快慢的粗略描述，即

$$\bar{\omega}=\frac{\Delta\theta}{\Delta t}$$

当 $\Delta t\to 0$ 时，将平均角速度取极限值，可得到瞬时角速度，也就是我们平常所说的角速度

$$\omega=\lim\frac{\Delta\theta}{\Delta t}=\frac{d\theta}{dt} \tag{3-2}$$

ω 是描述刚体转动快慢和转动方向的物理量，单位为 $rad \cdot s^{-1}$（弧度每秒）。此外，工程上还常用**转速** n 来描述刚体转动的快慢。显然 ω 与 n 之间的关系是

$$\omega=2\pi n \tag{3-3}$$

刚体绕定轴转动时，如果其角速度发生了变化，刚体就产生了角加速度。若一段时间 Δt 内，角速度的变化量为 $\Delta\omega$，$\Delta\omega$ 与 Δt 的比值称为平均角加速度，即

$$\bar{\beta}=\frac{\Delta\omega}{\Delta t}$$

当 $\Delta t\to0$ 时，将这一比值取极限值，可得到瞬时角加速度，其单位为 $rad \cdot s^{-2}$（弧度每二次方秒）。

$$\beta=\lim_{\Delta t\to0}\frac{\Delta\omega}{\Delta t}=\frac{d\omega}{dt}=\frac{d^2\theta}{dt^2} \tag{3-4}$$

需要指出的是，在刚体的定轴转动中，角加速度、角速度和角位移这些矢量通常用代数量表述。一般规定，当刚体绕轴作逆时针转动时，这些角位移、角速度取正值；反之，作顺时针转动时，则取负值；而角加速度的正负视角速度的变化情况而定，当角速度增加时，角加速度取正，反之取负。

二、匀变速转动公式

当刚体绕定轴转动时，如果在任意相等时间间隔 Δt 内，角速度的增量都相等，这种变速转动称为匀变速转动。匀变速转动的角加速度为一常量，即 β=常量。

由式（3-2）和式（3-4）可求得刚体绕定轴作匀变速转动时角位移、角速度、角加速度与时间之间的关系式。它们与质点匀变速直线运动公式的对比如表 3-1 所示。

表 3-1 公式对比

质点作匀变速直线运动	刚体绕定轴作匀变速转动
$v=v_0+at$	$\omega=\omega_0+\beta t$
$x=x_0+v_0t+\frac{1}{2}at^2$	$\theta=\theta_0+\omega_0t+\frac{1}{2}\beta t^2$
$v^2=v_0^2+2a(x-x_0)$	$\omega^2=\omega_0^2+2\beta(\theta-\theta_0)$

三、角量与线量的关系

当刚体绕定轴转动时，组成刚体的所有质点都绕定轴作圆周运动。因此描述刚体运动状态的角量和线量之间的关系，可以用第一章圆周运动部分中相应的角量和线量关系来表述。

如图 3-4 所示，有一刚体以角速度 ω 绕定轴 OO' 转动。刚体内点 P 的线速度与角速度之间的大小关系为

$$v=r\omega \tag{3-5}$$

显然，刚体上各点的线速率 v 与各点到转轴的垂直距离 r 成正比，距转轴越远，线速度越大。

点 P 的切向加速度和法向加速度分别为

$$a_t=r\beta \tag{3-6}$$

$$a_n=r\omega^2 \tag{3-7}$$

由以上两式同样可以看出，对一绕定轴转动的刚体，距轴越远处，其切向和法向加速度越大。

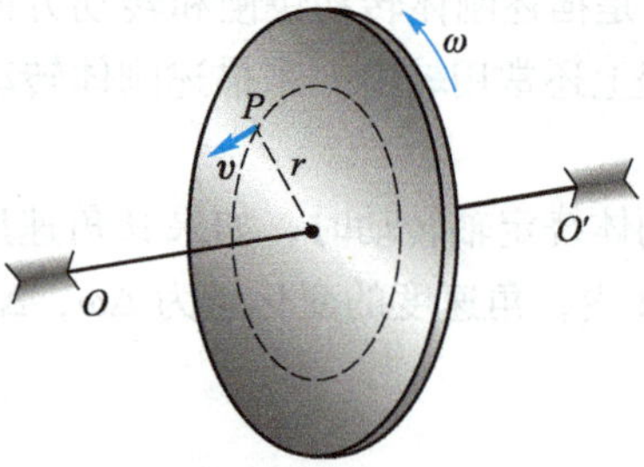

图 3-4　角量和线量关系

综上，我们要体会用角量来描述刚体的定轴转动的原因，这主要是由于各个质点作圆周运动的半径是不同的，对应的线量（速度、加速度）也是不同的，而任意时刻所有质点的角量描述（角速度、角加速度）却是完全相同。

［例 3-1］一飞轮的半径为 0.2 m，转速为 150 r · min^{-1}，经 30 s 均匀减速后停止。求：(1) 角加速度和飞轮转过的圈数；(2) $t=6$ s 时的角速度以及飞轮边缘上一点的线速度、切向加速度和法向加速度。

解　(1) 角速度与转速之间的关系为 $\omega=2\pi n$，由已知条件可得飞轮初始角速度为

$$\omega_0=\frac{2\pi\times150}{60}\text{ rad}\cdot\text{s}^{-1}=5\pi\text{ rad}\cdot\text{s}^{-1}$$

由飞轮作匀减速运动的规律可得到角加速度为

$$\beta=\frac{\omega-\omega_0}{t}=\frac{0-5\pi}{30}\text{ rad}\cdot\text{s}^{-2}=-\frac{\pi}{6}\text{ rad}\cdot\text{s}^{-2}$$

飞轮在 30 s 内转过的角度为

$$\theta=\frac{\omega^2-\omega_0^2}{2\beta}\text{ rad}=75\pi\text{ rad}$$

飞轮在 30 s 内转过的圈数为

$$N=\frac{\theta}{2\pi}=\frac{75\pi}{2\pi}\text{ r}=37.5\text{ r}$$

(2) $t=6$ s 时的角速度

$$\omega=\omega_0+\beta t=4\pi\text{ rad}\cdot\text{s}^{-1}$$

飞轮边缘上一点的线速度

$$v=r\omega=2.5\text{ m}\cdot\text{s}^{-1}$$

切向加速度

$$a_t=r\beta=-0.105\text{ m}\cdot\text{s}^{-2}$$

法向加速度

$$a_n=\omega^2r=31.6\text{ m}\cdot\text{s}^{-2}$$

［例 3-2］设圆柱形电机转子由静止经 300 s 后转速达 18 000 r · min^{-1}，已知转子的角加速度 β 与时间成正比。求转子在这段时间内转过的圈数。

解 由题意可知，设转子的角加速度为

$$\beta = ct$$

式中，c 为比例常量，转子作变角加速定轴转动。由角加速度定义及上式，有

$$\beta = \frac{\mathrm{d}\omega}{\mathrm{d}t} = ct$$

得

$$\mathrm{d}\omega = ct\mathrm{d}t$$

则有

$$\int_0^{\omega}\mathrm{d}\omega = c\int_0^t t\mathrm{d}t$$

积分得

$$\omega = \frac{1}{2}ct^2 \tag{1}$$

由题条件可知，$t = 300\ \mathrm{s}$ 时，$n = 18\,000\ \mathrm{r\cdot min^{-1}}$，可得角速度

$$\omega = 2\pi n = \frac{18\,000\times 2\pi}{60}\ \mathrm{rad\cdot s^{-1}} = 600\pi\ \mathrm{rad\cdot s^{-1}}$$

因此，由式（1）得

$$c = \frac{2\omega}{t^2} = \frac{2\times 600\pi}{300^2}\ \mathrm{rad\cdot s^{-1}} = \frac{\pi}{75}\ \mathrm{rad\cdot s^{-3}}$$

于是，式（1）为

$$\omega = \frac{\pi}{150}t^2$$

由角速度的定义及上式，有

$$\int_0^{\theta}\mathrm{d}\theta = \frac{\pi}{150}\int_0^t t^2\mathrm{d}t$$

得

$$\theta = \frac{\pi}{450}t^3$$

在 300 s 内，转子转过的圈数为

$$N = \frac{\theta}{2\pi} = \frac{\pi}{2\pi\times 450}\times 300^3\ \mathrm{r} = 3\times 10^4\ \mathrm{r}$$

第二节 刚体的定轴转动定律

上一节只讨论了刚体定轴转动的运动学问题。这一节将讨论刚体定轴转动的动力学问题，即研究刚体绕定轴转动时所遵守的定律。为此，先引进力矩这个物理量，然后再讨论在力矩作用下转动状态的变化规律。

一、力矩

由质点动力学可知，力是改变质点运动状态的原因。那么，想要改变刚体绕定轴的转动状态，只知道受力是不够的。如果它所受力的方向与转轴平行或指向转轴，这个力纵然很大，也不能转动刚体。所以，本节引入一个新的物理量来表征这个力使刚体转动的效果，这个物理量就是力矩。

如图 3-5 所示，对定轴转动的刚体，设其所受的外力 $\boldsymbol{F}$ 在转动平面内，转轴和转动平面的交点为 O，$\boldsymbol{r}$ 为点 O 到力的作用点 P 的径矢，$\boldsymbol{r}$ 与 $\boldsymbol{F}$ 间的夹角为 φ，而从点 O 到力 $\boldsymbol{F}$ 的作用线的垂直距离 d 称为力对转轴的力臂，其值为 $d=r\sin\varphi$。力 $\boldsymbol{F}$ 的大小和力臂 d 的乘积，就称为力 $\boldsymbol{F}$ 对转轴的**力矩**，用 M 表示其大小，即

$$M=Fd=Fr\sin\varphi \tag{3-8}$$

应当指出，力矩不仅有大小，而且有方向。如图 3-6 所示，两个一样的可绕定轴转动的圆盘，有大小相等、方向相反的力 $\boldsymbol{F}$ 分别作用于这两个静止圆盘的边缘。这两个力的力矩所产生的转动效果是不同的。在图 3-6（a）中，力矩驱使转盘沿转动正方向即逆时针方向旋转，而在图 3-6（b）中，力矩则驱使转盘沿转动反方向即顺时针方向旋转。由此可见，力矩是有大小、有方向的矢量。对于绕定轴转动的刚体，力矩的正负反映了力矩的矢量性。

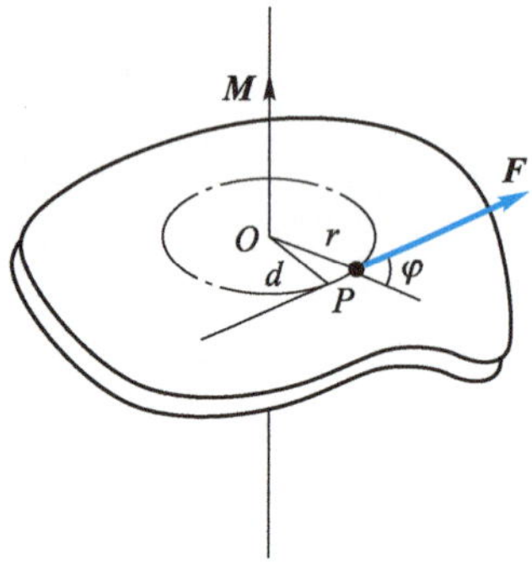

图 3-5　力矩示意图

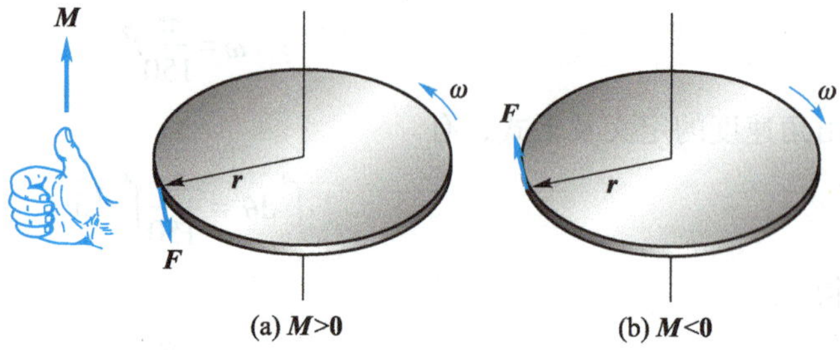

图 3-6　绕定轴转动力矩的方向

由矢量的矢积定义，力矩矢量 $\boldsymbol{M}$ 可用 $\boldsymbol{r}$ 和 $\boldsymbol{F}$ 的矢积表示，即

$$\boldsymbol{M}=\boldsymbol{r}\times\boldsymbol{F} \tag{3-9}$$

$\boldsymbol{M}$ 的大小为

$$M=Fr\sin\varphi$$

$\boldsymbol{M}$ 的方向垂直于 $\boldsymbol{r}$ 与 $\boldsymbol{F}$ 所构成的平面，也可由如图 3-5 所示的**右手螺旋定则**确定，即**把右手拇指伸直，其余四指弯曲，弯曲的方向是由 $\boldsymbol{r}$ 通过小于 180° 的角 φ 转向 $\boldsymbol{F}$ 的方向，这时拇指所指的方向就是力矩的方向。**

对定轴转动来说，用矢积表示力矩的方向，与先规定转动正方向，再按力矩的正负来确定力矩方向是一致的。

若一个刚体受几个力矩的作用，实验及理论告诉我们，合力矩是这些力矩的矢量和。在国际单位制中，力矩的单位是 N · m（牛米）。

［例 3-3］我国的三峡大坝（如图 3-7 所示）是世界上最大的水利工程，其总装机容量为 22 500 MW，坝体挡水前沿总长为 2 335 m，坝体总高为 185 m，正常蓄水高度为 175 m。假设水面与三峡大坝表面垂直，如图 3-8（a）所示，求正常蓄水时，水作用在大坝上的力，以及这个力对通过大坝基点 Q 且与 x 轴平行的轴的力矩。

图 3-7　三峡大坝

解　如图 3-8（b）所示，建立直角坐标系，设水深为 h、坝长为 L，在坝面上取一面积元 $\mathrm{d}S=L\mathrm{d}y$，若在此面积元上的压强为 p，则作用在此面积元上的力为

$$\mathrm{d}F=p\mathrm{d}S=pL\mathrm{d}y \tag{1}$$

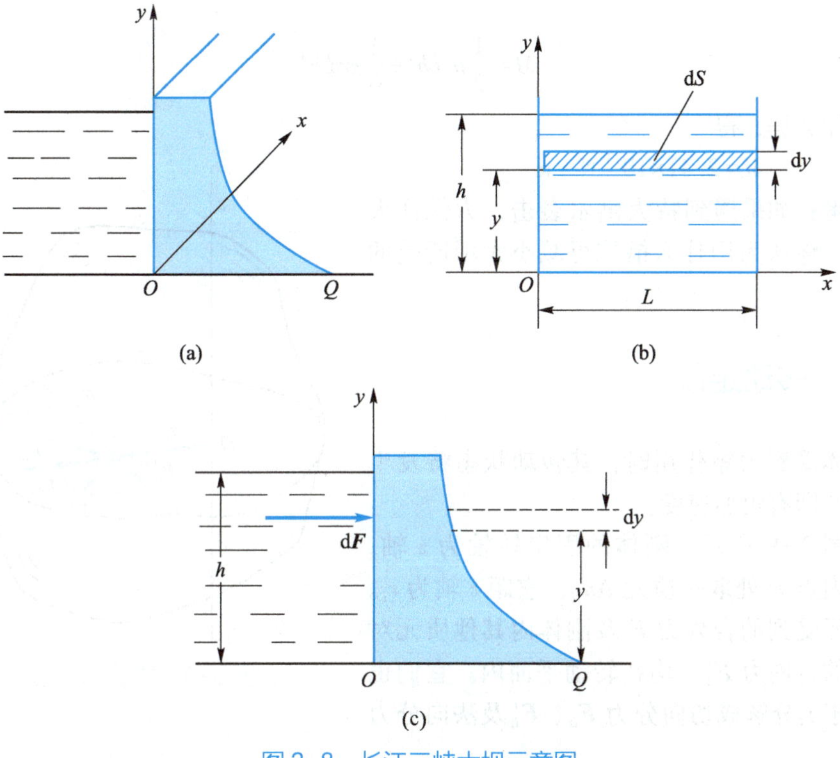

图 3-8　长江三峡大坝示意图

dF 的方向与坝面（即 Oxy 平面）垂直。如果大气压为 p_0，有 $p=p_0+\rho g(h-y)$，式中 ρ 为水的密度。把上式代入式（1），有

$$dF=pdS=[p_0+\rho g(h-y)]Ldy \tag{2}$$

由于作用在坝面上力的方向均相同，所以作用在大坝上的合力为

$$F=\int_0^h [p_0+\rho g(h-y)]Ldy$$

得

$$F=p_0Lh+\frac{1}{2}\rho gLh^2$$

式中 $p_0=1.01\times10^5$ Pa，代入已知数据，得

$$F=(1.01\times10^5\times2\,335\times175+\frac{1}{2}\times1.0\times10^3\times9.8\times2\,335\times175^2)\ \text{N}=3.9\times10^{11}\ \text{N}$$

下面我们来计算此作用力对通过大坝基点 Q 且与 x 轴平行的轴的力矩。

如图 3-8（c）所示，dF 对通过点 Q 的轴的力矩为

$$dM=ydF$$

把式（2）代入上式，有

$$dM=y[p_0+\rho g(h-y)]Ldy$$

由于水作用在大坝上各处的力矩都是顺时针方向，故其合力矩为

$$M=\int_0^h y[p_0+\rho g(h-y)]Ldy$$

得

$$M=\frac{1}{2}p_0Lh^2+\frac{1}{6}g\rho Lh^3$$

代入已知数据，得

$$M=2.41\times10^{13}\ \text{N}\cdot\text{m}$$

思考： 如果遇到特大洪水袭击，为保证大坝安全，你认为用什么措施可减小大坝所受的力矩？

二、转动定律

刚体受到力矩作用时，其转动状态将发生变化，亦即有角加速度。

如图 3-9 所示，刚体的固定转轴为 z 轴，在刚体内点 P 处取一质元 Δm_i，它距 z 轴为 r_i。设此质元受到的合外力 $\boldsymbol{F}_i$ 及刚体内其他质元对它作用的合内力 $\boldsymbol{F}'_i$，均在转动平面内。它们也可相对于 r_i 分解成切向分力 $\boldsymbol{F}_{it}$、$\boldsymbol{F}'_{it}$ 及法向分力 $\boldsymbol{F}_{in}$、$\boldsymbol{F}'_{in}$。

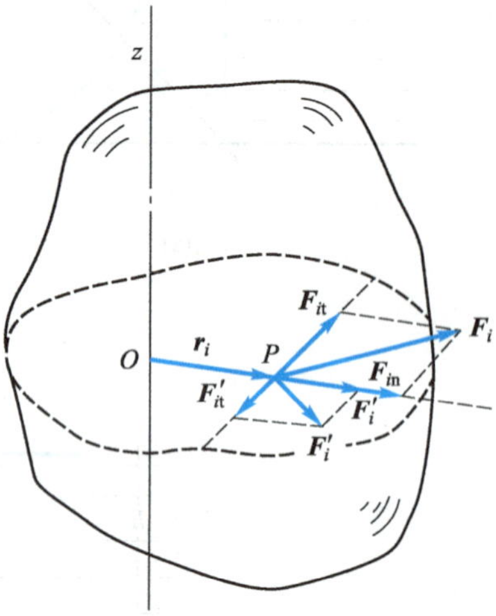

图 3-9 转动定律图示

若将质元视作质点，则根据牛顿第二定律，可列出关系式

$$\boldsymbol{F}_i+\boldsymbol{F}'_i=\Delta m_i\boldsymbol{a}_i \tag{3-10}$$

或分量式

$$F_{it}+F'_{it}=\Delta m_i a_{it} \tag{3-11a}$$

$$F_{in}+F'_{in}=\Delta m_i a_{in} \tag{3-11b}$$

由于法向分力 F_{in}及 F'_{in}对此转轴的力矩为零，所以对式（3-11b）可不予讨论。对切向分量式（3-11a）两边同乘以 r_i，并考虑到 $a_{it}=r_i\beta$，则有

$$(F_{it}+F'_{it})r_i=\Delta m_i r_i a_{it}=\Delta m_i r_i^2\beta$$

我们对刚体的所有质元都可建立同样的关系式，所以，对整个刚体应有

$$\sum_i F_{it}r_i+\sum_i F'_{it}r_i=\left(\sum_i \Delta m_i r_i^2\right)\beta$$

显然，$\sum\limits_i F_{it}r_i=M_{合}$ 是作用在刚体上的合外力矩。而 $\sum\limits_i F'_{it}r_i$ 是所有内力矩之和，由于每一对作用力与反作用力大小相等、方向相反，且作用在同一条直线上，对转轴的力臂也相同，所以 $\sum\limits_i F'_{it}r_i$ 恒为零。若令 $J=\sum\limits_i \Delta m_i r_i^2$，并将其称为刚体对此转轴的**转动惯量**，且角加速度的方向与所受合外力矩的方向相同，则上式便成为

$$\boldsymbol{M}_{合}=J\boldsymbol{\beta} \tag{3-12}$$

式（3-12）表明，**刚体绕定轴转动时，它的角加速度与所受合外力矩成正比，而与刚体对转轴的转动惯量成反比**。这一结论称为**刚体的定轴转动定律**，简称**转动定律**。应该指出，式中 $\boldsymbol{M}_{合}$、J、$\boldsymbol{\beta}$ 三者的关系是瞬时关系。如同牛顿第二定律是解决质点运动问题的基本定律一样，转动定律是解决刚体定轴转动问题的基本定律。

三、转动惯量

将刚体的转动定律与牛顿第二定律相比较，可发现两者在形式上十分相似，就各物理量在各自关系式中的作用来说，定轴转动中的 $\boldsymbol{M}$、J、$\boldsymbol{\beta}$ 分别对应于质点动力学中的 $\boldsymbol{F}$、m、$\boldsymbol{a}$。其中，转动惯量的物理意义也可以这样理解：当以相同的力矩分别作用于两个绕定轴转动的不同刚体时，它们所获得的角加速度一般是不一样的。转动惯量大的刚体获得的角加速度小，即角速度改变得慢，也就是保持原有转动状态的惯性大；反之，转动惯量小的刚体所获得的角加速度大，即角速度改变得快，也就是保持原有转动状态的惯性小。因此我们说，转动惯量是描述刚体在转动中的惯性大小的物理量。

由 $J=\sum\limits_i(\Delta m_i r_i^2)$ 可以看出，转动惯量 J 等于刚体上各质点的质量与各质点到转轴的距离二次方的乘积之和。由于刚体上的质点是连续分布的，所以其转动惯量可以用积分进行计算，即

$$J=\int_V r^2\mathrm{d}m \tag{3-13}$$

在国际单位制中，转动惯量的单位是 $kg \cdot m^2$（千克二次方米）。式中积分号下方的 V 表示积分范围是整个刚体。

如以 ρ 代表刚体的体密度，dV 为质量元 dm 的体积元，于是转动惯量可以写成 $J = \int_V \rho r^2 dV$。因此，一个刚体的转动惯量与以下三个因素有关：①刚体的体密度 ρ 以及密度分布；②刚体的几何形状；③转轴的位置。

上述三个因素对转动惯量的影响，在日常生活和工程实际问题中是可以体会到的。

例如，为了使机器工作时运行平稳，常在转轴上安装飞轮，一般这种飞轮的质量都非常大，而且飞轮的质量绝大部分都集中在飞轮的边缘，如图 3-10 所示。所有这些措施都是为了增大飞轮对转轴的转动惯量，增大转动惯量也是为了更好地储能，详见本章第三节。又例如，为了减小转动惯量以提高仪器的灵敏度，各种指针式仪表的指针都是采用密度小的轻型材料制成。

必须指出，只有几何形状简单、质量连续且均匀分布的刚体的转动惯量，才能用积分的方法计算出来，详见例 3-4。至于形状复杂刚体的转动惯量，通常可以用实验方法进行测定。

[例 3-4] 有一质量为 m、长为 l 的均匀细棒，求通过细棒端点且与细棒垂直的轴的转动惯量。

解　以细棒的端点为坐标原点，建立 Ox 轴。设细棒的线密度为 λ，如图 3-11 所示，取一距离转轴 Oz 为 x、长度为 dx 的质量元，其质量为 $dm = \lambda dx$，由式（3-13）可得

$$J = \int r^2 dm = \int \lambda x^2 dx$$

由于转轴通过细棒的端点，有

$$J = \int_0^l x^2 \frac{m}{l} dx = \frac{1}{3} ml^2$$

图 3-10　飞轮示意图

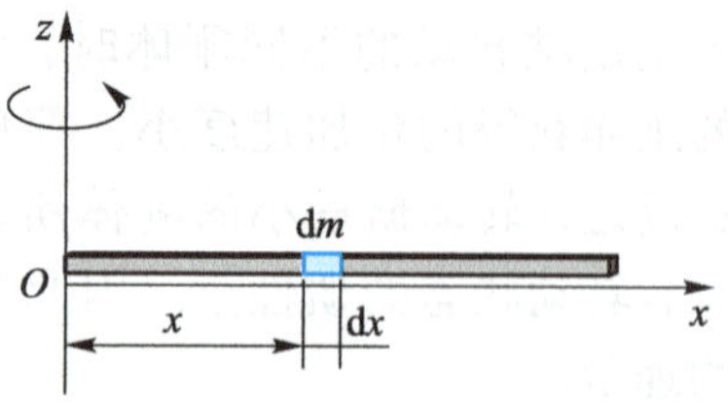

图 3-11　细棒绕过端点的轴转动示意图

在以上例题中，若改变细棒的转轴位置，求通过细棒中心并与细棒垂直的轴的转动惯量，应该如何求解呢？当然，可以应用基本的积分法计算，此外，为了简化过程，我们还可以在过端点转轴的转动惯量基础上，应用平行轴定理得到结果。

如图 3-12 所示，设通过刚体质心的转轴为 C 轴，刚体相对这个转轴的转动惯量为 J_C。如果另一转轴 O 与通过质心的转轴 C 平行，可以证明，刚体对 O 轴的转动惯量为

$$J_O=J_C+md^2 \tag{3-14}$$

式中，m 为刚体的质量，d 为两平行轴之间的距离。上述关系称为转动惯量的**平行轴定理**。

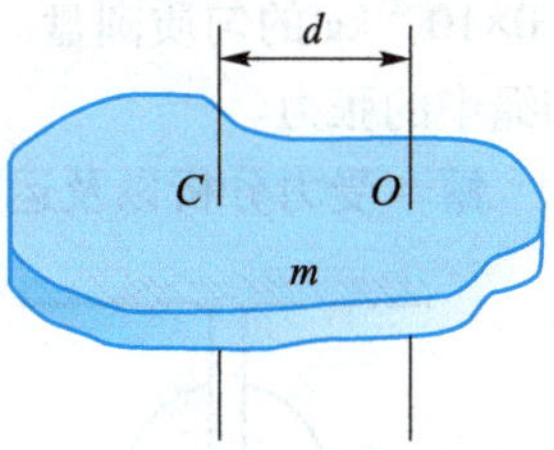

图 3-12 刚体平行轴定理示意图

根据例 3-4 的结果，利用平行轴定理，即可求得细棒绕 C 轴转动的转动惯量，即 $J=J_C+m\left(\frac{l}{2}\right)^2=\frac{1}{3}ml^2$，因此，$J_C=\frac{1}{12}ml^2$。由式（3-14）可以看出，刚体对通过质心的 C 轴的转动惯量最小，而对任何与 C 轴平行的转轴，转动惯量 J 都大于 J_C。可见，利用平行轴定理有时可以简化转动惯量的计算。

表 3-2 列出了几个几何形状简单、质量连续均匀分布的刚体相对于某个转轴的转动惯量。

表 3-2 几种常见刚体的转动惯量

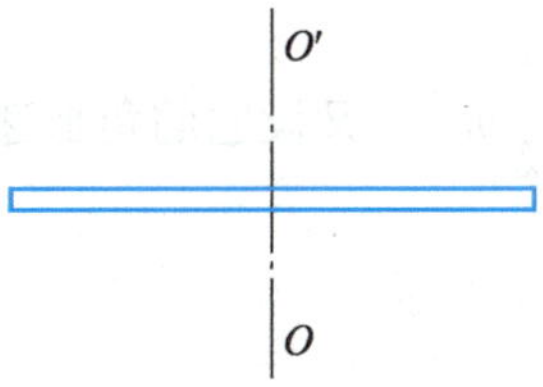 均匀细杆，长为 l，质量为 m。转轴 OO' 过中心且垂直于杆。 $J=\frac{1}{12}ml^2$	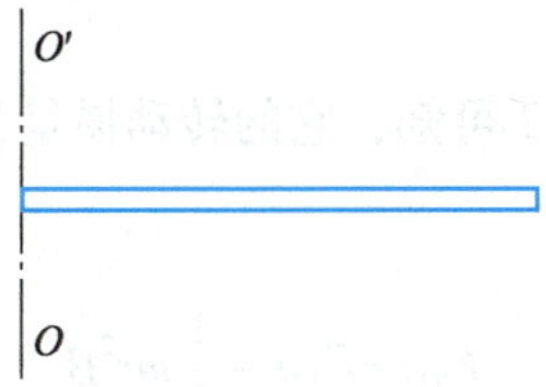 均匀细杆，长为 l，质量为 m。转轴 OO' 过一端且垂直于杆。 $J=\frac{1}{3}ml^2$	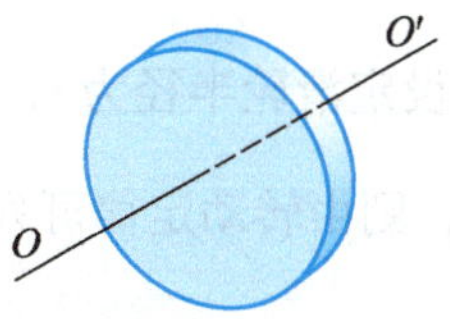 均匀薄圆盘，半径为 R，质量为 m。转轴 OO' 通过圆心且垂直于圆盘。 $J=\frac{1}{2}mR^2$
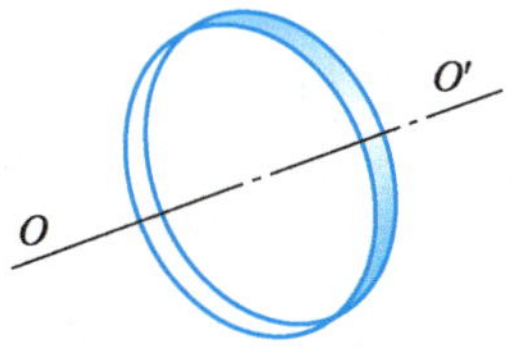 均匀薄圆环，半径为 R，质量为 m。转轴 OO' 通过环心且垂直于环面。 $J=mR^2$	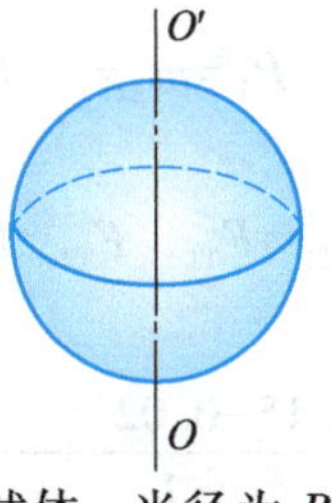 均匀球体，半径为 R，质量为 m。转轴 OO' 沿一条直径。 $J=\frac{2}{5}mR^2$	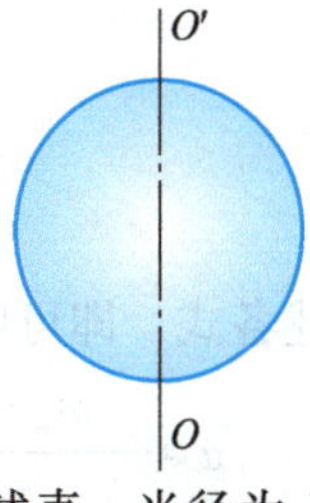 均匀球壳，半径为 R，质量为 m。转轴 OO' 沿一条直径。 $J=\frac{2}{3}mR^2$

四、转动定律的应用

在应用转动定律解题时，要求用隔离法分析其受力及其力矩，然后按此定律列出方程求解。在问题中涉及质点时，就需列出相应的牛顿运动定律，下面举例说明。

[例 3-5] 如图 3-13 所示阿特伍德机中，用一细绳跨过定滑轮，在细绳的两端分别挂有质量为 $m_A=1.5\times10^{-1}$ kg 和 $m_B=2.0\times10^{-2}$ kg 的物体 A 和 B。定滑轮是质量为 $m=1.0\times10^{-2}$ kg 的匀质圆盘。细绳与滑轮之间无相对滑动。试计算两物体 A 和 B 的加速度和绳中的张力。

解 受力分析以及运动正方向的选取如图 3-14 所示。

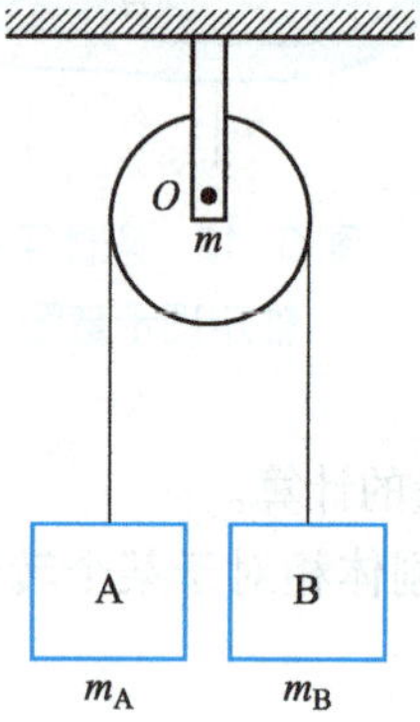

图 3-13 阿特伍德机

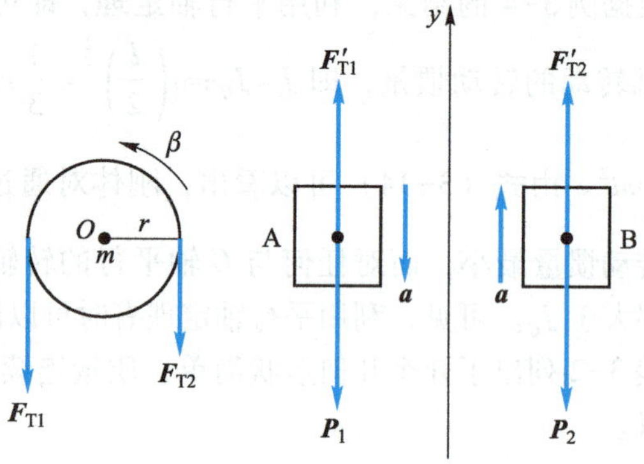

图 3-14 受力分析图示

设定滑轮半径为 r，由表 3-2 可知，它的转动惯量为 $J=\frac{1}{2}mr^2$，又设它的角加速度为 β，则由转动定律可列出方程

$$F_{T1}r-F_{T2}r=\frac{1}{2}mr^2\beta$$

对 A、B 两物体，设两者加速度大小为 a，由牛顿第二定律可列出方程

$$F'_{T1}-P_1=-m_Aa$$
$$F'_{T2}-P_2=m_Ba$$

且

$$a=r\beta,\quad P_1=m_Ag,\quad P_2=m_Bg$$

及

$$F_{T1}=F'_{T1}\quad F_{T2}=F'_{T2}$$

联立上述各式，即可解得

$$a=\frac{m_A-m_B}{m_A+m_B+\frac{1}{2}m}g=\frac{0.15-0.02}{0.15+0.02+\frac{1}{2}\times0.01}\times9.8\ \text{m}\cdot\text{s}^{-2}=7.28\ \text{m}\cdot\text{s}^{-2}$$

$$F_{T1}=\frac{m_A\left(2m_B+\frac{1}{2}m\right)}{m_A+m_B+\frac{1}{2}m}g=\left[\frac{0.15\times\left(2\times0.02+\frac{1}{2}\times0.01\right)}{0.15+0.02+\frac{1}{2}\times0.01}\times9.8\right]\text{N}=0.378\ \text{N}$$

$$F_{T2}=\frac{m_B\left(2m_A+\frac{1}{2}m\right)}{m_A+m_B+\frac{1}{2}m}g=\left[\frac{0.02\times\left(2\times0.15+\frac{1}{2}\times0.01\right)}{0.15+0.02+\frac{1}{2}\times0.01}\times9.8\right]\text{N}=0.341\,6\ \text{N}$$

如果本题定滑轮质量可忽略不计，即 $m=0$，那么，由上述各式便可解出

$$a=\frac{m_A-m_B}{m_A+m_B}g=\frac{0.15-0.02}{0.15+0.02}\times 9.8\ \mathrm{m\cdot s^{-2}}=7.49\ \mathrm{m\cdot s^{-2}}$$

$$F_{T1}=F_{T2}=\frac{2m_Am_B}{m_A+m_B}g=\left(\frac{2\times 0.15\times 0.02}{0.15+0.02}\times 9.8\right)\ \mathrm{N}=0.35\ \mathrm{N}$$

这与质点动力学中的结果一致。

第三节 刚体定轴转动的动能定理

一、力矩的功

质点在外力作用下发生位移时，我们说力对质点做了功。当刚体在外力矩作用下绕定轴转动而发生角位移时，我们就说力矩对刚体做了功，这就体现了力矩的空间累积作用。

如图 3-15 所示，一个在转动平面内的外力 $\boldsymbol{F}$ 作用在刚体上点 P 处，使之绕定轴转动。

力的作用点 P 到转轴的距离为 r（相应的位矢为 $\boldsymbol{r}$）。设在 $\mathrm{d}t$ 时间内，刚体绕 z 轴转过角位移 $\mathrm{d}\theta$，使点 P 产生位移 $\mathrm{d}\boldsymbol{r}$。由于 $\mathrm{d}\boldsymbol{r}$ 很小，可认为

$$\mathrm{d}r=|\mathrm{d}\boldsymbol{r}|=\mathrm{d}s=r\mathrm{d}\theta$$

其中 $\mathrm{d}s$ 是点 P 在 $\mathrm{d}t$ 时间内移动的路程。由功的定义可知，力 $\boldsymbol{F}$ 在位移 $\mathrm{d}\boldsymbol{r}$ 中对刚体做的功为

$$\mathrm{d}W=\boldsymbol{F}\cdot\mathrm{d}\boldsymbol{r}=F\cos(90°-\varphi)\mathrm{d}r$$
$$=F\cos(90°-\varphi)r\mathrm{d}\theta=Fr\sin\varphi\mathrm{d}\theta$$

由于力矩 $M=Fr\sin\varphi$，所以上式可改写为

$$\mathrm{d}W=M\mathrm{d}\theta \tag{3-15}$$

可见，**力矩 M 和角位移 $\mathrm{d}\theta$ 的乘积即力矩对刚体所做的元功 $\mathrm{d}W$**。

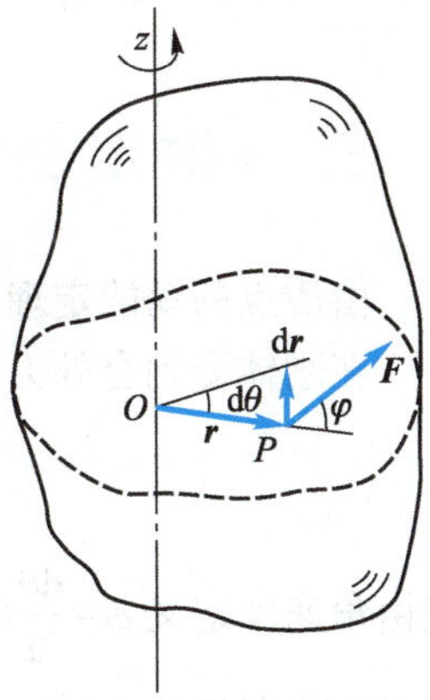

图 3-15 力矩做功示意图

当刚体在力矩 M 作用下，从角坐标 θ_1 转到 θ_2 时，力矩对刚体所做的功为

$$W=\int_{\theta_1}^{\theta_2}M\mathrm{d}\theta \tag{3-16}$$

对于大小和方向都不变的常力矩，则有

$$W=\int_{\theta_1}^{\theta_2}M\mathrm{d}\theta=M\int_{\theta_1}^{\theta_2}\mathrm{d}\theta=M(\theta_2-\theta_1) \tag{3-17}$$

应当指出，式（3-16）和式（3-17）中的 M 是作用在绕定轴转动的刚体上的合外力矩，故上述两式应理解为合外力矩对刚体做的功。

二、刚体定轴转动动能

刚体可以看成是由若干个质元组成的。所以，刚体定轴转动时的转动动能应等于所有质元绕轴转动时的动能总和。在刚体上任选一小质元，设其质量为 $\mathrm{d}m$，其线速度大小为 v，该质元到转轴的距离为 r。当刚体以角速度 ω 转动时，该质元的转动动能为

$$\frac{1}{2}\mathrm{d}mv^2=\frac{1}{2}\mathrm{d}mr^2\omega^2$$

整个刚体的转动动能为

$$E_\mathrm{k}=\int_V\frac{1}{2}r^2\omega^2\mathrm{d}m=\frac{1}{2}\left(\int_V r^2\mathrm{d}m\right)\omega^2$$

式中，$\int_V r^2\mathrm{d}m$ 为刚体的转动惯量，故有

$$E_\mathrm{k}=\frac{1}{2}J\omega^2 \tag{3-18}$$

即**刚体绕定轴转动的转动动能等于刚体的转动惯量与角速度二次方的乘积的一半**。这与质点的动能 $E_\mathrm{k}=\frac{1}{2}mv^2$，在形式上非常相似。

三、刚体定轴转动的动能定理

由质点的动能定理可知，外力对质点所做的功等于质点的动能增量。

在刚体受到合外力矩 $\boldsymbol{M}$ 作用时，根据刚体的转动定律，有 $M=J\beta$，即

$$M=J\beta=J\frac{\mathrm{d}\omega}{\mathrm{d}t}$$

又由角速度定义 $\omega=\frac{\mathrm{d}\theta}{\mathrm{d}t}$可知，在 $\mathrm{d}t$ 时间内，刚体转过的角位移 $\mathrm{d}\theta=\omega\mathrm{d}t$。这样，合外力矩对刚体所做的元功

$$\mathrm{d}W=M\mathrm{d}\theta=J\frac{\mathrm{d}\omega}{\mathrm{d}t}\omega\mathrm{d}t=J\omega\mathrm{d}\omega$$

设在 t_1 到 t_2 这段时间内，刚体的角速度由 ω_1 变到 ω_2，则合外力矩 M 在这段时间内对刚体做的功

$$W=\int_{\omega_1}^{\omega_2}J\omega\mathrm{d}\omega=\frac{1}{2}J\omega_2^2-\frac{1}{2}J\omega_1^2 \tag{3-19}$$

式（3-19）说明：**合外力矩对刚体所做的功数值上等于刚体转动动能的增量**。这就是**刚体定轴转动的动能定理**。其中，力矩所做的功反映它在空间的累积效应，而刚体的转动动能则是刚体由于转动而具有的做功的本领。

当刚体受到阻力矩作用时，阻力矩的功是负的，此时刚体将克服阻力矩做功，转动动能会减少。

此外，前面我们曾指出质点系的动能的增量是作用在质点系上所有外力和质点系内所有内力做功的结果，然而对刚体来说，虽然任意两质元间亦有一对内力，但两质元间却没有相对位移，故这一对内力矩不做功。因此，对于绕定轴转动的刚体，其转动动能的增量就等于合外力矩做的功。

[例 3-6] 如图 3-16 所示，长为 l、质量为 m 的均匀细棒，可绕轴 O 在竖直平面内无摩擦地转动，初始时细棒在水平位置。求：细棒由此下摆 θ 角时的角速度 ω。

解 分析细棒的受力情况：细棒受重力作用，重心在细棒的中点 C，重力方向竖直向下；还受轴对细棒的支持力 $\boldsymbol{F}_N$，但因其通过点 O，所以对轴的力矩为零，可以不考虑；细棒不受摩擦力、阻力。

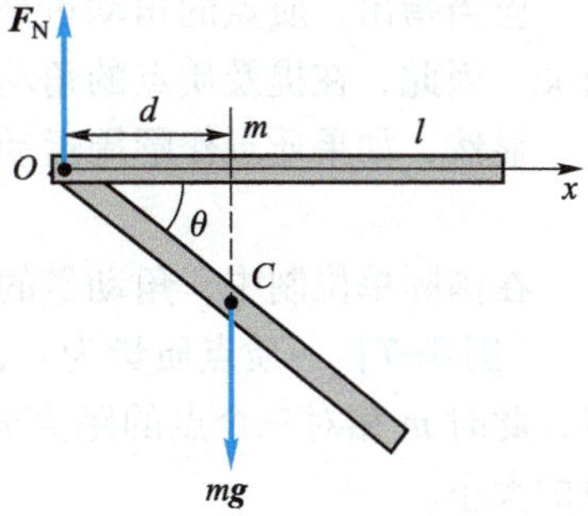

图 3-16 均匀细棒转动示意图

细棒在下摆的过程中，重力矩大小为

$$M = mgd = \frac{1}{2}mgl\cos\theta$$

由动能定理得

$$W = \int_0^\theta M\mathrm{d}\theta = \int_0^\theta \frac{l}{2}mg\cos\theta\mathrm{d}\theta$$

$$= \frac{lmg}{2}\sin\theta = \frac{1}{2}J\omega^2 - 0$$

其中，$J = \frac{1}{3}ml^2$，因此，下摆角为 θ 时的角速度

$$\omega = \sqrt{\frac{3g\sin\theta}{l}}$$

第四节 角动量 角动量守恒定律

在上一章，我们从力对时间的累积作用出发，引出了动量定理，从而得到动量守恒定律；还从力对空间的累积作用出发，引出了动能定理，从而得到机械能守恒定律和能量守恒定律。对于刚体，上一节我们讨论了力矩对空间的累积作用，得出了刚体转动的动能定理。本节我们将讨论力矩对时间的累积作用，得出角动量定理和角动量守恒定律。

一、质点的角动量定理和角动量守恒定律

1. 质点的角动量

如图 3-17 所示，设质量为 m 的质点作曲线运动，在某一时刻质点的速度为 $\boldsymbol{v}$，动量为 $m\boldsymbol{v}$，相对于参考点 O 的位矢为 $\boldsymbol{r}$，我们定义位矢 $\boldsymbol{r}$ 与其动量 $m\boldsymbol{v}$ 的矢积为**质点对定点 O 的角动量 $\boldsymbol{L}$**，即

$$\boldsymbol{L}=\boldsymbol{r}\times m\boldsymbol{v}=\boldsymbol{r}\times\boldsymbol{p} \tag{3-20}$$

质点的角动量 $\boldsymbol{L}$ 是一个矢量，它垂直于 $\boldsymbol{v}$ 和 $\boldsymbol{r}$ 组成的平面，遵循右手螺旋定则：**右手拇指伸直，当四指由 $\boldsymbol{r}$ 经小于 180° 的角 θ 转向 $\boldsymbol{v}$ 时，拇指的指向就是角动量 $\boldsymbol{L}$ 的方向**。质点角动量的大小为

$$L=rmv\sin\theta \tag{3-21}$$

式中，θ 为 $\boldsymbol{r}$ 与 $\boldsymbol{v}$ 之间的夹角。

应当指出，质点的角动量是与位矢 $\boldsymbol{r}$ 及动量 $\boldsymbol{p}$ 有关的，也就是与参考点 O 的选择有关。因此，在提及质点的角动量时，必须指明是对哪一点的角动量。

显然，如果质点作圆周运动，那么，此质点相对于圆心的角动量大小为

$$L=rmv=mr^2\omega \tag{3-22}$$

在国际单位制中，角动量的单位是 $\mathrm{kg\cdot m^2\cdot s^{-1}}$（千克二次方米每秒）。

［例 3-7］一质点质量为 m，速度为 $\boldsymbol{v}$，如图 3-18 所示，A、B、C 分别为三个参考点，此时 m 相对三个点的距离分别为 d_1、d_2、d_3。求：此时质点对三个参考点的角动量的大小。

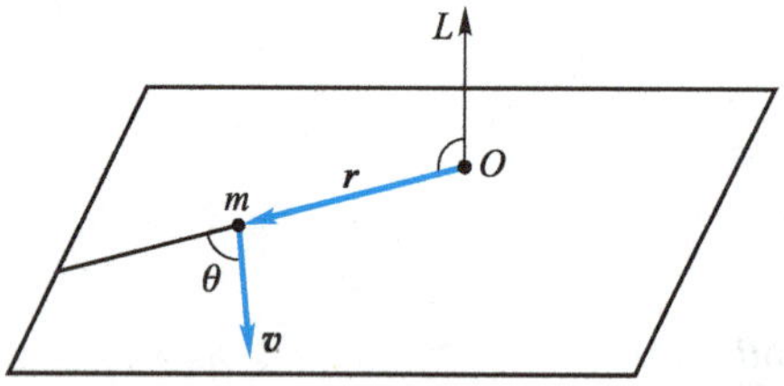

图 3-17　质点的角动量示意图

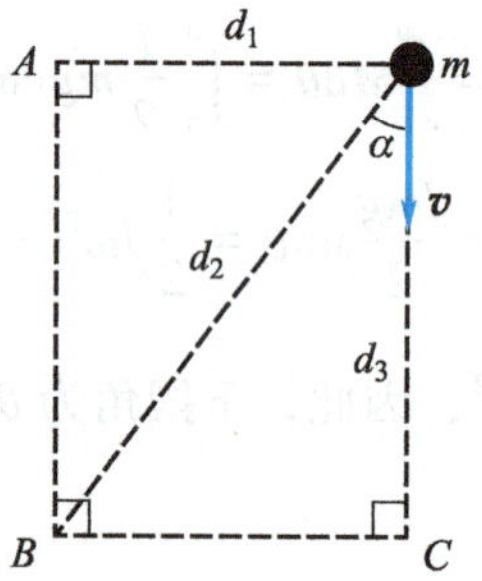

图 3-18　质点相对三个参考点的位置示意图

解　根据质点的角动量大小定义式

$$L=rmv\sin\theta$$

其中，θ 为 $\boldsymbol{r}$ 与 $\boldsymbol{v}$ 之间的夹角。可求得对点 A 的角动量大小为

$$L_A=d_1mv\sin\frac{\pi}{2}=d_1mv$$

对点 B 的角动量大小为

$$L_B=d_2mv\sin\theta=d_2mv\sin\alpha$$

由 $\sin\alpha=\dfrac{d_1}{d_2}$ 可得

$$L_B=d_1mv$$

对点 C 的角动量大小为

$$L_C=d_3mv\sin\pi=0$$

2. 质点的角动量定理

设有一质量为 m 的质点，在合力 $\boldsymbol{F}$ 作用下，其运动方程为

$$\boldsymbol{F}=\frac{\mathrm{d}(m\boldsymbol{v})}{\mathrm{d}t}$$

由于质点对参考点 O 的位矢为 $\boldsymbol{r}$，故以 $\boldsymbol{r}$ 叉乘上式两边，有

$$\boldsymbol{r}\times\boldsymbol{F}=\boldsymbol{r}\times\frac{\mathrm{d}(m\boldsymbol{v})}{\mathrm{d}t} \tag{3-23}$$

考虑到

$$\frac{\mathrm{d}(\boldsymbol{r}\times m\boldsymbol{v})}{\mathrm{d}t}=\boldsymbol{r}\times\frac{\mathrm{d}}{\mathrm{d}t}(m\boldsymbol{v})+\frac{\mathrm{d}\boldsymbol{r}}{\mathrm{d}t}\times m\boldsymbol{v}$$

且

$$\frac{\mathrm{d}\boldsymbol{r}}{\mathrm{d}t}\times\boldsymbol{v}=\boldsymbol{v}\times\boldsymbol{v}=\boldsymbol{0}$$

所以式（3-23）可写为

$$\boldsymbol{r}\times\boldsymbol{F}=\frac{\mathrm{d}}{\mathrm{d}t}(\boldsymbol{r}\times m\boldsymbol{v})$$

比照式（3-9），式中 $\boldsymbol{r}\times\boldsymbol{F}$ 为合力 $\boldsymbol{F}$ 对参考点 O 的合力矩 $\boldsymbol{M}$。于是，上式为

$$\boldsymbol{M}=\frac{\mathrm{d}}{\mathrm{d}t}(\boldsymbol{r}\times m\boldsymbol{v})=\frac{\mathrm{d}\boldsymbol{L}}{\mathrm{d}t} \tag{3-24}$$

上式表明，**作用于质点的合力对参考点 O 的力矩，等于质点对该点的角动量随时间的变化率**。这与牛顿第二定律微分形式 $\boldsymbol{F}=\frac{\mathrm{d}\boldsymbol{p}}{\mathrm{d}t}$ 相似，只是用 $\boldsymbol{M}$ 代替了 $\boldsymbol{F}$，用 $\boldsymbol{L}$ 代替了 $\boldsymbol{p}$。

式（3-24）还可以写成 $\boldsymbol{M}\mathrm{d}t=\mathrm{d}\boldsymbol{L}$，$\boldsymbol{M}\mathrm{d}t$ 是力矩 $\boldsymbol{M}$ 与作用时间 $\mathrm{d}t$ 的乘积，称为**冲量矩**。取积分有

$$\int_{t_1}^{t_2}\boldsymbol{M}\mathrm{d}t=\boldsymbol{L}_2-\boldsymbol{L}_1 \tag{3-25}$$

式中，$\boldsymbol{L}_1$ 和 $\boldsymbol{L}_2$ 分别为质点在时刻 t_1 和 t_2 对参考点 O 的角动量，$\int_{t_1}^{t_2}\boldsymbol{M}\mathrm{d}t$ 为质点在时间间隔 t_2-t_1 内所受的冲量矩。因此，上式的物理意义为：**对同一参考点 O，质点所受的冲量矩等于质点的角动量的增量**。这就是**质点的角动量定理**。

3. 质点的角动量守恒定律

由式（3-24）可以看出，若质点所受合力矩为零，即 $\boldsymbol{M}=\boldsymbol{0}$，则有

$$\boldsymbol{L}=\boldsymbol{r}\times m\boldsymbol{v}=\text{常矢量} \tag{3-26}$$

上式表明，**当质点所受对参考点 O 的合力矩为零时，质点对该参考点 O 的角动量为一常矢量**。这就是**质点的角动量守恒定律**。

应当注意，质点的角动量守恒的条件是合力矩 $\boldsymbol{M}=\boldsymbol{0}$。这可能有两种情况：一种是合力 $\boldsymbol{F}=\boldsymbol{0}$；另一种是合力 $\boldsymbol{F}$ 虽不为零，但合力 $\boldsymbol{F}$ 通过参考点 O，致使合力矩为零。质点作匀速圆周运动就属于这种情况。此时，作用于质点的合力是指向圆心的所谓有心力，故其力矩为零，所以质点作匀速圆周运动时，它对圆心的角动量是守恒的。不仅如此，只要作用于质点的力是有心力，有心力对力心的力矩总是零，所以，有心力作用下质点对力心的角动量都是守恒的。太阳系中行星的轨道是椭圆，太阳位于两焦点之一，太阳作用于行星的引力是指向太阳的有心力，因此如以太阳为参考点 O，则行星的角动量是守恒的。

［例 3-8］发射地球同步卫星时航天器的运行轨道如图 3-19 所示，在从 A 到 B 的转移过程中，航天器的推进器不工作。试问航天器在转移轨道中点 A 和点 B 的速率分别为多大？

解　设航天器到达点 A 后，必须加速到 $\boldsymbol{v}_A$ 才能沿椭圆轨道运动到点 B，$\boldsymbol{v}_B$ 为航天器沿椭圆轨道运行时到达点 B 的速度。

在有心力作用下，角动量和机械能守恒：

$$m v_A R_1 = m v_B R_2$$

$$\frac{1}{2} m v_A^2 - \frac{G m_e m}{R_1} = \frac{1}{2} m v_B^2 - \frac{G m_e m}{R_2}$$

式中，m_e 为地球质量。将以上两式联立，可解得

$$v_A = \sqrt{\frac{2GR_2 m_e}{R_1(R_1+R_2)}}, \quad v_B = \sqrt{\frac{2GR_1 m_e}{R_2(R_1+R_2)}}$$

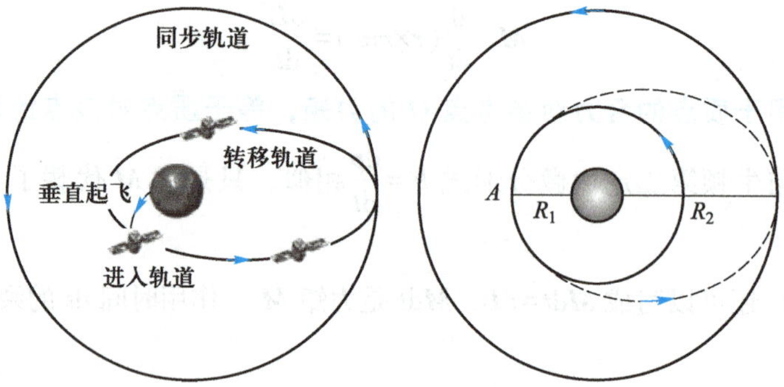

图 3-19　航天器运行轨道示意图

二、刚体定轴转动的角动量定理和角动量守恒定律

1. 刚体定轴转动的角动量

如图 3-20 所示，一刚体以角速度 ω 绕定轴 Oz 转动。由于刚体绕定轴转动，刚体上每一个质元都以相同的角速度绕轴 Oz 作圆周运动。其中，质元 Δm_i 在轴 Oz 方向的角动量为 $\Delta m_i v_i r_i = \Delta m_i r_i^2 \omega$，于是刚体上所有质元对轴 Oz 的角动量，即刚体在轴 Oz 方向的角动量为

$$L = \sum_i \Delta m_i r_i^2 \omega = \left(\sum_i \Delta m_i r_i^2\right) \omega$$

式中，$\sum_i \Delta m_i r_i^2$ 为刚体绕轴 Oz 的转动惯量 J，于是刚体对定轴 Oz 的角动量为

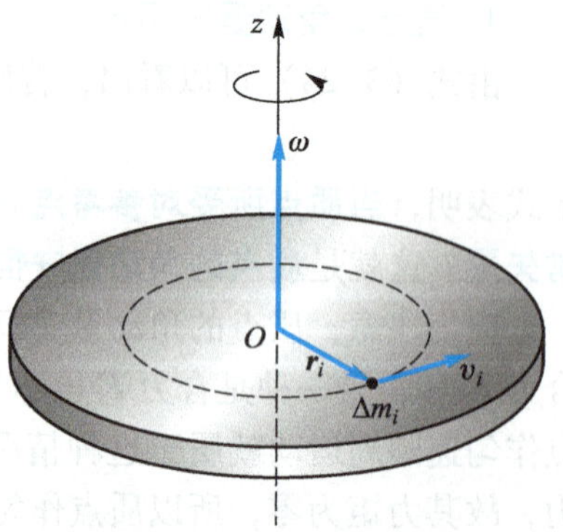

图 3-20　刚体的角动量示意图

$$L = J\omega \tag{3-27}$$

2. 刚体定轴转动的角动量定理

从式（3-24）可以知道，作用在质元 Δm_i 上的合力矩 $\boldsymbol{M}_i$ 应等于质元的角动量随时间的变化率，即

$$\boldsymbol{M}_i=\frac{\mathrm{d}\boldsymbol{L}_i}{\mathrm{d}t}$$

而合力矩 $\boldsymbol{M}_i$ 中含有外力作用在质元 Δm_i 上的力矩，即外力矩 $\boldsymbol{M}_i^{\mathrm{ex}}$，以及刚体内质元间作用力的力矩，即内力矩 $\boldsymbol{M}_i^{\mathrm{in}}$。

对绕定轴 Oz 转动的刚体来说，刚体内各质元间的内力矩之和应为零，即 $\sum\limits_i \boldsymbol{M}_i^{\mathrm{in}}=0$。故由上式可得，作用于绕定轴 Oz 转动刚体的合外力对转轴的力矩为

$$\boldsymbol{M}=\boldsymbol{M}^{\mathrm{ex}}=\sum_i \boldsymbol{M}_i^{\mathrm{ex}}=\frac{\mathrm{d}}{\mathrm{d}t}\left(\sum \boldsymbol{L}_i\right)=\frac{\mathrm{d}}{\mathrm{d}t}\left(\sum \Delta m_i r_i^2\boldsymbol{\omega}\right)$$

也可以写成

$$\boldsymbol{M}=\frac{\mathrm{d}\boldsymbol{L}}{\mathrm{d}t}=\frac{\mathrm{d}}{\mathrm{d}t}(J\boldsymbol{\omega}) \tag{3-28}$$

上式表明，**刚体绕某定轴转动时，作用于刚体的合外力矩等于刚体绕此定轴的角动量随时间的变化率**。对照式（3-12）可知，式（3-28）是转动定律的另一表达方式，但其意义更加普遍。即使在绕定轴转动物体的转动惯量 J 因内力作用而发生变化时，式（3-12）已不适用，但式（3-28）仍然成立。这与质点动力学中，牛顿第二定律的表达式 $\boldsymbol{F}=\frac{\mathrm{d}\boldsymbol{p}}{\mathrm{d}t}$ 比 $\boldsymbol{F}=m\boldsymbol{a}$ 更普遍是一样的道理。

设有一转动惯量为 J 的刚体绕定轴转动，在合外力矩 $\boldsymbol{M}$ 的作用下，在时间间隔 $\Delta t=t_2-t_1$ 内，其角速度由 ω_1 变成 ω_2。由式（3-28）得

$$\int_{t_1}^{t_2}\boldsymbol{M}\mathrm{d}t=\int_{t_1}^{t_2}\mathrm{d}\boldsymbol{L}=\boldsymbol{L}_2-\boldsymbol{L}_1=J\boldsymbol{\omega}_2-J\boldsymbol{\omega}_1 \tag{3-29}$$

式中，$\int_{t_1}^{t_2}\boldsymbol{M}\mathrm{d}t$ 称为力矩对给定轴的**冲量矩**。式（3-29）表明，**当转轴给定时，作用在物体上的冲量矩等于角动量的增量**，这就是刚体的**角动量定理**，它与质点的角动量定理在形式上很相似。如果物体在转动过程中，其内部各质点相对于转轴的位置发生了变化，那么物体的转动惯量 J 也必然随时间变化，但式（3-29）仍然成立。

角动量和冲量矩应该都是矢量，但在定轴转动情况下，都可用标量表示，且以正、负号表示其方向。冲量矩的单位是 N · m · s（牛米秒）。

质点绕一定的中心作曲线运动，在自然界中十分普遍，例如行星绕太阳运行、原子中电子绕原子核的运动等。角动量是描述它们运动状态的重要物理量之一。

3. 刚体定轴转动的角动量守恒定律

当作用在质点上的合外力矩等于零时，由质点的角动量定理可以导出质点的角动量守恒定律。同样，当作用在绕定轴转动的刚体上的合外力矩等于零时，由刚体的角动量定理也可导出刚体的角动量守恒定律。

由式（3-28）可以看出，当合外力矩为零时，可得

$$J\boldsymbol{\omega}=\text{常矢量} \tag{3-30}$$

这就是说，**如果物体所受的合外力矩等于零，或者不受外力矩的作用，物体的角动量保持不变**。这就是**角动量守恒定律**。

角动量守恒定律是物理学中普遍的守恒定律之一。它既适用于宏观物体的机械运动，也适用于原子、原子核等微观粒子的运动。下面讨论角动量守恒的几种常见情况。

（1）当刚体作定轴转动时，其转动惯量 J 不变，若它不受外力矩作用，则其角动量守恒，所以要求此刚体的角速度 ω 也保持其大小和方向不变。轮船、飞机、火箭上用于导航定向的回转仪就是利用这一原理制成的，如图 3-21 所示。

（2）物体绕定轴转动时，若物体上各质元相对于转轴的距离可变，则物体的转动惯量 J 可变，此时物体绕定轴转动的角动量守恒意味着转动惯量与角度的乘积不变，即 $J\omega$ = 常矢量。如果物体的转动惯量 J 增大，则其角速度 ω 将减小，反之，如果物体的转动惯量 J 减小，则角速度 ω 将增大。

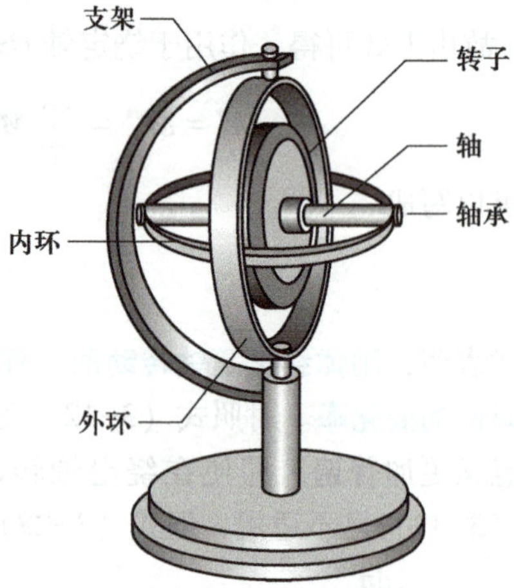

图 3-21　回转仪

如图 3-22（a）所示，一人坐在能绕竖直轴转动的凳子上（摩擦忽略不计），开始时人平举两臂，两手各握一哑铃，并使人与凳一起以一定的角速度旋转，当人放下两臂使转动惯量变小时，人与凳的转动角速度就会增大。又如图 3-22（b）所示，花样滑冰运动员站在冰面上，先把两臂张开，并绕通过足尖的竖直转轴以角速度 ω_0 旋转，然后迅速把两臂和腿朝身边靠拢，这时由于转动惯量变小，根据角动量守恒定律，角速度必增大，因而旋转得更快。类似的例子还有很多，如跳水运动员常在空中先把手臂和腿蜷缩起来，以减小转动惯量而增大转动角速度，在快到水面时，则又把手、腿伸直，以增大转动惯量而减小转动角速度，并以一定的角度落入水中。直升机的主旋翼旋转提供升力，但依据角动量守恒原理，机体会反向旋转，因此需要尾翼来平衡。

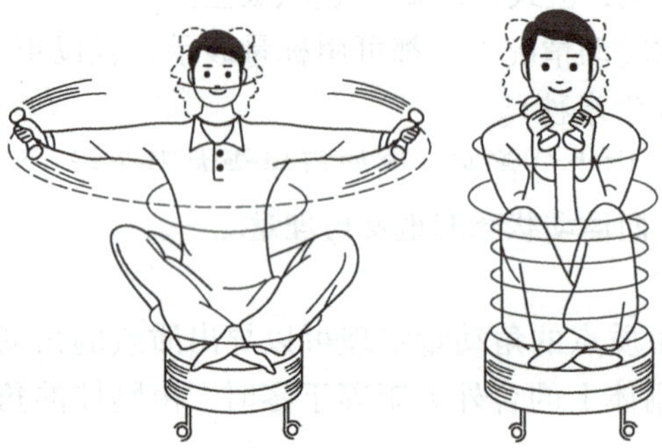

(a) 角动量守恒定律演示

(b) 花样滑冰运动员在冰面上旋转

图 3-22

还要再次指出的是，前面讲述的角动量守恒定律、动量守恒定律和能量守恒定律，都是在不同的理想化条件（如质点、刚体等）下，用经典的牛顿力学原理“推证”出来的。但它们的使用范围却远远超出原有条件的限制。它们不仅适用于原有牛顿力学所研究的宏观、低速（远小于光速）领域，而且通过相应的扩展和修正后也适用于牛顿力学失效的微观、高速（接近光速）领域，即量子力学和相对论领域。这就充分说明，上述三条守恒定律是普适的物理定律。它们也是近代物理理论的基础。

表 3-3 是质点运动与刚体定轴转动的一些重要物理量和公式类比，通过类比，读者可尽快掌握刚体定轴转动的规律。

表 3-3 质点运动与刚体定轴转动对照表

质 点 运 动	刚体定轴转动
速度 $\boldsymbol{v}=\dfrac{\mathrm{d}\boldsymbol{r}}{\mathrm{d}t}$	角速度 $\omega=\dfrac{\mathrm{d}\theta}{\mathrm{d}t}$
加速度 $\boldsymbol{a}=\dfrac{\mathrm{d}\boldsymbol{v}}{\mathrm{d}t}$	角加速度 $\beta=\dfrac{\mathrm{d}\omega}{\mathrm{d}t}$
力 $\boldsymbol{F}$	力矩 $\boldsymbol{M}$
质量 m	转动惯量 $J=\int r^2\mathrm{d}m$
牛顿第二定律 $\boldsymbol{F}=m\boldsymbol{a}$ $\boldsymbol{F}=\dfrac{\mathrm{d}\boldsymbol{p}}{\mathrm{d}t}$	转动定律 $\boldsymbol{M}=J\boldsymbol{\beta}$ $\boldsymbol{M}=\dfrac{\mathrm{d}\boldsymbol{L}}{\mathrm{d}t}$
力做的功 $W=\int\boldsymbol{F}\cdot\mathrm{d}\boldsymbol{r}$	力矩做的功 $W=\int M\mathrm{d}\theta$
动能 $\dfrac{1}{2}mv^2$	转动动能 $\dfrac{1}{2}J\omega^2$
动能定理 $W=\dfrac{1}{2}mv_2^2-\dfrac{1}{2}mv_1^2$	转动动能定理 $W=\dfrac{1}{2}J\omega_2^2-\dfrac{1}{2}J\omega_1^2$
动量 $\boldsymbol{p}=m\boldsymbol{v}$	角动量 $\boldsymbol{L}=J\boldsymbol{\omega}$
动量定理 $\int\boldsymbol{F}\mathrm{d}t=m\boldsymbol{v}_2-m\boldsymbol{v}_1$	角动量定理 $\int M\mathrm{d}t=J\omega_2-J\omega_1$
动量守恒定律 $\boldsymbol{F}=\boldsymbol{0}$，$m\boldsymbol{v}$ = 常矢量	角动量守恒定律 $M=0$，$J\omega$ = 常量

［例 3-9］ 如图 3-23 所示，一细棒上端有固定的光滑转轴，一质量为 m_0 的子弹以水平速度射入一细棒下端，穿出后速度损失 3/4，已知细棒长为 l，质量为 m。求子弹穿出后细棒的角速度 ω。

解 把子弹和细棒视为一个系统。由于重力、转轴的支撑力对转轴的力矩都为零，所以系统对转轴的角动量守恒。

初始时刻，系统的角动量为

$$L_0=mv_0l$$

子弹碰撞后，系统的角动量为

$$L=L_{子弹}+L_{棒}=\frac{1}{4}mv_0l+J\omega$$

根据角动量守恒，有

$$mv_0l=\frac{1}{4}mv_0l+J\omega$$

其中

$$J=\frac{1}{3}ml^2$$

由此可得

$$\omega=\frac{3mv_0l}{4J}=\frac{9mv_0}{4Ml}$$

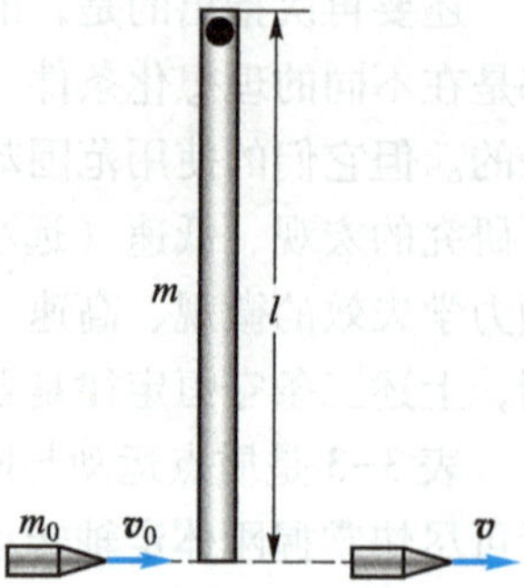

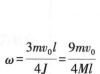

图 3-23　子弹碰撞细棒的示意图

［例 3-10］如图 3-24 所示，一杂技演员 M 由距水平跷板高为 h 处自由下落到跷板的一端 A，并把跷板另一端 B 的演员 N 弹了起来。设跷板是匀质的，长度为 l，质量为 m'，跷板可绕中部支撑点 C 在竖直平面内转动，演员 M、N 的质量均为 m。假定演员 M 落在跷板上，与跷板的碰撞是完全非弹性碰撞。问演员 N 可弹起多高？

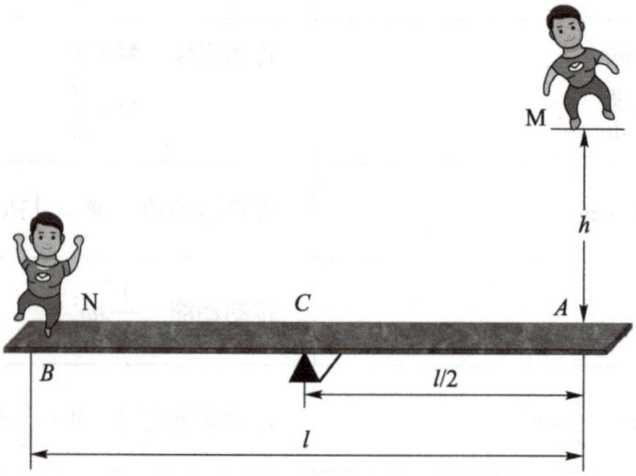

图 3-24　碰撞示意图

解　为使讨论简化，把演员视为质点。由于演员 M 作自由落体运动，可得他落在板 A 处的速率为 $v_M=(2gh)^{1/2}$，这个速率也就是演员 M 刚与板 A 处发生碰撞时的速率，此时演员 N 的速率 $v_N=0$。在碰撞后的瞬间，演员 M、N 具有相同的线速率 u，其值为 $u=\frac{l}{2}\omega$，ω 是演员和跷板绕点 C 的角速度。现把演员 M、N 和跷板作为一个系统，并以通过点 C 且垂直于纸面的轴为转轴。

由于 M、N 两演员的质量相等，所以当演员 M 碰撞板 A 处时，作用在系统上的合外力矩为零，因此系统的角动量守恒，

$$mv_{\mathrm{M}}\frac{l}{2}=J\omega+2mu\frac{l}{2}=J\omega+\frac{1}{2}ml^2\omega$$

式中，J 为跷板的转动惯量，若把跷板看成是窄长条形状，则 $J=\frac{1}{12}m'l^2$。于是上式可得

$$\omega=\frac{mv_{\mathrm{M}}\frac{1}{2}}{\frac{1}{12}m'l^2+\frac{1}{2}ml^2}=\frac{6m(2gh)^{1/2}}{(m'+6m)l}$$

这样演员 N 将以速率 $u=\frac{l}{2}\omega$ 跳起，达到的高度 h' 为

$$h'=\frac{u^2}{2g}=\frac{l^2\omega^2}{8g}=\left(\frac{3m}{m'+6m}\right)^2h$$

小　结

本章讨论了刚体的运动。刚体的运动可以看成平动和转动的组合。刚体平动时，可以用质点的运动定律描述。刚体的转动中最基本的转动是定轴转动。定轴转动可以用一个变量即角度来描述，与质点的直线运动相仿。定轴转动的动力学规律是转动定律，与质点运动的牛顿运动定律相对应。定轴转动刚体的角动量方向一般与角速度方向并不相同，只有在转轴是对称轴时，两者方向才相同。转动定律实际上是角动量定理沿转轴方向的分量形式。本章最后讲述了质点和刚体的角动量守恒定律。

本章涉及的重点概念和规律如下。

1. 刚体

一个特殊的质点系，内部各质元没有相对运动，即形状和大小保持不变。

2. 刚体定轴转动

刚体转动的转轴相对于给定的参考系固定不动。

用角量来描述刚体的定轴转动：

角位移　$\Delta\theta=\theta(t+\Delta t)-\theta(t)$

角速度　$\omega=\dfrac{d\theta}{dt}$

角加速度　$\beta=\dfrac{d\omega}{dt}=\dfrac{d^2\theta}{dt^2}$

3. 刚体定轴转动定律

（1）力矩　$\boldsymbol{M}=\boldsymbol{r}\times\boldsymbol{F}$

（2）转动惯量　$J=\int_V r^2 dm$

（3）转动定律　$\boldsymbol{M}_{合}=J\boldsymbol{\beta}$

4. 刚体定轴转动动能定理

（1）力矩的功　$W=\int_{\theta_1}^{\theta_2}M d\theta$

（2）转动动能　$E_k=\dfrac{1}{2}J\omega^2$

（3）动能定理　$W=\int_{\omega_1}^{\omega_2}J\omega d\omega=\dfrac{1}{2}J\omega_2^2-\dfrac{1}{2}J\omega_1^2$

5. 质点的角动量、角动量定理及角动量守恒定律

（1）质点的角动量　$\boldsymbol{L}=\boldsymbol{r}\times m\boldsymbol{v}=\boldsymbol{r}\times\boldsymbol{p}$

(2) 质点系的角动量定理 $\int_{t_1}^{t_2}\boldsymbol{M}\mathrm{d}t=\boldsymbol{L}_2-\boldsymbol{L}_1$

(3) 质点的角动量守恒 $\boldsymbol{M}_{合}=\boldsymbol{0}$，$\boldsymbol{L}=\boldsymbol{r}\times m\boldsymbol{v}=$常矢量

6. 刚体的角动量、角动量定理及角动量守恒定律

(1) 刚体的角动量 $\boldsymbol{L}=J\boldsymbol{\omega}$

(2) 刚体的角动量定理 $\int_{t_1}^{t_2}\boldsymbol{M}\mathrm{d}t=\int_{t_1}^{t_2}\mathrm{d}\boldsymbol{L}=\boldsymbol{L}_2-\boldsymbol{L}_1=J\boldsymbol{\omega}_2-J\boldsymbol{\omega}_1$

(3) 刚体的角动量守恒定律 $\boldsymbol{M}_{合}=\boldsymbol{0}$ 时，$J\boldsymbol{\omega}=$常矢量

习 题

3-1 有两个力作用在一个有固定转轴的刚体上。

(1) 这两个力都平行于轴作用时，它们对轴的合力矩一定是零；

(2) 这两个力都垂直于轴作用时，它们对轴的合力矩可能是零；

(3) 当这两个力的合力为零时，它们对轴的合力矩也一定是零；

(4) 当这两个力对轴的合力矩为零时，它们的合力也一定是零。

对上述说法，下述判断正确的是（　　）。

(A) 只有 (1) 正确

(B) (1) (2) 正确，(3) (4) 错误

(C) (1) (2) (3) 都正确，(4) 错误

(D) (1) (2) (3) (4) 都正确

3-2 一轻绳绕在有水平轴的定滑轮上，滑轮的转动惯量为 J，轻绳下端挂一物体，物体所受重力为 $\boldsymbol{P}$，滑轮的角加速度为 β。若将物体去掉而以与 $\boldsymbol{P}$ 相等的力直接向下拉轻绳，滑轮的角加速度 β 将（　　）。

(A) 不变　　(B) 变小

(C) 变大　　(D) 无法判断

3-3 力矩不变的情况下，下列说法正确的是（　　）。

(A) 质量越大的刚体角加速度越大

(B) 刚体的角加速度取决于刚体的质量、质量分布及刚体转轴的位置

(C) 体积越大的刚体角加速度越小

(D) 均不正确

3-4 一花样滑冰运动员可绕通过脚尖的垂直轴旋转，当他伸长两臂旋转时的转动惯量为 J_0，角速度为 ω_0，若他突然收臂，使转动惯量减少为 $\frac{2}{3}J_0$，则角速度为（　　）。

(A) $\frac{3}{2}\omega_0$　　(B) $\frac{2}{3}\omega_0$

(C) $\sqrt{\frac{3}{2}}\omega_0$　　(D) $\sqrt{\frac{2}{3}}\omega_0$

3-5 假设人造地球卫星环绕地球中心作椭圆运动，则在运动过程中，卫星对地球中心的（　　）。

(A) 角动量守恒，动能守恒　　(B) 角动量守恒，机械能守恒

(C) 角动量不守恒，机械能守恒　　(D) 角动量不守恒，动量也不守恒

(E) 角动量守恒，动量也守恒

3-6 三个质量均为 m 的质点，位于边长为 a 的等边三角形的三个顶点上。此系统对通过三角形中心并垂直于三角形平面的轴的转动惯量 J_O = ________。对通过三角形

中心且平行于其一边的轴的转动惯量 $J_A=$________。对通过三角形中心和一个顶点的轴的转动惯量 $J_B=$________。

3-7 一作定轴转动的物体，对转轴的转动惯量 $J=3.0\ \mathrm{kg\cdot m^2}$，角速度 $\omega_0=6.0\ \mathrm{rad\cdot s^{-1}}$。现对物体加一恒定的制动力矩 $M=-12\ \mathrm{N\cdot m}$，当物体的角速度减慢到 $\omega=2.0\ \mathrm{rad\cdot s^{-1}}$时，物体已转过的角度 $\Delta\theta=$________。

3-8 两个质量都为 100 kg 的人，站在一质量为 200 kg、半径为 3 m 的水平转台的直径两端。转台的竖直固定转轴通过其中心且垂直于台面。开始时，转台每 5 s 转一圈，当这两人以相同的快慢走到转台的中心时，转台的角速度 $\omega=$________。（已知转台对转轴的转动惯量 $J=\dfrac{1}{2}mR^2$，计算时忽略转台在转轴处的摩擦。）

3-9 一质量为 1.12 kg、长为 1.0 m 的均匀细棒，支点在棒的上端点，开始时棒自由悬挂。当以 100 N 的力打击下端点，打击时间为 0.02 s 时，若打击前棒是静止的，则打击时其角动量的变化为________，棒的最大偏转角为________。

3-10 一个转动惯量为 J 的圆盘绕一固定轴转动，初始角速度为 ω_0。设它所受阻力矩与转动角速度成正比，$M=-k\omega$（k 为正常量），则它的角速度从 ω_0变为$\dfrac{1}{2}\omega_0$所需时间为________；在上述过程中阻力矩所做的功为________。

3-11 一汽车发动机曲轴的转速在 12 s 内由 $1.2\times10^3\ \mathrm{r\cdot min^{-1}}$均匀地增加到 $2.7\times10^3\ \mathrm{r\cdot min^{-1}}$。(1) 求曲轴转动的角加速度；(2) 在此时间内，曲轴转了多少圈？

3-12 如图所示，圆盘的质量为 m，半径为 R。(1) 以 O 为中心，将半径为$\dfrac{R}{2}$的部分挖去，求剩余部分对 O 轴的转动惯量；(2) 求剩余部分对 O'轴（即通过圆盘边缘且平行于盘中心轴）的转动惯量。

3-13 如图所示，固定在一起的两个同轴薄圆盘，可绕通过盘心且垂直于盘面的光滑水平轴 O 转动。大圆盘质量为 m'、半径为 R，小圆盘质量为 m、半径为 r，在两圆盘边缘上都绕有细线，分别挂有质量为 m_1、m_2的物体（$m_1>m_2$）。系统从静止开始在重力作用下运动，不计一切摩擦。求：(1) 圆盘的角加速度 β；(2) 各段绳的张力 F_{T1}、F_{T2}。

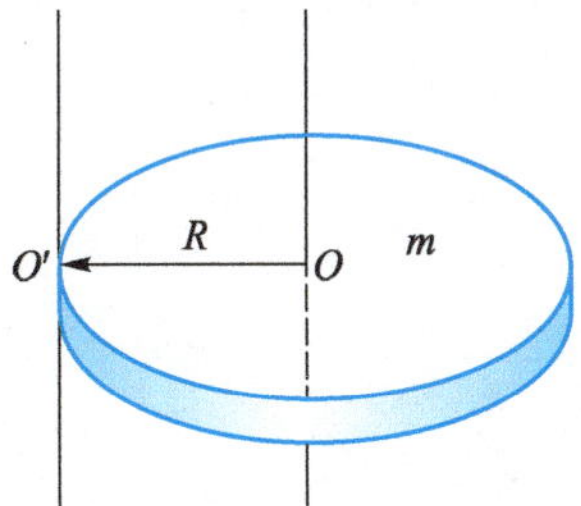

习题 3-12 图

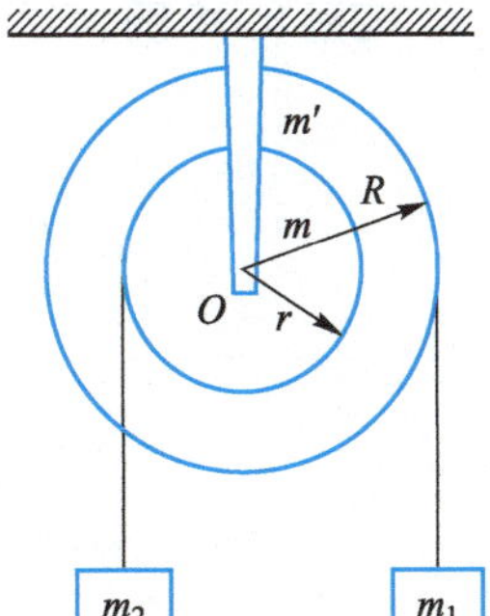

习题 3-13 图

3-14　在如图所示的装置中，定滑轮的半径为r，绕转轴的转动惯量为J，滑轮的两边分别悬挂质量为m_1和m_2的物体A、B。A置于倾角为θ的斜面上，它和斜面间的摩擦系数为μ，若B向下作加速运动，求：（1）其下落的加速度的大小；（2）滑轮两边绳子的张力。（设绳的质量及伸长均不计，绳与滑轮间无滑动，滑轮轴光滑。）

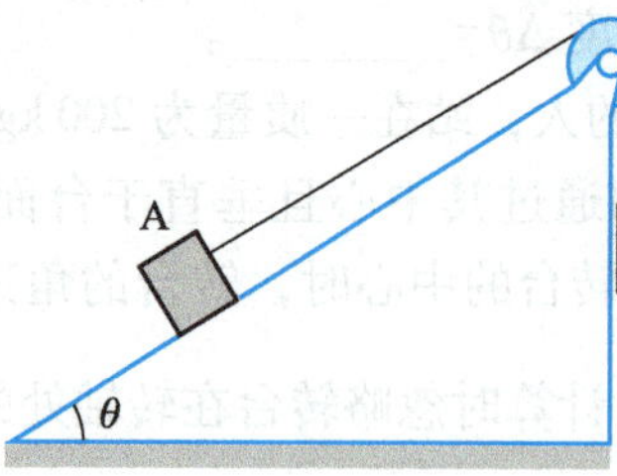

习题3-14图

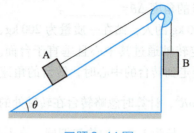

3-15　如图所示，两飞轮A和B的轴杆在同一中心线上，设A轮、B轮的转动惯量分别为$J_A=1.0\,\text{kg}\cdot\text{m}^2$和$J_B=2.0\,\text{kg}\cdot\text{m}^2$。开始时，A轮转速为$3\pi\,\text{rad}\cdot\text{s}^{-1}$，B轮静止，然后两轮啮合，使两轮转速相同，啮合过程中无外力矩作用，求：（1）两轮啮合后的共同角速度ω；（2）两轮各自受到的冲量矩。

3-16　如图所示，一质量为m_1、长为l的均匀细棒，静止平放在滑动摩擦系数为μ的水平桌面上，它可绕通过其端点O且与桌面垂直的固定光滑轴转动。另有一水平运动的质量为m_2的小滑块，从侧面沿垂直于细棒的方向与细棒的另一端A相碰撞，设碰撞时间极短。已知小滑块在碰撞前后的速度分别为v_1和v_2。求碰撞后从细棒开始转动到停止转动过程所需的时间。

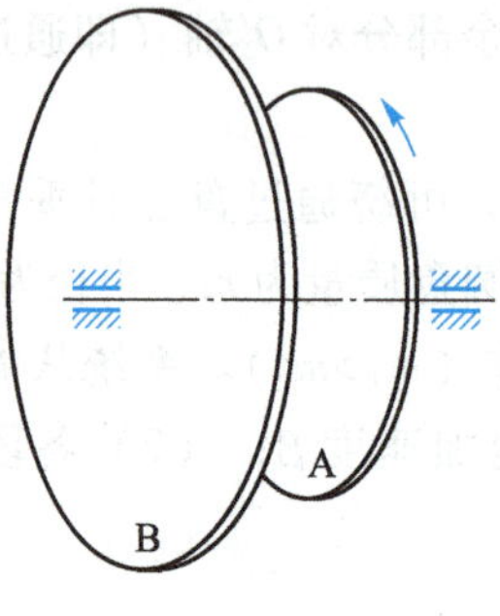

习题3-15图

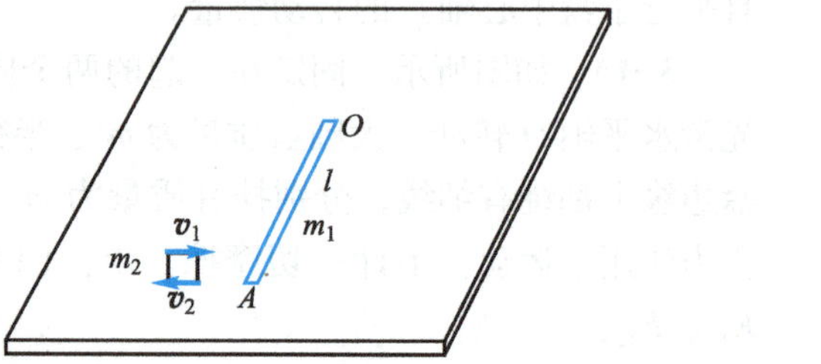

习题3-16图

习题答案

第四章　气体动理论

本章资源

本章将对气体系统的物质热运动进行研究。一般物质热运动的研究方法可以分为两类：微观的统计力学方法和宏观的热力学方法。前者主要从宏观物体由大量微观粒子构成、粒子一刻不停地作热运动的观点出发，运用概率论和统计方法研究大量微观粒子的热运动规律，即气体动理论；后者则基于能量的概念，从大量的实验观测结果出发，研究物质热现象的宏观规律及其应用，即热力学。这两种方法从不同角度研究物质的热运动和热现象，是相辅相成的。

本章采用微观的统计力学方法研究气体分子的热运动，主要内容包括理想气体状态方程、理想气体的压强和温度、气体分子的速率分布规律、平均碰撞频率和平均自由程等。

第一节　理想气体状态方程

一、分子动理论

宏观物体包括固体、液体和气体等，它们都是由大量的、彼此间有一定距离的分子或原子组成的。这些组成物质的分子或原子的质量和体积都很小，但微粒数目巨大，同时彼此间有一定距离。例如单个氧气分子的质量为 5.31×10^{-26} kg，其体积只有 10^{-29} m^3，如果我们将分子看成球体，在标准状态下，每个氧气分子在空间中所占据的平均有效直径约为 10^{-10} m。1 mol 氧气中含有 6.022×10^{23} 个分子，气体分子间的距离却能达到分子直径的几十倍。与液体和固体相比，气体的可压缩性要大得多，这也说明气体分子间的距离是较大的。

组成宏观物体的分子在永不停息地作无规则的热运动。尽管由于分子太小，它们的运动很难被直接观察到，但是扩散现象和布朗运动等足以说明分子运动的特点。物体内部的每个分子都会以各种大小不同的速率、沿各种可能的方向运动。这种分子“无规则”运动的剧烈程度与物体的温度有关，因此我们通常将分子的运动称为热运动，物体内大量分子“无规则”运动的集体表现称为热现象。

分子之间存在相互作用力，包括斥力和引力。分子作用力的规律比较复杂，我们可以采用一些简化模型进行分析，即假定两分子间的作用力只和它们之间的距离 r 有关。斥力和引力与分子间距离 r 的变化关系如图 4-1 所示。图中 r 轴以上的曲线表示斥力，r 轴以下的曲线表示引力，$F_{斥}$ 和 $F_{引}$ 之间的粗实线表示两者的合力，即分子间的总作用力。由图可知：当 r 很大时，分子间作用力很小，基本可以忽略；当 r 逐渐减小时，分子间的作用力主要表现为吸引力，引力的数值先逐渐增大后减小；当 $r=r_0$（r_0的数量级大约是 10^{-10} m）时，斥力和引力的大小相等，分子间的作用力为 0；当 $r<r_0$时，分子间表现出很大的斥力。

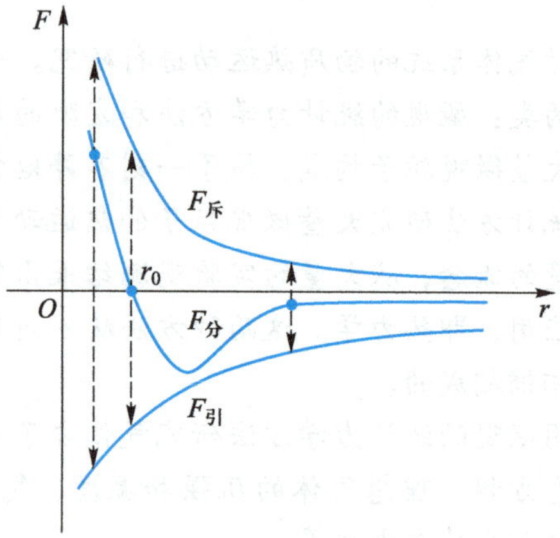

图 4-1　分子间的作用力随分子间的距离变化

二、宏观状态参量

热力学系统状态参量是定量描述热力学系统性质的宏观物理量。在研究气体过程中的状态参量主要包括体积、压强和温度。

（1）体积：气体分子所能达到的空间即气体体积，通常用 V 来表示。在国际单位制中，体积的单位是立方米，符号是 m^3。

（2）压强：气体分子在不停运动的过程中，经常会碰撞容器的器壁，对器壁产生压力。我们把单位面积上的压力称为压强，通常用 p 来表示。在国际单位制中，压强的单位是 Pa（帕）。此外，atm（标准大气压）和 cmHg（厘米汞柱）也是生活和生产中常用的压强单位。三种单位之间的转换关系如下：

$$1\ \mathrm{atm}=1.013\ 25\times10^5\ \mathrm{Pa}=76\ \mathrm{cmHg}$$

（3）温度：温度是表示物体冷热程度的物理量，通常用 T 来表示。本质上，温度与物质分子的热运动密切相关，温度越高，分子运动越剧烈，反之亦然。温度的数值表示方法被称为温标。物理学中常用的温标有两种：一是热力学温标，单位为 K（开）；另一种是摄氏温标，单位是℃（摄氏度）。热力学温度 T 和摄氏温度 t 的数值关系为

$$T/\mathrm{K}=273.15+t/℃$$

一定量气体在容器中具有一定体积，如果各部分具有相同温度和相同压强，我们就说气体处于一定的状态，此时它的 p、V、T 是完全确定的。

三、平衡态

如果有一定量气体密封在固定的容器内，只要它与外界没有能量交换，内部也无任何形式的能量转化（比如没有发生化学变化），给予足够长的时间弛豫后，气体各部分的温度和压强必将趋于一致，并且它的状态可以长时间保持不变。这样的状态称为平衡状态，简称平衡态，可以用状态参量为 p、V、T 的一组数值表示。实际情况下，气体不可能完全不与外界交换能量，所以平衡态只是一种理想状态。需要注意，有别于力学中的受力平衡，平衡态是指系统的宏观性质不会随时间发生变化，但从微观看，气体分子仍在不停地运动着，只是分子热运动的宏观效果不随时间演变，因此这种平衡也被称为热动平衡。

四、理想气体状态方程

一定量的气体，在温度不太低且压强不太大时，其宏观状态参量 p、V、T 遵循三个实验定律，即玻意耳定律（Boyle's law）、盖吕萨克定律（Gay Lussac's law）和查理定律（Charles' law）。满足以上三定律的气体称为理想气体，也是一种理想模型。但一般气体在温度不太低（与室温比较）、压强不太大（与标准大气压比较）时都可近似地视为理想气体。

描述理想气体各状态参量之间的关系即理想气体状态方程，可以用下式表示：

$$pV=\frac{m}{M}RT \tag{4-1}$$

式中，m 为所研究的理想气体的质量；M 为该理想气体的摩尔质量；R 为摩尔气体常量，其大小与 p、V、T 所选用的单位有关，如果选用国际单位制，则 $R=8.31\ \mathrm{J\cdot mol^{-1}\cdot K^{-1}}$；如果压强 p 以标准大气压（atm）为单位、体积以 L 为单位，此时 $R=0.082\ \mathrm{atm\cdot L\cdot mol^{-1}\cdot K^{-1}}$。

第二节　理想气体的压强与温度

容器中大量的气体分子在分子间相互作用力的影响下作永不停息的无规则运动。虽然可以认为每个分子的运动都遵从经典力学的定律，但对于数量如此之多且分子间相互作用力如此复杂的质点系进行研究是十分困难的。在这种情况下，我们可以用统计的方法得到分子运动相关的一些物理量的平均值，从而建立气体体系的宏观量（例如温度、压强、热容等）与分子的微观量（例如分子运动速度、碰撞频率、分子动能等）之间的联系，从而对实验中直接观测到的物体的宏观性质进行解释，并揭示物质宏观热现象的本质。

一、理想气体分子的微观模型

为简化问题的研究，我们认为理想气体分子在运动过程中将满足以下特点：(1) 分子本身的大小与分子间距离相比可以忽略不计；(2) 除碰撞以外，分子之间、分子与器壁之间的作用力以及分子的重力均可忽略；(3) 分子之间或分子与器壁之间的碰撞属于完全弹性碰撞。

简单来说，理想气体分子被看成是体积大小可以忽略不计、除了碰撞以外互不影响地独立运动、完全相同的弹性小球，并且单个分子的运动遵守牛顿运动定律。

二、理想气体压强公式

当大量分子在容器内无序运动时，每时每刻都会有部分分子与容器壁发生碰撞。碰撞时，气体分子持续作用于容器壁，产生冲量，从而形成稳定的压力。由于容器内分子数目很大，这种冲击力将表现为持续的、恒定大小的作用力。分子数越多、运动的速度越大，器壁受到的作用力则越大。

这里我们假设在边长为 L_1、L_2、L_3 的长方形容器（图 4-2）中有 N 个分子，每个分子的质量是 m_0。在平衡态下，器壁各处所受压强都相同，因此只需计算任一器壁面上的压强即可。在这里我们选择容器的右侧壁 A_1 面，计算该面所受到的压强。

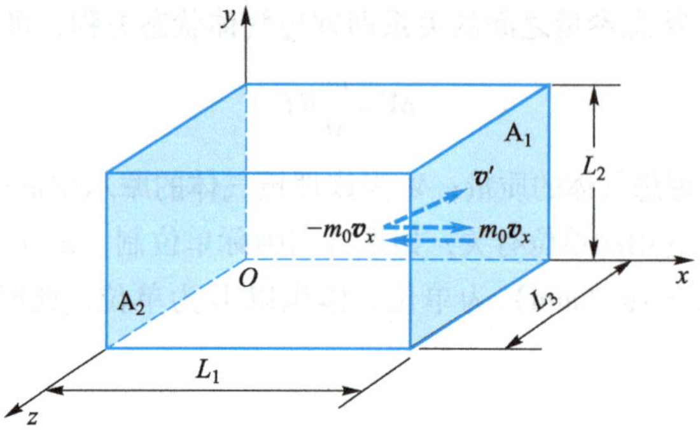

图 4-2　容器中的理想气体分子示意图

假设有一速度为 $\boldsymbol{v}$ 的分子，在不受其他分子影响的情况下，只和器壁进行碰撞。将 $\boldsymbol{v}$ 分解为三个分量 v_x、v_y 和 v_z。当其与器壁作弹性碰撞时，只有垂直于器壁方向的速度分量发生改变，其余两方向的速度分量都不变。因此可以认为分子与垂直于 x 轴的 A_1 面碰撞时，以大小为 v_x 的速度在 A_1 面和 A_2 面之间来回往复运动。分子与器壁每碰撞一次，分子的动量改变量为 $-m_0v_x - m_0v_x = -2m_0v_x$，也就是分子在每次碰撞中对 A_1 面的冲量为 $2m_0v_x$。单位时间内，一个分子对 A_1 面的碰撞次数是 $v_x/(2L_1)$，所以在单位时间内一个分子对 A_1 面的碰撞力根据动量定理可表示成

$$F_0 = 2m_0v_x\frac{v_x}{2L_1} = \frac{m_0v_x^2}{L_1}$$

容器中 N 个分子都会与 A_1 面发生碰撞，所以 A_1 面受到的恒定连续的作用力应等于

各个分子对该面的碰撞力之和，即

$$F=\frac{m_0v_{1x}^2}{L_1}+\frac{m_0v_{2x}^2}{L_1}+\cdots+\frac{m_0v_{Nx}^2}{L_1}$$

将 F 除以 A_1 面的面积 L_2L_3，就得到气体的压强

$$p=\frac{F}{L_2L_3}=\frac{m_0}{L_1L_2L_3}(v_{1x}^2+v_{2x}^2+\cdots+v_{Nx}^2)$$

$$=\frac{Nm_0}{L_1L_2L_3}\left(\frac{v_{1x}^2+v_{2x}^2+\cdots+v_{Nx}^2}{N}\right)$$

式中，v_{ix}^2是分子 i 速度的 x 分量的平方，$V=L_1L_2L_3$是容器的体积。

虽然分子在作无规则的热运动时的速度大小和方向是在不断变化的，但对大量分子而言，它们在任一时刻分别以不同大小的速度运动，且向各方向运动的概率是相等的，没有任何一个方向的运动占优势，宏观表现就是各处气体分子密度相同。因此我们可以作出如下的统计假设：如果将 N 个分子在某一时刻的速度都按照笛卡儿坐标系各坐标轴的方向分解成分量 v_{ix}、v_{iy} 和 v_{iz}，这些分量的数值必定有大有小，有正有负，因而每个分量的平均值必然为零，即

$$\bar{v}_x=\frac{v_{1x}+v_{2x}+\cdots+v_{Nx}}{N}=0$$

$$\bar{v}_y=\frac{v_{1y}+v_{2y}+\cdots+v_{Ny}}{N}=0$$

$$\bar{v}_z=\frac{v_{1z}+v_{2z}+\cdots+v_{Nz}}{N}=0$$

如果将这些量先取平方再求平均值，即

$$\overline{v_x^2}=\frac{v_{1x}^2+v_{2x}^2+\cdots+v_{Nx}^2}{N}$$

$$\overline{v_y^2}=\frac{v_{1y}^2+v_{2y}^2+\cdots+v_{Ny}^2}{N}$$

$$\overline{v_z^2}=\frac{v_{1z}^2+v_{2z}^2+\cdots+v_{Nz}^2}{N}$$

则可以得到

$$\overline{v_x^2}=\overline{v_y^2}=\overline{v_z^2}$$

考虑到 $v^2=v_x^2+v_y^2+v_z^2$，所以有$\overline{v^2}=\overline{v_x^2}+\overline{v_y^2}+\overline{v_z^2}$，进而可以得到

$$\overline{v_x^2}=\overline{v_y^2}=\overline{v_z^2}=\frac{\overline{v^2}}{3} \tag{4-2}$$

在式（4-2）的基础上，利用气体的分子数密度 $n=N/V$，气体的压强 p 可写成

$$p=\frac{nm_0\overline{v^2}}{3}=\frac{2}{3}n\left(\frac{m_0\overline{v^2}}{2}\right)=\frac{2}{3}n\bar{\varepsilon}_k \tag{4-3}$$

此即理想气体压强公式，其中

$$\overline{\varepsilon}_{k}=\frac{1}{2}m_0\overline{v^2} \tag{4-4}$$

表示气体分子的平均平动动能。

尽管我们在推导理想气体压强公式（4-3）时，假定容器是一长方体，但是可以证明对任意形状的容器，式（4-3）都是适用的。

从理想气体压强公式的推导过程可以看到，压强是容器内大量分子对器壁碰撞力的统计平均量，压强的大小等于单位体积内分子总平均平动动能的三分之二。这里的分子平动动能是个微观物理量。由于各分子的运动速度不同，分子的平动动能也各不相等，但是对大量分子的平动动能取平均得到的分子平均平动动能在一定条件下却是确定的。理想气体压强公式的意义在于建立了压强这个可由实验测定的宏观量，与分子平均平动动能这个微观量之间的联系，用微观量的统计平均值来表示的宏观量，显示出大量气体分子运动过程中的统计规律性。

三、理想气体的温度公式

考虑到容器中的总分子数 N 应等于物质的量 m/M 乘以阿伏伽德罗常量 N_A，气体的分子数密度可表示为

$$n=\frac{N}{V}=\frac{m}{M}\frac{N_A}{V}$$

在此基础上，将压强公式（4-3）写成

$$p=\frac{m}{M}\ \frac{2}{3}N_A\left(\frac{1}{2}m_0\overline{v^2}\right)$$

将上式与理想气体状态方程

$$pV=\frac{m}{M}RT$$

相比较可得

$$\frac{1}{2}m_0\overline{v^2}=\frac{3}{2}kT \tag{4-5}$$

式中，$k=\frac{R}{N_A}=1.38\times10^{-23}\ \mathrm{J\cdot K^{-1}}$，称为玻耳兹曼常量。式（4-5）就是理想气体温度公式，反映了气体的温度和气体分子平均平动动能之间的关系，对温度这一宏观量作出了微观解释。式（4-5）说明，分子的平均平动动能与气体的热力学温度成正比。任何理想气体在相同的温度下，分子的平均平动动能必定相等，且与气体的热力学温度成正比。也就是说，气体的温度是气体分子平均平动动能的量度，是大量分子热运动的统计平均结果。温度越高，说明分子的热运动越剧烈。同时需要注意，对单个分子或者少量分子来说，温度是没有意义的。根据式（4-5），当 $T=0\ \mathrm{K}$ 时，$\frac{1}{2}m_0\overline{v^2}=0$，即热力学温度为零时，分子将停止运动。但是实际上热力学温度 0 K 永远不可能达到，分子也永远不会停止运动。

[例 4-1] 体积 $V=10^{-3}\ \mathrm{m}^3$ 的容器中储有理想气体，其分子总数为 $N=10^{23}$，每个分子的质量为 5×10^{-26} kg，分子的方均根速率为 400 m/s。求气体的压强、温度和分子总平均平动动能。

解 根据 $p=\dfrac{2}{3}n\overline{\varepsilon}_{\mathrm{k}}=\dfrac{2}{3}\dfrac{N}{V}\left(\dfrac{1}{2}m_0\overline{v^2}\right)$ 得压强 $p=2.67\times10^5$ Pa。

由理想气体状态方程，有

$$pV=\frac{m}{M}RT=\frac{Nm_0}{N_{\mathrm{A}}m_0}RT$$

$$T=\frac{pVN_{\mathrm{A}}}{NR}=193\ \mathrm{K}$$

分子总平均平动动能为

$$E_{\mathrm{k}}=N\overline{\varepsilon}_{\mathrm{k}}=N\left(\frac{1}{2}m_0\overline{v^2}\right)=400\ \mathrm{J}$$

第三节 气体分子热运动的速率分布规律

就处于平衡态中的某一个气体分子而言，它的速率具有任意性，特别是由于分子间频繁地碰撞，分子的运动状态在不断地变化。然而理想气体温度公式表明，在一定的温度 T 下，分子的平均平动动能是确定的。也就是说，处于平衡态下的气体中单个分子的速率是偶然的，但大量分子的速率却具有一定的分布规律。

一、气体分子的速率分布函数

由于平衡态中的每一个气体分子的速率都具有偶然性和不确定性，无法确切表示出具有某个确定速率的分子数有多少，因此我们一般说速率在一定区间内的分子数占总分子数的百分比。假设气体中共有 N 个分子，速率在 v 到 $v+\Delta v$ 这一速率区间的分子数是 $\mathrm{d}N$，比值 $\mathrm{d}N/N$ 就是这一速率区间内分子数的百分比。显然比值 $\mathrm{d}N/N$ 的数值与所取速率区间的大小成正比。若在不同的速率 v 附近取相同的速率区间 Δv，$\mathrm{d}N/N$ 的数值则可以表示成速率的函数。当 Δv 足够小时，可写成

$$\frac{\mathrm{d}N}{N}=f(v)\,\mathrm{d}v \tag{4-6a}$$

式中函数

$$f(v)=\frac{\mathrm{d}N}{N\mathrm{d}v} \tag{4-6b}$$

称为气体分子的速率分布函数，表示在速率 v 附近单位速率区间内的分子数占总分子数的百分比。

考虑到全部分子的速率必定分布在 $0\sim\infty$ 的速率范围内，那么速率分布函数 $f(v)$ 对

整个速率区间的积分一定是1，即$f(v)$满足归一化条件

$$\int_0^\infty f(v)\,\mathrm{d}v = 1 \tag{4-7}$$

即在整个速率区间内分子数百分比的总和等于100%。

二、麦克斯韦速率分布律

气体分子按速率分布的统计定律最早由麦克斯韦于1859年从理论上推导得到。其基本内容如下：在平衡态下，气体分子的速率分布函数即麦克斯韦速率分布函数$f(v)$，

$$f(v)=4\pi\left(\frac{m}{2\pi kT}\right)^{\frac{3}{2}}v^2\mathrm{e}^{-\frac{mv^2}{2kT}} \tag{4-8a}$$

式中，m为气体分子的质量，T为气体的热力学温度，k为玻耳兹曼常量。

将式（4-8a）代入式（4-6a），就可以得到

$$\frac{\mathrm{d}N}{N}=4\pi\left(\frac{m}{2\pi kT}\right)^{\frac{3}{2}}\mathrm{e}^{-\frac{mv^2}{2kT}}v^2\mathrm{d}v \tag{4-8b}$$

这就是麦克斯韦速率分布律。

分别以v和$f(v)$作为横坐标和纵坐标，按式（4-8a）作速率分布函数的曲线，表示在一定温度下气体分子速率的分布情况，称为速率分布曲线，如图4-3所示。在速率区间v到$v+\mathrm{d}v$内的分子数百分比$\mathrm{d}N/N=f(v)\mathrm{d}v$可以用速率分布曲线下窄条部分的面积表示。根据式（4-7），曲线下的总面积应等于1，即100%。从图4-3中可以看到，尽管气体分子的速率可取0~∞之间的一切数值，但速率极小和极大的分子所占的百分比都很小，大部分分子的速率都是居中的，这也符合统计规律的基本特征。

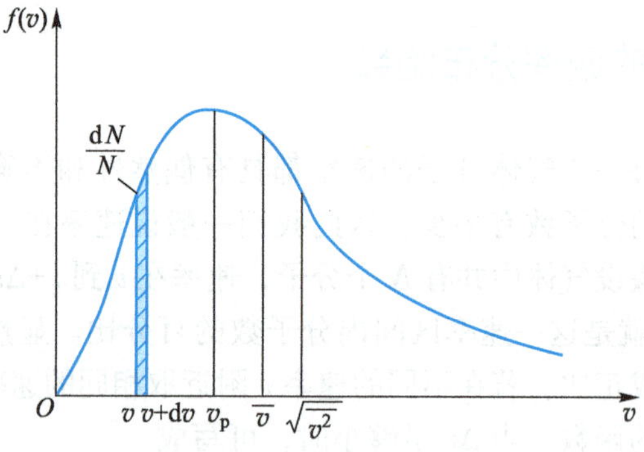

图4-3 气体分子的速率分布曲线

三、三种特征速率

根据麦克斯韦速率分布律，可以推导出以下三种特征分子速率。

1. 最概然速率

与函数$f(v)$的极大值对应的分子速率称为最概然速率，用v_p表示，其物理意义是

如果将分子速率分成许多相等的小区间，则在一定温度下，气体分子分布在最概然速率附近的概率最大，即在 v_p附近的单位速率区间内的相对分子数最多。

根据极值的求解方法，将 $f(v)$ 对 v 求导并令其等于零即可得到最概然速率，即

$$\frac{\mathrm{d}f(v)}{\mathrm{d}v}=0$$

可得

$$v_p=\sqrt{\frac{2kT}{m}}=\sqrt{\frac{2RT}{M}}\approx 1.41\sqrt{\frac{RT}{M}} \tag{4-9}$$

2. 平均速率

平均速率就是所有分子速率的平均值，用$\bar{v}$表示，反映气体分子运动的平均快慢。由式（4-6），速率在 v 到 $v+\mathrm{d}v$ 区间内的分子数为

$$\mathrm{d}N=Nf(v)\,\mathrm{d}v$$

由于速率区间 $\mathrm{d}v$ 甚小，可以近似认为 $\mathrm{d}N$ 个分子的速率是相同的，都等于 v，$\mathrm{d}N$ 个分子的速率相加后等于 $v\mathrm{d}N=vNf(v)\,\mathrm{d}v$，全部分子的速率的和则是 $\int_0^\infty vNf(v)\,\mathrm{d}v$，平均速率为

$$\bar{v}=\frac{\int_0^\infty vNf(v)\,\mathrm{d}v}{N}=\int_0^\infty vf(v)\,\mathrm{d}v$$

将式（4-8a）代入上式并积分可得

$$\bar{v}=\sqrt{\frac{8kT}{\pi m}}=\sqrt{\frac{8RT}{\pi M}}\approx 1.60\sqrt{\frac{RT}{M}} \tag{4-10}$$

3. 方均根速率

速率平方平均值的算术平方根即方均根速率，用$\sqrt{\overline{v^2}}$表示。类似于平均速率表达式，方均根速率满足

$$\overline{v^2}=\frac{\int_0^\infty v^2Nf(v)\,\mathrm{d}v}{N}=\int_0^\infty v^2f(v)\,\mathrm{d}v$$

将式（4-8a）代入上式并积分可得

$$\sqrt{\overline{v^2}}=\sqrt{\frac{3kT}{m}}=\sqrt{\frac{3RT}{M}}\approx 1.73\sqrt{\frac{RT}{M}} \tag{4-11}$$

在计算分子的平均平动动能时，经常需要用到方均根速率。

为了方便比较三种特征速率，图 4-3 中横坐标轴上标明了三种速率的相对位置，结合式（4-9）、式（4-10）和式（4-11）可以得到三者的大小关系满足$\sqrt{\overline{v^2}}>\bar{v}>v_p$。由图 4-3 可知，在一定的平衡态下，具有平均速率$\bar{v}$的分子数少于具有最概然速率 v_p的分子数，同时多于具有方均根速率$\sqrt{\overline{v^2}}$的分子数。三种速率都与热力学温度 T 的平方根成正比，并与分子质量 m 或气体的摩尔质量 M 的平方根成反比。因此，随着气体温度的升高，曲线的极大值向着速率增大的方向移动，三种速率都增大了，但曲线下的总

面积保持不变，如图 4-4 所示。

［例 4-2］计算 $T=300\ \mathrm{K}$ 时，氮气的三种特征速率。

解　由氮气的摩尔质量为 $M=0.028\ \mathrm{kg\cdot mol}$，可得最概然速率 v_p、平均速率 $\bar{v}$ 和方均根速率 $\sqrt{\overline{v^2}}$ 分别为

$$v_p=\sqrt{\frac{2RT}{M}}=\sqrt{\frac{2\times 8.31\times 300}{0.28}}\ \mathrm{m/s}=133\ \mathrm{m\cdot s^{-1}}$$

$$\bar{v}=\sqrt{\frac{8RT}{\pi M}}=\sqrt{\frac{8\times 8.31\times 300}{3.14\times 0.28}}\ \mathrm{m/s}=151\ \mathrm{m\cdot s^{-1}}$$

$$\sqrt{\overline{v^2}}=\sqrt{\frac{3RT}{M}}=\sqrt{\frac{3\times 8.31\times 300}{0.28}}\ \mathrm{m/s}=163\ \mathrm{m\cdot s^{-1}}$$

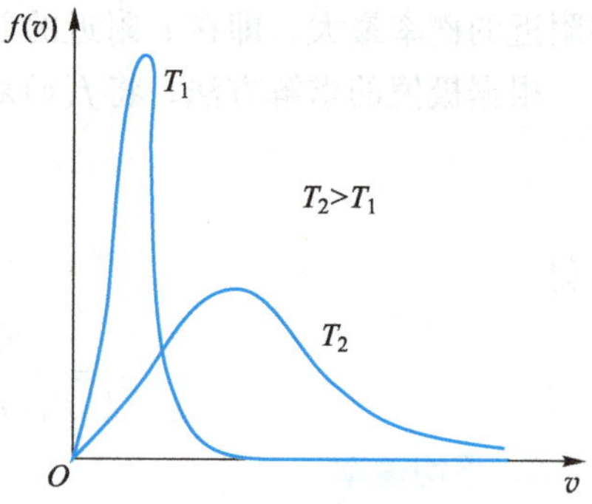

图 4-4　不同温度下的速率分布曲线

第四节　气体分子热运动的平均碰撞频率和平均自由程

除了气体分子运动过程中的速率分布规律，分子之间的碰撞也是气体动理论的重要内容之一。碰撞问题的研究对于气体的扩散、热传导和黏滞等现象的讨论具有重要意义。

真实的分子碰撞过程与分子运动状态、分子间相互作用等诸多因素有关。为了简化问题的研究，我们通常把分子视为具有一定体积的弹性小球，把分子间的碰撞视为小球的弹性碰撞。小球的直径，同时也是两个分子质心之间的最小距离的平均值，称为分子的有效直径（用 d 表示）。

一个分子连续两次碰撞之间所通过的直线路程称为自由程。显然，自由程的大小不是固定的，比如分子在某次碰撞后经过较长的路程又发生了第二次碰撞，此后到发生第三次碰撞时所经过的路程却比较小。因此，自由程的数值具有很大的偶然性。对于由大量分子组成的气体来说，更有意义的物理量是分子在连续两次碰撞之间所通过的自由程的平均值，称为平均自由程，用 $\bar{\lambda}$ 表示。此外，分子在单位时间内与其他分子相碰撞的平均次数被称为平均碰撞频率，用 $\bar{Z}$ 来表示。

根据平均自由程和平均碰撞频率的定义，不难得到

$$\bar{\lambda}=\frac{\bar{v}}{\bar{Z}} \tag{4-12}$$

为了计算 $\bar{Z}$，我们可以关注某个分子 A 的运动。简单起见，假定分子 A 在以平均速率运动并不断地与其他分子作弹性碰撞的同时，所有其他分子都是静止不动的。若以分子的运动轨迹为轴线，以分子的有效直径 d 为半径，作一个长为 $\bar{v}$ 的圆柱体（图 4-5），那么凡是中心在圆柱体内的分子都将与分子 A 发生碰撞；凡是中心在圆柱体外的分子都不可能与之碰撞。因此，中心在圆柱体内的分子总数就是分子 A 的

平均碰撞次数。

设气体分子的数密度为 n，圆柱体的截面积为 πd^2，圆柱体的体积为 $\pi d^2 \bar{v}$，则平均碰撞频率为

$$\bar{Z}=\pi d^2 \bar{v} n \tag{4-13}$$

考虑到真实情况下，所有分子都在运动，我们对上式中的$\bar{v}$按照$\bar{u}=\sqrt{2}\bar{v}$进行修正。那么平均碰撞频率应写成

$$\bar{Z}=\sqrt{2}\pi d^2 \bar{v} n \tag{4-14}$$

将式（4-14）代入式（4-12），求得平均自由程为

$$\bar{\lambda}=\frac{1}{\sqrt{2}\pi d^2 n} \tag{4-15}$$

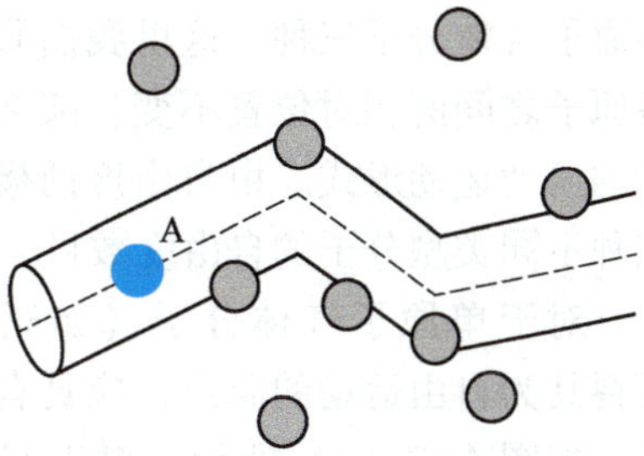

图 4-5 分子的碰撞示意图

可见，平均自由程只由分子的数密度 n 和有效直径 d 决定，而与分子的平均速率无关。为了便于比较和理解，表 4-1 中列出了几种典型分子的平均自由程及相应的有效直径。

表 4-1 气体分子的平均自由程和有效直径（标准状况下）

气体	平均自由程 $\bar{\lambda}$/m	有效直径 d/m	气体	平均自由程 $\bar{\lambda}$/m	有效直径 d/m
氮(N_2)	0.599×10^{-7}	3.2×10^{-10}	氢(H_2)	1.123×10^{-7}	2.4×10^{-10}
氧(O_2)	0.647×10^{-7}	2.9×10^{-10}	氦(He)	1.798×10^{-7}	1.9×10^{-10}

第五节 能量均分定理与理想气体的内能

本节将阐述平衡态下气体分子的能量所遵从的统计规律，并计算理想气体的内能。在此之前，先引入一个在研究分子能量时常用到的物理量——自由度。

一、自由度

确定一个物体在空间中的位置所需要的独立坐标的数目即这个物体的自由度。

在质点运动学中，物体的运动可以分为平动、转动和振动三种。若描述质点的运动采用空间直角坐标系，那么一个在空间自由运动的质点，必须用三个独立坐标（x，y，z）来确定它在空间的位置，因此一个自由运动的质点有三个平动自由度。当质心在空间的位置确定后，刚体可以绕质心作转动，由图 4-6 可见，可以由三个转动方向来改变刚体中各点相对于质心的位置，即可用三个表征转动方向的坐标来确定刚体各点相对于质心的位置。所以，确定一个自由运动的刚体在空间的位置需要六个坐标，

也就是有六个自由度，包括三个平动自由度和三个转动自由度。

根据构成气体分子的原子个数，我们可将气体分子分为单原子气体分子、双原子气体分子和多原子气体分子三种。这里我们假设组成分子的各原子之间的相对位置不变，那么就可以忽略分子的振动运动形式。由自由度的概念，可以确定三种不同类型分子的自由度数目。

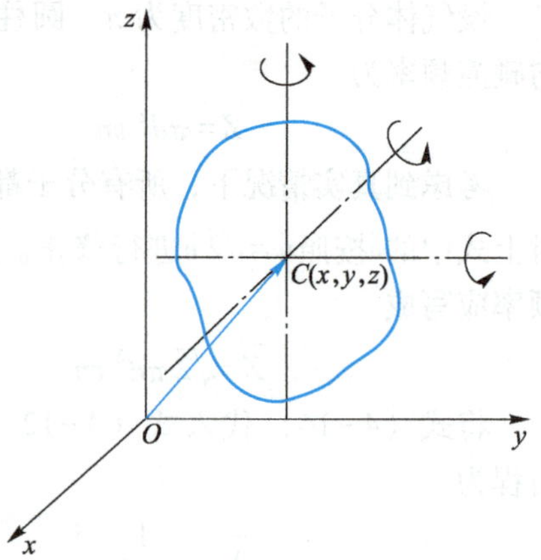

图 4-6 自由刚体的自由度

对于单原子气体分子（如氦、氖、氩等），可视其为自由运动的质点，应具有三个平动自由度，如图 4-7（a）所示。对于双原子气体分子（如氢气、氧气、一氧化碳等），两原子之间由一个单键连接，且两个原子间的距离不会改变，则其质心具有三个平动自由度；由于两个原子绕以它们的连线为轴的转动是没有意义的，因此分子仅能绕通过中心的两个垂直的轴转动，对应着两个转动自由度，如图 4-7（b）所示，总体而言，一个刚性的双原子分子有五个自由度。由三个原子或三个以上原子组成的刚性多原子气体分子（如氨气、甲烷等），其平动仍然可以用分子质心的运动表示，对应着三个平动自由度，同时分子可以绕着三个不同的轴进行转动，因而分子共有三个平动自由度和三个转动自由度，如图 4-7（c）所示。

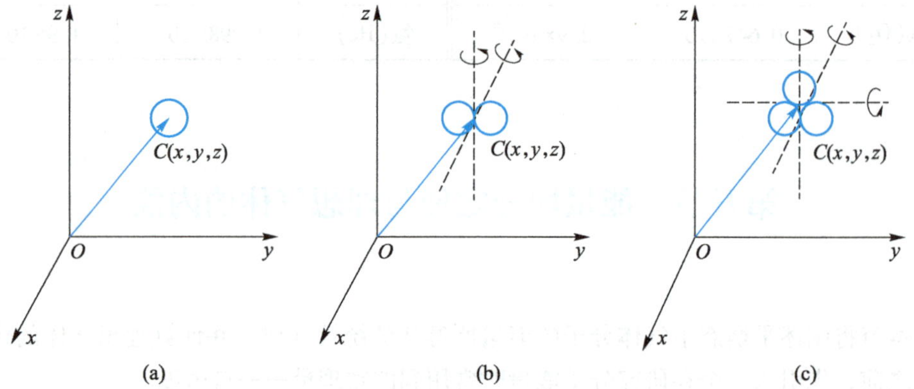

图 4-7 气体分子的自由度

二、能量均分定理

在研究理想气体温度公式时，我们已经知道理想气体的平均平动动能可以用下式表示：

$$\frac{1}{2}m\overline{v^2}=\frac{3}{2}kT$$

同时，根据分子平动动能的物理意义，有

$$\varepsilon_k=\frac{1}{2}mv^2=\frac{1}{2}mv_x^2+\frac{1}{2}mv_y^2+\frac{1}{2}mv_z^2$$

应用气体分子动理论推导压强公式时曾作过的统计假设为

$$\overline{v_x^2}=\overline{v_y^2}=\overline{v_z^2}=\frac{1}{3}\overline{v^2}$$

比较以上三式，可以得到一个重要的结果：

$$\frac{1}{2}m\overline{v_x^2}=\frac{1}{2}m\overline{v_y^2}=\frac{1}{2}m\overline{v_z^2}=\frac{1}{2}kT$$

即分子在每个平动自由度上分配到相等的平均平动动能$\frac{1}{2}kT$。换句话说，分子的平均平动动能平均分配在三个平动自由度上。

这个结论可以推广到分子的转动动能和振动动能，还可以用玻耳兹曼统计方法加以证明，从而得到能量按自由度均分原理：处于温度为 T 的平衡态下的分子，每一个自由度都具有相同的平均平动动能，其值为$\frac{1}{2}kT$。

根据这个原理，对于自由度为 i 的气体分子，其平均能量$\overline{\varepsilon}=\frac{i}{2}kT$。如果用 t、r、s 分别表示分子能量中属于平动、转动、振动的自由度，那么分子的平均总能量为$\frac{1}{2}kT(t+r+s)$。

三、理想气体的内能

除上述分子的平均能量外，由于分子间存在着相互作用力，所以气体分子之间具有一定的势能。气体分子的动能以及分子与分子之间的势能构成气体分子内部总能量，称为气体的内能。但对于理想气体来说，分子间距离较大，分子间相互作用可以忽略不计。因此，理想气体的内能可以简化为分子各种运动形式的动能之和。

由于每一个分子总的平均能量是$\frac{i}{2}kT$，1 mol 理想气体有 N_A个分子，所以 1 mol 理想气体的内能可以写成

$$E=N_A\,\frac{i}{2}kT=\frac{i}{2}RT \tag{4-16a}$$

对于摩尔质量是 M、质量为 m 的理想气体，其内能

$$E=\frac{m}{M}\,\frac{i}{2}RT \tag{4-16b}$$

由式（4-16b）可见，理想气体内能是温度的单值函数。一定量某种气体的内能仅取决于气体的热力学温度 T，而与体积和压强无关。理想气体在不同的状态变化过程中，只要温度的变化量相同，那么内能的变化量就是相等的。

[例 4-3] 求氢气和氦气压强、体积和温度相等时的质量比 $m(H_2)/m(He)$ 和内能比 $E(H_2)/E(He)$（将 H_2视为刚性双原子分子气体）。

解 由

$$pV=[m(H_2)/M(H_2)]RT,\quad pV=[m(He)/M(He)]RT$$

得

$$m(H_2)/m(He)=M(H_2)/M(He)=1/2$$

由

$$E(H_2)=[m(H_2)/M(H_2)](5/2)RT=(5/2)pV$$

得

$$E(He)=[m(He)/M(He)](3/2)RT=(3/2)pV$$

所以

$$E(H_2)/E(He)=5/3$$

小 结

1. 理想气体状态方程

$$pV=\frac{m}{M}RT$$

2. 理想气体压强公式

$$p=\frac{nm\overline{v^2}}{3}=\frac{2}{3}n\left(\frac{m\overline{v^2}}{2}\right)=\frac{2}{3}n\bar{\varepsilon}_k$$

3. 理想气体温度公式

$$\bar{\varepsilon}=\frac{1}{2}m\overline{v^2}=\frac{3}{2}kT$$

4. 气体分子的速率分布函数

$$f(v)=\frac{dN}{Ndv}$$

5. 麦克斯韦速率分布函数

$$f(v)=4\pi\left(\frac{m}{2\pi kT}\right)^{\frac{3}{2}}v^2e^{-\frac{mv^2}{2kT}}$$

6. 三种特征速率

$$v_p=\sqrt{\frac{2kT}{m}}=\sqrt{\frac{2RT}{M}}\approx1.41\sqrt{\frac{RT}{M}}$$

$$\bar{v}=\sqrt{\frac{8kT}{\pi m}}=\sqrt{\frac{8RT}{\pi M}}\approx1.60\sqrt{\frac{RT}{M}}$$

$$\sqrt{\overline{v^2}}=\sqrt{\frac{3kT}{m}}=\sqrt{\frac{3RT}{M}}\approx1.73\sqrt{\frac{RT}{M}}$$

7. 气体分子的平均碰撞频率和平均自由程

$$\bar{Z}=\sqrt{2}\pi d^2\bar{v}n$$

$$\bar{\lambda}=\frac{1}{\sqrt{2}\pi d^2n}$$

8. 理想气体内能

$$E=\frac{m}{M}\frac{i}{2}RT$$

习 题

4-1 一瓶氦气和一瓶氮气密度相同，分子平均平动动能相同，而且都处于平衡状态，则它们的（　　）。

（A）温度相同、压强相同

（B）温度、压强都不同

（C）温度相同，氦气压强大于氮气压强

（D）温度相同，氦气压强小于氮气压强

4-2 理想气体体积为 V、压强为 p、温度为 T，一个分子的质量为 m，k 为玻耳兹曼常量，R 为摩尔气体常量，则该理想气体的分子数为（　　）。

（A）pV/m　　（B）$pV/(kT)$　　（C）$pV/(RT)$　　（D）$pV/(mT)$

4-3 已知氢气与氧气的温度相同，下列的说法中正确的是（　　）。

（A）氧分子的质量大于氢分子的质量，所以氧气的压强一定大于氢气的压强

（B）氧分子的质量大于氢分子的质量，所以氧气的密度一定大于氢气的密度

（C）氧分子的质量大于氢分子的质量，所以氢分子的速率一定比氧分子的速率大

（D）氧分子的质量大于氢分子的质量，所以氢分子的方均根速率一定比氧分子的方均根速率大

4-4 关于温度的意义，下列说法中正确的是（　　）。

（A）气体的温度是分子平动动能的量度

（B）气体的温度是大量气体分子热运动的集体表现，具有统计意义

（C）温度的高低反映了物质内部分子运动剧烈程度的不同

（D）从微观上看，气体的温度反映每个气体分子的冷热程度

4-5 一定量气体的体积不变而温度升高时，分子碰撞频率和平均自由程变化为（　　）。

（A）碰撞频率增大，平均自由程不变

（B）碰撞频率不变，平均自由程增大

（C）碰撞频率增大，平均自由程减小

（D）碰撞频率减小，平均自由程不变

4-6 如图所示的两条曲线分别表示氦气、氧气两种气体在相同温度时分子按速率的分布，其中：(1) 曲线Ⅰ表示________气体分子的速率分布曲线，曲线Ⅱ表示________气体分子的速率分布曲线；(2) 画有斜线的小长条面积表示________；(3) 分布曲线下所包围的面积表示________。

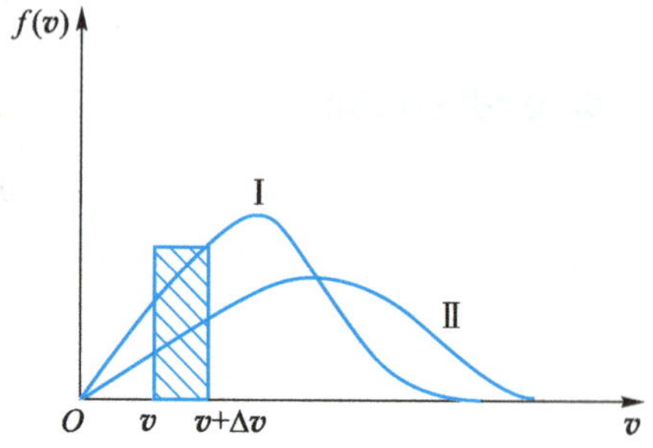

习题 4-6 图

4-7 已知分子数为 N，分子质量为 m，

分布函数为$f(v)$。求：(1) 速率在$v_p \sim \bar{v}$区间的分子数；(2) 速率在$v_p \sim \infty$区间所有分子的动能之和。

4-8 如图所示，两条$f(v)-v$曲线分别表示氢气和氧气在同一温度下的麦克斯韦速率分布曲线，从图上数据求出两种气体的最概然速率。

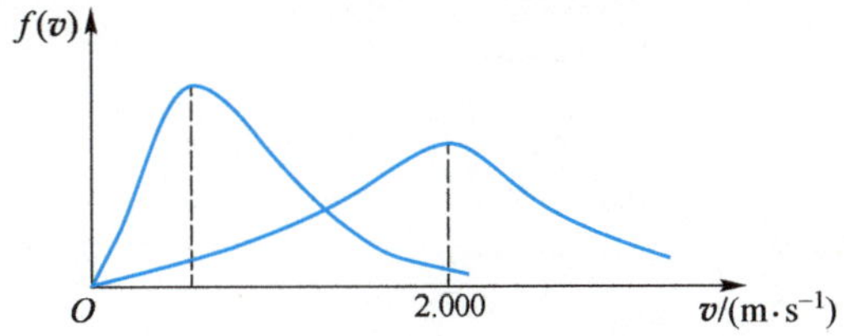

习题 4-8 图

4-9 试估计下列两种情况下空气分子的平均自由程：(1) 温度为 273 K，压强为 1.013×10^5 Pa 时；(2) 温度为 273 K，压强为 1.333×10^{-3} Pa 时。(空气分子有效直径 $d=3.10\times10^{-10}$ m。)

4-10 一容器内某理想气体的温度为 $T=273$ K，密度为 $\rho=1.25\ \mathrm{g\cdot m^{-3}}$，压强为 $p=100$ Pa。(1) 求气体的摩尔质量，并判断这是何种气体；(2) 求气体分子的平均平动动能和平均转动动能；(3) 设该气体的物质的量为 0.3 mol，求气体的内能。

习题答案

第五章　热力学基础

本章资源

热力学是一门研究物质热运动的宏观理论。热力学并不研究由大量微观粒子组成的物质的微观结构，而只关心系统在整体上表现出来的热现象及其变化发展所必须遵循的基本规律。它是根据观察和实验总结出宏观热现象所遵循的基本规律，然后运用严格的逻辑推理研究宏观现象的性质。具体而言，热力学以观察和实验为依据，从能量观点出发，分析、研究在物体状态变化过程中功能转化的关系和条件。

本章我们将从热力学理论出发来探讨宏观热现象。主要内容有：准静态过程、功、热量、内能的概念，热力学第一定律及其应用，循环过程及效率，卡诺循环的效率，热力学第二定律及熵增加原理。

第一节　准静态过程　功　热量

热力学研究一切与热现象有关的问题。

一、热力学过程

在热力学中，我们把所要研究的对象称为**热力学系统**，简称**系统**；而系统外的其他物体，统称为**外界**。当系统与外界有能量交换时其状态就会发生变化，系统就会从一个平衡态变化到另一个平衡态，我们就说系统经历了一个**热力学过程**（以下简称**过程**）。限于本课程的要求，我们将主要以理想气体作为热力学系统。

二、准静态过程

当一个热力学系统受到外界的影响发生能量或物质的交换时，其状态会发生变化。一般来说，在实际的热力学过程中，在始末两平衡态之间所经历的中间状态常为非平衡态。我们将中间状态为非平衡态的过程称为**非静态过程**。如果过程进行得无限缓慢，以致系统所经历的每一中间态都无限接近于平衡态，那么系统的这个状态变化的过程称为**准静态过程**。对于一定量的气体，平衡态的三个参量 p、V、T 都有确定的值，且只有两个是独立的。如果以 p 为纵坐标、V 为横坐标，则在 p-V 图上的每一个点就对应于一个平衡态。所以准静态过程就可以在 $p-V$ 图上用曲线表示。而非静态过程无法在 $p-V$ 图上用曲线表示，因为每一个中间态都没有确定的状态参量值。在实际问题中，除一些进行极快的过程（如爆炸过程）外，大多数情况下都可以把实际过程近似当作准静态过程处理。下面的例子就可以当作准静态过程。

如图 5-1（a）所示，在带有活塞的容器内贮有一定量的气体，活塞可沿容器壁滑动，在活塞上放置一些砂粒。开始时，气体处于平衡态，其状态参量为 p_1、V_1、T_1。然后将砂粒一粒一粒地缓慢地拿走，最终气体的状态参量变为 p_2、V_2、T_2。由于砂粒被非常缓慢地一粒一粒地拿走，容器中气体的状态始终近似地处于平衡态。这种十分缓慢平稳的状态变化过程，可近似视为准静态过程。而实际上，活塞的运动是不可能如此无限缓慢和平稳的，因此，**准静态过程是理想过程，是实际过程的理想化、抽象化**。它对热力学的理论研究和实际应用有着重要意义。在本章中，如不特别指明，所讨论的过程都是准静态过程。

当系统经历一个准静态过程时，系统在每一个状态都有确定的温度、压强、体积等宏观状态参量，我们就可以用 $p-V$ 图上的一条曲线来表示其准静态过程［图 5-1（b）］，曲线上的每一个点具有确定的 p、V、T 值，对应于过程中的一个平衡态。

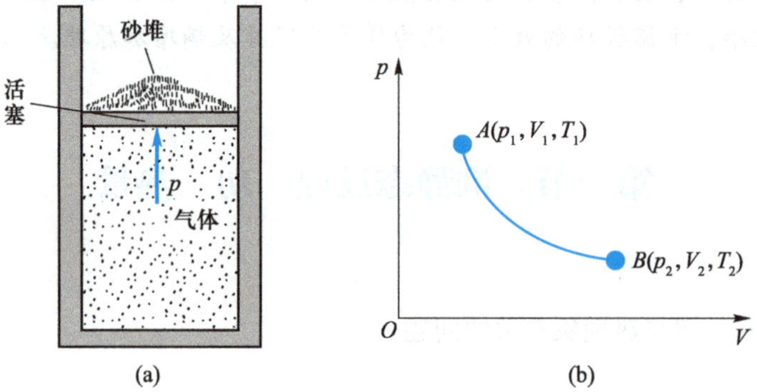

图 5-1　准静态过程

三、功

通过对热力学系统做功可以使系统的状态发生改变，接下来我们讨论系统在准静态过程中，由于其体积变化而做的功。如图 5-2（a）所示，在一个有活塞的气缸内盛有一定量的理想气体，气体的压强为 p，活塞的横截面积为 S，则作用在活塞上的力为 $F=pS$。当系统经历一个微小的准静态过程使活塞移动一段微小距离 $\mathrm{d}l$ 时，气体所做的功为

$$\mathrm{d}W=F\mathrm{d}l=pS\mathrm{d}l=p\mathrm{d}V \tag{5-1}$$

这就是理想气体系统在准静态过程中，气体所做的功的表达式。气体在由状态Ⅰ(p_1,V_1,T_1)变化到状态Ⅱ(p_2,V_2,T_2)的过程中，气体对外界所做的功可用积分式表示为

$$W=\int_{V_1}^{V_2}p\mathrm{d}V \tag{5-2}$$

气体所做的功数值上等于 $p-V$ 图上过程曲线（实线）下面的面积。当气体膨胀，$\mathrm{d}V>0$ 时，它对外界做正功；当气体被压缩，$\mathrm{d}V<0$ 时，它对外界做负功。

应该注意，理想气体系统在准静态变化过程中，气体做功与过程有关，经历的过程不同，气体所做的功也不同。假定气体从状态Ⅰ到状态Ⅱ经历另一个过程，如图 5-2（b）中的虚线所示，则气体所做的功应该是虚线下面的面积。总之，系统所做的功不仅与系统的始末状态有关，还与过程有关，所以说功不是状态的函数，功是一个过程量。

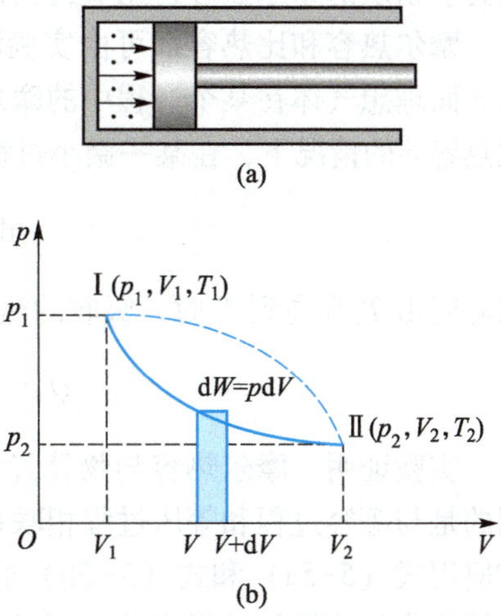

图 5-2 气体膨胀时对外做的功

四、热量

前面已指出，改变系统的状态可以通过对系统做功的方法来实现。此外，通过热传递向系统传递能量也可以改变系统的状态，这类例子是非常多的。例如，在冬天，当我们的两只手被冻得有点僵硬时，可以搓一下手，或者把手放在火炉边，都可以提高手的温度。又如，在一杯水中放进一块冰，冰将吸收水的能量而熔化，从而使水和冰的状态都发生变化。我们把系统与外界之间由于存在温度差而传递的能量称为热量，用符号 Q 表示。如图 5-3（a）所示，把温度为 T_1 的系统 A 放在温度为 T_2 的外界环境 B 之中。若 $T_2>T_1$，则热量 Q 将从 B 传递给 A；若 $T_2<T_1$，则热量 Q 将从 A 传递给 B，此时如图 5-3（b）所示。

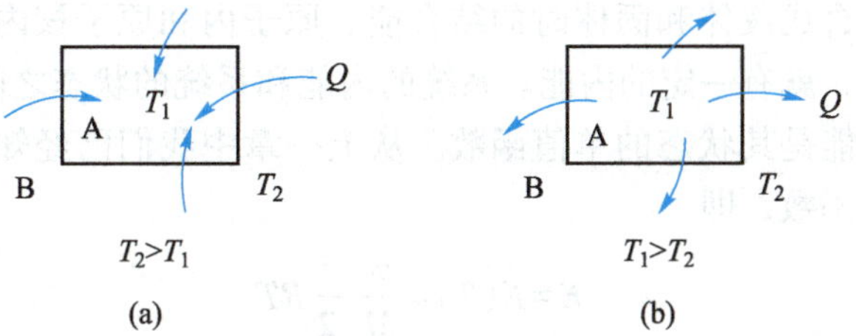

图 5-3 热量传递过程

在某一过程中，当质量为 m 的某种物体吸收热量 ΔQ 而温度升高 ΔT 时，它的热容被定义为

$$C=\lim_{\Delta T\to 0}\frac{\Delta Q}{\Delta T} \tag{5-3}$$

C 表示物体的温度升高（或降低）1 K 时所需吸收（或放出）的热量。我们把单位质量物体的热容称为比热容，用 c 表示，显然

$$C=mc \tag{5-4}$$

将物质的量为 1 mol 的物体温度升高（或降低）1 K 时所吸收（或放出）的热量定义为该物质的摩尔热容，用 C_m表示。

摩尔热容和比热容都可由实验测定。实验证明，一般物体的摩尔热容是温度的函数。而理想气体在某个过程中的摩尔热容是常量，与温度无关。在已知摩尔热容 C_m和比热容 c 的情况下，在某一微小过程中，物体温度升高 dT 时所需吸收的热量为

$$dQ=\frac{m}{M}C_m dT=mc dT \tag{5-5a}$$

当温度由 T_1升高到 T_2时，吸收的热量为

$$Q=\frac{m}{M}\int_{T_1}^{T_2}C_m dT=m\int_{T_1}^{T_2}c dT \tag{5-5b}$$

实验证明，摩尔热容与物体经历的过程有关。对于理想气体而言，最重要且最常用的是与等容过程和等压过程相联系的摩尔定容热容 $C_{V,m}$和摩尔定压热容 $C_{p,m}$。所以，在应用式（5-5a）和式（5-5b）时，应根据不同的过程而用相应的热容。也就是说，系统吸收的热量与过程有关。不过对于液体或固体来说，因温度变化而引起的体积变化甚小，摩尔定容热容和摩尔定压热容几乎相等，没有必要加以区别。

国际单位制中，功的单位是 J（焦耳），热量的单位常用卡，符号为 cal，实验测定 1 cal=4.184 0 J，称为热功当量，即 1 cal 的热量相当 4.184 0 J 的功。由式（5-5）可知，热量与功一样，也是一个过程量。

五、系统的内能

通过上述讨论，我们知道做功和热传递是改变系统状态的两种方法。当系统状态发生变化时，常伴随着系统内能的变化。

系统的内能，是指在一定状态下系统内各种能量的总和。这些能量包括分子的平动动能和转动动能、分子间相互作用的势能、分子内原子振动的动能、原子结合成分子或原子和分子结合成液体和固体时的结合能、原子内和原子核内的能量等。当系统处在一定的状态时，就有一定的内能。系统的内能和系统的状态之间有一一对应关系，或者说，系统的内能是其状态的单值函数。从上一章中我们已经知道，理想气体的内能仅是温度的单值函数，即

$$E=E(T)=\frac{m}{M}\frac{i}{2}RT$$

对应于一个微小的温度变化 dT，内能的变化为

$$dE=\frac{m}{M}\frac{i}{2}R dT$$

对应于某一个变化过程，如果理想气体的热力学温度由 T_1到 T_2，则内能变化量为

$$\Delta E=\int_{T_1}^{T_2}dE=\frac{m}{M}\frac{i}{2}R\int_{T_1}^{T_2}dT=\nu\frac{i}{2}R(T_2-T_1)$$

其中 $\nu=m/M$，为物质的量。

第二节 热力学第一定律

热力学第一定律

一般情况下，外界既可以对系统做功也可以向系统传递热量，外界与系统的这两种相互作用都有可能改变系统的内能。在做功和热传递同时存在的过程中，系统内能的变化则要由做功和所传递的热量共同决定。系统经过某一准静态过程从平衡态Ⅰ(p_1, V_1, T_1)变化到平衡态Ⅱ(p_2, V_2, T_2)，设在这个过程中**系统与外界交换的热量为 Q，系统对外界做的功为 W、系统内能的变化量为 ΔE，**则根据能量守恒定律，可以得出

$$Q = \Delta E + W \tag{5-6a}$$

这就是热力学第一定律的数学表达式。式中三个物理量都有相应的符号规定：**当系统从外界吸收热量时，Q 为正；当系统向外界放出热量时，Q 为负。当系统对外界做功时，W 为正；当外界对系统做功时，W 为负。如果系统内能增加，$\Delta E>0$；如果系统内能减少，$\Delta E<0$。**热力学第一定律说明，在某一过程中，外界传递给系统的热量 Q，一部分用来增加系统的内能，另一部分用来对外界做功。它是包含热现象在内的能量守恒定律。

对于系统状态的微小变化过程，热力学第一定律的表达式为

$$\mathrm{d}Q = \mathrm{d}E + \mathrm{d}W \tag{5-6b}$$

此即热力学第一定律的微分形式。式中 $\mathrm{d}E$ 表示微小热力学过程的内能增量；$\mathrm{d}W$ 表示微小热力学过程中系统对外界做的元功、$\mathrm{d}Q$ 表示微小热力学过程中系统从外界吸收的热量。

热力学第一定律说明，系统对外做功，必然要消耗系统的内能，或由外界向系统传递热量，或者二者兼而有之。历史上，曾有人试图设计一种机械，使它不断对外做功而又不需要任何动力和燃料，这被称为第一类永动机。显然，第一类永动机违背了热力学第一定律，是不可能制成的。

第三节 热力学第一定律的应用

本节主要讨论热力学第一定律在典型热力学过程中的应用，包括等容过程、等压过程、等温过程及绝热过程。

一、等容过程 摩尔定容热容

等容过程的特征是**体积保持不变**，即 V= 常量或 $\mathrm{d}V=0$。实现理想气体等容过程的方法如图 5-4（a）所示。将气缸的活塞固定，使气缸内理想气体保持一定的体积 V。气缸壁与一温度缓慢升高的热源相接触，使气体温度逐渐升高，压强也逐渐随之增大，但总是保持气体处于体积恒定的平衡态。如图 5-4（b）所示，理想气体从状态Ⅰ到状态Ⅱ的准静态等容过程可用平行于 p 轴的过程曲线Ⅰ→Ⅱ表示，称为**等容线**。

在等容过程中，由于 $\mathrm{d}V=0$，所以，$\mathrm{d}W=p\mathrm{d}V=0$，于是热力学第一定律可写成

$$Q_V=E_2-E_1=\frac{m}{M}\frac{i}{2}R(T_2-T_1)=\nu\frac{i}{2}R(T_2-T_1) \tag{5-7a}$$

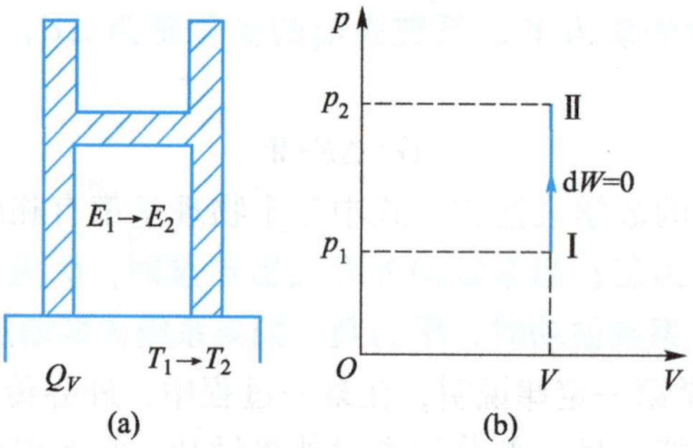

图 5-4 等容过程

当气体的状态只有微小变化时

$$\mathrm{d}Q_V=\mathrm{d}E=\nu\frac{i}{2}R\mathrm{d}T \tag{5-7b}$$

在以上两式中，Q 和 $\mathrm{d}Q$ 都有下标 V，表示气体在等容过程中所吸收的热量。由式（5-7a）和式（5-7b）可知，在等容过程中，气体从外界吸收的热量，全部用来增加内能，而不对外做功。图 5-4（b）中等容线下的面积为零，也表明气体不对外做功。

下面我们讨论理想气体的摩尔定容热容。设 1 mol 理想气体在等容过程中吸收的热量为 $\mathrm{d}Q_V$，气体的温度由 T 升高到 $T+\mathrm{d}T$，则气体的摩尔定容热容为

$$C_{V,\mathrm{m}}=\frac{\mathrm{d}Q_V}{\mathrm{d}T} \tag{5-8}$$

摩尔定容热容的单位为 $\mathrm{J\cdot mol^{-1}\cdot K^{-1}}$（焦耳每摩尔开尔文）。由式（5-8）可得

$$\mathrm{d}Q_V=C_{V,\mathrm{m}}\mathrm{d}T \tag{5-9a}$$

因此，对于摩尔定容热容为 $C_{V,\mathrm{m}}$、物质的量为 ν 的理想气体，在等容过程中，其温度由 T_1 变化到 T_2 时，所吸收的热量可表示为

$$Q_V=\nu C_{V,\mathrm{m}}(T_2-T_1) \tag{5-9b}$$

式（5-7b）亦可写成

$$dE = dQ_V = C_{V,m}dT \tag{5-10a}$$

由上式可以看出，对给定摩尔定容热容 $C_{V,m}$的 1 mol 理想气体，其内能增量仅与温度的增量有关。因此，1 mol 给定的理想气体，无论它经历怎样的状态变化过程，只要温度的增量 dT 相同，其内能的增量 dE 就是相同的，与状态变化的过程无关。可以证明，用式（5-10a）来计算理想气体内能是适用于一切热力学过程的。

由式（5-10a）可知，物质的量为 1 mol 的理想气体的内能增量为 $C_{V,m}dT$，因此对于物质的量为 ν 的理想气体，在微小的等容过程中内能的增量为

$$dE = \nu C_{V,m}dT \tag{5-10b}$$

摩尔定容热容 $C_{V,m}$既可以由理论计算得出，也可通过实验测出，表 5-1 给出了几种气体的 $C_{V,m}$的实验值。对于单原子理想气体，$C_{V,m}=3R/2$；对于刚性双原子理想气体，$C_{V,m}=5R/2$；对于刚性多原子理想气体，$C_{V,m}=6R/2=3R$。

表 5-1 几种气体摩尔热容的实验值（在 1.013×10^5 Pa、25℃时）

$C_{p,m}$，$C_{V,m}$的单位：$J\cdot mol^{-1}\cdot K^{-1}$，$M$ 的单位：$kg\cdot mol^{-1}$

气体	摩尔质量 M	$C_{p,m}$	$C_{V,m}$	$C_{p,m}-C_{V,m}$	$\gamma=C_{p,m}/C_{V,m}$
单原子气体					
氦(He)	4.003×10^{-3}	20.79	12.52	8.27	1.66
氖(Ne)	20.18×10^{-3}	20.79	12.68	8.11	1.64
氩(Ar)	39.95×10^{-3}	20.79	12.45	8.34	1.67
双原子气体					
氢(H_2)	2.016×10^{-3}	28.82	20.44	8.38	1.41
氮(N_2)	28.01×10^{-3}	29.12	20.80	8.32	1.40
氧(O_2)	32.00×10^{-3}	29.37	20.98	8.39	1.40
空气	28.97×10^{-3}	29.01	20.68	8.33	1.40
一氧化碳(CO)	28.01×10^{-3}	29.04	20.74	8.30	1.40
多原子气体					
二氧化碳(CO_2)	44.01×10^{-3}	36.62	28.17	8.45	1.30
一氧化二氮(N_2O)	40.01×10^{-3}	36.90	28.39	8.51	1.31
硫化氢(H_2S)	34.08×10^{-3}	36.12	27.36	8.76	1.32
水蒸气	18.016×10^{-3}	36.21	27.82	8.39	1.30

对于摩尔定容热容为 $C_{V,m}$、物质的量为 ν 的理想气体，由式（5-10b）可得气体的温度由 T_1变化到 T_2的过程中，气体内能的增量为

$$E_2 - E_1 = \nu C_{V,m}\int_{T_1}^{T_2} dT = \nu C_{V,m}(T_2 - T_1) \tag{5-10c}$$

二、等压过程

等压过程的特征是系统的压强在状态变化过程中保持不变，即 $p=$常量或 $\mathrm{d}p=0$。实现理想气体等压过程的方法如图 5-5（a）所示，气缸的活塞上放一固定质量的砝码，使气体的压强 p 保持不变。气缸壁与一温度缓慢升高的热源相接触，使气体的温度逐渐升高，体积也随之膨胀，但总保持气体处于压强恒定的平衡态。

如图 5-5（b）所示，理想气体从状态Ⅰ到状态Ⅱ的准静态等压过程可用平行于 V 轴的过程线Ⅰ→Ⅱ表示，称为**等压线**。先计算等压过程中气体对外所做的功，由于 $p=$常量，故

$$W_p=\int_{V_1}^{V_2} p\mathrm{d}V=p(V_2-V_1) \tag{5-11}$$

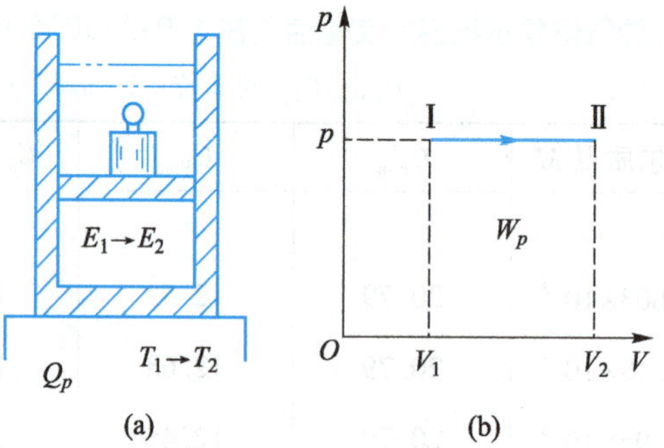

图 5-5　等压过程

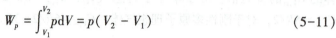

在图 5-5（b）中用等压线下的面积表示 W_p，下标 p 表示等压过程。利用理想气体状态方程

$$pV=\frac{m}{M}RT=\nu RT$$

可将 W_p 表示为

$$W_p=\nu R(T_2-T_1)$$

于是，等压过程中热力学第一定律可写成

$$Q_p=E_2-E_1+p(V_2-V_1) \tag{5-12a}$$

或者，当气体的状态只有微小变化时为

$$\mathrm{d}Q_p=\mathrm{d}E+p\mathrm{d}V \tag{5-12b}$$

式（5-12a）和式（5-12b）表明，在等压过程中，理想气体吸收的热量一部分用来增加气体的内能，另一部分使气体对外做功。

现在我们讨论理想气体的摩尔定压热容。设 1 mol 的理想气体在等压过程中吸收热量 $\mathrm{d}Q_p$ 温度升高 $\mathrm{d}T$，则气体的摩尔定压热容为

$$C_{p,\mathrm{m}}=\frac{\mathrm{d}Q_p}{\mathrm{d}T} \tag{5-13a}$$

由上式可得，在等压过程中，1 mol 理想气体的温度有微小增量时所吸收的热量为

$$dQ_p = C_{p,m} dT \tag{5-13b}$$

对于摩尔定压热容为 $C_{p,m}$、物质的量为 ν 的理想气体，在等压过程中吸收的热量为

$$Q_p = \nu C_{p,m}(T_2 - T_1) \tag{5-13c}$$

摩尔定压热容的单位与摩尔定容热容的单位相同。利用式（5-12b）和式（5-13a）可得

$$C_{p,m} = \frac{dE + p dV}{dT} = \frac{dE}{dT} + p\frac{dV}{dT}$$

由于 $dE/dT = C_{V,m}$，又由于对 1 mol 理想气体的状态方程 $pV = RT$ 两边取微分，并考虑到等压过程中 p = 常量，可得 $p dV = R dT$，所以上式可写为

$$C_{p,m} = C_{V,m} + R$$

于是得 $C_{p,m}$ 与 $C_{V,m}$ 之差为

$$C_{p,m} - C_{V,m} = R \tag{5-14}$$

上式称为**迈耶公式**，即**理想气体的摩尔定压热容与摩尔定容热容之差等于摩尔气体常量 $\boldsymbol{R}$**（$\approx 8.31\ \mathrm{J \cdot mol^{-1} \cdot K^{-1}}$）。迈耶公式指出，在等压过程中，1 mol 理想气体的温度升高 1 K 时，要比等容过程中多吸收 8.31 J 的热量，以用于对外做功。

$C_{p,m}$ 与 $C_{V,m}$ 的比值称为**摩尔热容比**，通常用 γ 表示，即

$$\gamma = \frac{C_{p,m}}{C_{V,m}} \tag{5-15}$$

表 5-1 给出了几种气体 $C_{p,m}$、$C_{V,m}$ 的实验值，还给出了差值 $C_{p,m} - C_{V,m}$ 和 γ 的值。

三、等温过程

等温过程的特征是**温度保持不变**，即 T = 常量或 $dT = 0$。由式（5-10）可知，在等温过程中气体的内能不变，即 $dE = 0$。理想气体的等温过程在 $p-V$ 图上的过程曲线如图 5-6 所示。

因为在等温过程中，内能不变，根据热力学第一定律有

$$dQ_T = dW_T = p dV \tag{5-16}$$

式中 dQ_T 为气体从温度为 T 的热源中吸收的热量，dW_T 为气体所做的功。上式表明，在等温过程中，理想气体所吸收的热量全部用来对外做功。气体对外所做的功在数值上等于图 5-6 中 $p-V$ 图上等温曲线下面的面积。

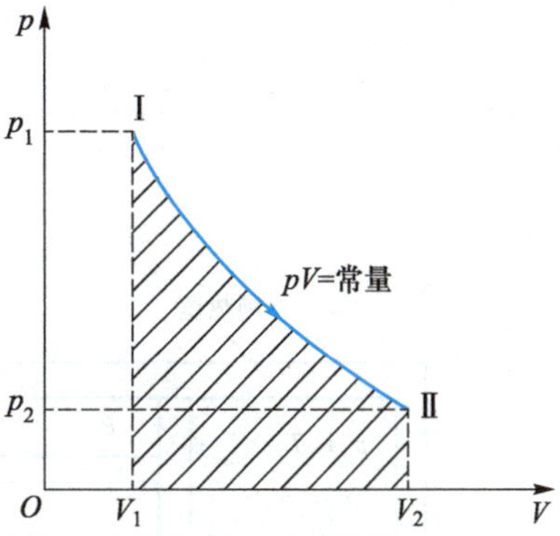

图 5-6 等温过程

设理想气体在等温过程中，体积由 V_1 变为 V_2，则气体所做的功为

$$W_T = \int_{V_1}^{V_2} p dV$$

由理想气体状态方程 $pV = \nu RT$ 和等温过程中 T = 常量的条件，上式可写为

$$W_T = \nu RT\int_{V_1}^{V_2}\frac{\mathrm{d}V}{V} = \nu RT\ln\frac{V_2}{V_1}$$

因为 $p_1V_1=p_2V_2$，所以上式也可写为

$$W_T=\nu RT\ln\frac{p_1}{p_2}$$

因此，可得

$$Q_T=W_T=\nu RT\ln\frac{V_2}{V_1}=\nu RT\ln\frac{p_1}{p_2} \tag{5-17}$$

上式表明，在理想气体的等温过程中，当气体膨胀（即 $V_2>V_1$）时，W_T和 Q_T均取正值，气体从恒温热源吸收的热量全部用于对外做功；当气体被压缩（即 $V_2<V_1$）时，W_T和 Q_T均取负值，此时外界对气体做的功全部以热量形式由气体传递给恒温热源。

四、绝热过程

绝热过程是热力学过程中一个十分重要的过程。**在气体的状态发生变化的过程中，系统与外界之间没有热量的传递，这样的过程称为绝热过程。**实际上，绝对的绝热过程是没有的，但在有些过程的进行中，虽然系统与外界之间有热量传递，但所传递的热量很少，以致可忽略不计，这种过程就可近似视为绝热过程。可视为绝热过程的实例是很多的。在工程上，蒸汽机气缸中蒸汽的膨胀、柴油机中受热气体的膨胀、压缩机中空气的压缩等，常常可近似地视为绝热过程。这些过程进行得很迅速，在过程进行时只有很少的热量通过器壁进入或离开系统；声波在空气中传播时，空气的压缩和膨胀过程也可视为绝热过程。但这些实际的绝热过程不是我们所要讨论的，下面介绍的绝热过程是进行得非常缓慢的准静态过程。

如图 5-7（a）所示，在一密闭气缸中贮有理想气体，气缸壁、气缸底部和活塞均由绝热材料制成。活塞与气缸壁间的摩擦略去不计。绝热过程的特征是 $\mathrm{d}Q=0$。理想气体的绝热过程在 p-V 图上的过程曲线称为绝热线，如图 5-7（b）所示。

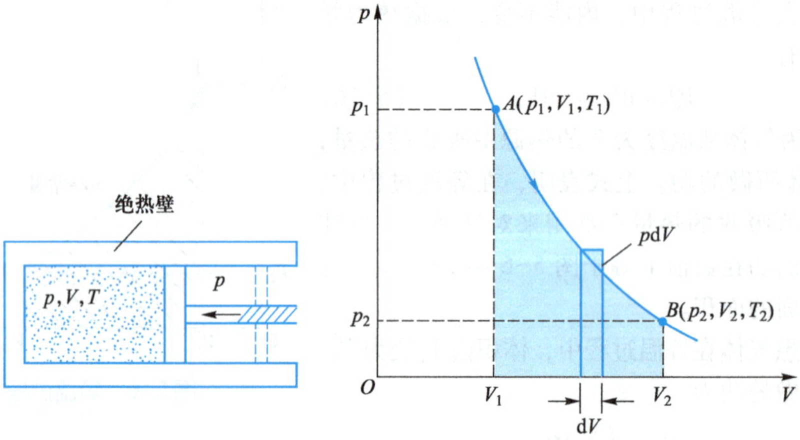

(a) 气体被绝热材料所包围　　(b) 绝热过程中气体做的功

图 5-7　绝热过程

因为在绝热过程中 $\mathrm{d}Q=0$，所以由热力学第一定律有

$$0=\mathrm{d}E+p\mathrm{d}V$$

由于理想气体的内能仅是温度的函数，故由式（5-10b）可得

$$0=\nu C_{V,\mathrm{m}}\mathrm{d}T+p\mathrm{d}V \tag{5-18}$$

对理想气体状态方程 $pV=\nu RT$ 取微分，有

$$p\mathrm{d}V+V\mathrm{d}p=\nu R\mathrm{d}T \tag{5-19}$$

由式（5-18）和式（5-19）可得

$$C_{V,\mathrm{m}}p\mathrm{d}V+C_{V,\mathrm{m}}V\mathrm{d}p=-Rp\mathrm{d}V$$

将 $R=C_{p,\mathrm{m}}-C_{V,\mathrm{m}}$ 和 $\gamma=C_{p,\mathrm{m}}/C_{V,\mathrm{m}}$ 代入上式，得

$$\gamma\frac{\mathrm{d}V}{V}=-\frac{\mathrm{d}p}{p}$$

对两边积分，得

$$\gamma\ln V+\ln p=常量$$

得

$$pV^{\gamma}=常量 \tag{5-20a}$$

这就是理想气体绝热过程的 $p-V$ 函数关系。

进一步利用理想气体状态方程 $pV=\nu RT$，将它和式（5-20a）联立，可得

$$V^{\gamma-1}T=常量 \tag{5-20b}$$

$$p^{\gamma-1}T^{-\gamma}=常量 \tag{5-20c}$$

式（5-20a）、式（5-20b）和式（5-20c）统称为理想气体的绝热过程方程，简称**绝热方程**。但是式子中各个常量是不相同的。

由式（5-18）可求得，在有限过程中理想气体做的功为

$$W=\int p\mathrm{d}V=-\nu C_{V,\mathrm{m}}\int_{T_1}^{T_2}\mathrm{d}T=-\nu C_{V,\mathrm{m}}(T_2-T_1) \tag{5-21a}$$

从上式可以看出，如 $T_1>T_2$，则 $W>0$，气体绝热膨胀；如 $T_1<T_2$，则 $W<0$，气体被绝热压缩。气体在被绝热压缩时温度升高，绝热膨胀时温度降低这两个结论，常在许多实际问题中用到。例如，用打气筒为轮胎打气时，筒壁会发热；压缩空气从喷嘴中急速喷出时，气体绝热膨胀，气体变冷，甚至被液化。

理想气体绝热过程中做功的表达式也可以用状态参量 p、V 表示为

$$W=\frac{p_1V_1-p_2V_2}{\gamma-1} \tag{5-21b}$$

五、绝热线和等温线

为了比较绝热线和等温线，我们根据绝热方程

$$pV^{\gamma}=常量$$

和等温方程

$$pV=常量$$

在 $p-V$ 图上作这两个过程的过程曲线，如图 5-8 所示。图中实线是绝热线，虚线是

等温线，两线在图中的点 A 相交。点 A 处等温线的斜率为

$$\left(\frac{\mathrm{d}p}{\mathrm{d}V}\right)_T=-\frac{p_A}{V_A}$$

而绝热线的斜率为

$$\left(\frac{\mathrm{d}p}{\mathrm{d}V}\right)_a=-\gamma\frac{p_A}{V_A}$$

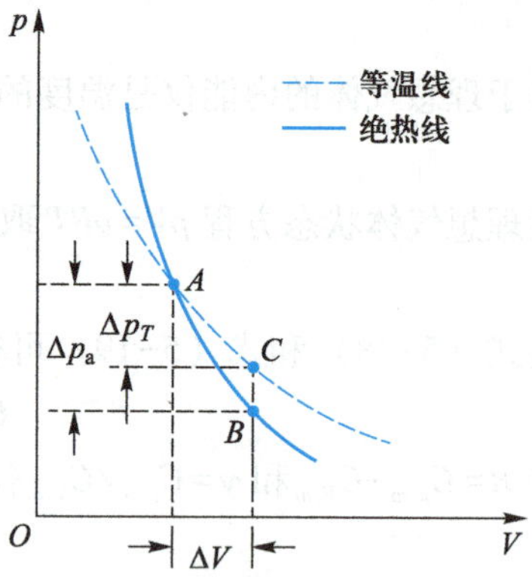

图 5-8 绝热过程和等温过程

由于 $\gamma>1$，所以绝热线斜率的绝对值大于等温线斜率的绝对值，所以绝热线要比等温线陡。在物理上，这一点可以这样理解：处于某一状态的气体，虽经等温过程或绝热过程膨胀相同的体积，但绝热过程中压强的减少量 Δp_a 要比等温过程中压强的减少量 Δp_T 大。这是因为在等温过程中，压强的降低仅由气体密度的减小而引起，而在绝热过程中，除气体密度减小这个因素外，温度降低也是使压强降低的一个因素。因此，当气体膨胀相同的体积时，在绝热过程中降低的压强要比在等温过程中多。

［例 5-1］ 1 mol 理想气体，其 $C_{p,m}$ 和 $C_{V,m}$ 的比值的理论值是 5/3。由初状态 a 到末状态 c 经历三种变化过程 abc、ac 和 adc，如图 5-9 所示，其中曲线 ac 表示绝热过程。已知 $p_1=1.0\times10^5$ Pa，$p_2=3.2\times10^5$ Pa，$V_1=1.0\times10^{-3}$ m^3，$V_2=8.0\times10^{-3}$ m^3，(1) 求各过程中气体对外做的功和从外界吸收的热量；(2) 求 b、c、d 各状态与初态的温度差；(3) 如果将气体由末态 c 等温压缩到体积 V_1，则在 V_1 状态时气体与初态 a 之间的压强差是多少？这个过程中气体对外做了多少功？

解 (1) 先计算三个过程中气体所做的功。

① 计算在过程 abc 中系统所做的功。ab 是等压过程，因此

$$W_{ab}=p_2(V_2-V_1)=2.24\times10^4\ \mathrm{J}$$

bc 是等容过程，系统不做功，亦即

$$W_{bc}=0$$

故有

$$W_{abc}=W_{ab}+W_{bc}=2.24\times10^4\ \mathrm{J}$$

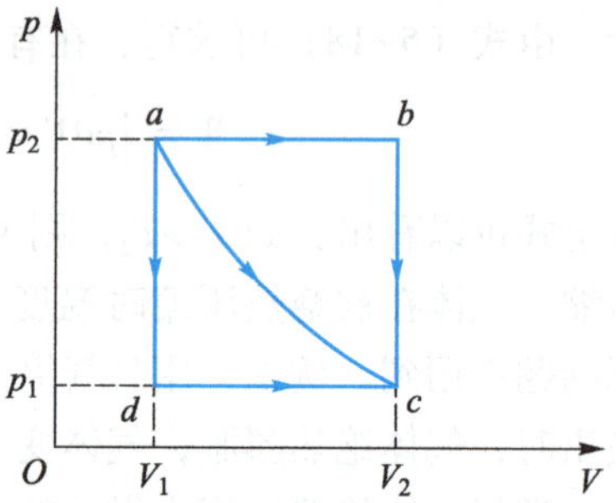

图 5-9 例 5-1 图

② 计算在过程 adc 中系统所做的功。与过程 abc 类似，这是由等容过程 ad 和等压过程 dc 组成，所以可得

$$W_{adc}=W_{ad}+W_{dc}=W_{dc}=p_1(V_2-V_1)=700\ \mathrm{J}$$

③ 计算绝热过程 ac 中系统对外做的功。由于系统和外界不交换热量，所以做的功等于系统内能的变化，推导可得

$$W_{ac}=\frac{1}{\gamma-1}(p_1V_2-p_2V_1)=3.60\times10^3\ \mathrm{J}$$

然后计算三个过程中，气体从外界吸收的热量。

① 计算在过程 abc 中热量的吸收，也分为两个过程计算：

等压过程 ab

$$Q_{ab}=\nu C_{p,m}(T_b-T_a)=\frac{C_{p,m}}{R}p_2(V_2-V_1)=\frac{\gamma}{\gamma-1}p_2(V_2-V_1)=5.60\times10^4\ \text{J}$$

等容过程 bc

$$Q_{bc}=\nu C_{V,m}(T_c-T_b)=\frac{C_{V,m}}{R}V_2(p_1-p_2)=\frac{1}{\gamma-1}V_2(p_1-p_2)=-3.72\times10^4\ \text{J}$$

于是

$$Q_{abc}=Q_{ab}+Q_{bc}=1.88\times10^4\ \text{J}$$

② 过程 adc 中热量的计算与过程 abc 中的类似，可得

$$Q_{adc}=Q_{ad}+Q_{dc}=\frac{V_1}{\gamma-1}(p_1-p_2)+\frac{\gamma}{\gamma-1}p_1(V_2-V_1)=-2.90\times10^3\ \text{J}$$

③ 而在绝热过程 ac 中，系统不吸收热量，所以

$$Q_{ac}=0$$

由以上计算可知，尽管三个过程中初状态和末状态都相同，但由于过程不一样，所以系统做的功和吸收的热量不一样。

（2）对每个过程应用热力学第一定律，就可以求得此过程的终态和初态的温度差，即

$$T_2-T_1=\frac{Q-W}{\nu C_{V,m}}$$

据此，对等压过程 ab，得

$$T_b-T_a=\frac{Q_{ab}-W_{ab}}{\nu C_{V,m}}=\frac{\frac{\gamma}{\gamma-1}p_2(V_2-V_1)-p_2(V_2-V_1)}{\nu C_{V,m}}=\frac{p_2(V_2-V_1)}{\nu C_{V,m}}=2\,695\ \text{K}$$

绝热过程 ac 中，有

$$T_c-T_a=\frac{-W_{ac}}{\nu C_{V,m}}=\frac{p_1V_2-p_2V_1}{\nu C_{V,m}}=-289\ \text{K}$$

对等容过程 ad，得

$$T_d-T_a=\frac{V_1(p_1-p_2)}{\nu R}=-373\ \text{K}$$

从上述结果可知，$T_b>T_a>T_c>T_d$。

（3）设在等温过程中，气体被压缩到 V_1 时的压强是 p，则因为 $pV_1=p_1V_2$，所以有

$$\Delta p=p-p_2=\frac{V_2}{V_1}p_1-p_2=-2.4\times10^6\ \text{Pa}$$

等温过程中，气体对外做的功是

$$W_T=\nu RT\int_{V_1}^{V_2}\frac{\mathrm{d}V}{V}=p_1V_2\ln\frac{V_1}{V_2}=-1.66\times10^3\ \text{J}$$

[例 5-2] 假设有 5 mol 的氢气，初始压强为 1.013×10^5 Pa，温度为 20℃。（1）求等温过程中把气体压缩为原来体积的 1/10 需要做的功；（2）求绝热过程中把气体压缩为原来体积的 1/10 需要做的功；（3）经过这两个过程后气体的压强各为多少？

解 （1）如图 5-10 所示，等温过程

$$W_T=\nu RT\ln\frac{V_2}{V_1}=-2.8\times10^4\ \text{J}$$

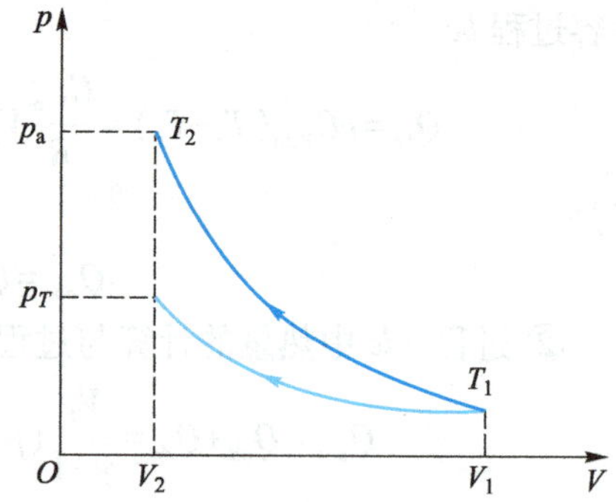

图 5-10 例 5-2 图

（2）绝热过程

$$W=-\nu C_{V,\text{m}}(T_2-T_1)$$

双原子分子的 $\gamma=1.41$，由绝热方程求得 T_2：

$$T_2=T_1\ (V_1/V_2)^{\gamma-1}=753\ \text{K}$$

故绝热压缩过程中气体做的功为

$$W=-\nu C_{V,\text{m}}(T_2-T_1)=-4.74\times10^4\ \text{J}$$

（3）两个过程后的压强分别为

等温过程

$$p_2=p_1\left(\frac{V_1}{V_2}\right)=1.013\times10^6\ \text{Pa}$$

绝热过程

$$p_2=p_1\left(\frac{V_1}{V_2}\right)^{\gamma}=2.55\times10^6\ \text{Pa}$$

第四节 循环过程 卡诺循环

瓦特改进了蒸汽机，直接引发了第一次工业革命，而后期工业的发展对于机器做功提出了更高的要求。**能够将热量不断转化为功的装置称为热机**。绝大部分动力机器均是热机，如蒸汽机、内燃机、汽轮机等。其基本工作原理是：借助某种工作物质（如蒸汽、燃烧后的气体等）从外界吸收热量，在膨胀过程中推动活塞或汽轮机叶片而做功。

一、循环过程

在生产技术上要将热与功之间的转化持续地进行下去，这就需要利用循环过程。**系统从某一个状态开始，经过一系列状态变化以后，最后又回到原来状态的过程称为热力学循环过程，简称循环**。显然在 $p-V$ 图上用闭合曲线表示的都是准静态循环过程，如图 5-11 所示。

若气体在压缩过程中所经过的路径，与在膨胀过程中所经过的路径不重复，如图 5-11 所示，气体由起始状态 $A(p_A,V_A,T_A)$ 沿过程 AaB 膨胀到状态 $B(p_B,V_B,T_B)$，在此过程中，体积增大，气体对外所做的正功数值上等于过程曲线 AaB 下面的面积。然后再将气体由起始状态 B 沿过程 BbA 压缩到状态 A，在此过程中，体积被压缩，气体对外所做的负功的数值等于过程曲线 BbA 下面的面积。所以气体经历一个循环以后对外所做的净功 W 应该是由 AaB 和 BbA 两个过程组成的循环过程曲线所包围的面积。应当指出，在任何一个循环过程中，系统所做的净功在数值上都等于p-V图上循环过程曲线所包围的面积。

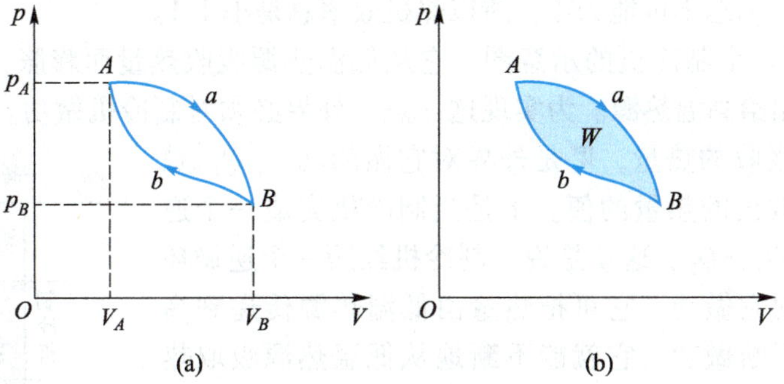

图 5-11　循环过程

由于内能是系统状态的单值函数，所以系统经历一个循环过程后，**它的内能没有改变**，这是**循环过程**的**重要特征**。

二、热机和制冷机

按热力学过程进行的方向可把循环过程分为两类。在p-V图上按顺时针方向进行的循环过程称为**正循环**，如图 5-11 所示就是一个正循环；在p-V图上按逆时针方向进行的循环过程称为**逆循环**。**工作物质作正循环的机器称为热机**（如蒸汽机、内燃机），它是把热量持续地转化为功的机器。**工作物质作逆循环的机器称为制冷机**，它是利用外界做功使热量由低温处流入高温处，从而获得低温的机器。

如图 5-12 所示，一热机经过一个正循环后，由于它的内能不发生变化，因此，它从高温热源吸收的热量 Q_1，一部分用于对外做功 W，另一部分则向低温热源放热（$Q_2<0$），$|Q_2|$为向低温热源放出的热量的值。这就是说，在热机经历一个正循环后，吸收的热量 Q_1不能全部转化为功，转化为功的只是 $Q_1-|Q_2|=W$。

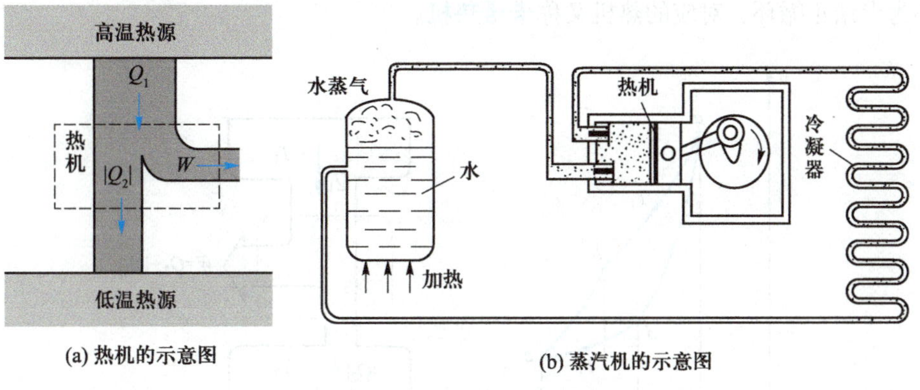

图 5-12　热机示意图

评价热机性能的重要指标之一是热机的效率，即系统吸收的热量 Q_1中有多少能量能够转化成有用功 W。$|Q_2|$是系统放出的热量。所以**热机效率或循环效率**定义为

$$\eta=\frac{W}{Q_1}=\frac{Q_1-|Q_2|}{Q_1}=1-\frac{|Q_2|}{Q_1} \tag{5-22}$$

在实际热机中，Q_2总不可能为零，所以热机效率总是小于1。

图5-13是一个制冷机的示意图，它从低温热源吸收热量而膨胀，并在压缩过程中，把热量放出给高温热源。为实现这一点，外界必须对制冷机做功。图中Q_2是制冷机从低温热源吸收的热量，W是外界对它做的功，$|Q_1|$是它向高温热源放出的热量的值。于是当制冷机完成一个逆循环后有$W=|Q_1|-Q_2$。这就是说，制冷机经历一个逆循环后，由于外界对它做功，它可把热量由低温热源传递到高温热源。外界不断做功，它就能不断地从低温热源吸取热量，传递到高温热源。这就是制冷机的工作原理，通常把

$$e=\frac{Q_2}{W}=\frac{Q_2}{|Q_1|-Q_2} \tag{5-23}$$

称为**制冷机的制冷系数**。

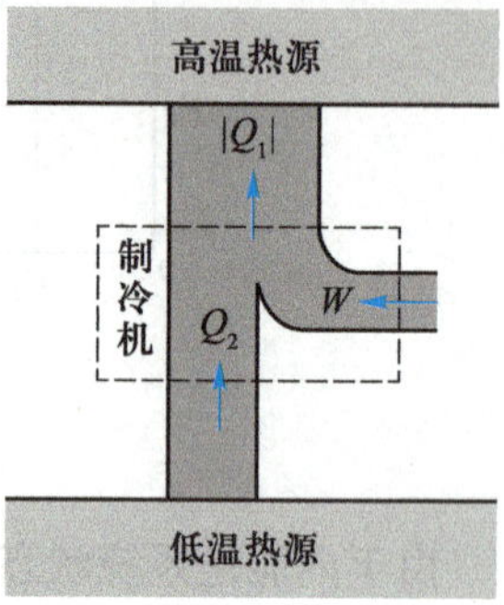

图5-13　制冷机示意图

三、卡诺循环

工业和科技的发展迫切要求人们进一步提高热机的效率。那么，提高热机的效率的途径有哪些？热机效率有没有极限呢？为此，法国的年轻工程师卡诺（S. Carnot，1796—1832）于1824年提出一个工作在两热源之间的理想循环——卡诺循环，找到了在两个给定热源温度的条件下，热机效率的理论极限值。他还提出了著名的卡诺定理。下面先介绍卡诺循环，下一节再讲述卡诺定理。

卡诺循环是由四个准静态过程所组成的，其中有两个是等温过程，另两个是绝热过程。卡诺循环对工作物质是没有规定的，为方便讨论，我们以理想气体为工作物质。如图5-14（a）所示，曲线ab和cd分别是温度为T_1和T_2的两条等温线。曲线bc和da分别是两条绝热线。如气体从点a出发，按顺时针方向沿封闭曲线$abcda$进行，这种正循环为卡诺正循环，对应的热机又称**卡诺热机**。

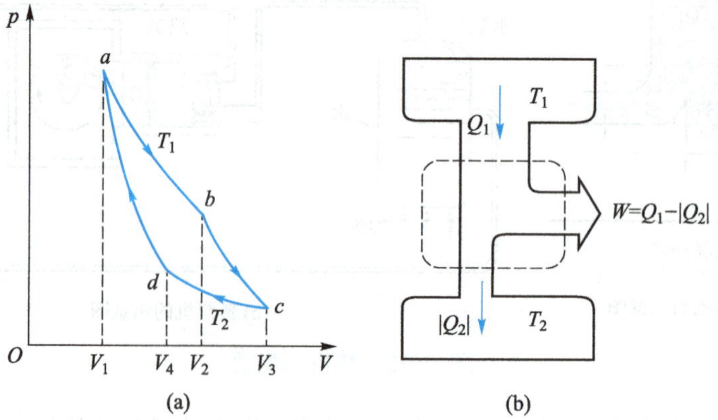

图5-14　卡诺正循环——热机

由热力学第一定律可求得在四个过程中，气体的内能、对外做的功和传递的热量之间的关系如下：

（1）$a \to b$ 等温膨胀过程，系统的内能不变，系统对外做的功 W_1 等于系统从温度为 T_1 的高温热源中吸收的热量 Q_1，即

$$W_1 = Q_1 = \nu R T_1 \ln \frac{V_2}{V_1} \tag{5-24}$$

（2）$b \to c$ 绝热膨胀过程，气体不吸收热量，系统对外做的功 W_2 等于系统内能的变化量，即

$$W_2 = \Delta E = E_b - E_c = \nu C_{V,\mathrm{m}}(T_1 - T_2)$$

（3）$c \to d$ 等温压缩过程，系统对外做的功 W_3 等于系统向温度为 T_2 的低温热源放出的热量，即

$$W_3 = Q_2 = -\nu R T_2 \ln \frac{V_3}{V_4} \tag{5-25}$$

（4）$d \to a$ 绝热压缩过程，气体不吸收热量，外界对气体做的功用于增加气体的内能，即

$$W_4 = \Delta E = E_d - E_a = -\nu C_{V,\mathrm{m}}(T_1 - T_2)$$

由以上四式可得理想气体系统经历一个卡诺循环后所做的净功为

$$W = W_1 + W_2 + W_3 + W_4 = Q_1 - |Q_2|$$

从图 5-14 可以看出，这个净功 W 就是图中循环所包围的面积。

由理想气体绝热方程 TV^{γ} = 常量，可得

$$T_1 V_2^{\gamma-1} = T_2 V_3^{\gamma-1}$$

和

$$T_1 V_1^{\gamma-1} = T_2 V_4^{\gamma-1}$$

将以上两式相除，有

$$\frac{V_2}{V_1} = \frac{V_3}{V_4}$$

把它们代入式（5-24）和式（5-25），化简后有

$$\frac{Q_1}{T_1} = \frac{|Q_2|}{T_2}$$

把上式代入循环效率式（5-22），求得卡诺正循环的效率为

$$\eta = 1 - \frac{|Q_2|}{Q_1} = 1 - \frac{T_2}{T_1} \tag{5-26}$$

从上式可以看出：要完成一次卡诺循环必须有高温和低温两个热源；高温热源的温度越高，低温热源的温度越低，卡诺正循环的效率越高。

如果让卡诺循环沿着逆时针方向进行，对应的机器又称**卡诺制冷机**。在逆循环过程中，外界对系统做的功为 W，系统从低温热源 T_2 吸收热量 Q_2，并向高温热源 T_1 放出热量 $|Q_1|$。由于 $|Q_1|/T_1 = Q_2/T_2$，由制冷系数的表达式（5-23）可得卡诺制冷机的制冷系数 e 为

$$e=\frac{Q_2}{W}=\frac{Q_2}{|Q_1|-Q_2}=\frac{T_2}{T_1-T_2} \tag{5-27}$$

[例 5-3] 1 mol 氦气经过如图 5-15 所示的循环。求：在 1→2、2→3、3→4、4→1 过程中吸收的热量和循环效率。

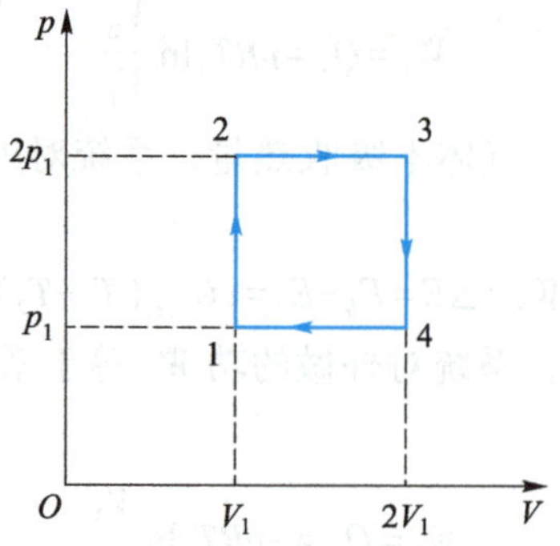

图 5-15 例 5-3 图

解 用两种方法求循环效率。

第一种方法：先求出各等值过程中向气体传递的热量，然后求出循环过程吸收的热量 Q_1、放出的热量 $|Q_2|$，再计算效率。

依题意，应用等容和等压过程方程，可求得状态 2、3、4 的温度，它们分别等于

$$T_2=2T_1,\ T_3=4T_1,\ T_4=2T_1$$

根据热量计算公式及理想气体状态方程，各过程中的热量分别为

$$Q_{12}=C_{V,\mathrm{m}}(T_2-T_1)=C_{V,\mathrm{m}}T_1$$
$$Q_{23}=C_{p,\mathrm{m}}(T_3-T_2)=2C_{p,\mathrm{m}}T_1$$
$$Q_{34}=C_{V,\mathrm{m}}(T_4-T_3)=-2C_{V,\mathrm{m}}T_1$$
$$Q_{41}=C_{p,\mathrm{m}}(T_1-T_4)=-C_{p,\mathrm{m}}T_1$$

系统经历一个循环，吸收的热量为

$$\begin{aligned}Q_{吸}&=Q_{12}+Q_{23}\\&=C_{V,\mathrm{m}}T_1+2C_{p,\mathrm{m}}T_1\\&=T_1(3C_{V,\mathrm{m}}+2R)\end{aligned}$$

系统经历一个循环，放出的热量为

$$\begin{aligned}Q_{放}&=Q_{34}+Q_{41}\\&=-2C_{V,\mathrm{m}}T_1-C_{p,\mathrm{m}}T_1\\&=-T_1(3C_{V,\mathrm{m}}+R)\end{aligned}$$

因为氦气是单原子分子

$$C_{V,\mathrm{m}}=\frac{3R}{2}C_{p,\mathrm{m}}=\frac{5R}{2}$$

由效率公式可求得该循环效率为

$$\eta=1-\frac{|Q_{放}|}{Q_{吸}}=1-\frac{|Q_{34}+Q_{41}|}{Q_{12}+Q_{23}}=15.4\%$$

第二种方法：根据效率定义计算循环效率，其中 W 为循环过程中气体对外做的净

功，在 $p-V$ 图上矩形所围面积即表示净功，即

$$W=(p_2-p_1)(V_3-V_2)=p_1V_1=RT_1$$

所以循环效率

$$\eta=\frac{W}{Q_{吸}}=\frac{W}{Q_{12}+Q_{23}}=\frac{RT_1}{T_1(3C_{V,m}+2R)}=15.4\%$$

显然两种计算方法的结果是一样的。

第五节 热力学第二定律

19 世纪初期，蒸汽机在工业、航海等领域得到了广泛的使用，并且随着技术水平的提高，蒸汽机的效率也有所增加。但热机效率的提高有没有限制呢？能否制造一种热机，把从单一热源吸取热量完全用来做功呢？能否制造一种制冷机，它可以不需要外界对系统做功，就能使热量从低温物体传递给高温物体呢？这些问题都是当时在理论上急需解决的问题，但这些问题又不能由热力学第一定律来解决。此外，在自然界中是否所有符合热力学第一定律的过程都能发生呢？例如，混合后的气体能不能自动地分离？这都是人们迫切要解决的问题。为此人们在实践的基础上总结出了一条新的定律，即热力学第二定律。热力学第二定律是在研究如何提高热机效率的过程中逐步发展起来的，并和热力学第一定律一起，构成热力学的理论基础。

一、热力学第二定律

1. 开尔文表述

不可能制成这样一种热机，它只从单一热源吸取热量，并将其完全变为有用功而不产生其他影响。

这是热力学第二定律的开尔文表述，还可以理解为：第二类永动机不可能制成。

2. 克劳修斯表述

不可能把热量从低温物体传到高温物体而不产生其他影响。

这是热力学第二定律的克劳修斯表述。

热力学第二定律的两种表述是对同一个客观规律的不同说法，二者本质相同。

二、热力学过程的方向性

实际经验表明，**一切实际的热力学过程都只能按一定的方向进行，或者说一切实际的热力学过程都是不可逆的。**例如，两个温度不同的物体互相接触，热量总是自动地由高温物体传向低温物体，从而使两物体温度相同而达到热平衡。从未发现与此相反的过程，即热量自动地由低温物体传向高温物体，而使两物体温差越来越大。这说明热传导过程具有方向性。另外，功热转化的过程也是不可逆的，即可以通过做功使机

械能全部转化为热能。但相反的过程，即热自动地转化为功的过程不可能发生。也就是说，自然界功热转化过程具有方向性。

由于自然界一切与热现象有关的宏观过程都涉及功热转化或热传导，因此可以说，一切与热现象有关的实际宏观过程都是不可逆的。自然过程进行的方向性所遵从的规律，可以由热力学第二定律描述。

三、可逆过程与不可逆过程

为了进一步研究热力学过程的方向性问题，接下来介绍可逆过程和不可逆过程。

一个热力学过程，如果它的每一个中间状态都可以在逆向变化中进行而不在外界引起其他的变化并留下任何痕迹，这样的过程称为可逆过程。

如果对于某一过程，不论经过怎样复杂曲折的方法都不能使系统和外界都复原，则此过程就是不可逆过程。

从上面关于热力学第二定律的克劳修斯表述，我们已经知道，高温物体能自动地把热量传递给低温物体，而低温物体不可能在外界不产生影响的情况下，自动地把热量传递给高温物体。如果我们把热量由高温物体传递给低温物体作为正过程，而把热量由低温物体传递给高温物体作为逆过程，很显然，逆过程是不能自动进行的。也就是说，如果要把热量由低温物体传递给高温物体，非要由外界对它做功不可，而由于做功，外界的环境就要发生变化（如能量损耗等）。因此，在外界环境不发生变化的情况下，热量的传递过程是不可逆的。

实际的热力学过程都是不可逆的，自发过程具有确定的方向性。实现可逆过程的条件是什么呢？只有当系统的状态变化过程是无限缓慢进行的准静态过程，而且在过程进行之中没有能量耗散效应时，系统所经历的过程才是可逆过程；否则，就是不可逆过程。

四、卡诺定理

卡诺提出在温度为 T_1 的热源和温度为 T_2 的热源之间循环工作的机器，必须遵守以下两条结论，即卡诺定理。

（1）**在相同的高温热源和低温热源之间工作的任意工作物质的可逆机，都具有相同的效率。**

（2）**在相同的高温热源和低温热源之间工作的一切不可逆机的效率都不可能大于可逆机的效率。**

如果我们在可逆机中取一个以理想气体为工作物质的卡诺机，那么由卡诺定理（1）可得

$$\eta = 1 - \frac{|Q_2|}{Q_1} = 1 - \frac{T_2}{T_1}$$

同样，如以 η' 表示不可逆机的效率，则由卡诺定理（2）有

$$\eta' \leqslant 1-\frac{T_2}{T_1} \tag{5-28}$$

上式中的等号是指效率 η' 的热机是可逆机的情况。由卡诺定理可以得到一个推论：**以同一高温热源和同一低温热源工作的一切可逆机都有相同的效率**，与物质的性质无关，即式（5-26）适用于以任何物质作为工作物质的卡诺循环。

卡诺定理指出了提高热机效率的途径。除了应使实际热机的循环尽量接近可逆机的循环外，由于式（5-26）是工作于同一高温热源和同一低温热源之间所有热机效率的极限值，所以要提高热机效率，重要的措施是尽量增大两热源之间的温度差。一般热机的低温热源温度是大气温度，要再降低，就得用制冷机，从能量角度来说反而得不偿失。因此，提高高温热源温度以提高热机效率，才是现实的、行之有效的。

[例 5-4] 某热机循环从高温热源获得热量 Q_H，并把热量 Q_L 传递给低温热源。设高温热源的温度为 $T_H=2\,000\ \text{K}$，低温热源的温度为 $T_L=300\ \text{K}$，试确定在下列条件下热机是可逆的、不可逆的还是不可能的。（1）$Q_H=1\,000\ \text{J}$，$W=900\ \text{J}$；（2）$Q_H=2\,000\ \text{J}$，$Q_L=300\ \text{J}$；（3）$W=1\,500\ \text{J}$，$Q_L=500\ \text{J}$。

解 卡诺热机的效率：

$$\eta=1-\frac{T_L}{T_H}=85\%$$

（1）$\eta'=\dfrac{W}{Q_H}=90\%>\eta$，不可能；

（2）$\eta'=1-\dfrac{Q_L}{Q_H}=85\%=\eta$，可逆；

（3）$\eta'=\dfrac{W}{W+Q_L}=75\%<\eta$，不可逆。

第六节 熵 熵增加原理

热力学第二定律指出，自然界实际进行的与热现象有关的过程都是不可逆过程，都是有方向性的。例如，物体间存在温差时，如果没有外界影响，能量总是从高温物体传向低温物体，直到两物体的温度相等为止；气体分子会从密度大的区域向密度小的区域迁移，直到整体气体密度达到均匀；热功之间的转化也是不可逆和有方向性的，等等。为了更方便地判别孤立系统中过程进行的方向，我们引入一个新的态函数——熵，并用熵的变化把系统中实际过程进行的方向表示出来，这就是熵增加原理。

1. 熵

玻耳兹曼从统计物理角度给出了熵的定义

$$S=k\ln W$$

式中 W 为该宏观状态的热力学概率，即该宏观状态所对应的微观状态数，k 是玻耳兹曼常量，S 为**玻耳兹曼熵**。

克劳修斯在研究可逆卡诺热机时，注意到从卡诺热机的效率

$$\eta=1-\frac{|Q_2|}{Q_1}=1-\frac{T_2}{T_1}$$

可以得

$$\frac{Q_1}{T_1}=\frac{|Q_2|}{T_2}$$

式中 Q_1为系统吸收的热量，Q_2为系统放出热量，$Q_2<0$，即

$$\frac{Q_1}{T_1}+\frac{Q_2}{T_2}=0 \tag{5-29}$$

式中 Q_1/T_1和 Q_2/T_2分别为在等温膨胀和等温压缩过程中吸收和放出热量与热源温度的比值，称为**热温比**。这样式（5-29）就表明，在可逆卡诺循环中，系统经历一个循环后，其热温比的总和为零。上述结论虽是在研究可逆卡诺循环时得出的，但它对任何可逆循环都适用，因而具有普遍性。

对一任意可逆循环过程有

$$\oint\frac{\mathrm{d}Q}{T}=0 \tag{5-30}$$

式中 $\mathrm{d}Q$ 为系统从温度为 T 的热源中吸收的微分热量。式（5-30）也称为**克劳修斯等式**。式（5-30）表明系统经历任意可逆循环后，$\mathrm{d}Q/T$ 的积分只取决于始末状态，而与过程无关。

力学中，人们根据保守力做功与路径无关而引入势能，与此相仿，根据积分学与过程无关就可引进一个只与状态有关的函数——熵 S，即

$$S_2-S_1=\int_{\mathrm{I}}^{\mathrm{II}}\frac{\mathrm{d}Q}{T} \tag{5-31a}$$

式中，S_1和 S_2分别是系统在初态Ⅰ和终态Ⅱ的熵，S_2-S_1是系统由初态Ⅰ变化到终态Ⅱ时熵的增量，熵的增量等于初态Ⅰ和终态Ⅱ之间任意一个可逆过程热温比 $\mathrm{d}Q/T$ 的积分。对于一无限小的可逆过程，式（5-31a）可以写成

$$\mathrm{d}S=\frac{\mathrm{d}Q}{\mathrm{d}T} \tag{5-31b}$$

由熵的定义可以看出克劳修斯等式（5-30）的意义是：系统在经过任意一个可逆的循环过程后熵不变。温度、内能等物理量是系统的状态函数。同样，熵也是系统的状态函数。

在国际单位制中，熵的单位是焦耳每开尔文，符号是 $\mathrm{J\cdot K^{-1}}$。

将克劳修斯等式推广到不可逆循环过程，得到克劳修斯不等式

$$\oint\frac{\mathrm{d}Q}{T}\leqslant 0 \tag{5-32a}$$

则不可逆循环过程中的熵 S 满足

$$\int_{\mathrm{I}}^{\mathrm{II}}\frac{\mathrm{d}Q}{T}\leqslant S_2-S_1 \tag{5-32b}$$

式中，S_1和 S_2分别是系统在初态Ⅰ和终态Ⅱ的熵，S_2-S_1是系统由初态Ⅰ变化到终态Ⅱ

时熵的增量。

2. 熵增加原理

利用式（5-32）可以判断某个过程进行的方向。如果是绝热过程，$dQ=0$，则式（5-32）可以写成

$$S_2-S_1\geqslant 0 \tag{5-33}$$

式（5-33）实际是热力学第二定律的数学表述，等号对可逆过程而言，大于号对不可逆过程而言。**系统经绝热过程从一状态变化到另一状态时，它的熵不可能减少；在可逆的绝热过程中熵不变，在不可逆的绝热过程中熵增加，这就是熵增加原理。**

一个实际的不可逆过程总沿着熵增加的方向进行，因此可以根据系统熵的变化，来判断一个过程进行的方向。应当注意，熵增加原理是有条件的，它只对孤立系统或绝热过程成立。

小　结

本章从宏观角度，介绍了准静态过程、功、热量、内能等概念，重点介绍了热力学第一定律和热力学第二定律。应用热力学第一定律，讨论了理想气体在等容、等压、等温、绝热过程中的应用，介绍了热机的效率及其计算方法。

1. 准静态过程

若过程进行中的每一时刻，系统的状态都无限接近于平衡态，则该过程为准静态过程。准静态过程可以用状态图上的曲线表示。

2. 热力学第一定律

在某一过程中，外界传递给系统的热量，一部分用于系统内能的增加，一部分用于对外做功。

$$Q=(E_2-E_1)+W$$

微分式

$$\mathrm{d}Q=\mathrm{d}E+\mathrm{d}W=\mathrm{d}E+p\mathrm{d}V$$

理想气体准静态过程

$$Q=(E_2-E_1)+\int_{V_1}^{V_2}p\mathrm{d}V$$

3. 循环过程

热机效率　$$\eta=\frac{W}{Q_1}=1-\frac{|Q_2|}{Q_1}$$

卡诺循环热机效率　$$\eta=1-\frac{|Q_2|}{Q_1}=1-\frac{T_2}{T_1}$$

4. 可逆过程与不可逆过程

一个热力学过程，如果它的每一个中间状态都可以在逆向变化中进行而不在外界引起其他的变化而留下任何痕迹，这样的过程称为可逆过程，否则，就是不可逆过程。

所有无摩擦地进行的准静态过程都是可逆过程。

一切与热现象有关的实际宏观过程都是不可逆过程。

5. 热力学第二定律

开尔文表述：不可能制造成只从单一热源吸取热量并全部转化成有用功而又不引起其他变化的热机。

克劳修斯表述：不可能把热量由低温物体传递给高温物体而不引起其他变化。

6. 熵

克劳修斯熵　$$\mathrm{d}S=\frac{\mathrm{d}Q}{T},\quad S_2-S_1=\int_{\mathrm{I}}^{\mathrm{II}}\frac{\mathrm{d}Q}{T}\quad（可逆过程）$$

玻耳兹曼熵 对于孤立系统：$S_2-S_1\geqslant 0$ 及 $\mathrm{d}S\geqslant 0$（等号用于可逆过程，大于号用于不可逆过程。）

习　题

5-1　对于一定量的理想气体，下列过程中可能实现的是（　　）。

（A）恒温下绝热膨胀做功　　（B）绝热过程中体积不变而温度上升

（C）吸热而温度不变　　（D）恒压下温度不变

5-2　根据热力学第二定律，请判断下列说法正确的是（　　）。

（A）功可以全部转化为热量，但热量不能全部转化为功

（B）热量可以从高温物体传到低温物体，但不能从低温物体传到高温物体

（C）不可逆过程就是不能向相反方向进行的过程

（D）一切自发过程都是不可逆的

5-3　关于可逆过程与不可逆过程有以下几种说法，下面说法错误的是（　　）。

（A）可逆过程一定是准静态过程

（B）准静态过程一定是可逆过程

（C）不可逆过程一定找不到另一过程使系统和外界同时复原

（D）非准静态过程一定是不可逆过程

5-4　如图所示，一定量理想气体从体积 V_1 膨胀到体积 V_2 分别经历的过程是：等压过程 $A\to B$；等温过程 $A\to C$；绝热过程 $A\to D$。它们中吸热最多的是（　　）。

（A）$A\to B$

（B）$A\to C$

（C）$A\to D$

（D）既是 $A\to B$，也是 $A\to C$，两过程吸热一样多

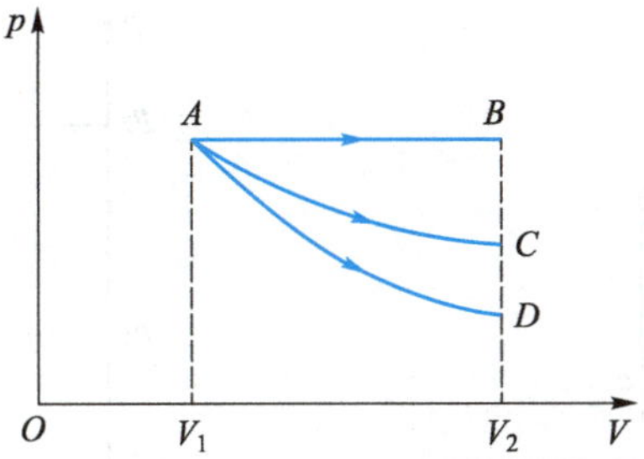

习题 5-4 图

5-5　一定量的理想气体，在如图所示的 $p-T$ 图中分别由初态 a 经过程 ab 和由初态 a' 经过程 $a'cb$ 到达相同的终态 b。则两个过程中气体从外界吸收的热量 Q 的关系为（　　）。

（A）$Q_1<0$，$Q_1>Q_2$

（B）$Q_1>0$，$Q_1>Q_2$

（C）$Q_1<0$，$Q_1<Q_2$

（D）$Q_1>0$，$Q_1<Q_2$

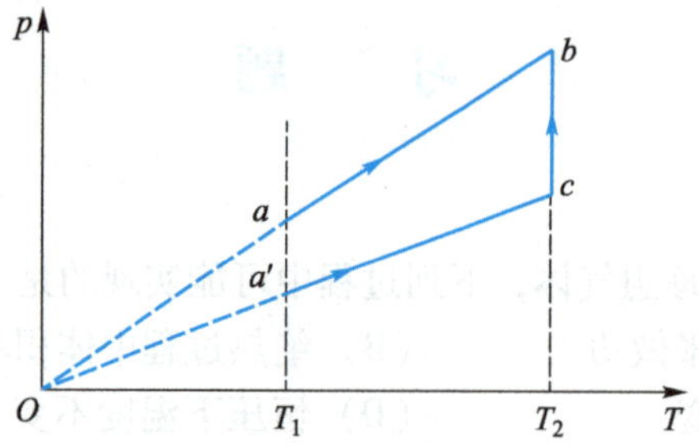

习题 5-5 图

5-6 m'表示气体的质量，m 为气体分子质量，N 为气体分子总数，n 为气体分子数密度，M 为摩尔质量，N_A为阿伏伽德罗常量，则气体分子的平均平动动能为（　　）。

（A）$\frac{3m}{2m'}pV$　　（B）$\frac{3m}{2M}pV$

（C）$\frac{3}{2}npV$　　（D）$\frac{3M}{m'}N_A pV$

5-7 有 1 mol 的单原子理想气体，作如图所示的 $abcda$ 循环过程，整个过程由两条等压线和两条等容线组成。求：（1）整个循环过程系统对外做的净功；（2）此循环的效率。

5-8 1 mol 理想气体（氢气），在压强为 1.0×10^5 Pa、温度为 20 ℃时。其体积为 V_0。先保持体积不变，加热使其温度升高到 80 ℃；然后令它作等温膨胀，体积变为原体积的 2 倍。试分别计算以上两种过程中气体吸收的热量、对外做的功和内能的增量。（$C_{V,m}=\frac{5}{2}R$，$R=8.31\ \mathrm{J\cdot mol^{-1}\cdot K^{-1}}$。）

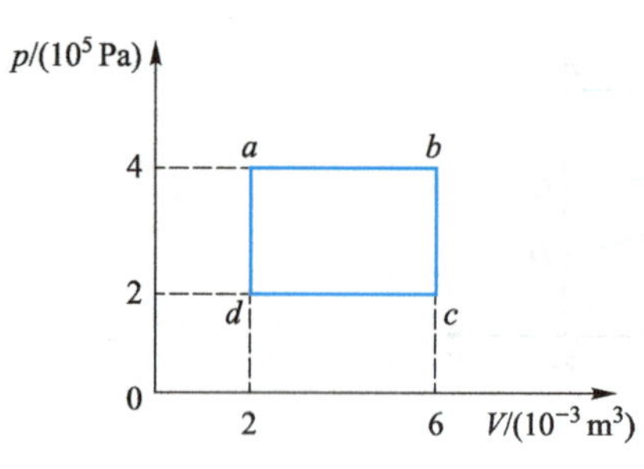

习题 5-7 图

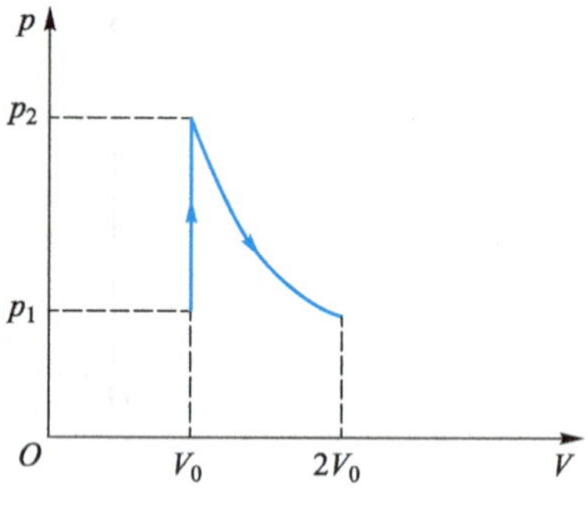

习题 5-8 图

5-9 气缸内有 2 mol 氦气（He），初始温度为 27 ℃，体积为 20 L。先使氦气定压膨胀，直至体积加倍，然后绝热膨胀，直至回到初温。若把氦气视为理想气体。（1）试在 $p-V$图上大致画出气体的状态变化过程；（2）在这个过程中氦气吸收了多少热量？（3）氦气的内能变化了多少？（4）氦气所做的总功是多少？

5-10 一定量的理想气体，由状态 a 经 b 到达 c（如图所示，abc 为一直线）。求此过程中：（1）气体对外做的功；（2）气体内能的增量；（3）气体吸收的热量。（1 atm = 1.013×10^5 Pa）

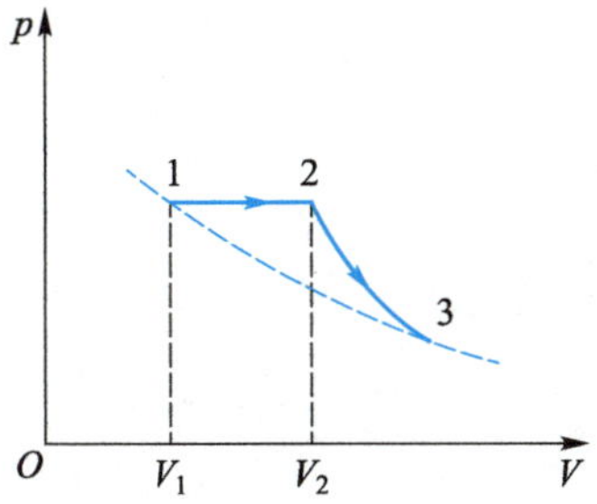

习题 5-9 图

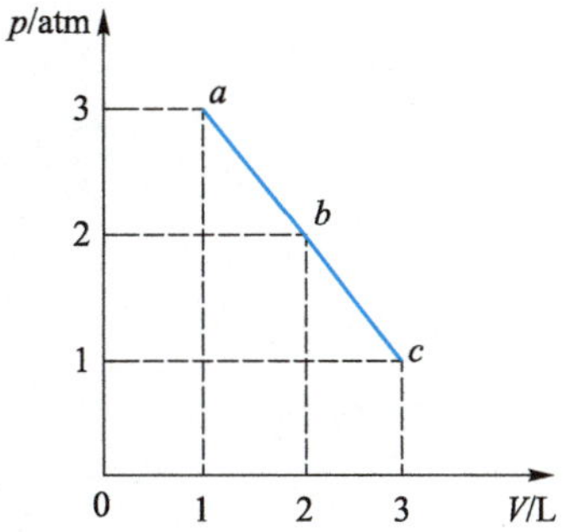

习题 5-10 图

5-11 一定量的理想气体，其分子为刚性双原子分子，在保持压强为 4.0×10^5 Pa 不变的情况下，温度由 0℃升高到 50℃的过程中，吸收了 6.0×10^4 J 的热量。（1）求气体物质的量；（2）求气体的内能变化；（3）求气体对外做的功。（4）如果这些气体的体积保持不变而温度发生同样的变化，它该吸收多少热量？

5-12 1 mol 双原子理想气体完成如图所示的 $a\to b\to c\to a$ 循环过程，其中 $a\to b$ 为等温过程。求该循环过程的循环效率。

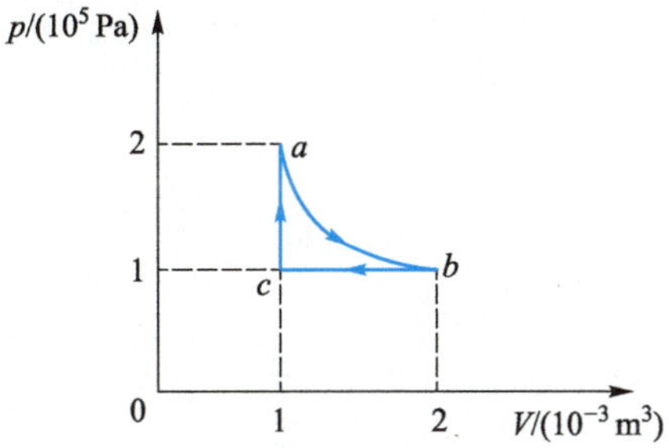

习题 5-12 图

习题答案

第六章　静电场

本章资源

本章主要研究静电场的规律。首先介绍真空中静电场的实验规律——库仑定律，这是学习本章内容的基础。它给出了静止的点电荷之间的相互作用力，该力是通过电场来传递的。电场是一种特殊形态的物质。为此引入两个物理量——电场强度和电势来描述电场的这种特性。高斯定理和环路定理是静电场的两个重要定理，说明静电场是有源场和保守场。然后介绍静电场中的导体及静电平衡现象，根据静电平衡条件分析和计算导体在静电场中的电荷分布和电场分布。最后介绍反映电荷储存本领的物理量——电容、介质中的高斯定理及静电场的能量。

第一节　电荷　库仑定律

一、电荷 电荷守恒定律

自然界一切电磁现象都起源于物质的电荷属性，电现象起源于电荷，磁现象起源于电荷运动，所以“电荷”是电磁学中的第一个重要概念。

1. 电荷

人们对于电的认识，最初来自摩擦起电。例如丝绸和玻璃棒、毛皮和橡胶棒等，相互摩擦后，会吸引羽毛、纸片等轻小物体。像这样，物体具有吸引轻小物体的性质，我们就说它带了电，或者带了电荷。实验表明，自然界中的电荷只有两种，一种和与丝绸摩擦过的玻璃棒上的电荷相同，一种和与毛皮摩擦过的橡胶棒上的电荷相同。美国物理学家富兰克林首先以正电荷、负电荷的名称来区分这两种电荷，即自然界中只存在正负两种电荷。电荷之间有力的作用，同种电荷相互排斥，异种电荷相互吸引。

带了电的物体称为带电体，带电体所带电荷的多少称为电荷量，用符号 Q 或 q 表示。在国际单位制中，电荷量的单位为库仑，简称库，用符号 C 表示。

近代物理学认为物质由原子组成，原子又由带正电的原子核和核外带负电的电子组成。原子核中有带正电的质子和不带电的中子。一个质子所带的正电荷的量和一个电子所带的负电荷的量在数值上是相等的。通常情况下原子所含质子的个数和核外电子的个数是相等的，因此由原子组成的宏观物体对外不显电性，即呈电中性。若由于某些原因使物体得到一定数量的电子，则物体会带负电；反之，若失去一定数量的电子，则物体带正电。

迄今为止，各种实验证明，自然界中的电荷是以一个基本单元的整数倍出现的。该基本单元就是一个电子所带电荷量的绝对值，常用 e 来表示，即

$$e = 1.602\times10^{-19}\ \mathrm{C}$$

带电体所带的电荷量 q 只能是 e 的整数倍，即 $q=\pm ne$，n 为正整数。电荷的这种只能取离散的、不连续的量值的性质，称为电荷的量子化。在研究宏观电磁现象时，所涉及的电荷量一般是 e 的许多倍，我们只从平均效果上考虑，认为电荷连续分布于带电体上，当带电体的电荷量发生变化时，也认为电荷量是可以连续变化的。一般在研究某些宏观现象的微观本质时，才会考虑电荷的量子性。

2. 电荷守恒定律

大量的实验表明，在一个与外界没有电荷交换的系统内，不论进行怎样的变化过程，系统内的正负电荷的代数和保持不变，这一规律称为**电荷守恒定律**。比如摩擦起电，对于相互摩擦的两个物体构成的系统来说，摩擦之前两物体都是呈电中性的，电荷代数和为零。摩擦之后电荷会从一个物体转移到另一个物体，使一个物体带正电，另一个物体带等量的负电，电荷的代数和仍然为零。电荷守恒定律不仅在一切宏观过程中成立，而且在一切微观过程中亦成立，它是自然界的基本守恒定律之一。

二、库仑定律

1. 点电荷

实验发现，带电体之间的相互作用力十分复杂，不仅和带电体的电荷量、距离有关，还与它们的形状、大小及电荷分布有关。在实际问题中，当带电体本身的几何线度 d 比问题中所涉及的距离 r 小很多，即 $d\ll r$ 时，带电体的大小、形状、电荷分布等因素对它们之间相互作用力的影响可以忽略不计，因而可以认为带电体是电荷集中的一个几何点，称为点电荷。显然，点电荷是一定条件下的近似，是实际问题的一种抽象、理想的模型。

2. 库仑定律

1785 年，法国物理学家库仑用扭秤实验对真空中静止的点电荷间的相互作用力进行了定量研究，总结出一条重要规律——库仑定律：**在真空中，两个静止的点电荷之间存在相互作用力，其大小与两点电荷的电荷量乘积成正比，与两点电荷间距离的平方成反比；作用力的方向沿着两点电荷的连线，同种电荷相斥，异种电荷相吸。**

设两个点电荷的电荷量分别为 q_1 和 q_2，它们相距为 r，则两点电荷之间的相互作用力的大小为

$$F = k\frac{q_1q_2}{r^2}$$

式中，k 为比例系数，其值和单位取决于各量所采用的单位，在国际单位制中，$k=8.988\,0\times10^9\ \mathrm{N\cdot m^2\cdot C^{-2}}\approx9.0\times10^9\ \mathrm{N\cdot m^2\cdot C^{-2}}$。

为了同时表示力的大小和方向，可以将上式写成矢量形式。如图 6-1 所示，$\boldsymbol{r}$ 表示施力电荷 q_1 指向受力电荷 q_2 的径矢，$\boldsymbol{e}_r$ 为其单位矢量，即 $\boldsymbol{e}_r=\boldsymbol{r}/r$，则电荷 q_2 受到电荷 q_1 的作用力 $\boldsymbol{F}$ 为

$$\boldsymbol{F}=k\frac{q_1q_2}{r^2}\boldsymbol{e}_r$$

图 6-1　两点电荷间的相互作用

为了今后计算方便，我们令

$$k=\frac{1}{4\pi\varepsilon_0}$$

式中，ε_0 称为真空电容率或者真空介电常量，是电学中常用到的一个物理量。一般计算时，其值为

$$\varepsilon_0=8.85\times10^{-12}\ \mathrm{F\cdot m^{-1}}$$

于是真空中的库仑定律可写成

$$\boldsymbol{F}=\frac{1}{4\pi\varepsilon_0}\frac{q_1q_2}{r^2}\boldsymbol{e}_r \tag{6-1}$$

由上式可以看出，当 q_1 和 q_2 同号时，$q_1q_2>0$，q_2 受到斥力作用；当 q_1 和 q_2 异号时，$q_1q_2<0$，q_2 受到引力作用。应当指出，两静止点电荷之间的相互作用遵守牛顿第三定律。

第二节　电场强度

一、电场

库仑定律给出了在真空中相隔一段距离的点电荷之间的相互作用力，但没有解释电荷之间的相互作用力是如何产生的。关于这个问题，历史上曾有过长期的争论，促进了场的概念的建立与场的理论的产生与发展。场是一种特殊的物质形式，是客观存在的，它和实物一样具有能量、动量、质量等属性，而且具有可叠加性，即几个场可以同时占据同一空间。

根据场的观点，任何电荷都在其周围空间产生电场，而电场的基本性质是对处于其中的电荷有力的作用，该力通常称为电场力。因此，电荷与电荷之间的作用力是通过电场来实现的。

本章只讨论最简单的静电场，即相对于观察者静止的电荷在其周围空间产生的电场。

二、电场强度

为了从力的角度定量描述电场的特性，需要把一个电荷 q_0 放入电场中并测量它受

到的电场力。q_0必须要满足两个条件：一是电荷量足够小，小到对原来电荷分布的影响可以忽略不计，即不改变原来电场的分布；二是几何线度足够小，即可以把它当成点电荷，这样才能用它来确定空间各点的电场的性质。满足这两个条件的电荷称为试验电荷。

实验发现：如图 6-2 所示，在静止电荷 q 产生的电场中，将试验电荷 q_0放在电场中的某一给定点时，它所受的电场力的大小和方向是一定的；将试验电荷 q_0放到电场中不同的位置处时，它所受到的电场力的大小和方向均不相同；就电场中某一点而言，当试验电荷 q_0的电荷量改变时，在该处所受的电场力方向不变，大小随着 q_0的改变而改变，但电场力 $\boldsymbol{F}$ 与 q_0之比与 q_0无关，为一常矢量。因此，可以用这个常矢量描述该点处的静电场的性质，称为该点（即场点）处的电场强度，简称场强，用符号 $\boldsymbol{E}$ 表示，即

$$\boldsymbol{E}=\frac{\boldsymbol{F}}{q_0} \tag{6-2}$$

式（6-2）表明，电场中某点处的电场强度等于单位正电荷在该点所受的电场力。在国际单位制中，电场强度的单位为牛顿每库仑，符号为 $\mathrm{N\cdot C^{-1}}$；有时也用伏特每米，符号为 $\mathrm{V\cdot m^{-1}}$。

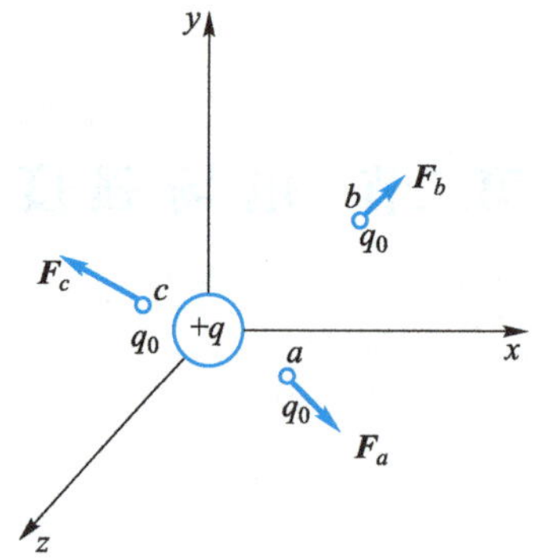

图 6-2　试验电荷在电场中不同位置所受电场力的情况

由式（6-2）可知，在已知电场强度分布的电场中，若某点的电场强度为 $\boldsymbol{E}$，那么电荷 q 在该点所受的电场力 $\boldsymbol{F}$ 为

$$\boldsymbol{F}=q\boldsymbol{E}$$

三、点电荷的电场强度

如图 6-3 所示，真空中一电荷量为 q 的点电荷位于点 O，它在周围空间产生电场。点 P 是电场中任意一点，它到点 O 的距离为 r，由点 O 指向场点 P 的位矢为 $\boldsymbol{r}$，若把试验电荷 q_0置于场点 P，由式（6-1）和式（6-2）可得场点 P 的电场强度为

$$\boldsymbol{E}=\frac{1}{4\pi\varepsilon_0}\frac{q}{r^2}\boldsymbol{e}_r \tag{6-3}$$

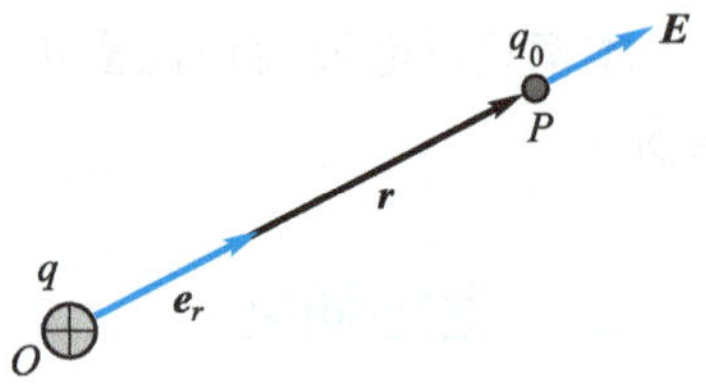

图 6-3　点电荷的电场强度

式中，$\boldsymbol{e}_r$ 为沿 $\overrightarrow{OP}$ 方向即 $\boldsymbol{r}$ 方向的单位矢量。式（6-3）是真空中的点电荷 q 在任意点处产生的电场强度表达式。从该式可以看出，如果点电荷为正电荷（即 $q>0$），$\boldsymbol{E}$ 的方向与 $\boldsymbol{r}$ 的方向相同；如果点电荷为负电荷（即 $q<0$），则 $\boldsymbol{E}$ 的方向与 $\boldsymbol{r}$ 的方向相反。

四、电场强度叠加原理

若电场是由点电荷系 $q_1,q_2,\cdots,q_n$ 产生的，当在场点 P 处放置一试验电荷 q_0 时，实验表明，q_0 所受的电场力 $\boldsymbol{F}$ 等于各个点电荷单独存在时对它施加的电场力的矢量和，即

$$\boldsymbol{F}=\boldsymbol{F}_1+\boldsymbol{F}_2+\cdots+\boldsymbol{F}_n=\sum_{i=1}^{n}\boldsymbol{F}_i$$

两边同时除以 q_0，根据式（6-2）和式（6-3），可得

$$\boldsymbol{E}=\frac{\sum_{i=1}^{n}\boldsymbol{F}_i}{q_0}=\sum_{i=1}^{n}\boldsymbol{E}_i=\frac{1}{4\pi\varepsilon_0}\sum_{i=1}^{n}\frac{q_i}{r_i^2}\boldsymbol{e}_{ri} \tag{6-4}$$

式中，r_i 表示第 i 个点电荷 q_i 到场点 P 的距离，$\boldsymbol{e}_{ri}$ 表示 q_i 所在点指向场点 P 的单位矢量。该式表明，点电荷系在某点产生的电场强度等于各点电荷单独存在时在该点产生的电场强度的矢量和，这就是**电场强度的叠加原理**。

根据电场强度叠加原理，采用微积分的方法，我们可以计算电荷连续分布的带电体产生的电场强度。设想将带电体分割成许多微小的电荷元 $\mathrm{d}q$，则每一个电荷元都可视为点电荷，如图 6-4 所示。于是电荷元 $\mathrm{d}q$ 在给定的场点 P 处产生的电场强度为

$$\mathrm{d}\boldsymbol{E}=\frac{1}{4\pi\varepsilon_0}\frac{\mathrm{d}q}{r^2}\boldsymbol{e}_r$$

式中，r 和 $\boldsymbol{e}_r$ 分别为从电荷元 $\mathrm{d}q$ 指向场点 P 的距离和单位矢量。整个带电体在点 P 产生的电场强度，等于所有电荷元在该点产生的电场强度的矢量和，即

$$\boldsymbol{E}=\int\mathrm{d}\boldsymbol{E}=\int\frac{1}{4\pi\varepsilon_0}\frac{\mathrm{d}q}{r^2}\boldsymbol{e}_r \tag{6-5}$$

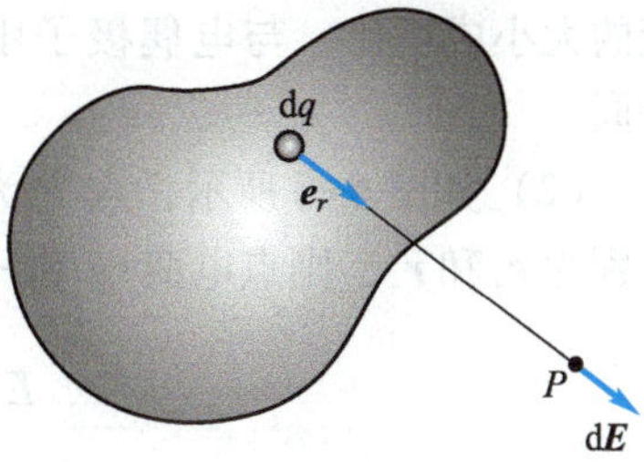

图 6-4　带电体的电场强度

式（6-5）为矢量积分。在具体计算时，建立合适的坐标系，将 $\mathrm{d}\boldsymbol{E}$ 沿各个坐标轴进行分解，然后对各分量分别进行积分，最后再将各分量进行矢量合成求得合电场强度 $\boldsymbol{E}$。对于式中的电荷元 $\mathrm{d}q$，我们通常根据带电体的电荷分布情况，引入电荷密度这一物理量进行描述。

若电荷连续分布在一定体积内，这样的带电体称为体带电体。定义单位体积内所带的电荷量为电荷体密度，用 ρ 表示，则

$$\rho=\frac{\mathrm{d}q}{\mathrm{d}V}$$

式中，$\mathrm{d}q$ 为体积元 $\mathrm{d}V$ 所带的电荷量，表达式为 $\mathrm{d}q=\rho\mathrm{d}V$。

同样，对于电荷连续分布的线带电体和面带电体，可以定义电荷线密度和电荷面

密度，分别用 λ 和 σ 表示，则电荷元 dq 的表达式分别为 $dq=\lambda dl$ 和 $dq=\sigma dS$。

五、电场强度的计算

［例 6-1］求电偶极子的电场强度：（1）电偶极子轴线延长线上一点的电场强度；（2）电偶极子轴线中垂线上一点的电场强度。

解 电偶极子是由两个等值异号且相距很近的点电荷 $+q$ 和 $-q$ 构成的电荷系。从 $-q$ 指向 $+q$ 的径矢 $\boldsymbol{l}$ 称为电偶极子的轴，$q\boldsymbol{l}$ 称为电偶极子的电偶极矩（简称电矩），用符号 $\boldsymbol{p}_e$ 表示。

（1）如图 6-5 所示，取电偶极子轴线的中点为坐标原点 O，取轴线延长线为 Ox 轴，轴线上任意点 A 与原点 O 的距离为 x，则电荷 $+q$ 和 $-q$ 在点 A 产生的电场强度分别为

$$\boldsymbol{E}_+=\frac{1}{4\pi\varepsilon_0}\frac{q}{(x-l/2)^2}\boldsymbol{i},\quad \boldsymbol{E}_-=\frac{1}{4\pi\varepsilon_0}\frac{-q}{(x+l/2)^2}\boldsymbol{i}$$

由电场强度叠加原理可知点 A 的电场强度为

$$\boldsymbol{E}_A=\boldsymbol{E}_++\boldsymbol{E}_-=\frac{q}{4\pi\varepsilon_0}\frac{2xl}{(x^2-l^2/4)^2}\boldsymbol{i}$$

当点 A 到电偶极子的距离 x 比电偶极子中 $+q$ 和 $-q$ 之间的距离 l 大得多时，即 $x\gg l$，有 $x^2-l^2/4\approx x^2$，于是上式可写为

$$\boldsymbol{E}=\frac{q}{4\pi\varepsilon_0}\frac{2xl}{x^4}\boldsymbol{i}=\frac{q}{4\pi\varepsilon_0}\frac{2l}{x^3}\boldsymbol{i}=\frac{1}{4\pi\varepsilon_0}\frac{2\boldsymbol{p}_e}{x^3}$$

上式表明，在电偶极子轴线延长线上任意点 A 处的电场强度 $\boldsymbol{E}$ 的大小与电偶极子的电矩的大小成正比，与电偶极子中点到点 A 的距离的三次方成反比；方向与电矩方向相同。

（2）如图 6-6 所示，点 P 为电偶极子中垂线上任意一点，相对于 $+q$ 和 $-q$ 的位矢分别为 $\boldsymbol{r}_+$ 和 $\boldsymbol{r}_-$，则点电荷 $+q$ 和 $-q$ 在点 P 的电场强度分别为

$$\boldsymbol{E}_+=\frac{q\boldsymbol{r}_+}{4\pi\varepsilon_0 r_+^3},\quad \boldsymbol{E}_-=\frac{-q\boldsymbol{r}_-}{4\pi\varepsilon_0 r_-^3}$$

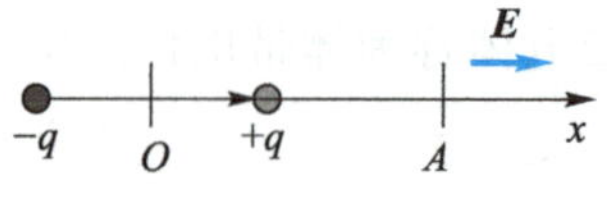

图 6-5 例 6-1 图 1

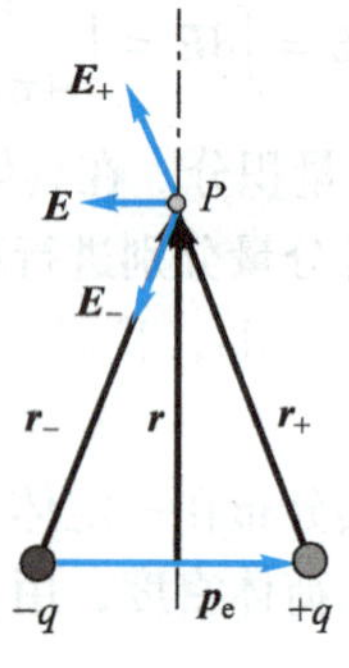

图 6-6 例 6-1 图 2

设点 P 到电偶极子的垂直距离为 r，由于 $r\gg l$，所以 $r_+\approx r_-\approx r$，根据电场强度叠加原理，点 P 的电场强度为

$$\boldsymbol{E}=\boldsymbol{E}_{+}+\boldsymbol{E}_{-}=\frac{q}{4\pi\varepsilon_0 r^3}(\boldsymbol{r}_{+}-\boldsymbol{r}_{-})$$

根据矢量三角形法则，由图 6-7 可知

$$\boldsymbol{r}_{+}-\boldsymbol{r}_{-}=-\boldsymbol{l}$$

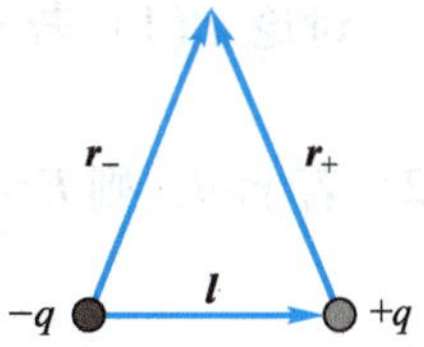

图 6-7 例 6-1 图 3

于是，可得点 P 的电场强度为

$$\boldsymbol{E}=\frac{-q\boldsymbol{l}}{4\pi\varepsilon_0 r^3}=\frac{-\boldsymbol{p}_{\mathrm{e}}}{4\pi\varepsilon_0 r^3}$$

上式表明，电偶极子中垂线上距离中心较远处一点的电场强度，大小与电偶极子的电矩大小成正比，与该点到中心的距离的三次方成反比，方向与电矩方向相反。

电偶极子这一物理模型在后面研究电介质以及电磁波的辐射时都会用到。

［例 6-2］ 求一长为 l、所带电荷量为 q 的均匀带电细棒中垂线上一点的电场强度。

解 建立如图 6-8 所示的坐标系。由题意知电荷均匀分布在细棒上，则 $\lambda=q/l$。在棒上任取一个线元 $\mathrm{d}z$，则该线元对应的电荷元的电荷量 $\mathrm{d}q=\lambda\mathrm{d}z$。取关于 OP 对称的另一电荷元 $\mathrm{d}q'=\mathrm{d}q$，则它们在点 P 所产生的元电场强度 $\mathrm{d}\boldsymbol{E}$ 和 $\mathrm{d}\boldsymbol{E}'$ 也关于 OP 对称，设 $\mathrm{d}q$ 到 P 的距离为 r，则 $\mathrm{d}\boldsymbol{E}$ 和 $\mathrm{d}\boldsymbol{E}'$ 的大小均为

$$\mathrm{d}E=\mathrm{d}E'=\frac{\lambda\mathrm{d}z}{4\pi\varepsilon_0 r^2}$$

将 $\mathrm{d}\boldsymbol{E}$ 和 $\mathrm{d}\boldsymbol{E}'$ 沿着 z 方向和 y 方向进行分解时，显然在 z 方向的分量和为零，故合电场强度沿 y 方向，即 $\overrightarrow{OP}$ 方向。设 $\mathrm{d}E$ 与 y 轴夹角为 α，则

$$\mathrm{d}E_y=\mathrm{d}E\cos\alpha=\frac{\lambda\mathrm{d}z}{4\pi\varepsilon_0 r^2}\cos\alpha$$

于是细棒在点 P 产生的电场强度的大小等于 $\mathrm{d}E_y$ 分量之和，即

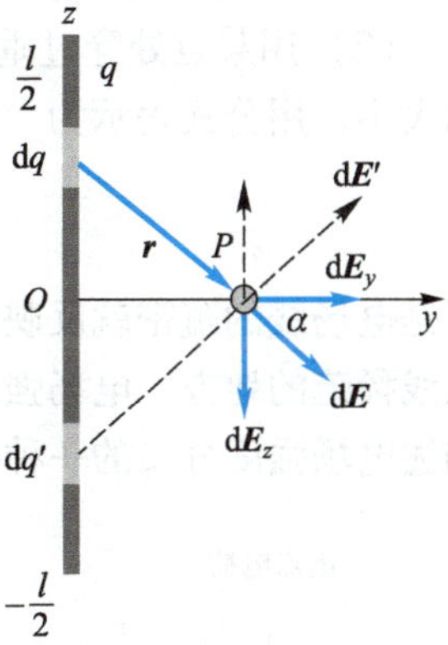

图 6-8 例 6-2 图

$$E=\int_l \mathrm{d}E_y=\frac{\lambda}{4\pi\varepsilon_0}\int_{-l/2}^{l/2}\frac{\cos\alpha\mathrm{d}z}{r^2}$$

根据图中的几何关系，有

$$\cos\alpha=\frac{y}{r},\quad r^2=y^2+z^2$$

再利用公式 $\displaystyle\int\frac{\mathrm{d}x}{(x^2+a^2)^{3/2}}=\frac{\pm x}{a^2\sqrt{x^2\pm a^2}}$，可得

$$E_y(P)=\frac{\lambda}{4\pi\varepsilon_0}\int_{-l/2}^{l/2}\frac{y\cdot\mathrm{d}z}{(y^2+z^2)^{3/2}}=\frac{2\lambda}{4\pi\varepsilon_0}\int_0^{l/2}\frac{y\cdot\mathrm{d}z}{(y^2+z^2)^{3/2}}=\frac{2\lambda y}{4\pi\varepsilon_0}\frac{z}{y^2\sqrt{y^2+z^2}}\Bigg|_{z=0}^{z=l/2}$$

$$=\frac{\lambda l/2}{2\pi\varepsilon_0 y\sqrt{y^2+(l/2)^2}}=\frac{q}{4\pi\varepsilon_0 y\sqrt{y^2+(l/2)^2}}$$

方向沿 y 轴正方向。

讨论　(1) 若 $y \ll l$，此时带电细棒可视为无限长，则 $E=\dfrac{\lambda}{2\pi\varepsilon_0 y}$，方向垂直于细棒；(2) 若 $y \gg l$，则 $E=\dfrac{q}{4\pi\varepsilon_0 y^2}$，此时带电细棒可视为一个点电荷。

第三节　真空中的高斯定理

一、电场线

为了形象地描述电场的分布，法拉第提出了电场线的概念，电场线是一簇带箭头的曲线。为了让电场线能直观地表示电场强度的方向和大小，作如下规定：

(1) 用电场线上各点的切线方向表示该点电场强度的方向；

(2) 用某点处穿过垂直于电场线的单位面积的电场线的条数表示该点的电场强度的大小，用公式表示为

$$E=\frac{\mathrm{d}N}{\mathrm{d}S_{\perp}} \tag{6-6}$$

于是电场线的疏密就反映了电场强度的大小，电场线密集的地方，电场强度就大；电场线稀疏的地方，电场强度就小。需要注意的是，电场线实际是不存在的，只是形象描述电场强度分布的一种手段。图 6-9 给出了几种带电系统的电场线。

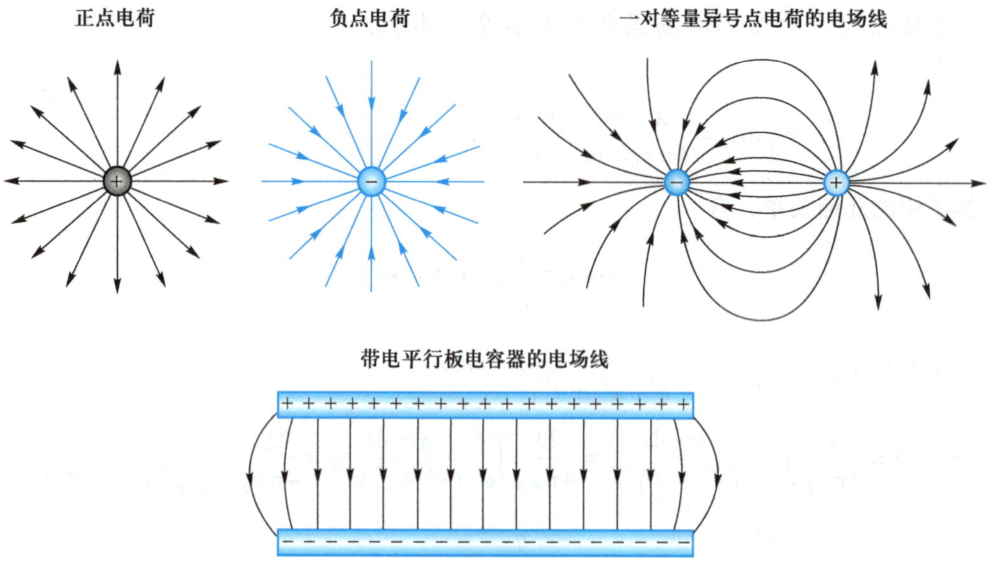

图 6-9　几种带电系统的电场线

静电场的电场线有以下性质：

（1）电场线总是起始于正电荷（或无限远），终止于负电荷（或无限远），没有电荷的地方不中断，不形成闭合曲线；

（2）任何两条电场线都不会相交。

二、电场强度通量

通过电场中某一个面的电场线数目，称为通过该面的电场强度通量，简称 $\boldsymbol{E}$ 通量，用符号 Φ_e 表示。

在均匀电场 $\boldsymbol{E}$ 中，通过与 $\boldsymbol{E}$ 方向垂直的平面 S［如图 6-10（a）所示］的 $\boldsymbol{E}$ 通量为

$$\Phi_e = ES$$

如果平面 S 与均匀电场 $\boldsymbol{E}$ 不垂直［如图 6-10（b）所示］，那么需考虑面积 S 在垂直于 $\boldsymbol{E}$ 方向的投影 $S_\perp$，设面积 S 的法线方向和电场线方向的夹角为 θ，则 $S_\perp = S\cos\theta$，因此通过面积 S 的 $\boldsymbol{E}$ 通量为

$$\Phi_e = ES\cos\theta$$

引入面积矢量 $\boldsymbol{S}$，规定其大小为 S，其方向用它的法向单位矢量 $\boldsymbol{e}_n$ 来表示，即 $\boldsymbol{S} = S\boldsymbol{e}_n$。由矢量标积的定义可知，$\Phi_e$ 为矢量 $\boldsymbol{E}$ 和 $\boldsymbol{S}$ 的标积，故上式可表示为

$$\Phi_e = \boldsymbol{E} \cdot \boldsymbol{S} \tag{6-7a}$$

Φ_e 是标量，但有正负，这取决于电场强度 $\boldsymbol{E}$ 与面积矢量 $\boldsymbol{S}$ 之间的夹角 θ。当 $0 \leqslant \theta < \pi/2$ 时，Φ_e 为正；当 $\pi/2 < \theta \leqslant \pi$ 时，Φ_e 为负。

如果电场是非均匀电场，并且面 S 是任意曲面［如图 6-10（c）所示］，则可以把曲面分割成无限多个面积元 $\mathrm{d}S$，每个面积元 $\mathrm{d}S$ 都可看成一个小平面，且每个面积元 $\mathrm{d}S$ 上的 $\boldsymbol{E}$ 处处相等。仿照上面的办法，若用 $\boldsymbol{e}_n$ 表示面积元 $\mathrm{d}\boldsymbol{S}$ 的法向单位矢量，则通过面积元 $\mathrm{d}S$ 的 $\boldsymbol{E}$ 通量为

$$\mathrm{d}\Phi_e = E\cos\theta \mathrm{d}S = \boldsymbol{E} \cdot \mathrm{d}\boldsymbol{S}$$

所以通过曲面 S 的 Φ_e 就等于通过面积 S 上所有面积元 $\mathrm{d}S$ 的 $\boldsymbol{E}$ 通量 $\mathrm{d}\Phi_e$ 的代数和，即

$$\Phi_e = \int_S \boldsymbol{E} \cdot \mathrm{d}\boldsymbol{S} = \int_S E\mathrm{d}S\cos\theta \tag{6-7b}$$

式中，$\int_S$ 表示对整个曲面 S 进行积分。

如果曲面 S 是闭合曲面，式（6-7b）中的积分号 $\int_S$ 要变成 $\oint_S$，表示对闭合曲面 S 进行积分，故通过闭合曲面的 $\boldsymbol{E}$ 通量为

$$\Phi_e = \oint_S \boldsymbol{E} \cdot \mathrm{d}\boldsymbol{S} = \oint_S E\mathrm{d}S\cos\theta \tag{6-7c}$$

对于非闭合曲面，我们可选择曲面的任意一侧作为法线的正方向，保证面上每个面积元 $\mathrm{d}S$ 的法线方向指向曲面的同一侧。对于闭合曲面，规定由曲面内侧指向曲面外侧的方向为各面积元的法线正方向。如图 6-10（d）所示，由式（6-7c）可知，通过

闭合曲面左侧的面积元的 $\boldsymbol{E}$ 通量是负的，数值上等于自外部穿进曲面的电场线的条数；通过闭合曲面右侧的面积元的 $\boldsymbol{E}$ 通量是正的，数值上等于自内部穿出曲面的电场线的条数，因而通过整个闭合曲面的 $\boldsymbol{E}$ 通量数值上就等于穿出的电场线条数减去穿进的电场线条数，即穿出该闭合曲面的电场线净条数。需要注意的是，如果通过闭合曲面的 $\boldsymbol{E}$ 通量为零，并不表示一定没有电场线穿过该闭合曲面，也不表示曲面上的电场强度处处为零。

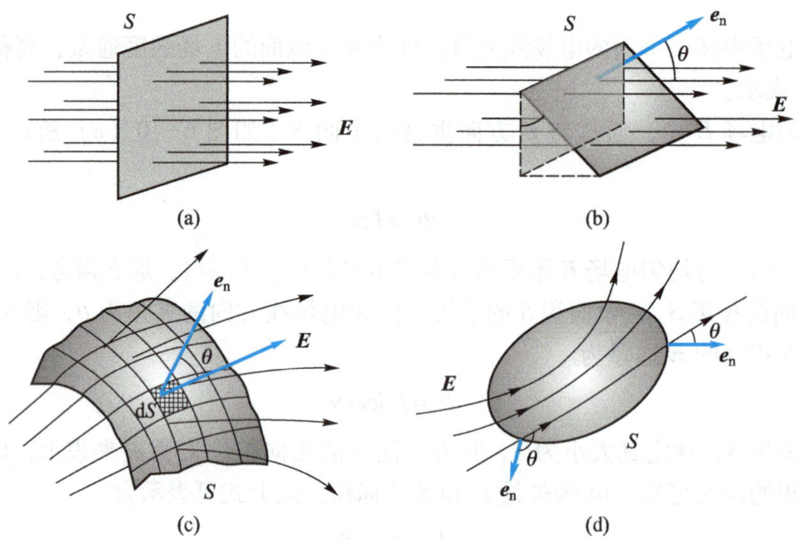

图 6-10 电通量的计算

三、高斯定理

高斯定理是电磁学的基本定理之一，它给出了静电场中穿过任一闭合曲面 S 的 $\boldsymbol{E}$ 通量与该闭合曲面内包围的电荷量之间的关系。

我们先从简单的情况开始，通过计算包围点电荷的闭合球面的 $\boldsymbol{E}$ 通量逐步推导出这个定理。

设真空中一电荷量为 q 的点电荷，取其所在位置为球心 O，以半径 r 作一球面，如图 6-11 所示。由式（6-3）可知，球面上各点电场强度 $\boldsymbol{E}$ 的大小均等于$\dfrac{q}{4\pi\varepsilon_0 r^2}$，方向沿径矢向外。在球面上任取一面积元 d$\boldsymbol{S}$，其法向单位矢量 $\boldsymbol{e}_n$ 也沿径矢向外，即与该点电场强度方向相同，则通过该面积元的 $\boldsymbol{E}$ 通量为

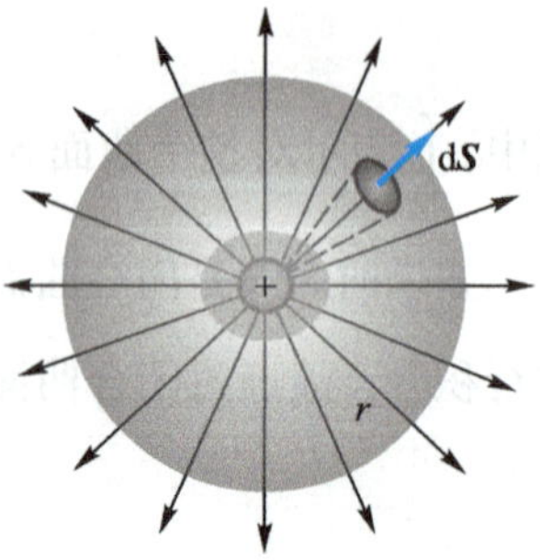

图 6-11 点电荷的场

$$\mathrm{d}\Phi_e=\boldsymbol{E}\cdot\mathrm{d}\boldsymbol{S}=E\mathrm{d}S=\frac{q}{4\pi\varepsilon_0 r^2}\mathrm{d}S$$

于是通过整个闭合球面的 $\boldsymbol{E}$ 通量为

$$\Phi_{\mathrm{e}}=\oint_S \frac{q}{4\pi\varepsilon_0 r^2}\mathrm{d}S=\frac{q}{4\pi\varepsilon_0 r^2}\oint_S \mathrm{d}S=\frac{q}{4\pi\varepsilon_0 r^2}4\pi r^2=\frac{q}{\varepsilon_0}$$

上式表明，通过该闭合球面的 $\boldsymbol{E}$ 通量仅和该球面包围的点电荷 q 有关，而和球面半径 r 无关。显然，若 q 为正电荷，则 $\Phi_{\mathrm{e}}>0$，说明有 q/ε_0 条电场线从正电荷发出并穿出该闭合球面；若 q 为负电荷，则 $\Phi_{\mathrm{e}}<0$，说明有 q/ε_0 条电场线穿入球面并终止于负电荷。

若包围点电荷 q 的曲面是任意闭合曲面 S'，可以在曲面 S' 外部再作一个以 q 所在位置为球心的闭合球面，则通过该闭合球面的 $\boldsymbol{E}$ 通量或者穿出该闭合球面的电场线净条数为 q/ε_0。由于 S 和 S' 之间没有其他电荷，而电场线在没有电荷的地方不会中断，则穿出 S' 的电场线的净条数也是 q/ε_0，即通过 S' 的 $\boldsymbol{E}$ 通量也为 q/ε_0。这说明通过包围点电荷的任意闭合曲面的 $\boldsymbol{E}$ 通量也仅和该闭合曲面包围的电荷量有关，而和曲面的形状无关。

若点电荷在闭合曲面之外，根据电场线的连续性可知，电场线要么不进入曲面内，要么穿进一次，同时穿出一次，所以净穿出闭合曲面的条数为零，说明闭合曲面外的电荷对通过闭合曲面的 $\boldsymbol{E}$ 通量没有贡献。

根据电场强度叠加原理 $\boldsymbol{E}=\sum_i \boldsymbol{E}_i$，不难获得，若闭合曲面内有 n 个点电荷，则通过该闭合曲面的 $\boldsymbol{E}$ 通量为

$$\Phi_{\mathrm{e}}=\int_S \boldsymbol{E}\cdot\mathrm{d}\boldsymbol{S}=\oint_S \sum_i \boldsymbol{E}_i\cdot\mathrm{d}\boldsymbol{S}=\sum_i \oint_S \boldsymbol{E}_i\cdot\mathrm{d}\boldsymbol{S}=\frac{\sum\limits_{i=1}^{n} q_{i内}}{\varepsilon_0}$$

式中，$\sum\limits_{i=1}^{n} q_{i内}$ 为闭合曲面内所包围的电荷的代数和。这就是真空中的高斯定理，具体表述为：**在真空中的静电场中，通过任意闭合曲面的 $\boldsymbol{E}$ 通量，等于该闭合曲面所包围的所有电荷的代数和除以 ε_0，而与闭合曲面外的电荷无关，即**

$$\Phi_{\mathrm{e}}=\oint_S \boldsymbol{E}\cdot\mathrm{d}\boldsymbol{S}=\frac{1}{\varepsilon_0}\sum_{i=1}^{n} q_{i内} \tag{6-8}$$

若闭合曲面内为连续带电体，则 $\sum\limits_{i=1}^{n} q_{i内}=\int \mathrm{d}q$。

在高斯定理中，我们常把所选取的闭合曲面称为高斯面。应用高斯定理时需注意：式（6-8）中的 $\boldsymbol{E}$ 为高斯面上的电场强度，是高斯面内、外所有电荷产生的总电场强度。而 $\sum\limits_{i=1}^{n} q_{i内}$ 只是对高斯面内的电荷求和，这表明高斯面外的电荷对通过高斯面的总 $\boldsymbol{E}$ 通量没有贡献，但不是对总电场强度没有贡献。

应当指出，虽然该定理由包围点电荷的闭合球面的 $\boldsymbol{E}$ 通量推广得到，但可以严格证明其正确性。高斯定理的重要意义是将电场与产生电场的源电荷联系起来，反映了静电场是有源场这一基本性质。上述高斯定理是基于库仑定律导出的，反过来，从高斯定理也可以导出库仑定律，因此在静电场领域二者是等价的。但库

仑定律仅适用于静电场，而高斯定理不仅适用于静电场，对于变化的电场也是适用的。

四、高斯定理应用举例

高斯定理的一个重要应用就是计算带电体周围产生的电场。若带电体的电荷分布已知，根据高斯定理可以方便地求得通过任意闭合曲面的 $\boldsymbol{E}$ 通量，却不一定能求得面上各点的电场强度。但当电荷分布具有某些对称性时，就可以通过选取合适的高斯面，将面积分中的 $\boldsymbol{E}$ 以标量形式提到积分号的外面，从而求出电场强度。

［例 6-3］ 真空中一均匀带电球面，半径为 R，所带电荷量为 $+Q$，求球面内、外的电场强度分布。

解 由于电荷分布是球对称的，所以电场强度分布也具有球对称性，即以 r 为半径的同心球面上电场强度大小相等，方向沿径向。由此，可选同心球面作为高斯面。

设球面外任意一点 P 到球心 O 的距离为 $r(r>R)$，过该点以 $|OP|$ 为半径 r 作一同心球面，为高斯面［如图 6-12（a）所示］，则球面上各点的电场强度 $\boldsymbol{E}$ 大小相等，方向沿径矢 $\boldsymbol{r}$ 的方向，该面上各点处的面积元 $\mathrm{d}\boldsymbol{S}$ 的法线方向亦沿径矢 $\boldsymbol{r}$ 的方向，则通过该面的 $\boldsymbol{E}$ 通量为

$$\Phi_{\mathrm{e}}=\oint_S \boldsymbol{E}\cdot\mathrm{d}\boldsymbol{S}=\oint_S E\mathrm{d}S=E\oint_S \mathrm{d}S=E\cdot 4\pi r^2$$

应用高斯定理，有

$$E\cdot 4\pi r^2=\frac{Q}{\varepsilon_0}$$

可得

$$E=\frac{Q}{4\pi\varepsilon_0 r^2}\quad (r>R)$$

上式表明，均匀带电球面外的电场强度，与将电荷全部集中于球心的点电荷所产生的电场强度一样。

同理，对于球面内任一点 P'，过该点以 $|OP'|$ 为半径 $r(r<R)$ 作一同心球面，作为高斯面，对该面应用高斯定理，有

$$\oint_S \boldsymbol{E}\cdot\mathrm{d}\boldsymbol{S}=E\cdot 4\pi r^2=0$$

可得

$$E=0\quad (r<R)$$

由电场强度的计算结果可作如图 6-12（b）所示的 $E-r$ 曲线。从曲线上可以看出，球面内的电场强度为零，球面外的电场强度与 r^2 成反比，球面处的电场强度有突变。

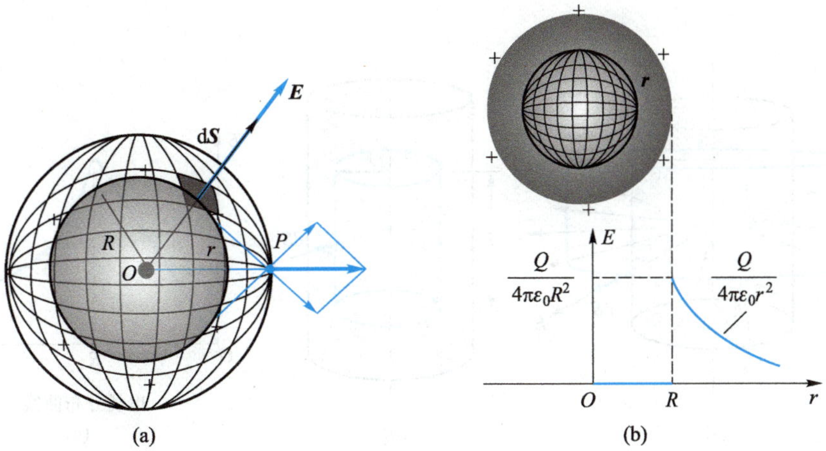

图 6-12 例 6-3 图

[例 6-4] 求真空中一无限长均匀带电圆柱体产生的电场强度分布。已知圆柱体的半径为 R，电荷线密度为 $+\lambda$。

解 根据电荷分布可知电场分布具有轴对称性，即距离圆柱体轴线为 r 处的电场强度大小相等，方向沿径矢 $\boldsymbol{r}$。由此，可选有限长度的同轴圆柱面作为高斯面。

设圆柱体外任意一点 P 与轴线距离为 $r(r\geqslant R)$，过点 P 作一个半径为 r、长度为 l 的同轴圆柱面，将其作为高斯面，如图 6-13（a）所示。根据电场分布，可知该圆柱面上下两个底面上的电场强度方向均沿径向，而各面元的法线方向均平行于轴线，即与电场强度方向垂直，因而通过两个底面的电通量为零；而侧面上各面元的法线方向与电场强度方向均平行，即电场线垂直穿过侧面。因此由高斯定理可知，通过该圆柱面的电通量满足

$$\oint_S \boldsymbol{E}\cdot \mathrm{d}\boldsymbol{S} = \int_{侧} \boldsymbol{E}\cdot \mathrm{d}\boldsymbol{S} + \int_{上底} \boldsymbol{E}\cdot \mathrm{d}\boldsymbol{S} + \int_{下底} \boldsymbol{E}\cdot \mathrm{d}\boldsymbol{S} = \int_{侧} E\mathrm{d}S = E\int_{侧} \mathrm{d}S = E\cdot 2\pi rl = \frac{\lambda l}{\varepsilon_0}$$

所以

$$E=\frac{\lambda}{2\pi\varepsilon_0 r}\quad (r\geqslant R)$$

上式表明，无限长均匀带电圆柱体外的电场强度，与将电荷全部集中于轴线的无限长均匀带电细棒所产生的电场强度一样。

如图 6-13（b）所示，对于圆柱体内与轴线距离为 $r(r<R)$ 的任意一点，过该点作一个半径为 r、长度为 l 的同轴圆柱面，对其应用高斯定理可得

$$\oint_S \boldsymbol{E}\cdot \mathrm{d}\boldsymbol{S} = \int_{侧} E\mathrm{d}S = E\int_{侧} \mathrm{d}S = E\cdot 2\pi rl = \frac{\dfrac{\pi r^2}{\pi R^2}\lambda\cdot l}{\varepsilon_0}$$

即

$$E=\frac{\lambda r}{2\pi\varepsilon_0 R^2}\quad (r<R)$$

由电场强度的计算结果可作如图 6-13（c）所示的 $E-r$ 曲线。

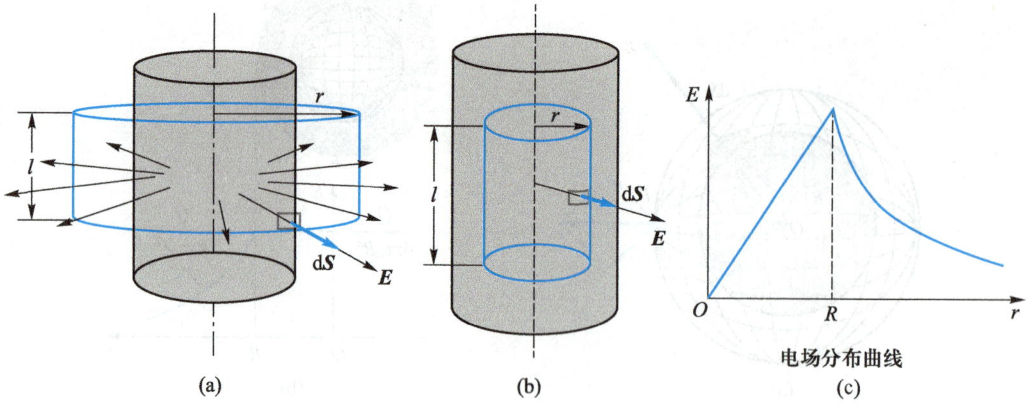

图 6-13　例 6-4 图

［例 6-5］设有一无限大的均匀带电平面，平面的电荷面密度为$+\sigma$。求空间电场强度分布。

解　由于均匀带电平面是无限大的，可知带电平面两侧的电场具有面对称性，即与带电平面等距离远处各点的电场强度大小相等，方向都垂直于该平面。取如图 6-14 所示的圆柱形高斯面，使其轴线与带电平面垂直，且关于带电平面对称，场点 P 位于其中一个底面上。设底面的面积为 S，其上各点处的电场强度大小相等均为 E，法线方向与电场强度 $\boldsymbol{E}$ 平行，因此通过两底面的 $\boldsymbol{E}$ 通量均为 ES。而侧面上各点的法线方向与电场强度 $\boldsymbol{E}$ 垂直，因此通过侧面的 $\boldsymbol{E}$ 通量为零。已知带电平面的电荷面密度为$+\sigma$，根据高斯定理，有

$$2ES=\frac{\sigma S}{\varepsilon_0}$$

即

$$E=\frac{\sigma}{2\varepsilon_0}$$

上式表明，无限大均匀带电平面所产生的电场与场点到平面的距离无关，而且 $\boldsymbol{E}$ 的方向与带电平面垂直，因此无限大带电平面的电场为均匀电场。

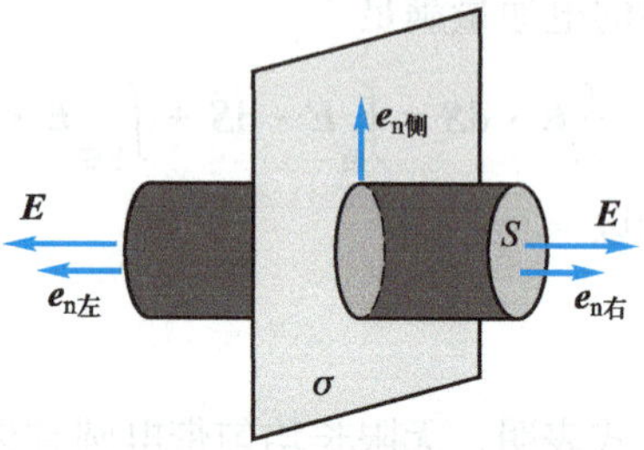

图 6-14　例 6-5 图

第四节　电　　势

前面我们从电场对处于其中的电荷有力的作用出发研究了静电场的性质，定义了电场强度来描述电场。本节我们从电荷在电场中移动时电场力所做的功的角度出发来进一步研究静电场的性质，进而引入电势的概念。

一、静电场力的功 电势能

1. 静电场力的功

如图 6-15 所示，在给定点 O 处有一正点电荷 q。一试验电荷 q_0在 q 的电场中由点 A 沿任意路径到达点 B。在路径上点 C 处取位移元 $\mathrm{d}\boldsymbol{l}$，则电场力在这段位移元中对 q_0所做的元功为

$$\mathrm{d}W=q_0\boldsymbol{E}\cdot\mathrm{d}\boldsymbol{l}$$

设点 O 到点 C 的距离为 r，则点 C 处的电场强度为

$$\boldsymbol{E}=\frac{q}{4\pi\varepsilon_0 r^2}\boldsymbol{e}_r$$

式中 $\boldsymbol{e}_r$为沿径矢 $\boldsymbol{r}$ 的单位矢量，于是元功可写为

$$\mathrm{d}W=q_0\frac{q}{4\pi\varepsilon_0 r^2}\boldsymbol{e}_r\cdot\mathrm{d}\boldsymbol{l}$$

从图 6-15 可以看出，$\boldsymbol{e}_r\cdot\mathrm{d}\boldsymbol{l}=\mathrm{d}l\cos\theta=\mathrm{d}r$，式中 θ 是 $\boldsymbol{E}$ 与 $\mathrm{d}\boldsymbol{l}$ 之间的夹角。所以上式变为

$$\mathrm{d}W=\frac{qq_0}{4\pi\varepsilon_0 r^2}\mathrm{d}r$$

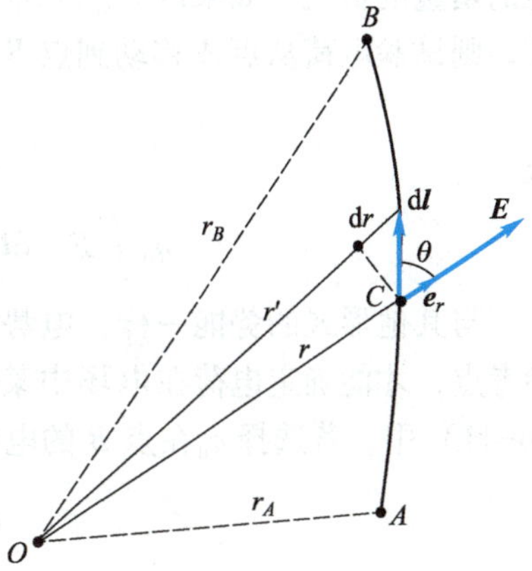

图 6-15 静电场力的功

于是，在试验电荷 q_0从点 A 移至点 B 的过程中，电场力所做的功为

$$W=\int_A^B \mathrm{d}W=\int_{r_A}^{r_B}\frac{qq_0}{4\pi\varepsilon_0 r^2}\mathrm{d}r=\frac{qq_0}{4\pi\varepsilon_0}\left(\frac{1}{r_A}-\frac{1}{r_B}\right) \qquad (6-9)$$

式中，r_A和 r_B分别为点电荷 q 到路径的起点和终点的距离。上式表明，在点电荷 q 的电场中，电场力对试验电荷 q_0做的功与所经过的路径无关，仅与路径的起点、终点位置以及所带电荷量有关。

上述结论对任何静电场都适用，因为任何静电场都可视为点电荷系中各点电荷所产生的电场的叠加。试验电荷在电场中移动时，电场力对其做的功就等于组成此点电荷系的各点电荷对其施加的电场力所做功的代数和。由于每个点电荷的电场力所做的功都与路径无关，所以它们的代数和也与路径无关。

2. 静电场的环路定理

在静电场中，若试验电荷 q_0从点 A 沿任意闭合路径 l（如图 6-16 所示）移动一周后回到起点 A，由式（6-9）可知电场力做的功为

$$W=\oint_l q_0\boldsymbol{E}\cdot\mathrm{d}\boldsymbol{l}=0$$

因为 q_0不等于零，故上式成立的条件必须为

$$\oint_l \boldsymbol{E}\cdot\mathrm{d}\boldsymbol{l}=0 \qquad (6-10)$$

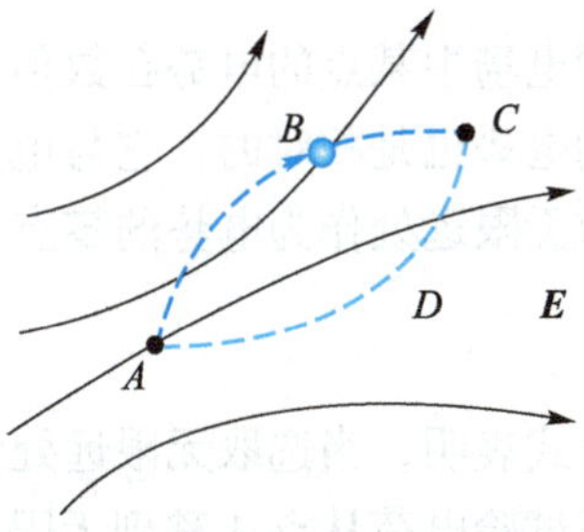

图 6-16 静电场的环路定理

上式表明，在静电场中，电场强度 $\boldsymbol{E}$ 沿任意闭合路径的线积分为零。$\boldsymbol{E}$ 沿任意闭合路径的线积分称为 $\boldsymbol{E}$ 的环流，故式（6-10）也表明，**在静电场中电场强度 $\boldsymbol{E}$ 的**

环流为零，这称为静电场的环路定理。它与高斯定理一样，也反映了静电场的一个重要性质——静电场力是保守力，静电场是保守场。

3. 电势能

在力学中已经指出，保守力场中可以引入势能的概念，势能是位置的函数，并且保守力所做的功等于势能增量的负值。静电场是保守场，因此电荷在静电场中的某一位置上具有一定的电势能，用 E_p 表示。这样静电场力对电荷所做的功就等于电荷电势能的增量的负值。如果以 E_{pA} 和 E_{pB} 分别表示试验电荷 q_0 在电场中点 A 和点 B 处的电势能，则试验电荷从点 A 移动到点 B 的过程中，静电场力对它所做的功为

$$W_{AB}=-(E_{pB}-E_{pA})$$

或

$$q_0\int_A^B \boldsymbol{E}\cdot \mathrm{d}\boldsymbol{l}=-(E_{pB}-E_{pA})=E_{pA}-E_{pB} \tag{6-11}$$

与其他形式的势能一样，电势能也是一个相对量，必须先选择一个电势能为零的参考点，才能确定电荷在电场中某一点的电势能。这个参考点的选择是任意的，在式（6-11）中，若选择 q_0 在点 B 的电势能为零，即 $E_{pB}=0$，则有

$$E_{pA}=q_0\int_A^{\text{"0"}} \boldsymbol{E}\cdot \mathrm{d}\boldsymbol{l} \tag{6-12a}$$

当电荷分布在有限空间时，通常选取无限远处的电势能为零，上式变为：

$$E_{pA}=q_0\int_A^{\infty} \boldsymbol{E}\cdot \mathrm{d}\boldsymbol{l} \tag{6-12b}$$

这表明，当选取无限远处的电势能为零时，电荷在电场中点 A 的电势能在数值上等于把它从点 A 移到无限远时，静电场力所做的功。

在国际单位制中，电势能的单位是焦耳，符号为 J。

二、电势

由式（6-12）可以看出，电荷 q_0 在电场中点 A 的电势能 E_{pA} 不仅与电场性质有关，还和电荷 q_0 有关，而比值 E_{pA}/q_0 却与 q_0 无关，只与该点电场的性质有关，可以用来描述电场的性质。因此，定义：电荷在电场中点 A 的电势能与它的电荷量的比值称为该点的电势，用符号 U_A 表示，即

$$U_A=\frac{E_{pA}}{q_0}=\int_A^{\text{"0"}} \boldsymbol{E}\cdot \mathrm{d}\boldsymbol{l} \tag{6-13}$$

即电场中某点的电势在数值上等于单位正电荷在该点的电势能。与电势能一样，某点的电势也是相对的，它与电势零点的选取有关。当电荷分布在有限空间内时，通常选取无限远处作为电势的零点，即 $U_\infty=0$，于是有

$$U_A=\int_A^{\infty} \boldsymbol{E}\cdot \mathrm{d}\boldsymbol{l} \tag{6-14}$$

上式表明，当选取无限远处为电势的零点时，电场中点 A 的电势在数值上等于把单位正试验电荷从点 A 移到无限远处时，静电场力所做的功。

由式（6-13）或式（6-14）可得电场中任意两点间的电势差为

$$U_{AB}=U_A-U_B=\int_A^B \boldsymbol{E}\cdot \mathrm{d}\boldsymbol{l} \tag{6-15}$$

这就是说，静电场中 A、B 两点的电势差 U_{AB} 在数值上等于把单位正电荷从点 A 移到点 B 时，静电场力做的功。因此，如果已知 A、B 两点间的电势差 U_{AB}，就可以很方便地求得把电荷 q_0 从点 A 移到点 B 的过程中静电场力做的功 W_{AB}，即

$$W_{AB}=q_0\int_A^B \boldsymbol{E}\cdot \mathrm{d}\boldsymbol{l}=q_0U_{AB}=q_0(U_A-U_B) \tag{6-16}$$

电势零点的选取可以是任意的。电势零点选取不同，电场中各点电势的值也随之改变，但任何两点之间的电势差与电势零点的选取无关。国际单位制中，电势的单位为焦耳每库，用符号 $\mathrm{J\cdot C^{-1}}$ 表示，或者伏特，简称伏，用符号 V 表示。

三、电势的计算

1. 点电荷电场的电势

设在点电荷 q 的电场中，点 A 与点电荷 q 的距离为 r，则点 A 的电场强度为 $\boldsymbol{E}=\dfrac{q}{4\pi\varepsilon_0 r^2}\boldsymbol{e}_r$，代入式（6-14），选取从 q 出发经点 A 伸向无限远的射线为积分路径，可得点 A 的电势为

$$U=\int_A^\infty \boldsymbol{E}\cdot \mathrm{d}\boldsymbol{l}=\int_r^\infty \boldsymbol{E}\cdot \mathrm{d}\boldsymbol{r}=\int_r^\infty E\mathrm{d}r=\int_r^\infty \frac{q}{4\pi\varepsilon_0 r^2}\mathrm{d}r=\frac{q}{4\pi\varepsilon_0 r} \tag{6-17}$$

上式表明，当 $q>0$ 时，电场中各点的电势都是正值，随 r 的增大而减小；但当 $q<0$ 时，电场中各点的电势都是负值，在无限远处的电势虽为零，但电势却最高。

2. 点电荷系电场的电势

如图 6-17 所示，在由 n 个点电荷 $q_1,q_2,\cdots,q_n$ 共同产生的电场中，某点的电场强度等于各个点电荷独立存在时在该点产生的电场强度的矢量和，即

$$\boldsymbol{E}=\boldsymbol{E}_1+\boldsymbol{E}_2+\cdots+\boldsymbol{E}_n=\sum_i \boldsymbol{E}_i$$

根据电势的定义式（6-14），可得点电荷系电场中点 A 的电势为

$$U_A=\int_A^\infty \boldsymbol{E}\cdot \mathrm{d}\boldsymbol{l}=\int_A^\infty \sum_i \boldsymbol{E}_i\cdot \mathrm{d}\boldsymbol{l}=\sum_i \int_A^\infty \boldsymbol{E}_i\cdot \mathrm{d}\boldsymbol{l}=\sum_i U_i=\sum_i \frac{q_i}{4\pi\varepsilon_0 r_i} \tag{6-18}$$

式中，r_i 为点 A 到点电荷 q_i 的距离。上式表明，点电荷系所产生的电场中某点的电势，等于各点电荷单独存在时在该点产生的电势的代数和。这一结论称为静电场的**电势叠加原理**。

3. 任意带电体电场的电势

如图 6-18 所示，电荷连续分布的有限大小的带电体，可以把它分割成无限多个电荷元 $\mathrm{d}q$（视为点电荷），选取无限远处的电势为零，根据电势叠加原理，可得电场中某点的电势为

$$U=\int \mathrm{d}U=\int \frac{\mathrm{d}q}{4\pi\varepsilon_0 r} \tag{6-19}$$

式中的积分遍及整个带电体。

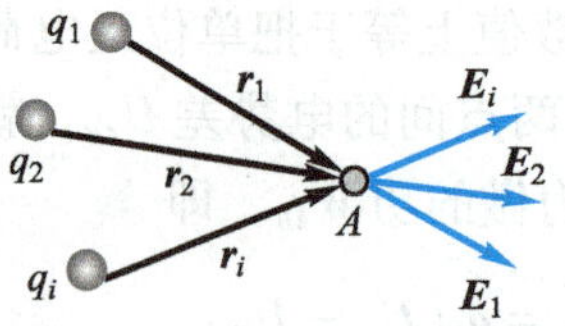

图 6-17　电势叠加原理

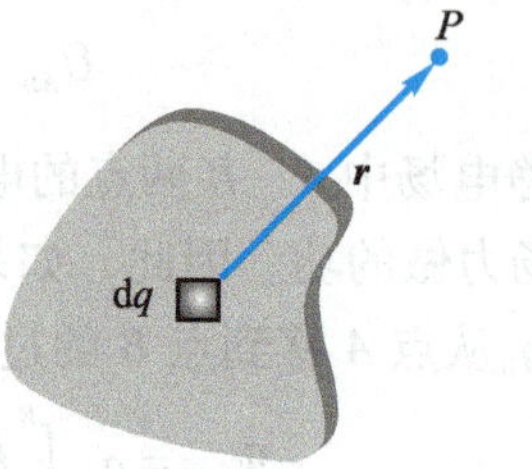

图 6-18　任意带电体电场的电势

综上所述，静电场中任意一点的电势，可以通过两种方法来求解：

（1）已知电场强度分布，或者已知电荷对称性分布，利用高斯定理求得电场强度分布时，利用电势的定义式 $U_A=\int_A^{"0"}\boldsymbol{E}\cdot \mathrm{d}\boldsymbol{l}$ 求解电势。但应注意电势零点的选取，只有电荷分布在有限空间里，才能将无限远处选为电势零点；还应注意，在积分路径上 E 的函数表达式必须是已知的。

（2）已知电荷分布，利用点电荷的电势公式 $U=\dfrac{q}{4\pi\varepsilon_0 r}$，根据叠加原理求解电势，即

$$U=\int\frac{\mathrm{d}q}{4\pi\varepsilon_0 r}$$

下面举几个用上述两种方法计算电势的例子。

［例 6-6］ 正电荷 q 均匀分布在半径为 R 的细圆环上。求过环心的轴线上距环心为 x 处的点 P 的电势。

解　建立如图 6-19（a）所示的坐标系，圆环在 yz 平面上，坐标原点位于环心 O 处。点 P 在圆环轴线上，与圆心距离为 x。设圆环上电荷线密度为 λ，任取一长为 $\mathrm{d}l$ 的线元，对应的电荷元为 $\mathrm{d}q=\lambda\mathrm{d}l=\dfrac{q}{2\pi R}\mathrm{d}l$，设无限远处的电势为零，则电荷元 $\mathrm{d}q$ 在点 P 产生的电势为

$$\mathrm{d}U_P=\frac{\mathrm{d}q}{4\pi\varepsilon_0 r}=\frac{\lambda\mathrm{d}l}{4\pi\varepsilon_0 r}$$

整个带电圆环在点 P 产生的电势为

$$U_P=\int_q\mathrm{d}U_P=\frac{\lambda}{4\pi\varepsilon_0 r}\int_0^{2\pi R}\mathrm{d}l=\frac{q}{4\pi\varepsilon_0 r}=\frac{q}{4\pi\varepsilon_0\sqrt{x^2+R^2}}$$

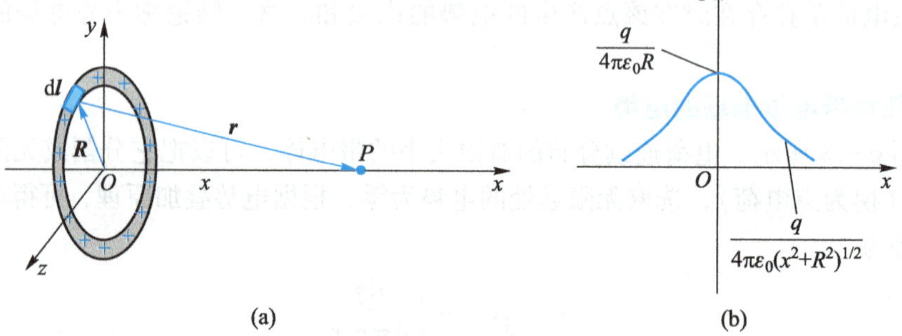

图 6-19　例 6-6 图

图 6-19（b）给出了 x 轴上的电势随坐标 x 而变化的曲线。

[例 6-7] 在真空中，有一电荷量为 Q、半径为 R 的均匀带电球面。试求：（1）球面外任意点的电势；（2）球面内任意点的电势；（3）球面外两点间的电势差；（4）球面内任意两点间的电势差。

解 由高斯定理可知，均匀带电球面内、外的电场强度分布为

$$\begin{cases} r<R, & \boldsymbol{E}_1=\boldsymbol{0} \\ r>R, & \boldsymbol{E}_2=\dfrac{Q}{4\pi\varepsilon_0 r^2}\boldsymbol{e}_r \end{cases}$$

由于静电场力做功与路径无关，所以我们选取沿 $\boldsymbol{r}$ 方向的射线作为积分路径，选取无限远处的电势为零，则某点处的电势表达式为

$$U=\int_r^{\infty}\boldsymbol{E}\cdot\mathrm{d}\boldsymbol{r}=\int_r^{\infty}E\mathrm{d}r$$

根据题目要求，在不同区域选点，将相应的 $\boldsymbol{E}$ 的表达式代入上式即可求得电势或电势差。当 $\boldsymbol{E}$ 不连续时，要分段积分，注意积分上下限的连续性。

（1）球面外（$r>R$）任意一点的电势［如图 6-20（a）所示］

$$U_{外}=\int_r^{\infty}E_2\mathrm{d}r=\frac{Q}{4\pi\varepsilon_0}\int_r^{\infty}\frac{\mathrm{d}r}{r^2}=\frac{Q}{4\pi\varepsilon_0 r}$$

（2）球面内（$r<R$）任意点的电势［如图 6-20（b）所示］

$$U_{内}=\int_r^{\infty}E\mathrm{d}r=\int_r^{R}E_1\mathrm{d}r+\int_R^{\infty}E_2\mathrm{d}r=\frac{Q}{4\pi\varepsilon_0 R}$$

（3）球面外两点间的电势差［如图 6-20（c）所示］

$$U_{AB}=U_A-U_B=\int_{r_A}^{r_B}E_2\mathrm{d}r=\frac{Q}{4\pi\varepsilon_0}\int_{r_A}^{r_B}\frac{\mathrm{d}r}{r^2}=\frac{Q}{4\pi\varepsilon_0}\left(\frac{1}{r_A}-\frac{1}{r_B}\right)$$

（4）球面内任意两点间的电势差［如图 6-20（d）所示］

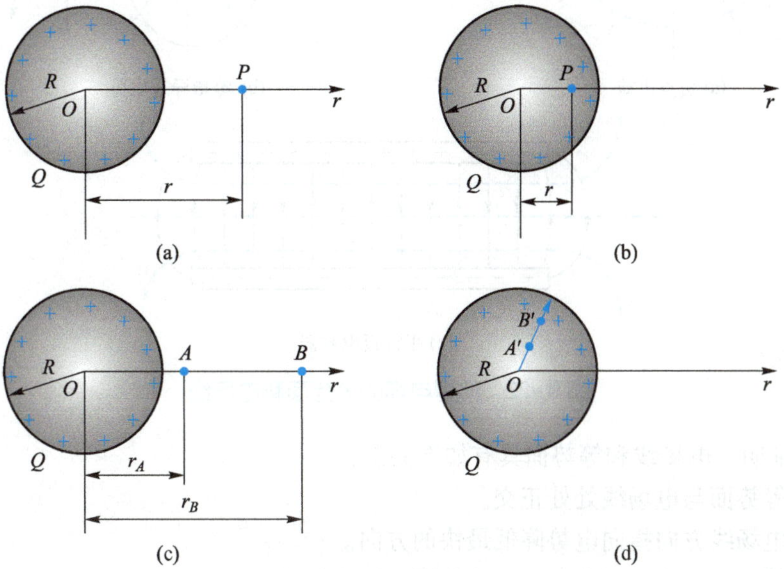

图 6-20 例 6-7 图

$$U_{A'B'}=U_{A'}-U_{B'}=\int_{r_{A'}}^{r_{B'}}E_1\mathrm{d}r=0$$

由（1）、（2）的结果可知均匀带电球面内的电势处处相等，为一等势体；球面外各点的电势与将球面所带电荷集中在球心时的点电荷的电势一致，电势分布曲线如图 6-21 所示。

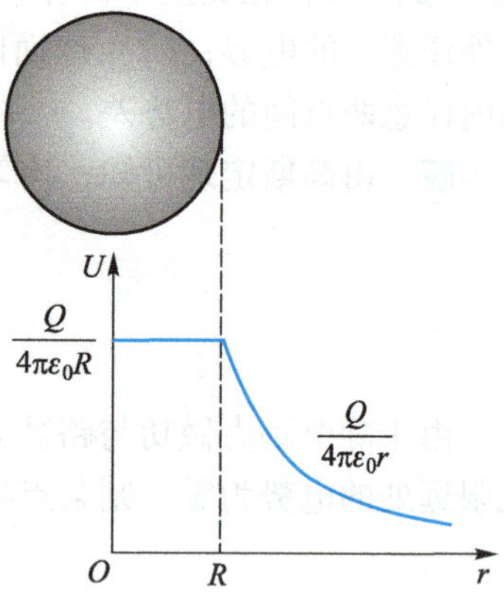

图 6-21　均匀带电球面的电势分布曲线

四、等势面

前面，我们曾用电场线来形象地描绘电场中电场强度的分布。这里，我们将用等势面来形象地描绘电场中电势的分布，并指出两者的联系。在电场中电势相等的点所组成的曲面，即 $U(x,y,z)=C$ 的空间曲面称为等势面。为了描述空间电势的分布，电场中任意两相邻等势面之间的电势差相等，即等势面的疏密程度同样可以表示电场强度的大小。根据这样的规定，图 6-22 给出了几种典型电场的等势面和电场线的图形。图中实线代表电场线，虚线代表等势面。

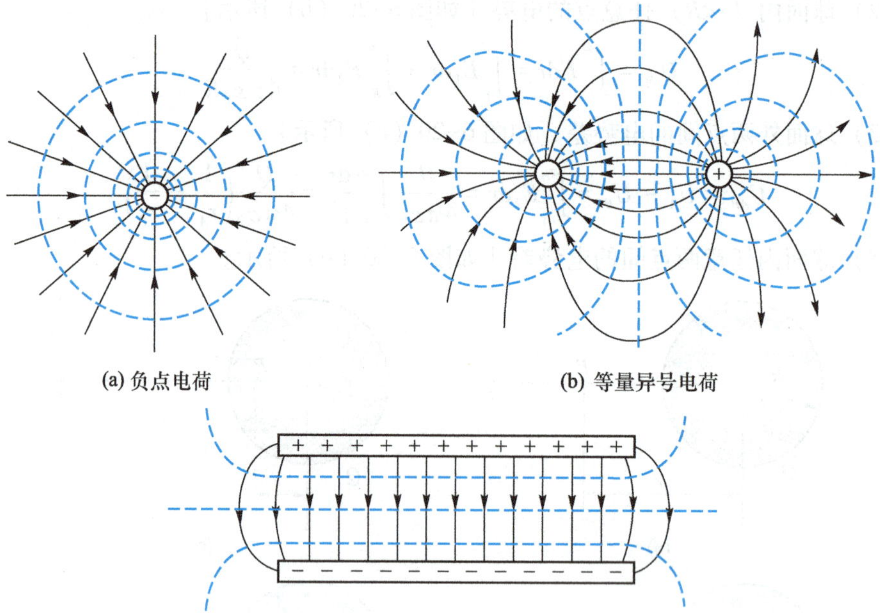
(a) 负点电荷
(b) 等量异号电荷
(c) 平行板电容器

图 6-22　典型电场的等势面和电场线

可以证明，电场线和等势面具有如下关系：

（1）等势面与电场线处处正交。

（2）电场线方向指向电势降低最快的方向。

（3）等势面密处电场强度大；等势面疏处电场强度小。

第五节 静电场中的导体 电容

一、静电场中的导体

1. 静电平衡条件

导体的种类很多，本节所讨论的导体专指金属导体。金属导体的特点是内部有大量的自由电子。当没有外加电场时，导体内的自由电子作无规则的热运动，且在导体内均匀分布，所以整个导体对外不显电性。当把导体置于一外电场 $\boldsymbol{E}_0$ 中时，自由电子会在电场力的作用下作宏观定向运动，引起导体内电荷重新分布，最终在导体垂直于电场的外表面两端产生等量的异号电荷，这称为静电感应现象。由于静电感应作用而产生的电荷称为感应电荷。感应电荷也会产生电场，称为附加电场，用 $\boldsymbol{E}'$ 表示。在导体内部感应电荷产生的附加电场 $\boldsymbol{E}'$ 的方向与 $\boldsymbol{E}_0$ 相反，因此，导体内部电场强度应为上述两种电场强度的矢量和，即 $\boldsymbol{E}=\boldsymbol{E}_0+\boldsymbol{E}'$。随着感应电荷的积累，附加电场越来越强，当 $\boldsymbol{E}'=-\boldsymbol{E}_0$，即导体内部总的电场强度 $\boldsymbol{E}=\boldsymbol{0}$ 时，自由电子将停止定向的宏观运动，导体达到静电平衡状态。此时，不仅导体内部没有电荷作定向运动，导体表面也没有电荷作定向运动，这就要求导体表面的电场强度的方向必须处处与导体表面垂直，否则，电场强度必有沿导体表面的切向分量，使电荷沿导体表面作宏观运动，这就不是静电平衡状态了。

综上可知，导体达到静电平衡状态的条件是：

（1）导体内部电场强度处处为零；

（2）导体表面的电场强度方向处处与导体表面垂直。

由电势差的定义，在导体内任选两点 A、B，两点之间的电势差满足

$$U_A - U_B = \int_A^B \boldsymbol{E} \cdot \mathrm{d}\boldsymbol{l} = 0$$

即

$$U_A = U_B$$

这表明，处于静电平衡时的导体，内部电势处处相等。若在导体表面任选两点，由于表面的电场强度处处与表面垂直，即 $\boldsymbol{E}$ 与 $\mathrm{d}\boldsymbol{l}$ 垂直，可知两点间的电势差也为零。由此获得达到静电平衡状态的导体的一个重要性质：**导体是一个等势体，导体表面是一个等势面**。

2. 静电平衡时导体上的电荷分布

利用高斯定理和电荷守恒定律很容易证明，达到静电平衡的导体，其电荷分布有以下特点：

（1）实心导体，电荷只分布在其外表面。

如图 6-23 所示，在导体内部任取一个高斯面，由高斯定理和内部电场强度处处为零，可知

$$\oint_S \boldsymbol{E} \cdot d\boldsymbol{S} = 0 = \frac{q}{\varepsilon_0}$$

即 $q=0$。

由于高斯面可以选在导体内部任意处，也可收缩到任意小，由此可得：处于静电平衡的实心导体内部处处无净电荷，电荷只能分布在导体外表面。

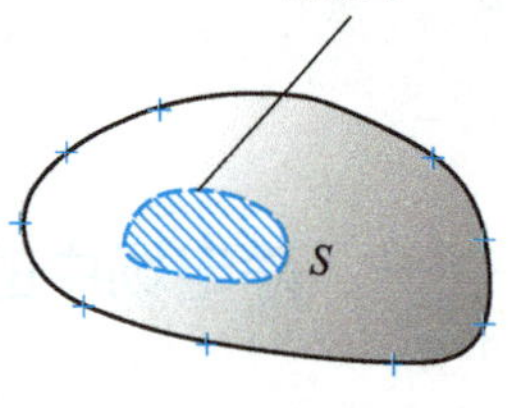

图 6-23　实心导体

（2）导体壳（也称空腔导体）

和实心导体一样，如图 6-24（a）所示，在导体壳内作一个任意的不包围内表面的高斯面，应用高斯定理可知导体壳内没有电荷，所以处于静电平衡的导体壳内部没有电荷。设导体壳所带电荷量为 Q，则：

① 空腔内无带电体时，电荷 Q 只分布在空腔的外表面上。

② 空腔内有带电体（所带电荷量为 $+q$）时，则空腔内表面感应出等量异号电荷 $-q$，外表面感应出等量同号电荷 $+q$。根据电荷守恒，外表面的电荷为腔内带电体的电荷量 q 与原空腔导体电荷量 Q 的代数和，即 $q+Q$，如图 6-24（b）所示。

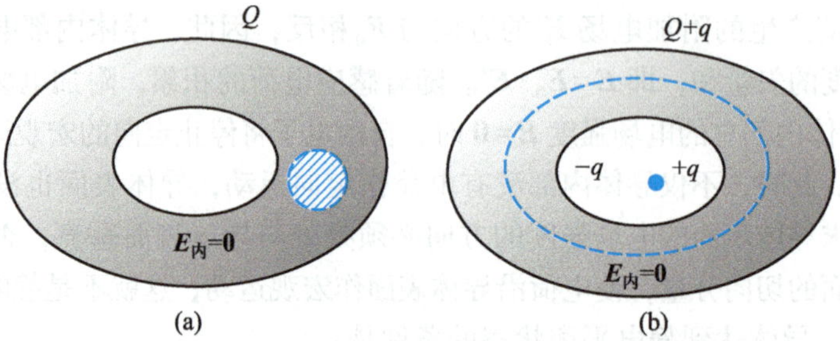

图 6-24　空腔导体

3. 带电体表面的电场强度

如图 6-25 所示，过导体表面外附近任一点作一薄柱形高斯面，其上底面在导体外，下底面在导体内，侧面与表面垂直。根据导体内部电场强度处处为零，表面电场强度处处与导体表面垂直，可知通过该薄柱形高斯面下底面和侧面的电通量为零，因此穿过整个高斯面的电通量为

$$\oint \boldsymbol{E} \cdot d\boldsymbol{S} = \int_{上底} \boldsymbol{E} \cdot d\boldsymbol{S} + \int_{下底} \boldsymbol{E} \cdot d\boldsymbol{S} + \int_{侧面} \boldsymbol{E} \cdot d\boldsymbol{S} = \int_{上底} \boldsymbol{E} \cdot d\boldsymbol{S} = E\Delta S = \frac{\sigma \Delta S}{\varepsilon_0}$$

所以

$$E = \frac{\sigma}{\varepsilon_0} \qquad (6-20)$$

即导体表面外附近电场强度的大小与该处导体表面的电荷面密度成正比。但应注意的是，导体表面附近某点的电场强度是空间所有电荷在该点产生的合电场强度，而不是仅由邻近的表面电荷产生。

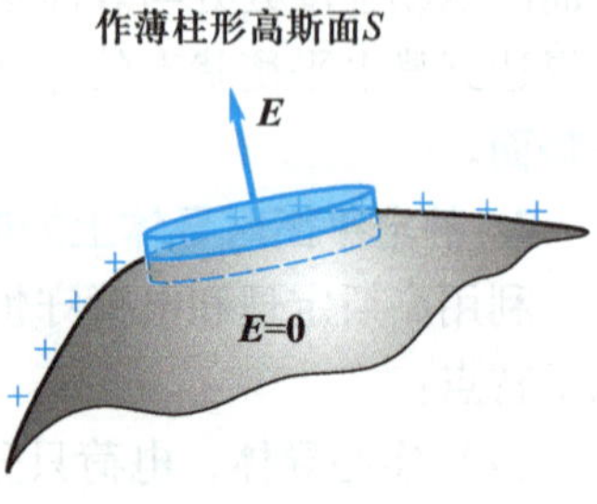

图 6-25　带电体表面附近的电场强度

由式（6-20）可知导体表面的电荷面密度越大，

它附近的电场强度就越大。对于孤立导体来说，达到静电平衡后，电荷的分布和表面的曲率半径有关。导体表面凸出而尖锐的地方（曲率较大），电荷就比较密集，即σ较大；表面较平坦的地方（曲率较小），σ较小；表面凹进去的地方（曲率为负），σ更小。据此我们可以来分析一种常见的物理现象——尖端放电。

图 6-26（a）给出了一导体尖端附近的电场线分布，可以看出带电导体尖端附近的电场强度特别大，可使尖端附近的空气发生电离而成为导体，于是导体上的电荷就会向空气中释放产生放电现象，这称为尖端放电。若在该尖端附近放置一点燃的蜡烛，那么导体尖端附近的空气电离后与尖端电荷异号的离子受到吸引而趋向尖端，与尖端电荷同号的离子受到排斥而飞离尖端，形成“电风”，可使火焰上部偏斜，如图 6-26（b）所示。

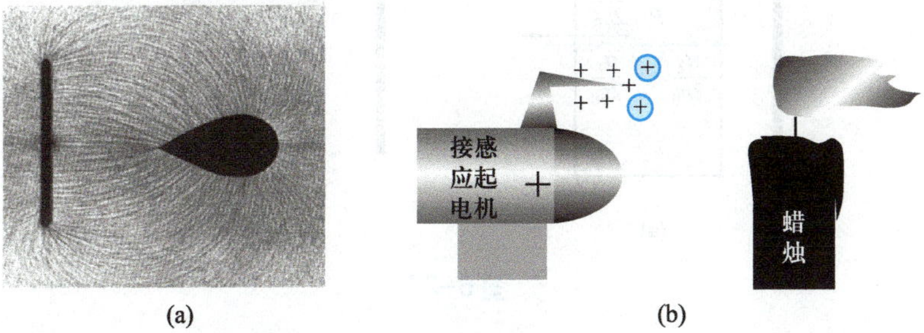

图 6-26 尖端电场线分布及“电风”实验

4. 静电屏蔽

如上所述，达到静电平衡的空腔导体，当腔内没有带电体时，腔内电场强度处处为 0，这样空腔导体的表面就“保护”了它所包围的区域，使之不受外界电场的影响；当腔内有带电体时，腔外电场强度不影响腔内电场强度的分布，若将空腔导体接地，则外表面的电荷会由于接地而中和，其电场便相应消失，此时导体外部电场不受腔内电荷的影响。这样的现象称为静电屏蔽。

静电屏蔽在实际中有重要的应用。例如，一些精密的电子仪器常在外部加上金属罩以保护内部电路不受外界电场的影响；高压作业人员在带电作业时常穿上一种屏蔽服来保护自己等等。

二、有导体存在时静电场的计算

在计算有导体存在时的静电场分布时，首先要根据静电平衡条件和电荷守恒定律，确定导体上的电荷分布，然后根据电荷分布来求电场的分布。

[例 6-8] 在无限大均匀带电平面的电场中平行放置一无限大金属板。(1) 求金属板两面的电荷面密度；(2) 若金属板接地，两板面电荷又将如何分布？

解 由导体静电平衡的推论可知，平行放置的无限大金属板达到静电平衡后可等效成无限大带电平面的集合。

(1) 如图 6-27（a）所示，设带电平面的电荷面密度为σ_0，金属板两面的感应电荷的电荷面密度分别为σ_1和σ_2（均设为正），由电荷守恒定律可知

$$\sigma_1+\sigma_2=0 \tag{1}$$

在金属板内任取一点，由静电平衡条件知其电场强度为零（由三个平行的无限大带电平面产生），即

$$\frac{\sigma_0}{2\varepsilon_0}+\frac{\sigma_1}{2\varepsilon_0}-\frac{\sigma_2}{2\varepsilon_0}=0 \tag{2}$$

联立式（1）、式（2），解得

$$\sigma_1=-\sigma_0/2,\quad \sigma_2=\sigma_0/2$$

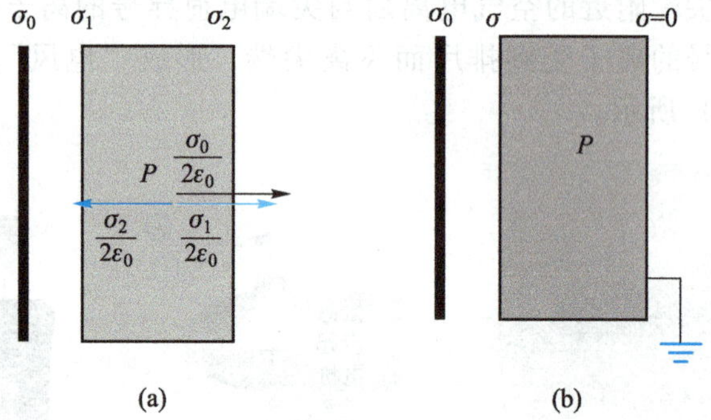

图 6-27

（2）如图 6-27（b）所示，若右侧板接地，则右侧板和大地连为一体，所带电荷量为零，整个板面电势为零。若设左侧板电荷面密度为 σ，根据板内任一点的电场强度为零，且由 σ_0 和 σ 产生，有

$$\frac{\sigma_0}{2\varepsilon_0}+\frac{\sigma}{2\varepsilon_0}=0$$

解得

$$\sigma=-\sigma_0$$

［例 6-9］如图 6-28 所示，金属球 A 与金属球壳 B 同心放置，所带电荷量分别为 q 和 Q，球 A 的半径为 R，球壳 B 的内外半径分别为 R_1 和 R_2。求：（1）空间电场分布；（2）球 A 和球壳 B 的电势。

解　根据导体静电平衡条件，静电平衡时，金属球 A 所带电荷量 q 分布在其外表面，即半径为 R 的球面上；由于金属球 A 位于金属球壳 B 的内部，所以球壳 B 的内表面感应出等量的异号电荷，即半径为 R_1 的球面上感应出 $-q$ 的电荷量，根据电荷守恒定律，球壳 B 外表面，即半径为 R_2 的球面上的电荷量为 $q+Q$，由于 A 和 B 均为球面，所以电荷会均匀分布，这样同心放置的金属球 A 和金属球壳 B 就等效成了所带电荷量分别为 q、$-q$、$q+Q$ 的三个同心球面。

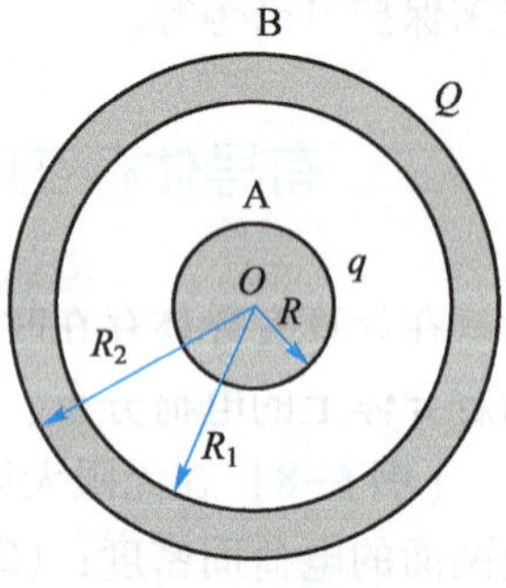

图 6-28

（1）空间电场分布

由于场具有球对称性，故选取同心球面为高斯面，由高斯定理可求得各区域的电场强度为

$$0<r<R: E_1 \cdot 4\pi r^2 = 0 \quad 可得 \quad E_1 = 0$$

$$R<r<R_1: E_2 \cdot 4\pi r^2 = \frac{q}{\varepsilon_0} \quad 可得 \quad E_2 = \frac{q}{4\pi\varepsilon_0 r^2}$$

$$R_1<r<R_2: E_3 \cdot 4\pi r^2 = \frac{q-q}{\varepsilon_0} \quad 可得 \quad E_3 = 0$$

$$R_2<r: E_4 \cdot 4\pi r^2 = \frac{q+Q}{\varepsilon_0} \quad 可得 \quad E_4 = \frac{q+Q}{4\pi\varepsilon_0 r^2}$$

(2) 球 A 和球壳 B 的电势

选取无限远处的电势为零，利用电势定义可知：

球 A 的电势为

$$U_A = \int_R^{R_1} E_2 \mathrm{d}r + \int_{R_1}^{R_2} E_3 \mathrm{d}r + \int_{R_2}^{\infty} E_4 \mathrm{d}r = \int_R^{R_1} \frac{q}{4\pi\varepsilon_0 r^2}\mathrm{d}r + \int_{R_2}^{\infty} \frac{Q+q}{4\pi\varepsilon_0 r^2}\mathrm{d}r = \frac{q}{4\pi\varepsilon_0 R} - \frac{q}{4\pi\varepsilon_0 R_1} + \frac{Q+q}{4\pi\varepsilon_0 R_2}$$

球壳 B 的电势为

$$U_B = \int_{R_2}^{\infty} E_4 \mathrm{d}r = \int_{R_2}^{\infty} \frac{Q+q}{4\pi\varepsilon_0 r^2}\mathrm{d}r = \frac{Q+q}{4\pi\varepsilon_0 R_2}$$

三、电容　电容器

电容是电学中一个重要的物理量，它反映了导体储存电荷和储存电能的本领。

1. 孤立导体的电容

所谓孤立导体，指的是在这个导体附近没有其他导体和带电体。

如果孤立导体所带电荷量为 Q，它将有一定的电势 U。理论和实验都表明，当导体上所带的电荷量增加时，它的电势也随之按比例增加，这一比例关系可以写成

$$C = \frac{Q}{U} \tag{6-21}$$

式中，C 称为孤立导体的电容，它与导体是否带电无关，而由导体的大小、形状以及周围电介质的情况决定。由式（6-21）可知，电容的物理意义是使导体每升高单位电势所需的电荷量。

在国际单位制中，电容的单位是法拉，符号为 F。

法拉是一个很大的单位，在实际中常用微法（μF）和皮法（pF）两个单位，它们之间的换算关系是

$$1\,\mathrm{F} = 10^6\,\mu\mathrm{F} = 10^{12}\,\mathrm{pF}$$

2. 电容器及其电容

孤立导体的电容很小，而且实际的导体往往并不是孤立的，周围还常常存在着其他导体，这时，导体的电势不仅与它本身所带的电荷量等因素有关，还与其他导体的位置、形状及所带电荷量有关。在实际应用中常把两个导体组合在一起，使它的电容较大而不受周围其他导体的影响。这样的导体组合称为电容器。两个导体称为电容器的两个极板，两极板一般相距很近，这样极板间的电场强度因受到极板的屏蔽作用而不受其他物体的影响，若一个极板带电，且两极板均不接地，则另一个极板必带等量异号电荷。

电容器电容的定义是一个极板所带电荷量的绝对值与两极板 A、B 间电势差 U_{AB} 的比值，即

$$C=\frac{Q}{U_{AB}} \tag{6-22}$$

电容器的电容只与两极板的形状、大小以及两极板间电介质的性质和分布有关，与极板的材料及是否带电无关。电容器的电容单位与孤立导体的电容单位相同。

3. 电容器电容的计算

电容器电容的计算步骤为：(1) 设两极板分别带电荷±Q；(2) 求两极板间的电场强度 $\boldsymbol{E}$；(3) 求两极板间的电势差 U_{AB}；(4) 由电容定义式 $C=\frac{Q}{U_{AB}}$求出电容。

下面来计算一下平行板电容器和圆柱形电容器的电容。

(1) 平行板电容器

平行板电容器的极板由两块同样大小且平行放置的金属平板 A 和 B 组成，如图 6-29 所示。已知两极板的面积为 S，极板间距为 d。设两极板所带电荷量分别为$+Q$ 和$-Q$，则极板的电荷面密度为 $\sigma=\frac{Q}{S}$，由于两极板很近，忽略边缘效应后，可把两极板看成无限大带电平面，则两板间电场强度是均匀的，其方向垂直于极板，大小为 $E=\frac{\sigma}{\varepsilon_0}=\frac{Q}{\varepsilon_0 S}$。

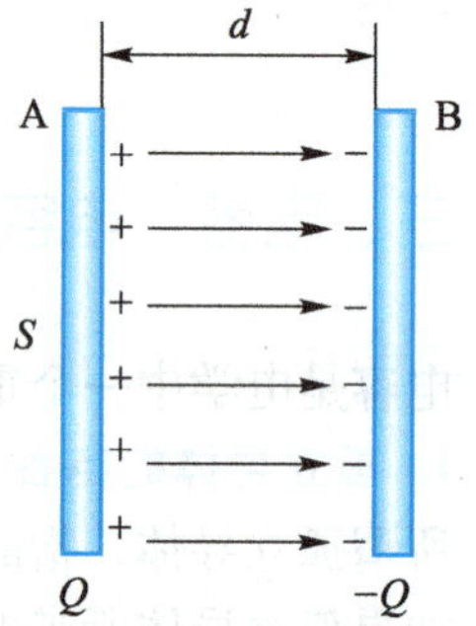

图 6-29 平行板电容器

根据电势差的定义，可得两极板间电势差

$$U_{AB}=\int_A^B \boldsymbol{E}\cdot \mathrm{d}\boldsymbol{l}=Ed$$

由电容定义式，可得真空中平行板电容器的电容为

$$C=\frac{Q}{U_{AB}}=\frac{\varepsilon_0 S}{d}$$

(2) 圆柱形电容器

圆柱形电容器的极板由两个同轴圆柱面组成，如图 6-30 所示。设两极板的半径分别为 R_A和 $R_B(R_B>R_A)$，两极板长度均为 $l(l\gg R_B)$，忽略边缘效应，圆柱面可视为无限长。设内外圆柱面分别带有电荷量$+Q$ 和$-Q$，则内圆柱面单位长度所带的电荷量为 $\lambda=\frac{Q}{l}$，由高斯定理可知，两圆柱面间的电场强度大小为

$$E=\frac{\lambda}{2\pi\varepsilon_0 r}=\frac{Q}{2\pi\varepsilon_0 rl} \quad (R_A<r<R_B)$$

方向沿圆柱面的半径方向，根据电势差的定义，可得两极板间电势差

$$U_{AB}=\int_{R_A}^{R_B}\boldsymbol{E}\cdot \mathrm{d}\boldsymbol{r}=\int_{R_A}^{R_B}\frac{Q}{2\pi\varepsilon_0 rl}\mathrm{d}r=\frac{Q}{2\pi\varepsilon_0 l}\ln\frac{R_B}{R_A}$$

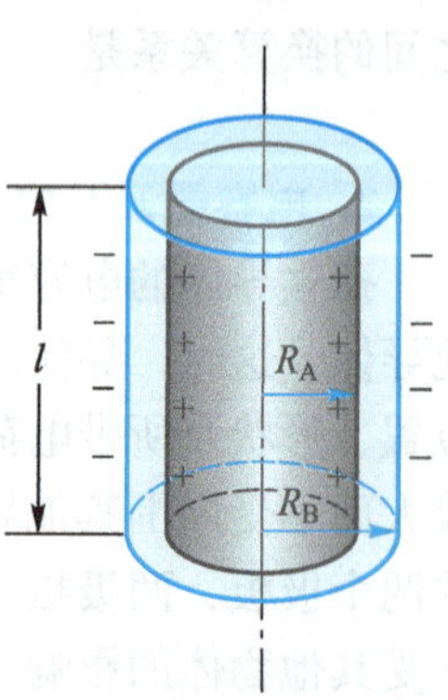

图 6-30 圆柱形电容器

由电容定义式，可得真空中圆柱形电容器的电容为

$$C=\frac{Q}{U_{AB}}=\frac{2\pi\varepsilon_0 l}{\ln\frac{R_B}{R_A}}$$

第六节 静电场中的电介质

一、电介质的极化现象

电介质是导电能力极差的物质，又称绝缘体。电介质中不存在自由电子，分子中的电子被原子核紧紧束缚。当处于外电场中时，电介质内部的电荷仍可作微观的相对移动，类似于导体的静电感应，这种相对移动会使得电介质的两相对表面出现异号电荷（称为极化电荷），这种现象称为电介质的极化。极化产生的电荷不能自由移动，也不能通过接地等方式将其引离电介质，故又称为束缚电荷。束缚电荷也会产生电场，削弱外电场。

构成物质的分子是复杂的带电体系，分子中的带电粒子并不集中在一点，但当研究的场点与分子的距离远大于分子本身的线度时，分子的全部正电荷对该点的影响可以等效成一个正的点电荷。这个等效正电荷的位置称为分子的正电中心；同理，分子中所有的负电荷可以等效成一个负电中心。正电中心和负电中心重合的分子称为无极分子，正电中心和负电中心不重合的分子称为有极分子，有极分子相当于一个有着固定电矩的电偶极子。

由无极分子组成的电介质称为无极分子电介质。这类电介质置于电场中时，分子的正负电中心发生相对位移，形成沿外电场方向排列的电偶极子，在电介质的表面将出现正负极化电荷，这类极化称为位移极化，如图 6-31（a）所示。

由有极分子组成的电介质称为有极分子电介质。在没有外加电场时，分子作无规则的热运动，各个分子的电矩排列十分杂乱，电介质宏观不显电性。当置于外电场中时，每个分子电矩都会受到电场的力矩作用，向着外电场的方向旋转，从而使电介质带电，这类极化称为取向极化，如图 6-31（b）所示。当然，对于有极分子而言，同时也有位移极化，但不占主导地位。

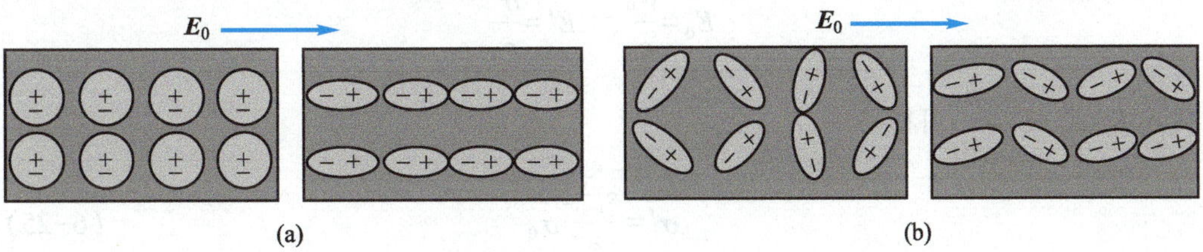

图 6-31 电介质的极化

在静电场中，虽然不同电介质极化的微观机理不尽相同，但是对于各向同性的均匀电介质来说，在宏观上都表现为在电介质的表面上出现极化面电荷，即产生极化现象。所以在作宏观描述时，不必加以区别。

二、电介质对电容器电容的影响

电介质被外加电场$\boldsymbol{E}_0$极化后产生的极化电荷会产生附加电场$\boldsymbol{E}'$，这时电介质内部的电场为$\boldsymbol{E}=\boldsymbol{E}_0+\boldsymbol{E}'$。由于$\boldsymbol{E}'$与$\boldsymbol{E}_0$方向相反，所以附加电场$\boldsymbol{E}'$使原电场$\boldsymbol{E}_0$在电介质内受到削弱，但合场强不为零。

实验表明，电容为C_0的平行板电容器，在电容器极板电荷量Q不变的情况下，当两极板间充满某种电介质时，两极板间的电压U减小为真空中的电压的$1/\varepsilon_r$，即

$$U=\frac{1}{\varepsilon_r}U_0$$

根据$U=Ed$，可得两极板间的电场强度

$$\boldsymbol{E}=\frac{1}{\varepsilon_r}\boldsymbol{E}_0 \tag{6-23}$$

式中，$\boldsymbol{E}_0$和$\boldsymbol{E}$分别为放入电介质前后两极板间的电场强度。该式表明电介质中的总电场强度为真空中电场强度的$1/\varepsilon_r$。

根据电容定义，在极板所带电荷量保持不变的情况下，有电介质时电容器的电容为

$$C=\frac{Q}{U}=\frac{Q}{U_0/\varepsilon_r}=\varepsilon_r\frac{Q}{U_0}=\varepsilon_r C_0 \tag{6-24}$$

式中，ε_r称为该介质的相对电容率，也称相对介电常量，它是表征电介质本身特性的物理量。实验表明，除真空中$\varepsilon_r=1$外，所有电介质的ε_r均大于1。式（6-24）表明，充满某种电介质的电容器的电容增大为真空时的ε_r倍。

*三、有电介质时的高斯定理

如前所述，当平行板电容器两极板间有均匀电介质存在时，电介质内部的电场强度$\boldsymbol{E}$变为真空中的电场强度$\boldsymbol{E}_0$的$1/\varepsilon_r$。该电场强度由极板上的自由电荷（电荷面密度为σ_0）和电介质极化后在平行于极板的两端面上产生的极化电荷（电荷面密度为σ'）共同产生。自由电荷和极化电荷产生的电场强度的大小分别为

$$E_0=\frac{\sigma_0}{\varepsilon_0},\quad E'=\frac{\sigma'}{\varepsilon_0}$$

代入$E=E_0-E'=\dfrac{E_0}{\varepsilon_r}$可得

$$\sigma'=\frac{\varepsilon_r-1}{\varepsilon_r}\sigma_0 \tag{6-25}$$

下面利用式（6-25）来推导有电介质存在时的高斯定理，仍然以充满各向同性的

均匀电介质的平行板电容器为例。

在图 6-32 所示的情形中，取一闭合圆柱面作为高斯面，高斯面的两底面与极板平行，其中一个底面在电介质内，一个底面在极板内，设底面面积为 S，极板上的自由电荷和极化电荷的电荷面密度分别为 σ_0 和 σ'，对该高斯面应用高斯定理得

$$\oint_S \boldsymbol{E} \cdot \mathrm{d}\boldsymbol{S} = \frac{(\sigma_0 - \sigma')S}{\varepsilon_0}$$

将式（6-25）代入，可得

$$\oint_S \boldsymbol{E} \cdot \mathrm{d}\boldsymbol{S} = \frac{\sigma_0 S}{\varepsilon_0 \varepsilon_r}$$

或

$$\oint_S \varepsilon_0 \varepsilon_r \boldsymbol{E} \cdot \mathrm{d}\boldsymbol{S} = \sigma_0 S = q_0 \tag{6-26}$$

定义电位移

$$\boldsymbol{D} = \varepsilon_0 \varepsilon_r \boldsymbol{E} = \varepsilon \boldsymbol{E} \tag{6-27}$$

式中 $\varepsilon = \varepsilon_0 \varepsilon_r$，称为电容率或介电常量。

将式（6-27）代入式（6-26），有

$$\oint_S \boldsymbol{D} \cdot \mathrm{d}\boldsymbol{S} = q_0 \tag{6-28}$$

式中左边的积分称为通过闭合曲面 S 的电位移通量，右边为闭合曲面 S 所包围的自由电荷的代数和。该式虽然是从平行板电容器这一特例导出的，但可以证明在一般情况下它也是正确的。此即**有介质存在时的高斯定理，具体表述为：在静电场中，通过任意闭合曲面的电位移通量等于该闭合曲面内所包围的自由电荷的代数和。**

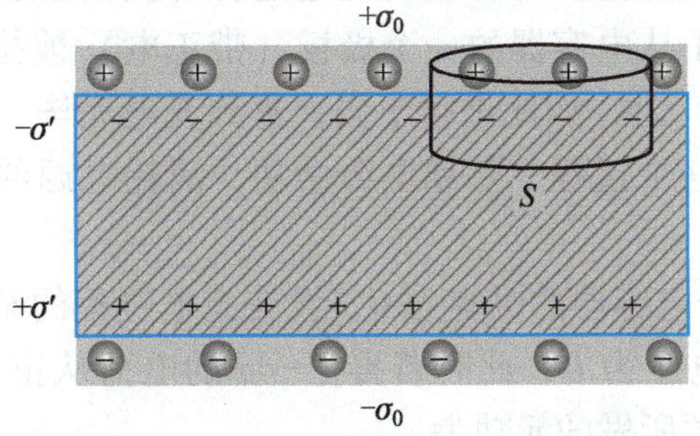

图 6-32 充满电介质的平行板电容器

［例 6-10］一半径为 R 的金属球带有电荷 q，浸没在相对电容率为 ε_r 的均匀“无限大”电介质中，求球外任一点 P 的电场强度。

解 根据静电平衡条件知，静电平衡时的金属球所带电荷 q 分布在其外表面上，呈球对称性分布，而介质也以球体球心为中心对称分布，可知球外电场分布仍具有球对称性，故可以选取同心的球形高斯面，利用有电介质存在时的高斯定理来求解。

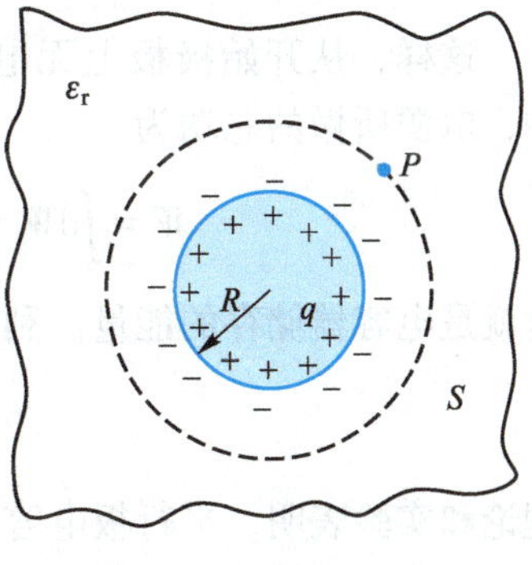

图 6-33 例 6-10 图

如图 6-33 所示，过点 P 作一半径为 r 并与金属球同心的闭合球面 S，由高斯定理知

$$\oint_S \boldsymbol{D} \cdot \mathrm{d}\boldsymbol{S} = \oint_S D\mathrm{d}S = D\oint_S \mathrm{d}S = D \cdot 4\pi r^2 = q$$

所以

$$D=\frac{q}{4\pi r^2}$$

写成矢量形式

$$\boldsymbol{D}=\frac{q}{4\pi r^2}\boldsymbol{e}_r$$

因为 $\boldsymbol{D}=\varepsilon_0\varepsilon_r\boldsymbol{E}$，所以离球心 r 处点 $\boldsymbol{P}$ 的电场强度为

$$\boldsymbol{E}=\frac{\boldsymbol{D}}{\varepsilon_0\varepsilon_r}=\frac{q}{4\pi\varepsilon_0\varepsilon_r r^2}\boldsymbol{e}_r$$

第七节　静电场的能量

电容器储能

电容器的极板一旦带了电，它就储存了能量。下面我们以平行板电容器的充电过程为例来计算一下储存的能量。电容器的充电过程可使两极板带上等量异号电荷，从微观角度讲，就是将电子从电容器的一个极板（带正电）被拉到电源，并从电源被推到另一个极板（带负电）上，如此进行下去，直到充电完毕，此时极板上所带电荷量的绝对值达到 Q。完成这个过程，要靠电源做功，消耗电源的能量，使之转化为电容器储存的能量。

如图 6-34 所示，若电容器的电容为 C，设在充电过程的某一时刻，极板上的电荷量为 q，两极板之间的电压为 U，此时若再把 $-\mathrm{d}q$ 的电荷从正极板移动到负极板，则电源所做的元功为

$$\mathrm{d}W=\mathrm{d}qU=\frac{q}{C}\mathrm{d}q$$

这样，从开始极板上无电荷到极板上的电荷量为 Q 的过程中，电源所做的总功为

$$W=\int\mathrm{d}W=\int_0^Q\frac{q}{C}\mathrm{d}q=\frac{Q^2}{2C}$$

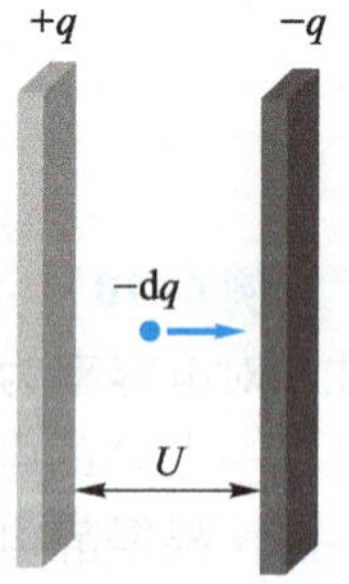

图 6-34　电容器的储能

这就是电容器储存的能量。利用 $Q=CU$，上式可写为

$$W=\frac{Q^2}{2C}=\frac{1}{2}CU^2=\frac{1}{2}QU \tag{6-29}$$

理论和实验表明，平行板电容器储存的能量分布在两极板间的电场中，因而该能量可以用描述电场的特征量——场强 E 来表示。若平行板电容器两极板的面积为 S，两极板

间距为 d，极板间充满电容率为 ε 的均匀电介质，则其电容为 $C=\dfrac{\varepsilon S}{d}$，两极板间的电势 $U=Ed$，代入式（6-29）得

$$W=\frac{1}{2}CU^2=\frac{1}{2}\left(\frac{\varepsilon S}{d}\right)E^2d^2=\frac{1}{2}\varepsilon E^2Sd=\frac{1}{2}\varepsilon E^2V$$

式中 V 为电容器中电场所占据的体积。由于平行板电容器中的电场是均匀分布的，所储存的电场能量也应该是均匀分布的。于是可得单位体积内所储存的能量，即电场能量密度（用 w_e 表示）为

$$w_e=\frac{W}{V}=\frac{1}{2}\varepsilon E^2 \tag{6-30}$$

该式虽然是从静电场的特例导出的，但可以证明它对于任何带电体系的场都是普遍成立的。对于非均匀电场，若要计算体积 V 中的能量，必须把整个体积分成许多体积元 $\mathrm{d}V$，在 $\mathrm{d}V$ 中我们认为各点处的 w_e 均相同，则体积元 $\mathrm{d}V$ 中储存的能量为

$$\mathrm{d}W=w_e\mathrm{d}V$$

于是体积 V 内储存的静电能为

$$W=\int_V \mathrm{d}W=\int_V \frac{1}{2}\varepsilon E^2\mathrm{d}V \tag{6-31}$$

［例 6-11］ 球形电容器由两个同心金属球壳组成，如图 6-35 所示。设内、外极板半径分别为 R_1 和 R_2，所带电荷量分别为 $+Q$ 和 $-Q$。求此电容器储存的电场能量。

解　由于是球形电容器，能量储存于两极板间的电场内，两极板间的电场具有球对称性，方向沿径向，大小可由高斯定理求得：

$$E=\frac{Q}{4\pi\varepsilon_0 r^2}$$

由于场强分布是非均匀的，需先计算半径为 r、厚度为 $\mathrm{d}r$ 的球壳空间储存的电场能量，即

$$\mathrm{d}W_e=w_e\mathrm{d}V=\frac{1}{2}\varepsilon_0E^2\cdot 4\pi r^2\mathrm{d}r=\frac{Q^2}{8\pi\varepsilon_0 r^2}\mathrm{d}r$$

将上式积分可得电容器储存的能量为

$$W_e=\int \mathrm{d}W_e=\frac{Q^2}{8\pi\varepsilon_0}\int_{R_1}^{R_2}\frac{\mathrm{d}r}{r^2}=\frac{Q^2}{8\pi\varepsilon_0}\left(\frac{1}{R_1}-\frac{1}{R_2}\right)$$

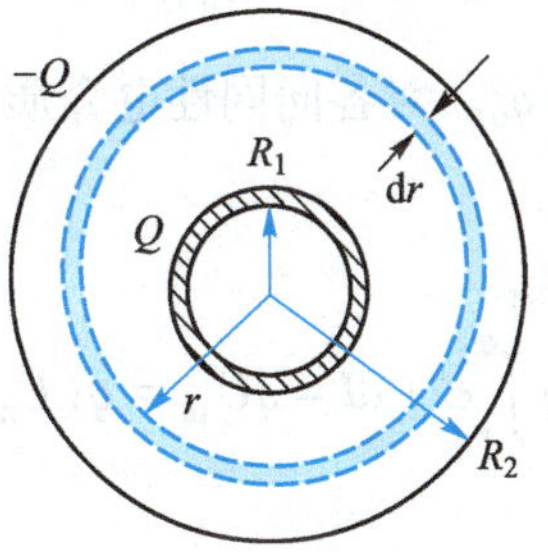

图 6-35　例 6-11 图

小　结

1. 库仑定律

真空中，两个静止点电荷之间的作用力 $\boldsymbol{F}=\dfrac{1}{4\pi\varepsilon_0}\dfrac{q_1q_2}{r^2}\boldsymbol{e}_r$

2. 电场强度 $\boldsymbol{E}=\dfrac{\boldsymbol{F}}{q}$

点电荷的电场强度 $\boldsymbol{E}=\dfrac{1}{4\pi\varepsilon_0}\dfrac{Q}{r^2}\boldsymbol{e}_r$

电场叠加原理 $\boldsymbol{E}=\sum\limits_{i=1}^{n}\boldsymbol{E}_i=\dfrac{1}{4\pi\varepsilon_0}\sum\limits_{i=1}^{n}\dfrac{Q}{r_i^2}\boldsymbol{e}_i$

连续带电体的电场强度 $\boldsymbol{E}=\int_V \mathrm{d}\boldsymbol{E}=\int_V \dfrac{1}{4\pi\varepsilon_0}\dfrac{\mathrm{d}q}{r^2}\boldsymbol{e}_r$

（1）真空中无限长均匀带电直线的电场强度大小为 $E=\dfrac{\lambda}{2\pi\varepsilon_0 r}$，方向在垂直于直线的平面上，沿以直线为中心的圆的半径方向。

（2）无限大均匀带电平面的电场大小为 $E=\dfrac{\sigma}{2\varepsilon_0}$，方向垂直于平面。

（3）均匀带电球面的电场

球内 $E=0$

球外 $\boldsymbol{E}=\dfrac{1}{4\pi\varepsilon_0}\dfrac{Q}{r^2}\boldsymbol{e}_r$

式中 $\boldsymbol{e}_r$ 为径矢方向的单位矢量。

3. 电通量 $\Phi_e=\int_S E\cdot\mathrm{d}S$

4. 真空中的高斯定理

$$\oint_S E\cdot\mathrm{d}\boldsymbol{S}=\frac{1}{\varepsilon_0}\sum_{i=1}^{n}q_{i内}$$

有电介质存在时变为 $\oint_S \boldsymbol{D}\cdot\mathrm{d}\boldsymbol{S}=q_0$。对各向同性电介质，有 $\boldsymbol{D}=\varepsilon_0\varepsilon_r\boldsymbol{E}=\varepsilon\boldsymbol{E}$。

5. 电场力的功

电场力做功和路径没有关系。

$$W_{AB}=q\int_A^B \boldsymbol{E}\cdot\mathrm{d}\boldsymbol{l}=qU_{AB}=q(U_A-U_B)$$

6. 环路定理

在静电场中电场强度的 $\boldsymbol{E}$ 环流为零。

$$\oint_l \boldsymbol{E}\cdot\mathrm{d}\boldsymbol{l}=0$$

7. 电势 $U_A = \int_A^{"0"} \boldsymbol{E} \cdot \mathrm{d}\boldsymbol{l}$

电势叠加原理 $U = \sum_{i=1}^{n} \frac{q_i}{4\pi\varepsilon_0 r_i}$

连续分布带电体 $U = \int \mathrm{d}U = \int \frac{\mathrm{d}q}{4\pi\varepsilon_0 r}$

（1）点电荷的电势 $U = \frac{Q}{4\pi\varepsilon_0 r}$（选 $U_\infty = 0$）

（2）均匀带电球面的电势（选 $U_\infty = 0$）

球内及球面 $U = \frac{Q}{4\pi\varepsilon_0 R}$

球外 $U = \frac{Q}{4\pi\varepsilon_0 r}$

8. 导体静电平衡条件

导体内部电场强度处处为零；导体表面附近的电场强度方向处处与导体表面垂直。

重要性质：导体是等势体，导体表面是等势面。

9. 导体上的电荷分布

（1）实心导体：电荷分布在其外表面。

（2）空腔导体：空腔内无带电体时，电荷只分布在空腔的外表面上；空腔内有电荷量为 q 的带电体时，腔内表面感应出等量异号电荷 $-q$，外表面感应出等量同号电荷 q。

（3）孤立导体表面电荷面密度与表面曲率有关。

（4）导体表面外附近空间电场强度的大小与该处导体电荷的面密度成正比，即 $E = \frac{\sigma}{\varepsilon_0}$。

10. 电容

孤立导体的电容 $C = \frac{Q}{U}$

电容器及其电容 $C = \frac{Q}{U_{AB}}$

平行板电容器 $C = \frac{Q}{U_{AB}} = \frac{\varepsilon_0 S}{d}$

圆柱形电容器 $C = \frac{Q}{U_{AB}} = \frac{2\pi\varepsilon_0 l}{\ln \frac{R_B}{R_A}}$

11. 静电场的能量

电容器的能量 $W = \frac{Q^2}{2C} = \frac{1}{2}CU^2 = \frac{1}{2}QU$

电场能量密度 $w_e = \frac{W}{V} = \frac{1}{2}\varepsilon E^2$

电场能量 $W = \int_V \frac{1}{2}\varepsilon E^2 \mathrm{d}V$

习 题

6-1 在边长为 a 的立方体外部、立方体对角线上距离立方体中心为 $2a$ 处有一个电荷量为 q 的点电荷，则通过该立方体整个表面的电场强度通量为（ ）。

（A）0 （B）$\frac{q}{2\varepsilon_0}$ （C）$\frac{q}{4\varepsilon_0}$ （D）$\frac{q}{6\varepsilon_0}$

6-2 在静电场中，如果通过闭合曲面（高斯面）S 的电通量为零，则下列说法中正确的是（ ）。

（A）高斯面上的电场强度一定处处为零

（B）高斯面内一定没有电荷

（C）高斯面内的净电荷一定为零

（D）高斯面内外电荷的代数和一定为零

（E）穿过高斯面上每个面元的电通量均为零

（F）以上说法都不对

6-3 如图所示，将一个电荷量为 q 的点电荷放在一个半径为 R 的不带电的导体球附近，点电荷与导体球球心为 d。设无限远处电势为 0，则在导体球球心点 O 的电场强度和电势的大小分别为（ ）。

（A）$E=0, U=\frac{q}{4\pi\varepsilon_0(d-R)}$ （B）$E=\frac{q}{4\pi\varepsilon_0 d^2}, U=0$

（C）$E=0, U=\frac{q}{4\pi\varepsilon_0 R}$ （D）$E=0, U=\frac{q}{4\pi\varepsilon_0 d}$

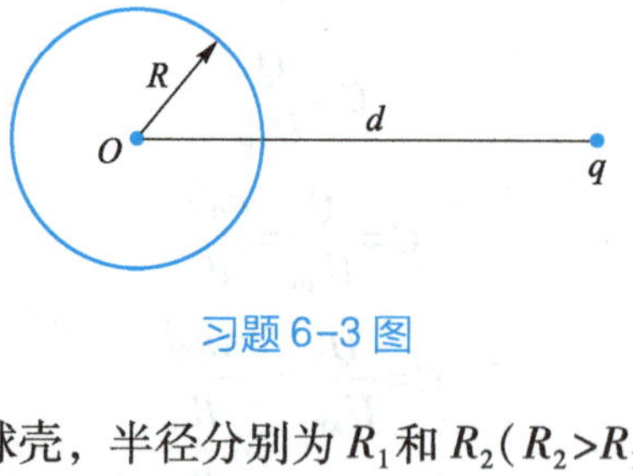

习题 6-3 图

6-4 两个薄金属同心球壳，半径分别为 R_1 和 $R_2(R_2>R_1)$，分别带有电荷 q_1 和 q_2，两者电势分别为 U_1 和 U_2（设无限远处为电势零点），将两球壳用导线连起来，则它们的电势为（ ）。

（A）U_2 （B）U_1+U_2 （C）U_1 （D）U_1-U_2

6-5 在一个孤立的导体球壳内，若在偏离球中心处放一个点电荷，则在球壳内、外表面上将出现感应电荷，其分布将是（ ）。

（A）内表面均匀，外表面也均匀 （B）内表面不均匀，外表面均匀

（C）内表面均匀，外表面不均匀 （D）内表面不均匀，外表也不均匀

6-6 一平行板电容器，其极板面积为 S，两板间距离为 d，中间放置一厚度为 t 且

与极板平行的铜板，则电容器的电容为（　　）。

（A）$\dfrac{\varepsilon_0 S}{d+t}$　　（B）$\dfrac{\varepsilon_0 S}{t}$　　（C）$\dfrac{\varepsilon_0 S}{d}+\dfrac{\varepsilon_0 S}{t}$　　（D）$\dfrac{\varepsilon_0 S}{d-t}$

6-7　如果某带电体其电荷分布的体密度 ρ 增大为原来的 2 倍，则其电场的能量变为原来的（　　）。

（A）2 倍　　（B）1/2　　（C）4 倍　　（D）1/4

6-8　求所带电荷量为 q、半径为 R 的均匀带电圆环轴线上与环心距离为 x 的点处的电场强度（　　）。

6-9　两根无限长平行直导线相距为 d，均匀带有等量异号电荷，电荷线密度为 λ。求：(1) 两导线构成的平面上任一点 P 的电场强度，设该点到其中一根导线的垂直距离为 x；(2) 单位长度带负电导线上受到的、由另一根导线施加的电场力的大小。

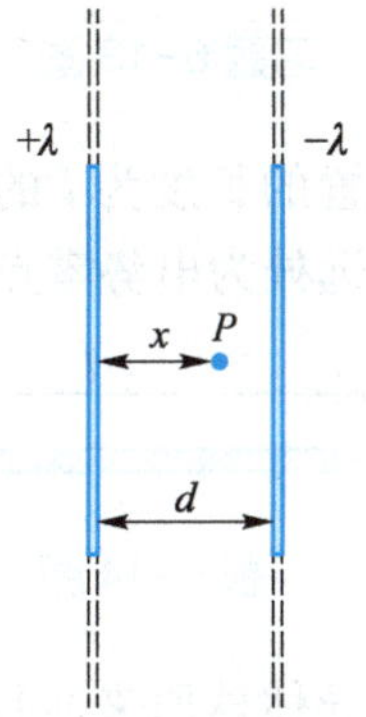

习题 6-9 图

6-10　两无限长同轴圆柱面，半径分别为 R_1、R_2，带有等量异号电荷，电荷线密度分别为 λ 和 $-\lambda$，求电场强度分布。

6-11　一半径为 R 的均匀带电球体，球心为 O_1，电荷体密度为 ρ，在球内挖去一个半径为 $r(r<R)$ 的球体，球心为 O_2，求球体内空腔部分的电场强度。

6-12　如图所示，有一厚为 a 的“无限大”带电平板，电荷体密度 $\rho=kx(0\leqslant x\leqslant a)$，$k$ 为一正的常量。求：(1) 板外两侧点 M_1、M_2 的电场强度大小；(2) 板内任一点 M 的电场强度；(3) 电场强度最小的点的位置。

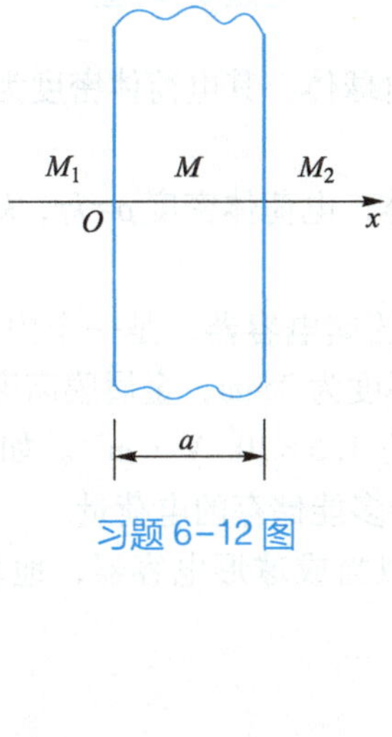

习题 6-12 图

6-13　如图所示，一细玻璃棒被弯成半径为 R 的半圆环，环的上半部分均匀带负电荷，下半部分均匀带正电荷，电荷线密度分别为 $-\lambda$ 和 $+\lambda$，求圆心 O 处的电场强度 $\boldsymbol{E}$ 和电势 U。

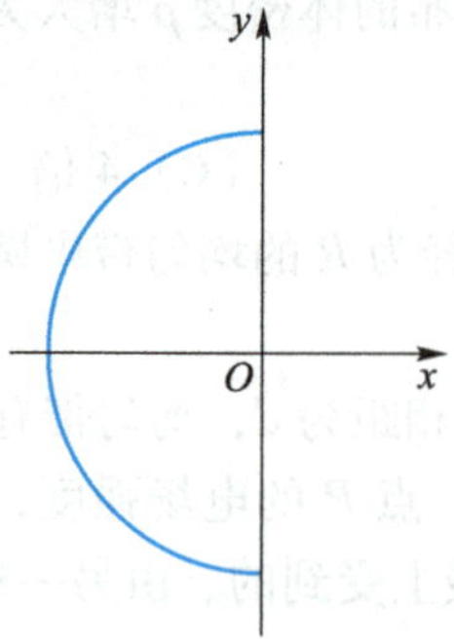

习题 6-13 图

6-14　如图所示，一沿 x 轴放置的长度为 l 的不均匀带电细棒，其电荷线密度为 $\lambda=\lambda_0(x-a)$，λ_0 为一常量。取无限远处为电势零点，求坐标原点 O 处的电势。

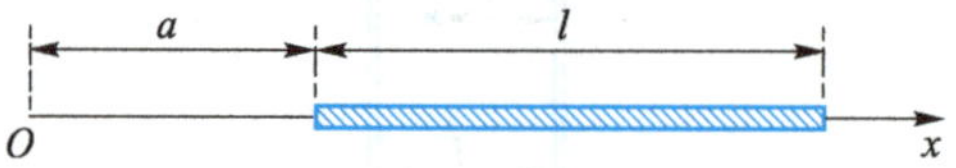

习题 6-14 图

6-15　如图所示，半径为 R 的导体球原来所带电荷量为 Q，现将一点电荷 q 放在球外与球心距离为 $x(x>R)$ 处，求导体球上的电荷在点 $P(|OP|=R/2)$ 产生的电场强度和电势。

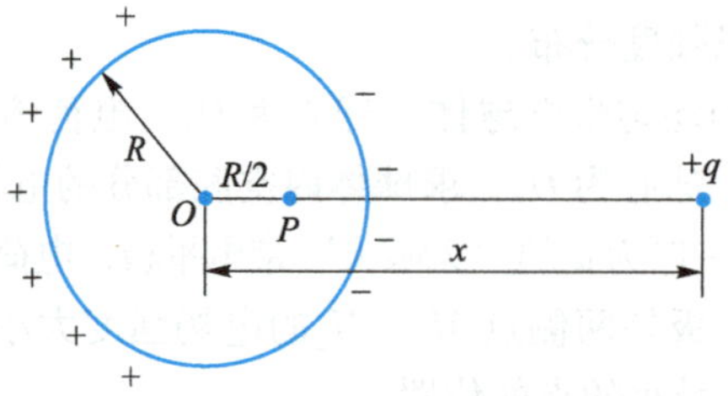

习题 6-15 图

6-16　有一半径为 R 的带电球体，其电荷体密度为 ρ。求球内外各点的电场强度和电势。

6-17　有一半径为 R 的球体，电荷体密度 $\rho=kr$，k 为常量且 $k>0$，试求与球心距离为 r $(r<R)$ 的点 P 处的电势。

6-18　莱顿瓶是一种早期的储电容器，是一个内外贴有金属膜的圆柱形玻璃瓶。设玻璃瓶内直径为 8 cm，玻璃厚度为 2 mm，金属膜高度为 40 cm。已知玻璃的相对介电常量为 5.0，其击穿电场强度是 $1.5\times10^7\ \mathrm{V\cdot m^{-1}}$。如果不考虑边缘效应，试计算：(1) 莱顿瓶的电容值；(2) 它最多能储存的电荷量。

6-19　地球和电离层可近似当成球形电容器，地表与电离层之间相距约 100 km，设它们之间为真空，已知地球半径 $R_1=6.37\times10^6$ m，$\varepsilon_0=8.9\times10^{-12}$ F · m^{-1}。试估算地表-电离层系统的电容值，结果保留 3 位小数。

6-20 A、B、C 是三块平行金属板，面积均为 200 cm^2。A、B 相距 4.0 mm，A、C 相距 2.0 mm，B、C 两板都接地。（1）设 A 板带正电 3.0×10^{-7} C，不计边缘效应，求 B 板和 C 板上的感应电荷，以及 A 板的电势；（2）若在 A、B 间充以相对电容率 $\varepsilon_r=5$ 的均匀电介质，再求 B 板和 C 板上的感应电荷，以及 A 板的电势。

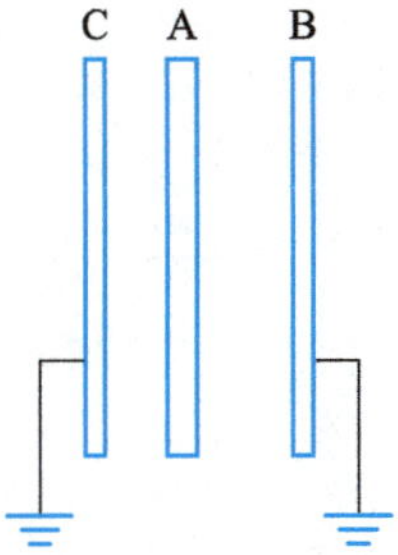

习题 6-20 图

6-21 一个半径为 R、电荷量为 q 的金属球浸没在电容率为 ε 的无限大均匀电介质中，求空间的电场能量。

习题答案

第七章　恒定磁场

本章资源

人类在公元前六七世纪发现了磁石吸铁、磁石指南等现象。指南针是我国四大发明之一，其原理是小磁针受到地球磁场的作用总是指向南北。英国科学家吉尔伯特（W. Gilbert，1544—1603）于 1600 年出版了《论磁》，书中总结了前人的研究，讨论地磁性质，记载大量实验，使磁学从经验变成科学。

1750 年米切尔（J. Mitchell，1724—1793）提出磁极之间的作用力服从平方反比定律，使磁学进入了定量研究阶段。

1780 年，伽伐尼（A. Galvani，1737—1798）关于动物电流的发现，把电磁学的研究从静电推进到动电的领域，奏响了电磁学辉煌发展的序曲。

在电磁学发展史上，1820 年是取得光辉成就的一年。丹麦物理学家奥斯特发现了电流的磁效应；法国物理学家安培发现了电流方向与磁针偏转的右手螺旋关系，还发现了圆电流与磁针有相互作用、两平行通电直导线之间也存在相互作用；毕奥、萨伐尔和拉普拉斯得出了电流元的磁场公式。这些成果使从事物理学研究的科学家们备受鼓舞。

1831 年 8 月，法拉第发现了电磁感应现象，从而为现代电磁理论和现代电工学的发展和应用奠定了基础。

本章着重讨论恒定电流（或相对参考系以恒定速度运动的电荷）激发磁场的规律和性质。主要内容有恒定电流的电流密度、电源的电动势、磁感应强度、毕奥-萨伐尔定律、磁场的高斯定理和安培环路定理、洛伦兹力、安培力以及磁场中的磁介质等。

第一节　电流与电动势

一、电流 电流密度

大量电荷的定向移动形成电流，因此产生电流的条件是导体中具有大量可自由移动的电荷以及导体中存在电场。人们规定正电荷的运动方向为电流的方向。在金属导体中，电流的方向与电子的运动方向相反。

电流的大小用 I 表示，定义为单位时间内通过导体横截面的电荷量。如图 7-1 所示，设 $\mathrm{d}t$ 时间通过导体某截面的电荷量为 $\mathrm{d}q$，则电流为

$$I=\frac{\mathrm{d}q}{\mathrm{d}t} \tag{7-1}$$

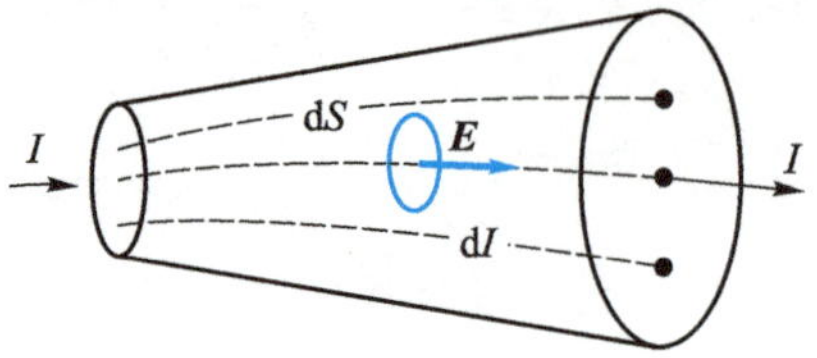

图 7-1 电流和电流密度

在国际单位制中，电流的单位为安培，简称安，符号为 A，$1\,\mathrm{A}=1\,\mathrm{C}\cdot\mathrm{s}^{-1}$。

电流沿横截面的分布，有均匀的，也有不均匀的。为了更好地描述电流在导体截面上的分布，我们引入**电流密度 $\boldsymbol{j}$**。

导体中任意一点的电流密度 $\boldsymbol{j}$ 的大小等于通过该点且垂直于电流方向的单位面积的电流，其方向为正电荷通过该点时的运动方向。设 $\mathrm{d}S_{\perp}$ 为垂直于电流方向的过点 P 的面积元，$\mathrm{d}I$ 为通过面积 $\mathrm{d}S_{\perp}$ 的电流，则点 P 处的电流密度 $\boldsymbol{j}$ 的大小为

$$j=\frac{\mathrm{d}I}{\mathrm{d}S_{\perp}}$$

其方向为正电荷的运动方向，也是导体内电场强度 $\boldsymbol{E}$ 的方向。电流密度的单位是安培每二次方米，符号为 $\mathrm{A}\cdot\mathrm{m}^{-2}$。

显然，通过导体中截面积为 S 的电流应该等于通过各面积元电流的积分，即

$$\boldsymbol{I}=\int_S \boldsymbol{j}\cdot\mathrm{d}\boldsymbol{S} \tag{7-2}$$

二、电源的电动势

在导体上产生恒定电流的条件是在导体内维持一个恒定不变的电场，或者说在导体的两端维持恒定不变的电势差。当我们用导线把充过电的电容器的正、负极板连接以后，正电荷就在静电力的作用下从正极板通过导线向负极板流动而形成电流。这种电流是一种暂态电流，因为两极板上正、负电荷逐渐中和而减少，两极板间电势差也逐渐减小而趋于零，导线中电流也随之逐渐减弱直到停止。由此可见，仅有静电力的作用是不能形成恒定电流的。

要形成恒定电流，必须有一种本质上完全不同于静电力的力，能够不断地在电容器内部将正电荷从负极板“运送”到正极板，以补充两极板上减少的电荷，如图 7-2 所示，这样才能使两极板保持恒定的电势差，从而在导线中维持恒定的电流。而这时的电容器也就成了电源，即能提供这种非静电力的装置称为电源。电池（如干电池、蓄电池等）就是一种电源。电池中的非静电力起源于化学作用，所以**电源是一种能够不断地把其他形式的能量转化为电能的装置**。

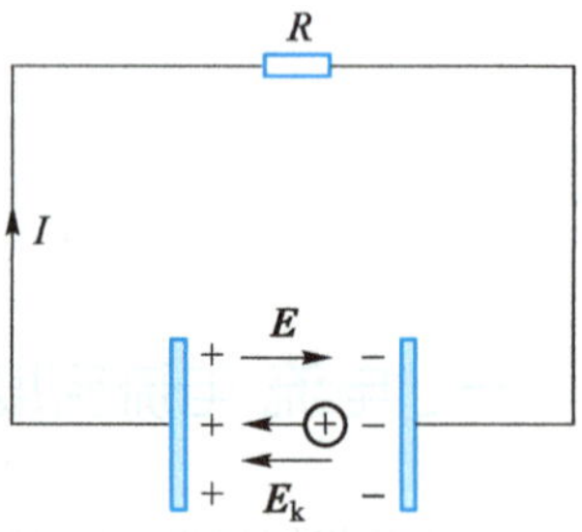

图 7-2 电源

一般电源都有正、负两个极。正电荷由正极流出，经过外电路流入负极，然后在电源的非静电力作用下，从负

极经过电源内部流到正极。电源内部的电路称为**内电路**。内电路与外电路连接而形成闭合电路。在电源的作用下，电荷在闭合电路中持续不断地流动，形成恒定电流。

仿照静电场的电场强度的定义，用 $\boldsymbol{F}_k$ 表示电荷 q_0 在电源内部所受的非静电力，用 $\boldsymbol{E}_k$ 表示单位正电荷在电源中所受的非静电力（即非静电场），那么

$$\boldsymbol{E}_k = \frac{\boldsymbol{F}_k}{q_0}$$

在电源的外部，$\boldsymbol{F}_k$ 和 $\boldsymbol{E}_k$ 都为零。所以，当电荷 q_0 在含有电源的闭合电路中环绕一周时，电源所做的功（即非静电力所做的功）可写作

$$W = \oint \boldsymbol{F}_k \cdot \mathrm{d}\boldsymbol{l} = \oint q_0 \boldsymbol{E}_k \cdot \mathrm{d}\boldsymbol{l}$$

我们把**单位正电荷绕闭合电路一周，电源所做的功称为电源电动势**，用 ε 表示，即

$$\varepsilon = \frac{W}{q_0} = \oint \boldsymbol{E}_k \cdot \mathrm{d}\boldsymbol{l} \qquad (7-3)$$

电动势反映了电源中非静电力做功的本领，是表征电源本身性能的物理量。电动势是标量，单位与电势相同，在国际单位制中是伏，符号为 V。为方便起见，我们规定自负极经过电源内部到正极的方向为电动势的方向。沿电动势的方向，非静电力将提高正电荷的电势能。

第二节 磁场 磁感应强度

一、基本磁现象

我国是世界上最早认识磁性和应用磁性的国家，早在战国时期（公元前 300 年），就已发现磁石吸铁的现象。11 世纪（北宋）时，我国科学家沈括发明了航海用的指南针，并发现了地磁偏角。地磁的 N 极在地理南极附近，地磁 S 极在地理北极附近。

天然磁铁和人造磁铁都称为永磁铁。永磁铁不存在单一的磁极。磁铁的两个磁极不可能分割成独立存在的 N 极和 S 极。但我们知道，有独立存在的正电荷或负电荷，这是磁极和电荷的基本区别之一。

历史上很长一段时期，人们对磁现象和电现象的研究都是彼此独立进行的。1820 年，丹麦物理学家奥斯特发现，放在通有电流的导线周围的磁针，会受到力的作用而发生偏转，如图 7-3 所示。其转动方向与导线中电流的方向有关。这就是著名的奥斯特实验，它第一次指出了磁现象与电现象之间的联系。

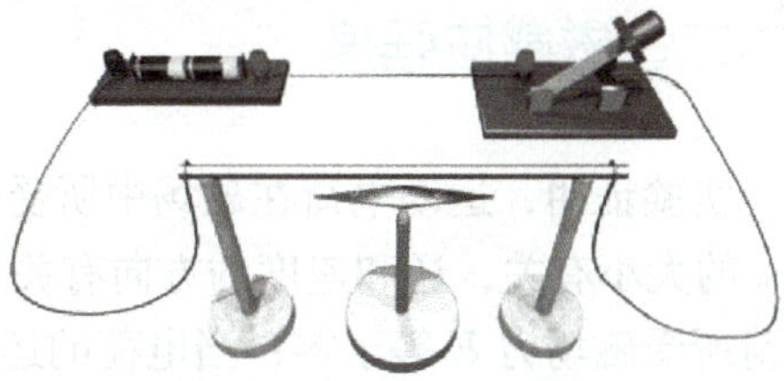

图 7-3 奥斯特实验

同年，法国科学家安培发现，放在磁铁附近的载流导线及载流线圈，也会受到力的作用而发生运动，如图 7-4 所示。

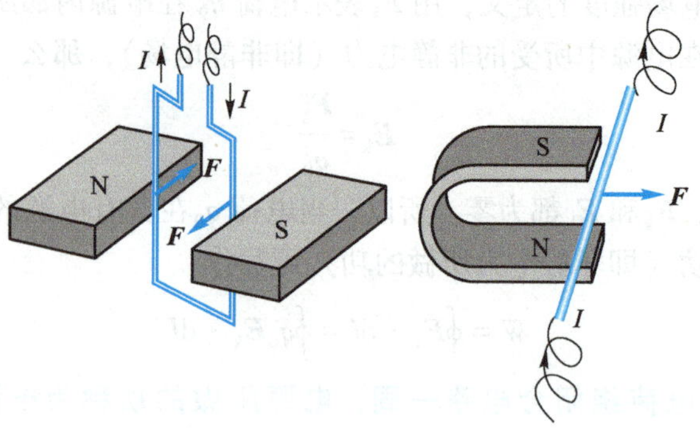

图 7-4 磁场对电流的作用

实验还发现，载流导线之间或载流线圈之间也有相互作用力。例如，平行悬挂的两个线圈，当两线圈中的电流的流向相同时，两线圈相互吸引；当两线圈中的电流的流向相反时，两线圈相互排斥。电子射线束在磁场中路径发生偏转的实验，进一步说明了通过磁场区域时运动电荷要受到力的作用，如图 7-5 所示。

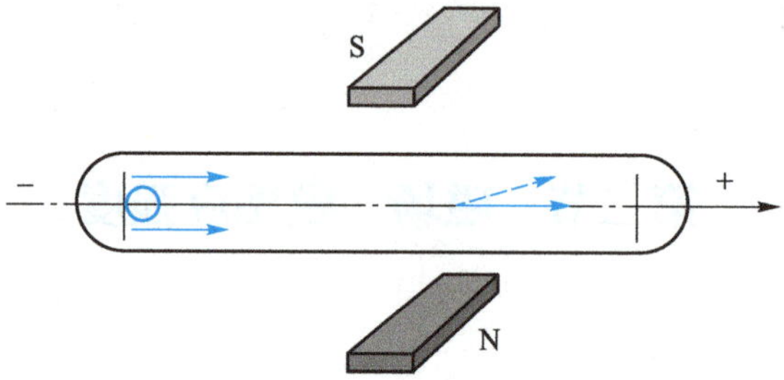

图 7-5 电子射线束在磁场中改变方向

上述各种实验现象，启发人们去探寻磁现象的本质。1822 年，安培提出了有关物质磁性本质的假设，他认为一切磁现象的根源是电流。任何物质的分子中都存在圆电流，称为**分子电流**。分子电流相当于一个基元磁体。当各分子电流无规则地排列时，它们对外界产生的磁效应互相抵消，此物体不显示磁性。在外磁场的作用下，与分子电流相当的基元磁体将趋于沿外磁场方向，从而使整个物体对外显示磁性。根据安培的分子电流假设，也很容易说明两种磁极不能单独存在的原因：基元磁体的两个磁极对应于分子电流的正反两个面，这两个面显然是无法单独存在的。

二、磁感应强度

实验证明，运动电荷在磁场中所受到的磁场力 $\boldsymbol{F}$ 的大小，和它所带的电荷量 q、速度 v 的大小有关，还和速度的方向有关。当电荷的运动方向与磁场方向相同或相反时，电荷所受磁场力 $\boldsymbol{F}$ 等于零；当电荷的运动方向与磁场方向垂直时，所受的磁场力最大，即 $\boldsymbol{F}=\boldsymbol{F}_{max}$。并且，$\boldsymbol{F}_{max}$ 的大小与运动电荷的电荷量 q 和其速率 v 的乘积成正比，$\boldsymbol{F}_{max}$ 的方向垂直于由磁场方向和电荷运动方向组成的平面。

由上可知，对磁场中某一点而言，其比值$\frac{F_{max}}{qv}$具有确定的值，该值只取决于磁场不同点的性质。对于磁场中的某确定点 P，此比值可用来描述该点磁场的性质。所以，我们定义磁感应强度 $\boldsymbol{B}$ 的大小为

$$B=\frac{F_{max}}{qv} \tag{7-4}$$

磁感应强度 $\boldsymbol{B}$ 的方向为磁针在该点时 N 极的指向。当运动电荷的速度方向和磁场方向成某一夹角 θ 时，决定 $\boldsymbol{F}$ 大小的只是 $\boldsymbol{v}$ 在垂直于磁场方向的速度分量 $v_{\perp}=v\sin\theta$，即

$$F=qv_{\perp}B=qvB\sin\theta \tag{7-5a}$$

式（7-5a）也可写成矢积的形式：

$$\boldsymbol{F}=q(\boldsymbol{v}\times\boldsymbol{B}) \tag{7-5b}$$

式（7-5b）为**洛伦兹力**的表达式。

由此，磁场中某点磁感应强度 $\boldsymbol{B}$ 的大小可由式（7-4）决定，方向为小磁针 N 极指向，**正电荷**所受洛伦兹力 $\boldsymbol{F}$ 的方向与矢积 $\boldsymbol{v}\times\boldsymbol{B}$ 的方向相同；**负电荷**所受洛伦兹力 $\boldsymbol{F}$ 的方向与矢积 $\boldsymbol{v}\times\boldsymbol{B}$ 的方向相反，$\boldsymbol{B}$ 和 $\boldsymbol{v}$、$\boldsymbol{F}$ 之间的方向关系符合右手螺旋定则，如图 7-6 所示。

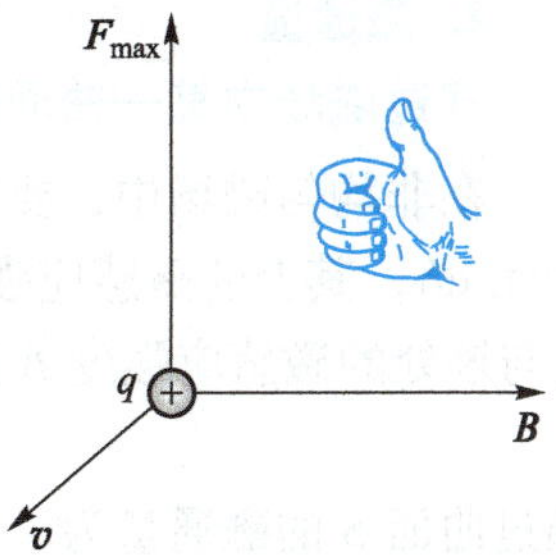

图 7-6 洛伦兹力方向的确定

磁感应强度 $\boldsymbol{B}$ 的大小和方向因不同的点而异，一般是坐标和时间的函数。本章中讨论 $\boldsymbol{B}$ 不随时间变化的恒定磁场。如果恒定磁场中各点的磁感应强度 $\boldsymbol{B}$ 有相同的大小和方向，那么，该区域内的磁场就称为**均匀磁场**。磁感应强度 $\boldsymbol{B}$ 的单位根据 $\boldsymbol{F}$、q 和$\boldsymbol{v}$ 的单位而定。在国际单位制中，磁感应强度 $\boldsymbol{B}$ 的单位为特斯拉，简称特，符号为 T，即

$$1\ \mathrm{T}=\frac{1\ \mathrm{N}}{1\ \mathrm{C}\times1\ \mathrm{m}\cdot\mathrm{s}^{-1}}$$

三、磁通量 磁场中的高斯定理

1. 磁感线

类似于用电场线形象地描述静电场，我们也可以用磁感线来形象地描述磁场。在磁场中作一系列曲线，**使曲线上每一点的切线方向都和该点的磁场方向一致**。同时，为了用磁感线的疏密来表示所在空间各点磁场的强弱，还规定：**通过磁场中某点且垂直于 $\boldsymbol{B}$ 的单位面积的磁感线条数，等于该点 $\boldsymbol{B}$ 的数值**。这样，磁场较强的地方，磁感线较密；反之，磁感线较疏。

同电场线一样，磁感线也可以通过实验方法模拟出来。几种不同形状的电流所产生的磁场的磁感线分布如图 7-7 所示。从磁感线的图示中可以得出磁感线的性质如下：

（1）**磁场中每一条磁感线都是环绕电流的闭合曲线，而且每条闭合磁感线都与闭合电路互相套合。**

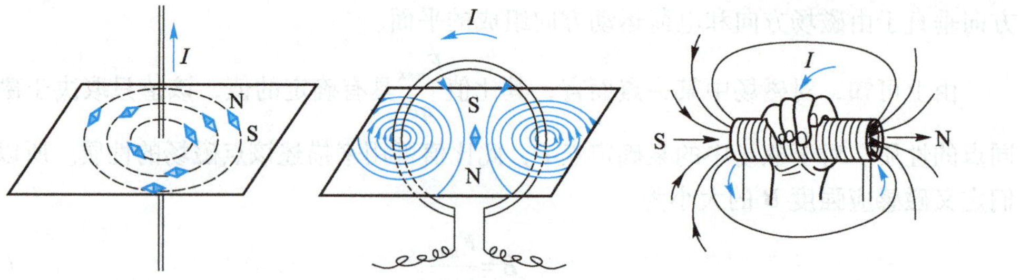

(a) 直电流的磁感线 (b) 圆电流的磁感线 (c) 螺线管电流的磁感线

图 7-7 几种电流周围磁场的磁感线

(2) **任何两条磁感线在空间都不相交，这是因为磁场中任一点的磁场方向都是唯一确定的。**

(3) **磁感线的环绕方向与电流方向之间的关系可以用右手螺旋定则表示。**若拇指指向电流方向，则四指方向即为磁感线方向，如图 7-7（a）所示；若四指方向为电流方向，则拇指方向为磁感线方向，如图 7-7（b）和图 7-7（c）所示。

2. 磁通量

穿过磁场中某一曲面的磁感线总数，称为穿过该曲面的磁通量，用符号 Φ_m 表示。

在非均匀磁场中，要通过积分计算穿过任一曲面 S 的磁通量，可在曲面 S 上取一面元 $\mathrm{d}\boldsymbol{S}$，其上的磁感应强度可视为均匀的。面元 $\mathrm{d}\boldsymbol{S}$ 可视为平面，若其法向单位矢量 $\boldsymbol{e}_n$ 与该处的磁感应强度 $\boldsymbol{B}$ 成角 θ，则通过 $\mathrm{d}\boldsymbol{S}$ 的磁通量为

$$\mathrm{d}\Phi_m = B\cos\theta \mathrm{d}S = \boldsymbol{B} \cdot \mathrm{d}\boldsymbol{S}$$

通过曲面 S 的磁通量为

$$\Phi_m = \int_S \boldsymbol{B} \cdot \mathrm{d}\boldsymbol{S} \tag{7-6}$$

国际单位制中，磁通量的单位为韦伯，符号为 Wb，$1\ \mathrm{Wb} = 1\ \mathrm{T} \cdot \mathrm{m}^2$。

3. 磁场中的高斯定理

对于闭合曲面，我们规定其正法向单位矢量 $\boldsymbol{e}_n$ 的正方向垂直于曲面向外。因此，当磁感线从曲面内穿出时，$0<\theta<\frac{\pi}{2}$，$\cos\theta>0$，磁通量为正；而当磁感线从曲面外穿入时，$\frac{\pi}{2}<\theta<\pi$，$\cos\theta<0$，磁通量为负。由于磁感线是闭合的，所以对任一闭合曲面来说，有多少条磁感线进入闭合曲面，就一定有多少条磁感线穿出闭合曲面，也就是说，**通过任意闭合曲面的磁通量必等于零**，即

$$\oint_S B\cos\theta \mathrm{d}S = 0$$

或

$$\oint_S \boldsymbol{B} \cdot \mathrm{d}\boldsymbol{S} = 0 \tag{7-7}$$

上述结论即为**磁场的高斯定理**，它是描述磁场性质的重要定理之一。虽然式（7-7）和静电场的高斯定理在形式上相似，但两者有着本质的区别。通过任意闭合曲面的电场强度通量可以不为零，而通过任意闭合曲面的磁通量必为零。

第三节 毕奥–萨伐尔定律

在恒定磁场中，任意一点的磁感应强度 $\boldsymbol{B}$ 仅是空间坐标的函数，而与时间无关。

一、毕奥–萨伐尔定律

在静电场中，计算任意带电体在某点的电场强度 $\boldsymbol{E}$ 时，我们曾把带电体先分成无限多个电荷元 $\mathrm{d}q$，求出每个电荷元在该点的电场强度 $\mathrm{d}\boldsymbol{E}$，而所有电荷元在该点的 $\mathrm{d}\boldsymbol{E}$ 的叠加，即为此带电体在该点的电场强度 $\boldsymbol{E}$。对于载流导线，可以仿照此思路，把流过某一线元矢量 $\mathrm{d}\boldsymbol{l}$ 的电流 I 与 $\mathrm{d}\boldsymbol{l}$ 的乘积称为电流元，把电流元中电流的流向作为线元矢量的方向。一载流导线可以看成是由许多个电流元 $I\mathrm{d}\boldsymbol{l}$ 连接而成的。这样，载流导线在磁场中某点所激发的磁感应强度 $\boldsymbol{B}$，就是导线的所有电流元在该点 $\mathrm{d}\boldsymbol{B}$ 的叠加。那么，电流元 $I\mathrm{d}\boldsymbol{l}$ 与它所激发的磁感应强度 $\mathrm{d}\boldsymbol{B}$ 之间的关系如何呢？

如图 7–8 所示，载流导线上有一电流元 $I\mathrm{d}\boldsymbol{l}$，在真空中点 P 处的磁感应强度 $\mathrm{d}\boldsymbol{B}$ 的大小，与电流元的大小 $I\mathrm{d}l$ 成正比，与电流元 $I\mathrm{d}\boldsymbol{l}$ 和电流元到点 P 的矢量 $\boldsymbol{r}$ 间的夹角 θ 的正弦成正比，并与电流元到点 P 的距离 r 的二次方成反比，即

$$\mathrm{d}B=\frac{\mu_0}{4\pi}\frac{I\mathrm{d}l\sin\theta}{r^2} \tag{7-8a}$$

式中的 μ_0 称为真空磁导率，其值为 $\mu_0=4\pi\times10^{-7}\ \mathrm{N\cdot A^{-2}}$。而 $\mathrm{d}\boldsymbol{B}$ 的方向垂直于 $\mathrm{d}\boldsymbol{l}$ 和 $\boldsymbol{r}$ 所成的平面，并沿矢积 $\mathrm{d}\boldsymbol{l}\times\boldsymbol{r}$ 的方向，即由 $I\mathrm{d}\boldsymbol{l}$ 经小于 180°的角转向 $\boldsymbol{r}$ 时的右手螺旋前进方向。

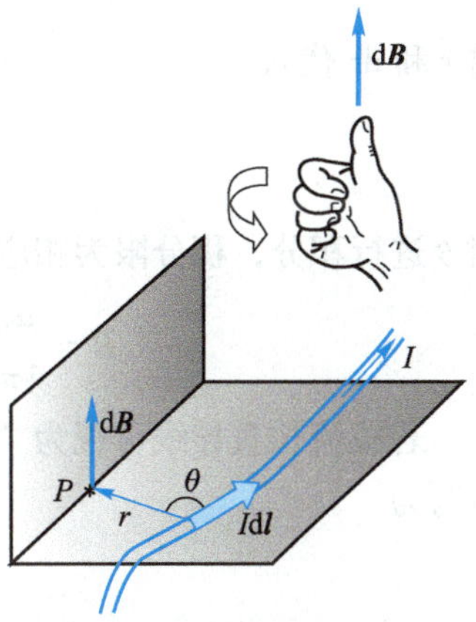

图 7–8 电流元的磁感应强度

式（7–8a）用矢量式表示为

$$\mathrm{d}\boldsymbol{B}=\frac{\mu_0}{4\pi}\frac{I\mathrm{d}\boldsymbol{l}\times\boldsymbol{e}_r}{r^2} \tag{7-8b}$$

式中，$\boldsymbol{e}_r$ 为沿矢量 $\boldsymbol{r}$ 的单位矢量。式（7–8b）就是毕奥–萨伐尔定律。由于 $\boldsymbol{e}_r=\boldsymbol{r}/r$，故毕奥–萨伐尔定律也可写作

$$\mathrm{d}\boldsymbol{B}=\frac{\mu_0}{4\pi}\frac{I\mathrm{d}\boldsymbol{l}\times\boldsymbol{r}}{r^3} \tag{7-8c}$$

这样，任意载流导线在点 P 处的磁感应强度 $\boldsymbol{B}$ 可以由式（7–8b）求得：

$$\boldsymbol{B}=\int\mathrm{d}\boldsymbol{B}=\int\frac{\mu_0}{4\pi}\frac{I\mathrm{d}\boldsymbol{l}\times\boldsymbol{e}_r}{r^2} \tag{7-9}$$

如果各个电流元在同一点产生的磁感应强度 $\mathrm{d}\boldsymbol{B}$ 的方向不同，可以先选取一个坐标系，并将 $\mathrm{d}\boldsymbol{B}$ 在各坐标轴方向的分量分别积分，然后再求合矢量 $\boldsymbol{B}$ 的大小。

二、毕奥-萨伐尔定律的应用举例

［例 7-1］真空中长直载流导线的磁场。如图 7-9 所示为一通有电流 I 的直导线 CD，求与导线距离为 r_0的点 P 的磁感应强度 $\boldsymbol{B}$。

解 我们在导线上与点 O 距离为 z 处取一电流元 $I\mathrm{d}z$，它在点 P 产生的磁感应强度 $\mathrm{d}\boldsymbol{B}$ 的大小为

$$\mathrm{d}B=\frac{\mu_0}{4\pi}\frac{I\mathrm{d}z\sin\theta}{r^2}$$

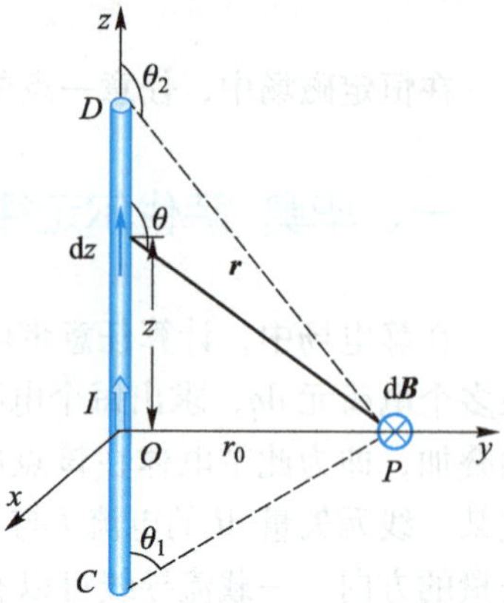

图 7-9 长直载流导线的磁场

按右手螺旋定则，各电流元产生的磁感应强度 $\mathrm{d}\boldsymbol{B}$ 有相同的方向。在图 7-9 中，如果 $I\mathrm{d}z$ 和 $\boldsymbol{r}$ 在纸面内，则点 P 磁感应强度 $\mathrm{d}\boldsymbol{B}$ 的方向垂直于纸面向里，图中用"×"表示。积分时，将 $\mathrm{d}z$ 和 r 都用同一变量 θ 表示。

设 r_0为点 P 到长直导线的垂直距离，则

$$z=-r_0\cot\theta,\quad r=r_0/\sin\theta$$

对 $z=-r_0\cot\theta$ 两侧取微分得

$$\mathrm{d}z=r_0\mathrm{d}\theta/\sin^2\theta$$

将 r 和 $\mathrm{d}z$ 代入

$$B=\int\mathrm{d}B=\int\frac{\mu_0}{4\pi}\frac{I\mathrm{d}z\sin\theta}{r^2}$$

对 θ 进行积分，积分限为相应于电流流入端 C 的 θ_1到相应于电流流出端 D 的 θ_2，则得

$$B=\frac{\mu_0 I}{4\pi r_0}\int_{\theta_1}^{\theta_2}\sin\theta\mathrm{d}\theta=\frac{\mu_0 I}{4\pi r_0}(\cos\theta_1-\cos\theta_2)\tag{1}$$

若载流长直导线可视为"无限长"直导线，则可近似取 $\theta_1=0$，$\theta_2=\pi$。这样上式就可写为

$$B=\frac{\mu_0 I}{2\pi r_0}\tag{2}$$

这就是"无限长"载流直导线附近的磁感强度，它表明，其磁感应强度与电流 I 成正比，与场点到导线的垂直距离成反比。

［例 7-2］圆电流轴线上一点的磁场。在真空中，通有电流 I、半径为 R 的单匝圆线圈，如图 7-10 所示。求此圆电流轴线上某点 P（与圆心 O 距离为 x）的磁感应强度 $\boldsymbol{B}$。

解 以 Ox 轴正向为正方向，圆心 O 为原点，在圆电流上取任意一电流元 $I\mathrm{d}\boldsymbol{l}$，由于 $I\mathrm{d}\boldsymbol{l}$ 与点 P 相对于电流元的位矢 $\boldsymbol{r}$ 相垂直，即 $\theta=\dfrac{\pi}{2}$，$\sin\theta=1$。因此，所取电流元在点 P 产生的磁感应强度 $\mathrm{d}\boldsymbol{B}$ 的大小为

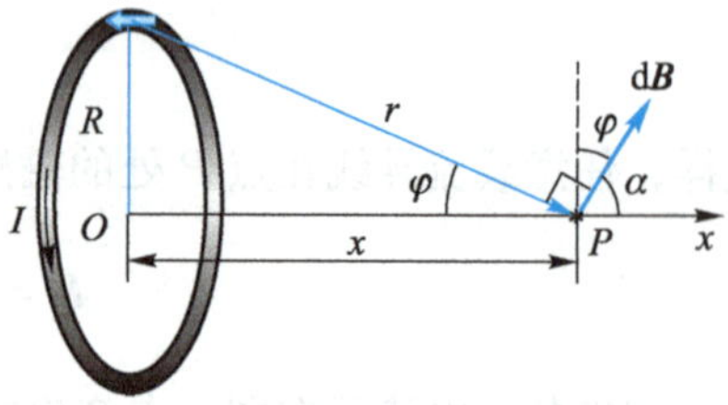

图 7-10 圆电流轴线上的磁场

$$dB=\frac{\mu_0}{4\pi}\frac{Idl}{r^2}$$

d**B** 的方向垂直于 $Id\boldsymbol{l}$ 和 $\boldsymbol{r}$ 所组成的平面。由于圆电流上各电流元在点 P 产生的磁感应强度的方向各不相同，故将 d**B** 分解为沿圆电流轴线的 Ox 轴方向的分量 $dB_x=dB\cos\alpha$，以及垂直于 Ox 轴的分量 $dB_y=dB\sin\alpha$，其中 α 是电流元到点 P 的连线与圆电流轴线之间的夹角，且由图 7-10 可知

$$\cos\alpha=\sin\varphi=\frac{R}{r}=\frac{R}{(R^2+x^2)^{\frac{1}{2}}}$$

由于对称性，在圆电流任意一直径两端取相等的电流元，则这两个电流元在点 P 产生的磁感应强度的垂直分量 dB_y 相互抵消。所以，此圆电流在点 P 的磁感应强度 **B** 的大小等于所有 dB_x 的代数和，即

$$B=\int dB_x=\frac{\mu_0 IR}{4\pi r^3}\int_0^{2\pi R}dl$$

$$B=\frac{\mu_0 IR^2}{2(x^2+R^2)^{\frac{3}{2}}} \tag{1}$$

方向沿 Ox 轴。

在式（1）中，令 $x=0$，得到圆电流中心点 O 的磁感应强度大小为

$$B=\frac{\mu_0 I}{2R} \tag{2}$$

第四节 安培环路定理

一、安培环路定理

静电场的环路定理指出：电场线是有头有尾的，电场强度 **E** 沿任意闭合路径的积分等于零，即 $\oint \boldsymbol{E}\cdot d\boldsymbol{l}=0$，这是静电场的一个重要特征。那么，磁场中的磁感应强度 **B** 沿任意闭合路径的积分 $\oint \boldsymbol{B}\cdot d\boldsymbol{l}$ 等于什么呢？

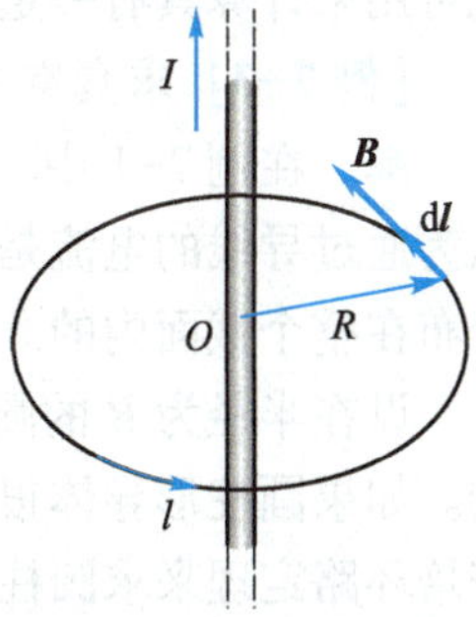

图 7-11 无限长载流直导线 **B** 的环流

下面先研究真空中一无限长载流直导线的磁场。如图 7-11 所示，取一与载流直导线垂直的平面，并以这个平面与导线的交点 O 为圆心，作一半径为 R 的圆。

由例 7-1 可知，圆周上任意一点的磁感应强度 **B** 的大小均为 $B=\mu_0 I/(2\pi r_0)$。若选定圆周的绕向为逆时针方向，则圆周上每一点 **B** 的方向与线元 d**l** 的方向相同，即 **B** 与 d**l** 之间的

夹角 $\theta=0°$。这样，$\boldsymbol{B}$ 沿着上述圆周的积分为

$$\oint \boldsymbol{B}\cdot \mathrm{d}\boldsymbol{l}=\oint \frac{\mu_0 I}{2\pi R}\mathrm{d}l$$

上式右端的积分值为圆周的周长 $2\pi R$，所以

$$\oint \boldsymbol{B}\cdot \mathrm{d}\boldsymbol{l}=\mu_0 I \tag{7-10a}$$

上式表明，在恒定磁场中，磁感应强度 $\boldsymbol{B}$ 沿闭合路径的线积分，等于此闭合路径所包围的电流与真空磁导率的乘积。$\boldsymbol{B}$ 沿闭合路径的线积分又称为 $\boldsymbol{B}$ 的环流。应当指出，在式（7-10a）中，积分回路 l 的绕行方向与电流的流向成右手螺旋关系。若回路绕行方向不变，电流反向，则

$$\oint \boldsymbol{B}\cdot \mathrm{d}\boldsymbol{l}=\mu_0(-I)$$

对逆时针绕行的回路 l 而言，电流此时为负。

如果 $\boldsymbol{B}$ 的环流沿任意闭合路径，而且其中不止一个电流，可以证明：**在真空的恒定磁场中，磁感应强度 $\boldsymbol{B}$ 沿任一闭合路径的积分（即 $\boldsymbol{B}$ 的环流）的值，等于 μ_0 乘以该闭合路径所包围的各个电流的代数和**，即

$$\oint \boldsymbol{B}\cdot \mathrm{d}\boldsymbol{l}=\mu_0\sum_{i=1}^{n} I_i \tag{7-10b}$$

与电场强度 $\boldsymbol{E}$ 的环流不一样，磁感应强度 $\boldsymbol{B}$ 的环流一般不等于零，而与积分路径包围的电流有关。这一点说明，磁场力不是保守力，磁场不是有势场。对于磁场，不能引入标量势的概念，磁场是**涡旋场**。

应当指出，式（7-10b）的右边是闭合回路 l 所包围的电流的代数和，而左边的 $\boldsymbol{B}$ 则是所有电流产生的磁场的矢量和，也包括不被闭合回路所包围的电流所产生磁场，只是闭合回路内的电流的磁场沿闭合回路的积分不为零，而闭合回路外的电流的磁场沿闭合回路的积分为零。

二、安培环路定理的应用举例

正如高斯定理可用来计算具有一定对称性的电荷分布的电场一样，安培环路定理也可用来计算具有一定对称性分布的电流的磁场，下面举例说明。

[例 7-3] 求真空中载流无限长直圆柱体内外的磁场。

解　在例 7-1 中，我们用毕奥-萨伐尔定律计算了无限长载流直导线的磁场，当时认为通过导线的电流是线电流，而实际上，导线都有一定的半径，流过导线的电流是分布在整个截面内的。

设在半径为 R 的圆柱形导体中，电流沿轴向流动，且电流在截面上的分布是均匀的。如果圆柱形导体很长，那么在导体的中部，磁场的分布可视为对称的。下面先用安培环路定理来求圆柱体外的磁感应强度。

如图 7-12（a）所示，设点 P 与圆柱体轴线的垂直距离为 r，且 $r>R$。通过点 P 作半径为 r 的圆，圆面与圆柱体的轴线垂直。由于对称性，在以 r 为半径的圆周上，$\boldsymbol{B}$ 的

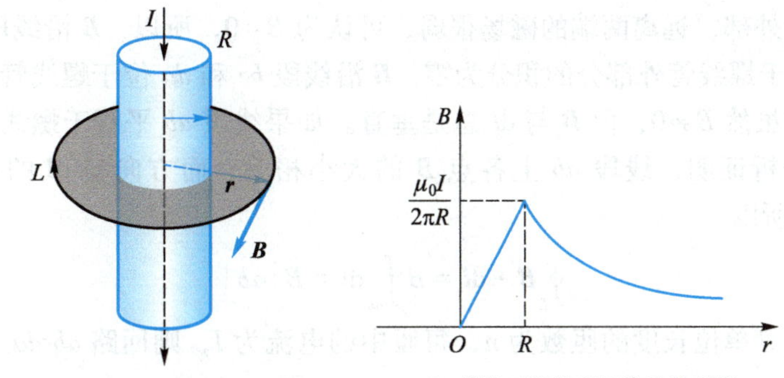

(a) 载流无限长直圆柱体的磁场 (b) 载流无限长直圆柱体的磁场

图 7-12

值相等，方向都沿圆的切线，故 $\boldsymbol{B}\cdot\mathrm{d}\boldsymbol{l}=B\mathrm{d}l$。于是根据安培环路定理有

$$\oint \boldsymbol{B}\cdot\mathrm{d}\boldsymbol{l}=\oint B\mathrm{d}l=B\cdot 2\pi r=\mu_0 I$$

得

$$B=\frac{\mu_0 I}{2\pi r}\quad (r>R)$$

把上式与无限长载流直导线的磁场相比较可以看出，无限长载流圆柱体外的磁感应强度与无限长载流直导线的磁感应强度是相同的。

现在我们来计算圆柱体内与轴线垂直距离为 r 处（$r<R$）的磁感应强度。如图 7-12（a）所示，作半径为 r 的圆，圆面与圆柱体的轴线垂直。由于磁场的对称性，圆周上各点 $\boldsymbol{B}$ 的值相等，方向均与圆周相切。故根据安培环路定理

$$\oint \boldsymbol{B}\cdot\mathrm{d}\boldsymbol{l}=\oint B\mathrm{d}l=B\cdot 2\pi r=\mu_0\sum_i I_i$$

式中 $\sum_i I_i$ 是以 r 为半径的圆所包围的电流。如果在圆柱体内电流密度是均匀的，即 $j=I/(\pi R^2)$，那么，通过截面积 πr^2 的电流 $\sum_i I_i=j\pi r^2=Ir^2/R^2$。于是上式可写为

$$\oint \boldsymbol{B}\cdot\mathrm{d}\boldsymbol{l}=\oint B\mathrm{d}l=B\cdot 2\pi r=\mu_0\frac{Ir^2}{R^2}$$

得

$$B=\frac{\mu_0 Ir}{2\pi R^2}\quad (r<R)$$

由上述结果可得图 7-12（b）。

［例 7-4］求真空中长直密绕螺线管内的磁场。

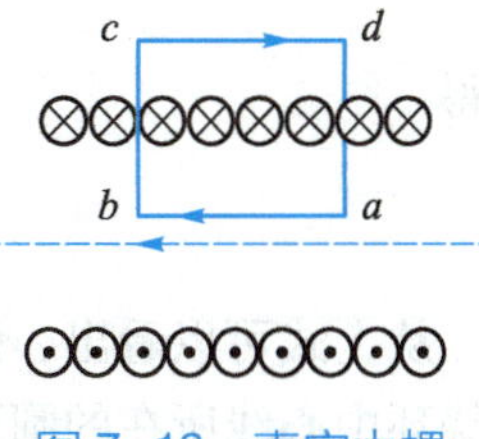

图 7-13 真空中螺线管的磁场

解 作螺线管的截面图，为了求出螺线管内部中部任一点 P 的磁感应强度 $\boldsymbol{B}$ 的大小，考虑到电流分布的柱对称性，可通过点 P 作矩形闭合回路 $abcda$，如图 7-13 所示，则 $\boldsymbol{B}$ 沿此闭合回路的积分为

$$\oint_L \boldsymbol{B}\cdot\mathrm{d}\boldsymbol{l}=\int_{ab}\boldsymbol{B}\cdot\mathrm{d}\boldsymbol{l}+\int_{bc}\boldsymbol{B}\cdot\mathrm{d}\boldsymbol{l}+\int_{cd}\boldsymbol{B}\cdot\mathrm{d}\boldsymbol{l}+\int_{da}\boldsymbol{B}\cdot\mathrm{d}\boldsymbol{l}$$

在螺线管外部，远离两端的磁场很弱，可认为 $B=0$，所以，$\boldsymbol{B}$ 沿线段 cd 以及沿线段 bc 和 da 位于螺线管外部分的积分为零，$\boldsymbol{B}$ 沿线段 bc 和 da 位于螺线管内部分的积分也为零，因为虽然 $B\neq0$，但 $\boldsymbol{B}$ 与 $\mathrm{d}\boldsymbol{l}$ 总是垂直。如果线段 ab 平行于螺线管轴线，可以利用对称性分析证明，线段 ab 上各点 $\boldsymbol{B}$ 的大小相等，而方向与 $\mathrm{d}\boldsymbol{l}$ 的方向相同，即 $\boldsymbol{B}\cdot\mathrm{d}\boldsymbol{l}=B\mathrm{d}l$，所以

$$\oint_L \boldsymbol{B}\cdot\mathrm{d}\boldsymbol{l}=B\int_{ab}\mathrm{d}l=B|ab|$$

如果螺线管单位长度的匝数为 n，每匝中的电流为 I，则回路 $abcda$ 所包围的电流代数和为

$$\sum I_i=|ab|nI$$

将以上结果代入式（7-10b），则得到螺线管内任意一点磁感应强度 $\boldsymbol{B}$ 的大小为

$$B=\mu_0 nI \tag{1}$$

由此证明了螺线管内是均匀磁场。磁感应强度的方向与螺线管轴线平行，且与电流方向成右手螺旋关系。

[例 7-5] 求真空中螺绕环内的磁场。

解　将螺旋形线圈密绕在圆环上，形成螺绕环，如图 7-14 所示。当线圈中通有电流时，螺绕环外的磁场很弱，可认为 $B=0$，磁场集中在螺绕环内。以圆环中心为圆心，在螺绕环内作一半径为 r 的圆周，如图 7-14 中的虚线所示。由于对称性，在此圆周上各点的磁感应强度 $\boldsymbol{B}$ 必定大小相等，方向与圆周相切。取所作圆周为封闭回路，则对此回路有积分

$$\oint\boldsymbol{B}\cdot\mathrm{d}\boldsymbol{l}=B\cdot2\pi r=\mu_0 NI$$

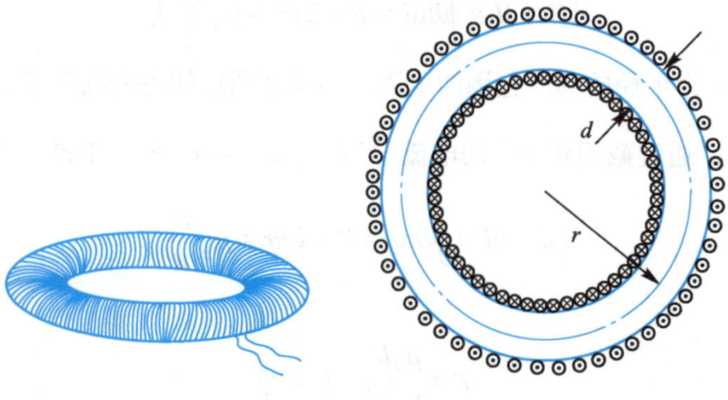

图 7-14　螺绕环的磁场

可得

$$B=\mu_0\frac{NI}{2\pi r}$$

从上式可以看出，螺绕环内的横截面上各点的磁感应强度是不同的。如果 L 表示螺绕环中心线所在的圆形闭合路径的长度，那么，螺绕环中心线上一点处的磁感应强度为

$$B=\mu_0\frac{NI}{L}=\mu_0 nI$$

式中 n 为环上线圈的匝密度。当螺绕环中心线的直径比线圈的直径大得多，即 $2r$ 远大于 d 时，管内的磁场可近似看成是均匀的，管内任意点的磁感应强度均可用上式表示。长直螺线管也可以看成 r 趋于无穷大的螺绕环，其外部 $B=0$。

第五节 磁场对载流导体的作用

由于载流导线的形状各异，所以在计算磁场对电流的作用时，需要先求磁场对一小段电流元的作用，然后由力的叠加原理计算较长载流导线所受的磁场力。

前面已经讨论了磁场对运动电荷作用的磁场力，即**洛伦兹力**。由于电流是导线中的自由电子在电场力作用下的定向运动形成的，当载流导线处于某一磁场中时，这些电子都会受到洛伦兹力的作用。所以，对处于磁场中的一段载流导线内所有作定向运动电子受到的洛伦兹力求矢量和，就可得到这段载流导线受到的作用力。如果载流导线形成一闭合回路，它还将受到磁场的力矩作用。

一、磁场对载流导线的作用 安培力

在一条通有电流 I 的导线上，“截取”一小段长为 $\mathrm{d}l$ 的直导线，讨论它在磁感应强度为 $\boldsymbol{B}$ 的磁场中所受的磁场力 $\mathrm{d}\boldsymbol{F}$，如图 7-15 所示。由于 $\mathrm{d}l$ 很短，可认为在 $\mathrm{d}l$ 范围内磁感应强度 $\boldsymbol{B}$ 的变化甚小，磁场是均匀的。导线中电子定向运动方向与电流方向相反，对于恒定电流，导线中每个定向运动电子的速度$\boldsymbol{v}_\mathrm{d}$的大小和方向都相同。于是，$\mathrm{d}l$ 段直导线中每一个电子作定向运动时受到的洛伦兹力 $\boldsymbol{F}_\mathrm{m}$的大小和方向都相同。

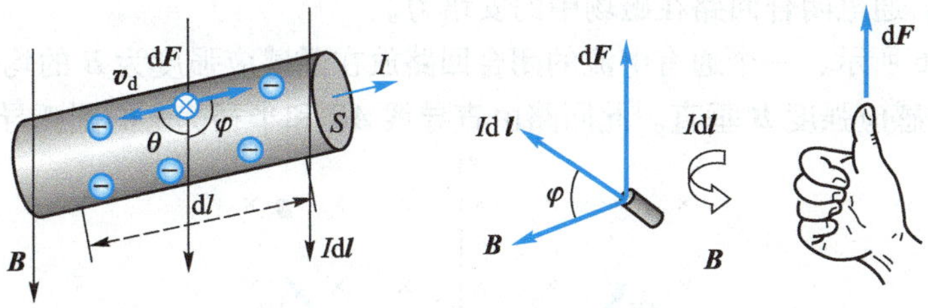

图 7-15 磁场对电场元的作用力

用 θ 表示电子运动方向与磁场 $\boldsymbol{B}$ 方向的夹角，则 $\boldsymbol{F}_\mathrm{m}$的大小为 $F_\mathrm{m}=ev_\mathrm{d}B\sin\theta$，式中，$e$ 是电子电荷量的绝对值；v_d 为电子定向运动的平均速度大小，各自由电子所受洛伦兹力 $\boldsymbol{F}_\mathrm{m}$的方向，与$\boldsymbol{v}_\mathrm{d}$和 $\boldsymbol{B}$ 均垂直，由右手螺旋定则确定。

从微观来看，各自由电子受到洛伦兹力，但从宏观来看，载流导线受到的作用力，称为**安培力**。安培力就等于各自由电子受到洛伦兹力的矢量和。设长为 $\mathrm{d}l$ 的导线截面积为 S，单位体积内自由电子浓度为 n，则长为 $\mathrm{d}l$ 的导线中作定向运动的自由

电子数为

$$dN=nSdl$$

由于每个电子受到洛伦兹力的大小和方向都相同，故 dl 段直导线受到的安培力的大小为

$$dF=F_m dN=(nev_d S)(Bdl\sin\theta)$$

考虑电流等于单位时间内通过导体截面上的电荷量，即 $I=env_d S$，故有

$$dF=IdlB\sin\theta \tag{7-11a}$$

取电流元矢量 $I\mathrm{d}\boldsymbol{l}$，它的方向与导线中电流的方向相同。电流方向和磁场方向成角度 φ，$\varphi+\theta=\pi$，$\sin\varphi=\sin\theta$，则式（7-11a）可写成

$$dF=IdlB\sin\varphi$$

上式可以写成矢积的形式

$$\mathrm{d}\boldsymbol{F}=I\mathrm{d}\boldsymbol{l}\times\boldsymbol{B} \tag{7-11b}$$

式（7-11b）称为安培公式，它给出了电流元所受安培力的大小和方向。**安培力在本质上是载流导线中定向运动电荷所受洛伦兹力的宏观表现**。

由力的叠加原理可知，有限长载流导线 l 所受安培力 $\boldsymbol{F}$，应等于导线上各电流元所受安培力 $\mathrm{d}\boldsymbol{F}$ 的矢量和，即

$$\boldsymbol{F}=\int_l \mathrm{d}\boldsymbol{F}=\int_l I\mathrm{d}\boldsymbol{l}\times\boldsymbol{B} \tag{7-12}$$

在一般问题中，各电流元所受安培力 $\mathrm{d}\boldsymbol{F}$ 的方向不同，须在选取坐标系后，对矢量的各分量分别进行积分运算。但若所有电流元受力 $\mathrm{d}\boldsymbol{F}$ 的方向相同，矢量和变为代数和，式（7-12）可写成

$$F=\int IdlB\sin\varphi \tag{7-13}$$

二、安培公式的应用举例

[例 7-6] 通电闭合回路在磁场中的安培力。

如图 7-16 所示，一个通有电流的闭合回路放在磁感应强度为 $\boldsymbol{B}$ 的均匀磁场中，回路的平面与磁感应强度 $\boldsymbol{B}$ 垂直。此回路由直导线 AB 和半径为 r 的圆弧导线 BCA 组成。

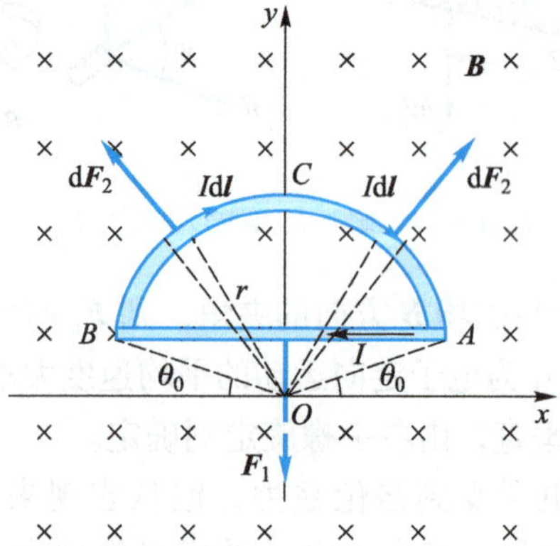

图 7-16 通电闭合回路在磁场中的安培力

若回路的电流为 I，其流向为顺时针方向，问磁场作用于整个回路的力为多少？

解 整个回路所受的力为导线 AB 和 BCA 所受力的矢量和。由式（7-13）可知，作用在直导线 AB 上的力 $\boldsymbol{F}_1$ 的大小为

$$F_1=-BI|AB|$$

$\boldsymbol{F}_1$ 的方向与 Oy 轴的正方向相反，竖直向下。

在圆弧导线 BCA 上取一线元 $\mathrm{d}\boldsymbol{l}$，由式（7-11b）可知作用在此线元上的力为 $\mathrm{d}\boldsymbol{F}_2$，为

$$\mathrm{d}\boldsymbol{F}_2=I\mathrm{d}\boldsymbol{l}\times\boldsymbol{B}$$

$\mathrm{d}\boldsymbol{F}_2$ 的方向为矢积 $I\mathrm{d}\boldsymbol{l}\times\boldsymbol{B}$ 的方向（如图 7-16 所示），$\mathrm{d}\boldsymbol{F}_2$ 的大小为

$$\mathrm{d}F_2=BI\mathrm{d}l$$

考虑到圆弧导线 BCA 上各线元所受的力均在 xy 平面内，故可将 BCA 上各线元所受的力分解成水平和竖直两个分量 $\mathrm{d}\boldsymbol{F}_{2x}$ 和 $\mathrm{d}\boldsymbol{F}_{2y}$。

由对称性可知，圆弧上所有线元沿 Ox 轴方向受力的总和为零，即

$$F_{2x}=\int\mathrm{d}F_{2x}=0$$

而沿 Oy 轴方向的所有分力均竖直向上。于是圆弧上所有线元的合力 $\boldsymbol{F}_2$ 的大小为

$$F_2=F_{2y}=\int\mathrm{d}F_{2y}=\int\mathrm{d}F_2\sin\theta=\int BI\mathrm{d}l\sin\theta$$

式中 θ 为 $\mathrm{d}\boldsymbol{F}_2$ 与 Ox 轴间的夹角。从图中可以看出 $\mathrm{d}l=r\mathrm{d}\theta$，此处 r 为圆弧的半径。于是上式可写成

$$F_2=BIr\int\sin\theta\mathrm{d}\theta$$

由图可知，在弧的一端点 B 处 $\theta=\theta_0$，此为 θ 的下限；在弧的另一端点 A 处 $\theta=\pi-\theta_0$，此为积分的上限。上式可积分为

$$F_2=BIr\int_{\theta_0}^{\pi-\theta_0}\sin\theta\mathrm{d}\theta=BIr[\cos\theta_0-\cos(\pi-\theta_0)]=BI(2r\cos\theta_0)$$

式中 $2r\cos\theta_0=|AB|$，故

$$F_2=BI|AB|$$

$\boldsymbol{F}_2$ 的方向沿 Oy 轴正向。

从上述计算结果可以看出，载流直导线 AB 与载流圆弧导线 BCA 在磁场中所受的力 $\boldsymbol{F}_1$ 和 $\boldsymbol{F}_2$，大小相等，方向相反，即 $\boldsymbol{F}_1=-\boldsymbol{F}_2$。这样，如图 7-16 所示的闭合回路所受的磁场力（即 $\boldsymbol{F}_1$ 和 $\boldsymbol{F}_2$ 之和）为零。这表明，**在均匀磁场中，当载流导线闭合回路的平面与磁感应强度垂直时，此闭合回路的整体受到的磁场力为零**（注意此时回路上每一部分都受磁场力作用，而使回路被绷紧了），上述结论不仅对如图 7-16 所示的闭合回路是正确的，而且对其他形状的闭合回路也是正确的。

三、磁场对平面载流线圈的作用

设在磁感应强度为 $\boldsymbol{B}$ 的均匀磁场中，有一刚性矩形载流线圈，线圈的边长分别为 l_1、l_2，电流大小为 I，如图 7-17 所示。

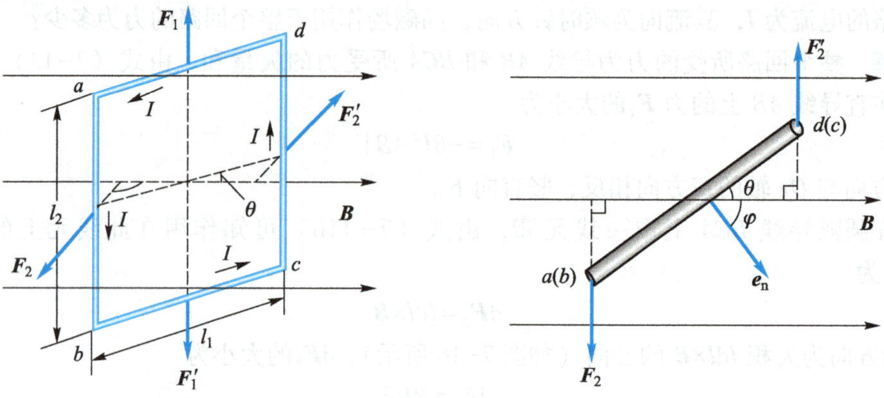

图 7-17 矩形载流线圈在均匀磁场中所受的力矩

当线圈法向与磁感应强度 $\boldsymbol{B}$ 的方向成角 $\varphi\left(\text{线圈平面与磁场的方向成角 }\theta,\ \varphi+\theta=\dfrac{\pi}{2}\right)$ 时，由安培定律，导线 bc 和 da 所受的磁场力分别为

$$F_1'=BIl_1\sin\theta$$

$$F_1=BIl_1\sin(\pi-\theta)=BIl_1\sin\theta$$

这两个力在同一直线上，大小相等而方向相反，其合力为零。而导线 ab 和 cd 都与磁场垂直，它们所受的磁场力分别为 $\boldsymbol{F}_2$ 和 $\boldsymbol{F}_2'$，其大小为

$$F_2=F_2'=BIl_2$$

如图 7-17（b）所示，$\boldsymbol{F}_2$ 和 $\boldsymbol{F}_2'$ 大小相等，方向相反，但不在同一直线上，形成一力偶。因此，载流线圈所受的磁力矩的大小为

$$M=F_2\frac{l_1}{2}\cos\theta+F_2'\frac{l_2}{2}\cos\theta=BIl_1l_2\cos\theta=BIS\cos\theta=BIS\sin\varphi$$

式中，$S=l_1l_2$，表示线圈平面的面积。如果线圈有 N 匝，那么线圈所受磁力矩的大小为

$$M=NBIS\sin\varphi=mB\sin\varphi \tag{7-14}$$

式（7-14）中，$m=NIS$ 就是线圈磁矩的大小。磁矩是矢量，用 $\boldsymbol{m}=NIS\boldsymbol{e}_{\mathrm{n}}$ 表示，所以式（7-14）写成矢量式为

$$\boldsymbol{M}=\boldsymbol{m}\times\boldsymbol{B} \tag{7-15}$$

$\boldsymbol{M}$ 的方向与 $\boldsymbol{m}\times\boldsymbol{B}$ 的方向一致。

式（7-14）和式（7-15）不仅对矩形载流线圈成立，对于在均匀磁场中任意形状的平面载流线圈也同样成立。甚至，由于带电粒子沿闭合回路的运动以及带电粒子的自旋所具有的磁矩，使带电粒子在磁场中受到的磁力矩作用，均可用式（7-15）来描述。

下面讨论几种特殊情况。

（1）当 $\varphi=\dfrac{\pi}{2}$ 时，线圈平面与 $\boldsymbol{B}$ 平行，$\boldsymbol{m}$ 与 $\boldsymbol{B}$ 垂直，线圈所受的磁力矩最大，其值为 $M=NBIS$，这时磁力矩有使 φ 减小的趋势，如图 7-18（a）所示。

（2）当 $\varphi=0$ 时，线圈平面与 $\boldsymbol{B}$ 垂直，$\boldsymbol{m}$ 与 $\boldsymbol{B}$ 同方向，线圈所受磁力矩为零，此时线圈处于稳定平衡状态，如图 7-18（b）所示。

（3）当 $\varphi=\pi$ 时，线圈平面与 $\boldsymbol{B}$ 垂直，$\boldsymbol{m}$ 与 $\boldsymbol{B}$ 反向，线圈所受磁力矩也为零，这时线圈处于非稳定平衡位置。一旦外界扰动使线圈稍稍偏离这一平衡位置，磁场对线圈的磁力矩作用就将使线圈继续偏离，直到 $\boldsymbol{m}$ 与 $\boldsymbol{B}$ 同方向（即线圈达到稳定平衡状态）为止，如图 7-18（c）所示。

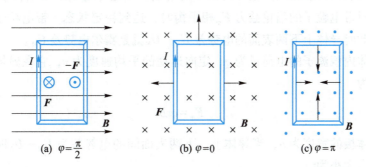

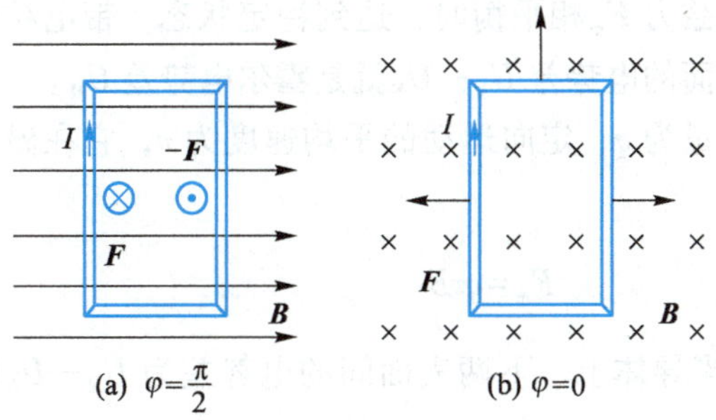

图 7-18 载流线圈的 e_n 方向与磁场方向成不同角度时的磁力矩

从上面的讨论可知，刚性平面载流线圈在均匀磁场中，由于只受磁力矩作用，因此只发生转动，而不会发生整个线圈的平动。磁场对载流线圈作用力矩的规律是制成各种电动机和电流计的基本原理。

四、霍尔效应

将一导体板放在垂直于板面的磁场中，如图 7-19（a）所示。当有电流 I 沿着垂直于磁感应强度 $\boldsymbol{B}$ 的方向通过导体时，在金属板上、下两表面 M、N 之间就会出现横向电势差 U_H。这种现象是美国物理学家霍尔在 1879 年首先发现的，称为**霍尔效应**。电势差 U_H 称为霍尔电势差（或称为霍尔电压）。实验表明，霍尔电势差 U_H 与电流 I 及磁感应强度 $\boldsymbol{B}$ 的大小成正比，与导体板的厚度 d 成反比，即

$$U_H=R_H\frac{IB}{d} \tag{7-16}$$

式中，R_H 是仅与导体材料有关的常量，称为霍尔系数。霍尔电势差的产生是运动电荷

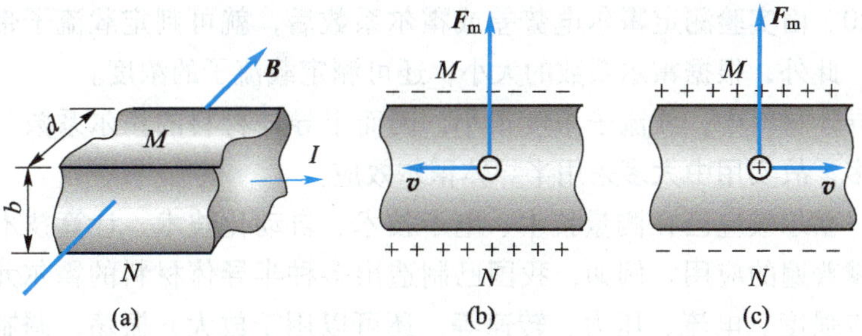

图 7-19 霍尔效应

在磁场中受洛伦兹力作用的结果。导体中的电流是载流子定向运动形成的，如果作定向运动的带电粒子是负电荷，则它所受的洛伦兹力 $\boldsymbol{F}_m$的方向如图 7-19（b）所示，结果使导体的上表面 M 聚集负电荷，下表面 N 聚集正电荷，在 M、N 两表面间产生方向向上的电场；如果作定向运动的带电粒子是正电荷，则它所受的洛伦兹力 $\boldsymbol{F}_m$的方向如图 7-19（c）所示，在这个力的作用下，导体的上表面 M 聚集正电荷，下表面 N 聚集负电荷，在 M、N 两表面间产生方向向下的电场。当这个电场对带电粒子的电场力 $\boldsymbol{F}_e$ 正好与磁场对带电粒子的洛伦兹力 $\boldsymbol{F}_m$相平衡时，达到稳定状态，带电粒子不再向上下表面偏转，此时导体上下两表面的电势差 U_M-U_N就是霍尔电势差 U_H。

设在导体内载流子的电荷量为 q，定向运动的平均速度为 v，它在磁场中所受的洛伦兹力大小为

$$F_m=qvB$$

如果导体板的宽度为 b，当导体上、下两表面间的电势差为 U_M-U_N时，带电粒子所受的电场力大小为

$$F_e=qE=q\frac{U_M-U_N}{b}$$

由平衡条件有

$$qvB=q\frac{U_M-U_N}{b}$$

则导体上、下两表面间的电势差为

$$U_H=U_M-U_N=bvB$$

设导体内载流子浓度为 n，于是 $I=nqvbd$，代入上式可得

$$U_H=\frac{1}{nq}\frac{IB}{d} \tag{7-17}$$

将上式与式（7-16）比较，得霍尔系数

$$R_H=\frac{1}{nq} \tag{7-18}$$

上式表明，霍尔系数的数值取决于每个载流子所带的电荷量 q 和载流子的浓度 n。其正负取决于载流子所带电荷的正负。若 q 为正，则 $R_H>0$，$U_M-U_N>0$；若 q 为负，则 $R_H<0$，$U_M-U_N<0$。由实验测定霍尔电势差或霍尔系数后，就可判定载流子带的是正电荷还是负电荷。此外，根据霍尔系数的大小，还可测定载流子的浓度。

但在半导体材料中，载流子浓度很小，因而半导体材料的霍尔系数与霍尔电压比金属的大得多，故实用中大多采用半导体霍尔效应。

近年来，霍尔效应已在测量技术、电子技术、自动化技术、计算技术等各个领域中得到越来越普遍的应用。例如，我国已制造出多种半导体材料的霍尔元件，可以用来测量磁感应强度、电流、压力、转速等，还可以用于放大、振荡、调制、检波等方面，也可以用于电子计算机中的计算元件等。

第六节 磁场中的磁介质

一、磁介质

在实际情形中，运动电荷或电流的周围一般都存在着各种各样的物质，这些物质与磁场会相互影响。处于磁场中的物质要被磁场磁化。**一切能够被磁化的物质称为磁介质**。另外，磁化了的磁介质也要激起附加磁场，对原磁场产生影响。

应当指出的是，磁介质对磁场的影响远比电介质对电场的影响要复杂得多。不同的磁介质在磁场中的表现是很不相同的。假设在真空中某点的磁感应强度为 $\boldsymbol{B}_0$，放入磁介质后，因磁介质被磁化而建立的附加磁感应强度为 $\boldsymbol{B}'$，那么该点的磁感应强度 $\boldsymbol{B}$ 应为这两个磁感应强度的矢量和，即

$$\boldsymbol{B}=\boldsymbol{B}_0+\boldsymbol{B}'$$

实验表明，附加磁感应强度 $\boldsymbol{B}'$ 的方向和大小随磁介质而异。有一类磁介质，$\boldsymbol{B}'$ 的方向与 $\boldsymbol{B}_0$ 的方向相同，使得 $B>B_0$，这种磁介质称为**顺磁质**，如铝、氧、锰等；还有一类磁介质，$\boldsymbol{B}'$ 的方向与 $\boldsymbol{B}_0$ 的方向相反，使得 $B<B_0$，这种磁介质称为**抗磁质**，如铜、铋、氢等。但无论是顺磁质还是抗磁质，附加磁感应强度的值 B' 都比 B_0 小得多（为几万分之一或几十万分之一），它对原来磁场的影响极为微弱。所以，顺磁质和抗磁质统称为**弱磁性物质**。实验还指出，还有一类磁介质，它的附加磁感应强度 $\boldsymbol{B}'$ 的方向虽与顺磁质一样，是和 $\boldsymbol{B}_0$ 的方向相同的，但 $\boldsymbol{B}'$ 的值却要比 $\boldsymbol{B}_0$ 的值大得多（可达 $10^2\sim10^4$ 倍），即 $B\gg B_0$，并且不是常量。这类磁介质能显著地增强磁场，称为**强磁性物质**。我们把这类磁介质称为**铁磁质**，如铁、镍、钴及其合金等。

*二、抗磁质和顺磁质的磁化

在无外磁场作用时，分子中任何一个电子，都同时参与两种运动，即环绕原子核的轨道运动和电子本身的自旋。这两种运动都能产生磁效应。把分子看成一个整体，分子中各个电子对外界所产生的磁效应的总和可用一个等效的圆电流表示，称为分子电流。这种分子电流具有的磁矩称为分子固有磁矩或分子磁矩，用 $\boldsymbol{m}$ 表示。

无外磁场时，抗磁质分子的固有磁矩 $\boldsymbol{m}=\boldsymbol{0}$，这是由于分子中各电子的轨道运动磁矩和自旋磁矩的矢量和为零，因此，不显磁性。而顺磁质的固有磁矩 $\boldsymbol{m}\neq\boldsymbol{0}$，但由于取向杂乱无章，整体上也不显磁性。当有外磁场作用时，将引起分子磁矩的变化，在分子上产生附加磁矩 $\Delta\boldsymbol{m}$。下面分析附加磁矩 $\Delta\boldsymbol{m}$ 及由此产生的附加磁场 $\boldsymbol{B}'$ 的方向。附加磁矩 $\Delta\boldsymbol{m}$ 是由电子的进动产生的。

1. 绕核轨道运动、磁矩为 $\boldsymbol{m}_e$ 的电子的进动

设电子绕核轨道运动的磁矩为 $\boldsymbol{m}_e$，因为电子带负电，所以电子绕核轨道运动的角动量 $\boldsymbol{L}_e$ 与磁矩 $\boldsymbol{m}_e$ 反方向（见图 7-20）。在外磁场作用下，电子所受的磁力矩

$$\boldsymbol{M}=\boldsymbol{m}_e\times\boldsymbol{B}_0$$

根据角动量定理，电子绕核轨道运动角动量 $\boldsymbol{L}_e$ 的改变量 $\mathrm{d}\boldsymbol{L}_e$ 与 $\boldsymbol{M}$ 同方向，即顺着 $\boldsymbol{B}_0$ 方向看去，电子绕核轨道运动的角动量 $\boldsymbol{L}_e$ 绕 $\boldsymbol{B}_0$ 以顺时针方向转动。因此，电子在绕核轨道运动的同时，还以外磁场 $\boldsymbol{B}_0$ 的方向为轴线转动。电子的这种运动就称为电子的进动，进动角速度为 Ω。而且，不论电子原来绕核轨道运动角动量的方向如何，由电子进动产生的附加磁矩 $\Delta\boldsymbol{m}_i$ 总是与外磁场 $\boldsymbol{B}_0$ 的方向相反，如图 7-20 所示。

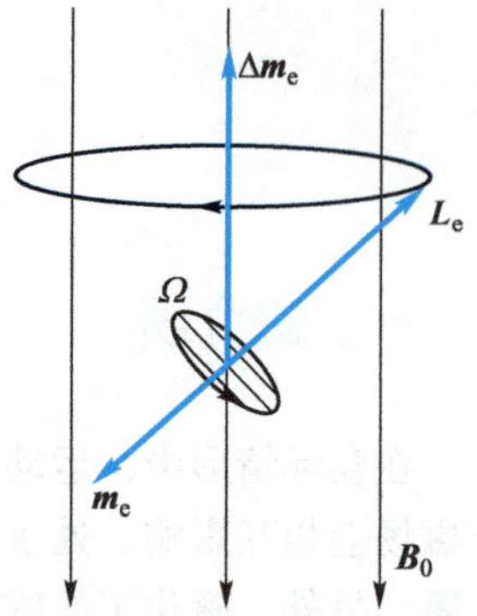

图 7-20 电子绕核轨道运动的角动量和磁矩

2. 分子的附加磁矩 $\Delta\boldsymbol{m}$

因为电子的附加磁矩 $\Delta\boldsymbol{m}_i$ 总是与 $\boldsymbol{B}_0$ 反方向，所以电子附加磁矩的总和，即分子的附加磁矩 $\Delta\boldsymbol{m}$ 总是与 $\boldsymbol{B}_0$ 反向。它将产生一个与 $\boldsymbol{B}_0$ 反方向的 $\boldsymbol{B}'$，这就是抗磁效应。在顺磁质分子中，即使没有外磁场时，各个电子的磁效应也不会抵消，故顺磁质分子的固有磁矩 $\boldsymbol{m}$ 不等于零。当存在外磁场时，外磁场在电子上也引起附加磁矩。但分子磁矩比分子中电子附加磁矩的总和大得多，使 $\Delta\boldsymbol{m}$ 可以忽略不计，这样，顺磁性物质中的分子电流由于外磁场的作用，它们的磁矩将转向外磁场方向，于是 $\sum\boldsymbol{m}_i\neq 0$，产生与外磁场同方向的附加磁场 $\boldsymbol{B}'$，故顺磁质内的磁感应强度的大小为 $B=B_0+B'$，这就是顺磁性物质磁效应的成因。

三、磁介质中的安培环路定理

一般情况下，磁介质中任意一点的磁感应强度 $\boldsymbol{B}$，等于某一电流分布所产生的磁感应强度 $\boldsymbol{B}_0$和磁介质磁化后产生的附加磁感应强度 $\boldsymbol{B}'$的矢量和，

$$\boldsymbol{B}=\boldsymbol{B}_0+\boldsymbol{B}'$$

即根据前面讨论的安培环路定理，磁感应强度 $\boldsymbol{B}$ 沿任意闭合回路 L 的环流，应等于真空磁导率 μ_0乘以回路所包围的传导电流的代数和。在有磁介质的情况下，$\sum\limits_{i=1}^{n}I_i$ 中还必须计入因磁介质磁化而出现的分子电流。用 I'表示闭合回路 L 所包围的总分子电流，则安培环路定理应写成

$$\oint_L\boldsymbol{B}\cdot\mathrm{d}\boldsymbol{l}=\mu_0\left[\left(\sum_{i=1}^{n}I_i\right)+I'\right]=\mu\sum_{i=1}^{n}I_i \tag{7-19}$$

一般说来，分子电流的分布很复杂，不能由实验测定。为使问题简化，我们希望式（7-19）中不包括分子电流。在静电场中我们已经知道，当我们定义了电位移 $\boldsymbol{D}$ 这一辅助矢量后，就可以消除高斯定理中的极化电荷。类似地，对于磁场，定义一辅助

矢量

$$H=\frac{1}{\mu}B \tag{7-20}$$

可以消除式（7-19）中的分子电流 I'，式（7-19）可写为

$$\oint_L H \cdot dl = \sum_{i=1}^{n} I_i \tag{7-21}$$

矢量 $\boldsymbol{H}$ 称为**磁场强度**。式（7-21）就是有磁介质时普遍形式的安培环路定理的表达式。**在恒定磁场中，磁场强度矢量 $\boldsymbol{H}$ 沿任一闭合路径的线积分（即 $\boldsymbol{H}$ 的环流）等于包围在环路内各传导电流的代数和，而与磁化电流无关。**从理论上可以证明该式是普遍适用的。

在国际单位制中，磁场强度的单位是安培每米，符号是 $A\cdot m^{-1}$。

当均匀磁介质充满整个磁场，且磁场分布具有某种对称性时，可用有磁介质的安培环路定理先求出磁场强度 $\boldsymbol{H}$ 的分布，再根据 $\boldsymbol{B}=\mu\boldsymbol{H}$ 得出介质中磁场的磁感应强度的分布。

第七节 铁 磁 质

铁磁质是一种性能特异、用途广泛的材料。航天、通信、自动化仪表及控制等，无不用到铁磁材料（铁、钴、镍、钢以及含铁氧化物的物质均属铁磁质）。因此，研究铁磁材料的磁化性质，不论在理论上，还是在实际应用中都有重大意义。

一、磁化曲线 磁滞回线

铁磁质的特征是在外磁场作用下能被强烈磁化，磁导率 μ 很高。另一特征是磁滞，即磁化场作用停止后，铁磁质仍保留磁化状态，图 7-21 为铁磁质磁感应强度 B 与磁化场强度 H 之间的关系曲线。

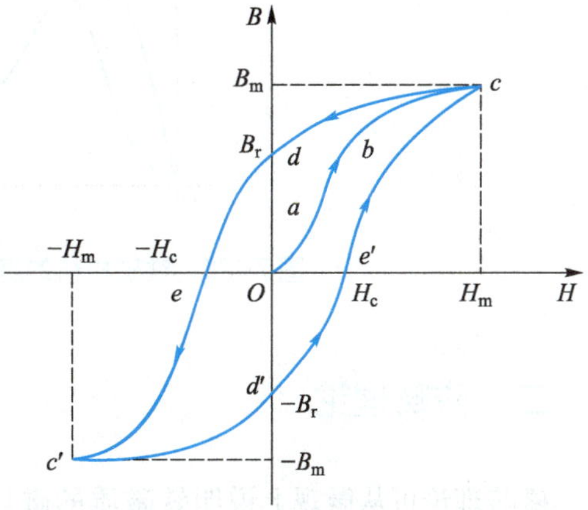

图 7-21 铁磁材料的起始磁化曲线和磁滞回线

图 7-21 中的原点 O 表示磁化之前铁磁质处于磁中性状态，即 $B=H=0$，当磁场 H 从零开始增加时，磁感应强度 B 随之缓慢上升，如曲线 Oa 段所示，B 随 H 迅速增长，如 ab 所示，其后 B 的增长又趋缓慢，并当 H 增至 H_m 时（即到点 c），B 到达饱和值 B_m，$Oabc$ 称为起始磁化曲线，图 7-21 表明，当磁场从 H_m 逐渐减小至零（即到点 d）时，磁感应强度 B 并不沿起始磁化曲线恢复到点 O，而是沿另一

条新曲线 cd 下降，比较曲线 Oc 和 cd 段可知，H 减小时，B 也相应减小，但 B 的变化滞后于 H 的变化，这现象称为磁滞，磁滞的明显特征是当 $H=0$ 时，B 不为零，而保留剩磁 B_r。

当施加反向磁场并使反向磁场从 0 逐渐变至 $-H_c$ 时（即到点 e），磁感应强度 B 消失，说明要消除剩磁，必须施加反向磁场。H_c 称为矫顽力，它的大小反映铁磁材料保持剩磁状态的能力，线段 de 称为退磁曲线。

图 7-21 表明，当继续增加反向磁场时，铁磁材料将被反向磁化，直到饱和（即到点 c'），然后减小反向磁场至 0（即到点 d'），则同样出现剩磁现象。若增加正向磁场，则铁磁材料再一次被正向磁化直到饱和（即返回点 c），因此，外加磁场的磁化强度 H 按 $H_m \to 0 \to -H_c \to -H_m \to 0 \to H_c \to H_m$ 次序变化时，相应的磁感应强度 B 则沿闭合曲线 $cdec'd'e'c$ 变化，这条闭合曲线称为铁磁材料的磁滞回线。所以，当铁磁材料处于交变磁场中时（如变压器中的铁芯），将沿磁滞回线反复被磁化→去磁→反向磁化→反向去磁。在此过程中要消耗额外的能量，这部分能量以热的形式从铁磁材料中释放，这种损耗称为磁滞损耗。可以证明，铁磁材料的磁滞损耗与其磁滞回线所围的面积成正比。

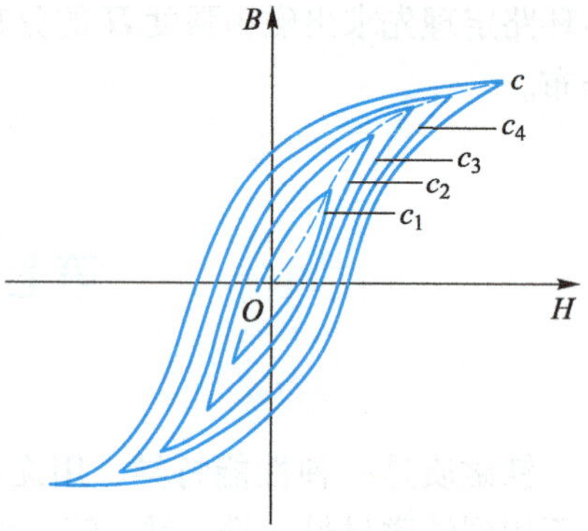

图 7-22　同一铁磁材料的一簇磁滞回线

应该说明，从初始态 $H=B=0$ 开始，当交变磁场强度由弱到强周期性改变时，铁磁材料依次被磁化，可以得到面积由小到大向外扩张的一簇磁滞回线，如图 7-22 所示，这些磁滞回线顶点 c 与原点 O 连接成的曲线 $Oc_1c_2c_3c_4c$ 称为铁磁材料的基本磁化曲线，由此可近似确定其磁导率 $\mu=B/H$，因为 B 与 H 成非线性关系，故铁磁材料的 μ 不是常量，而是随 H 而变化（如图 7-23 所示）。铁磁材料相对磁导率可高达数千乃至数万，这一特点是它用途广泛的主要原因之一。

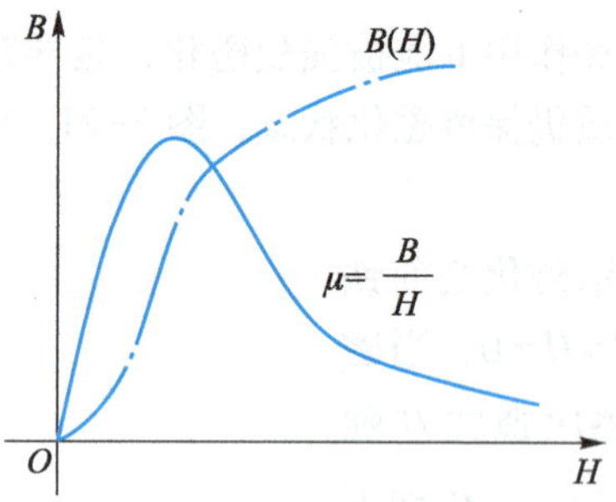

图 7-23　铁磁材料的基本磁化曲线和 $\mu-H$ 关系

二、磁畴理论

磁畴理论可从微观上说明铁磁质的磁化机理。所谓**磁畴**，是指磁性材料内部的一个个小区域，每个区域内部包含大量原子，这些原子的磁矩都像一个个小磁铁那样整齐排列，但相邻的不同区域之间原子磁矩排列的方向不同，如图 7-24 所示。

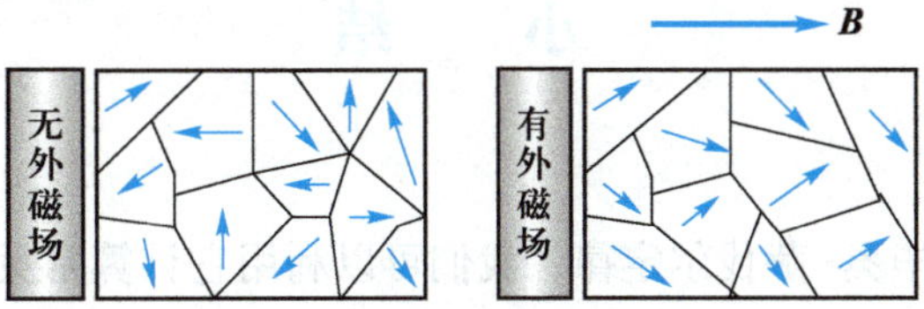

图 7-24 磁性材料的磁畴分布

各个磁畴之间的交界面称为磁畴壁。宏观物体一般总是具有很多磁畴，这样，磁畴的磁矩方向各不相同，结果相互抵消，矢量和为零，整个物体不显磁性。只有当磁性材料被磁化以后，它才能对外显示出磁性。

在铁磁质中相邻电子之间存在着一种很强的“交换耦合”作用，在无外磁场的情况下，它们的自旋磁矩能在一个个微小区域内“自发地”整齐排列起来而形成自发磁化小区域，称为磁畴。在未经磁化的铁磁质中，虽然每一磁畴内部都有确定的自发磁化方向，有很强的磁性，但大量磁畴的磁化方向各不相同，因而整个铁磁质不显磁性。

当铁磁质处于外磁场中时，那些自发磁化方向和外磁场方向成小角度的磁畴的体积随着外磁场的增大而扩大并使磁畴的磁化方向进一步转向外磁场方向。另一些自发磁化方向和外磁场方向成大角度的磁畴的体积则逐渐缩小，这时铁磁质对外呈现宏观磁性。当外磁场增大时，上述效应相应增大，直到所有磁畴都沿外磁场排列，磁场达到饱和。

从实验中得知，铁磁质的磁化和温度有关。随着温度的升高，它的磁化能力逐渐减小，当温度升高到某一温度时，铁磁性就完全消失，铁磁质退化成顺磁质，这个温度称为居里温度或居里点。这是因为铁磁质中自发磁化区域因剧烈的分子热运动被破坏，磁畴也就瓦解了，铁磁质的铁磁性消失，过渡到顺磁质，通过实验可以知道，铁的居里温度是 1 043 K，78%坡莫合金的居里温度是 873 K，45%坡莫合金的居里温度是 673 K。而钕铁硼的居里温度只有 585 K，这在一定程度上限制了它在高温环境下的应用。

小　结

本章首先介绍了毕奥-萨伐尔定律，我们可以利用它计算常见恒定电流在空间的磁场分布，介绍了磁场中的两个基本定理——高斯定理和安培环路定理，以及利用安培环路定理计算磁感应强度分布，分析了电荷在均匀电场和磁场中的受力和运动，提出了洛伦兹力和安培力以及磁力矩的概念。本章最后介绍了磁介质以及磁介质中的安培环路定理。

1. 电流通过导体（截面积为 S）的电流

$$I=\int_S \boldsymbol{j}\cdot \mathrm{d}\boldsymbol{S}$$

其中，$\boldsymbol{j}$ 为电流密度。

2. 电源电动势

在电源中，非静电力做功的本领称为电源电动势，即

$$E=\frac{W}{q_0}=\oint \boldsymbol{E}_{\mathrm{k}}\cdot \mathrm{d}\boldsymbol{l}$$

3. 磁通量

$$\Phi_{\mathrm{m}}=\int_S \boldsymbol{B}\cdot \mathrm{d}\boldsymbol{S}$$

磁场中的高斯定理说明磁场是无源场。

4. 毕奥-萨伐尔定律

真空中电流元的磁场 $\mathrm{d}\boldsymbol{B}=\dfrac{\mu_0}{4\pi}\dfrac{I\mathrm{d}\boldsymbol{l}\times \boldsymbol{e}_r}{r^2}$

任意形状的电流所产生的磁场 $\boldsymbol{B}=\int \mathrm{d}\boldsymbol{B}=\int \dfrac{\mu_0}{4\pi}\dfrac{I\mathrm{d}\boldsymbol{l}\times \boldsymbol{e}_r}{r^2}$

5. 安培环路定理（适用于恒定电流）

真空中 $\oint \boldsymbol{B}\cdot \mathrm{d}\boldsymbol{l}=\mu_0\sum_{i=1}^{n} I_i$

磁介质中 $\int_L \boldsymbol{H}\cdot \mathrm{d}\boldsymbol{l}=\sum_{i=1}^{n} I_i$

$\boldsymbol{H}=\dfrac{1}{\mu}\boldsymbol{B}$ 为有介质时的磁场强度，μ 称为磁介质的磁导率，μ_{r}称为磁介质的相对磁导率。

6. 洛伦兹力

带电粒子在磁场中所受到的磁场力　$\boldsymbol{F}=q(\boldsymbol{v}\times\boldsymbol{B})$

7. 安培力

电流元受磁场的作用力　$\mathrm{d}\boldsymbol{F}=I\mathrm{d}\boldsymbol{l}\times\boldsymbol{B}$

长为 l 的载流导线所受到的安培力　$\boldsymbol{F}=\int \mathrm{d}\boldsymbol{F}=\int_l I\mathrm{d}\boldsymbol{l}\times\boldsymbol{B}$

载流线圈受均匀磁场的力矩 $\boldsymbol{M}=\boldsymbol{m}\times\boldsymbol{B}$，$\boldsymbol{m}$ 为载流线圈的磁矩

8. 霍尔效应

在磁场中载流导体上出现横向电势差的现象。

9. 磁介质

根据分类有顺磁质、抗磁质、铁磁质。

10. 铁磁质磁滞现象和磁滞回线

习　题

7-1　在真空中，磁场的安培环路定理$\oint \boldsymbol{B}\cdot \mathrm{d}\boldsymbol{l}=\mu_0\sum I$表明（　　）。

（A）若没有电流穿过回路，则回路L上各点的$\boldsymbol{B}$均应为零

（B）若L上各点的$\boldsymbol{B}$为零，则穿过L的电流的代数和一定为零

（C）因为电流是标量，所以等式右边$\sum I$应为穿过回路的所有电流的算术和

（D）等式左边的$\boldsymbol{B}$只是穿过回路的所有电流共同产生的磁感应强度

7-2　以下关于磁场的描述正确的是（　　）。

（A）一切磁场都是无源、有旋的

（B）只有电流产生的磁场才是无源、有旋的

（C）只有位移电流产生的磁场才是无源、有旋的

（D）磁感线可以不闭合

7-3　无限长载流导线通有电流I，在其产生的磁场中作一个以载流导线为轴线的同轴圆柱形闭合高斯面，则通过此闭合面的磁通量（　　）。

（A）等于零

（B）不一定等于零

（C）为$\mu_0 I$

（D）为$\dfrac{q}{\varepsilon_0}$

7-4　均匀磁场的磁感应强度$\boldsymbol{B}$垂直于半径为r的圆面，今以该圆周为边线，作一半球面S，则通过S面的磁通量的大小为（　　）。

（A）$2\pi r^2B$

（B）πr^2B

（C）0

（D）无法确定的量

7-5　半径为R的无限长均匀载流圆柱形导体，其空间各点的$B-r$图线应为（　　）。

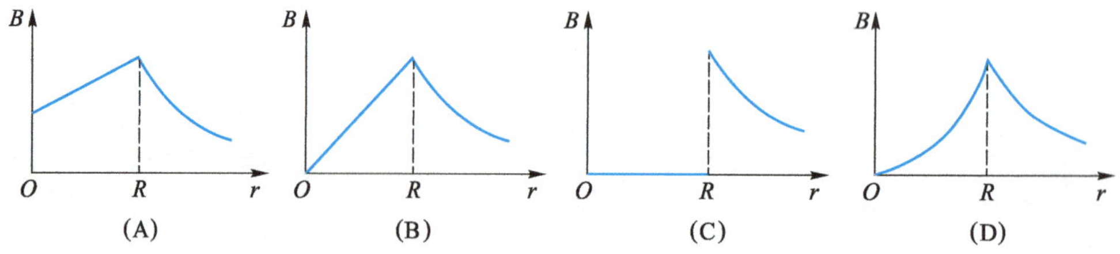

习题 7-5 图

7-6 如图所示，AB、CD为长直导线，BC为圆心在点O的一段圆弧形导线，其半径为R。若通以电流I，求点O的磁感应强度。

7-7 如图所示，一载流导线中间部分被弯成半圆弧状，其圆心点为O，圆弧半径为R。若导线中流过的电流为I，求圆心O处的磁感应强度。

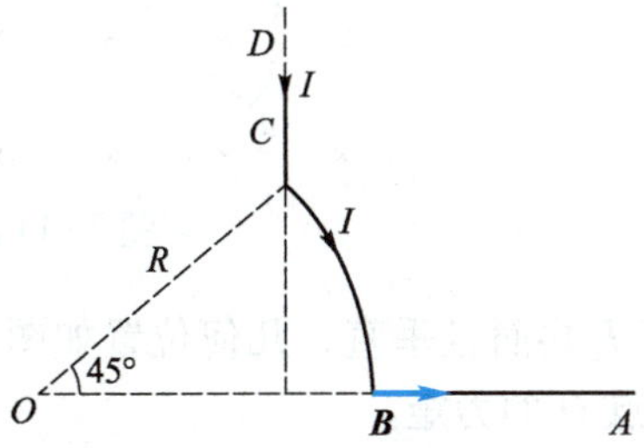

习题 7-6 图

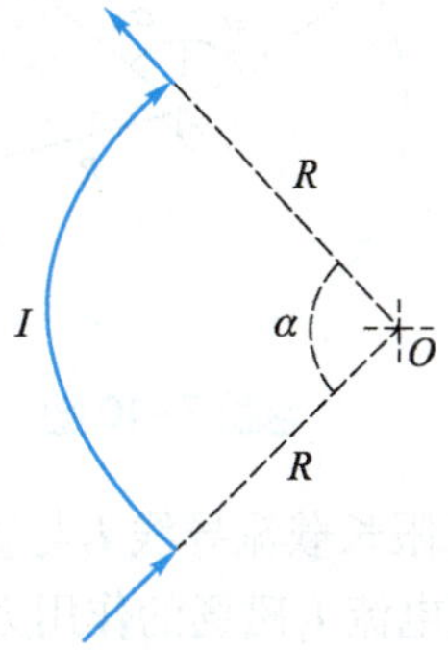

习题 7-7 图

7-8 载流体如图所示，求两半圆的圆心点O处的磁感应强度。

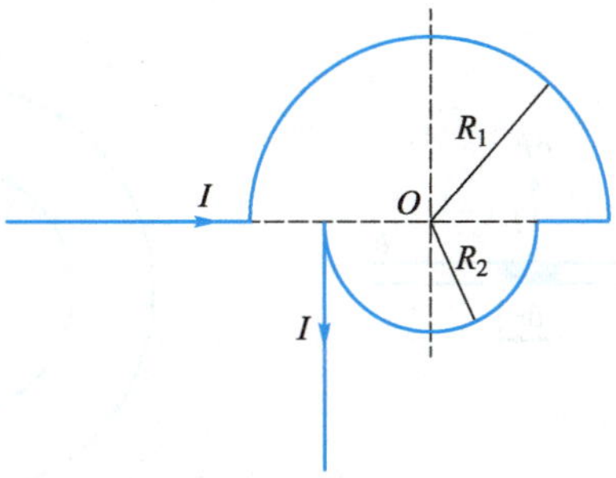

习题 7-8 图

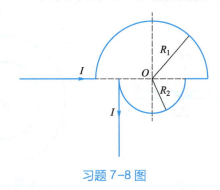

7-9 在真空中，有两根互相平行、相距 0.1 m 的无限长直导线，分别通有方向相反的电流，$I_1=20\ \text{A}$，$I_2=10\ \text{A}$，如图所示。试求磁感应强度为零的点的位置。

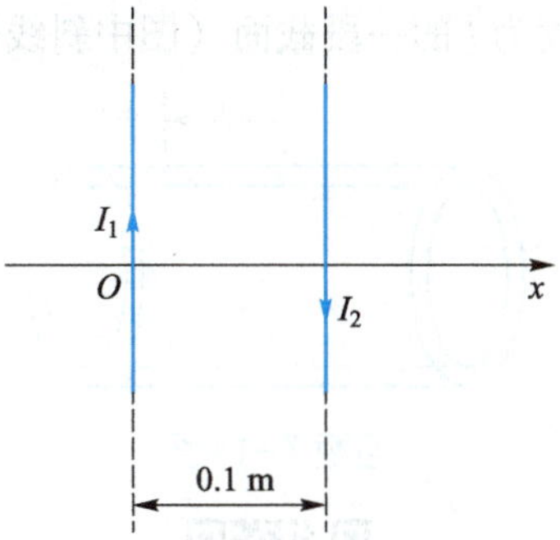

习题 7-9 图

7-10 如图所示，一根无限长直导线，通有电流I，中部一段弯成圆弧形，求图中点O处磁感应强度的大小。

7-11　在磁感应强度为 $\boldsymbol{B}$ 的均匀磁场中，垂直于磁场方向的平面内有一段载流弯曲导线，电流为 I，如图所示，建立适当的坐标系，求其所受的安培力。

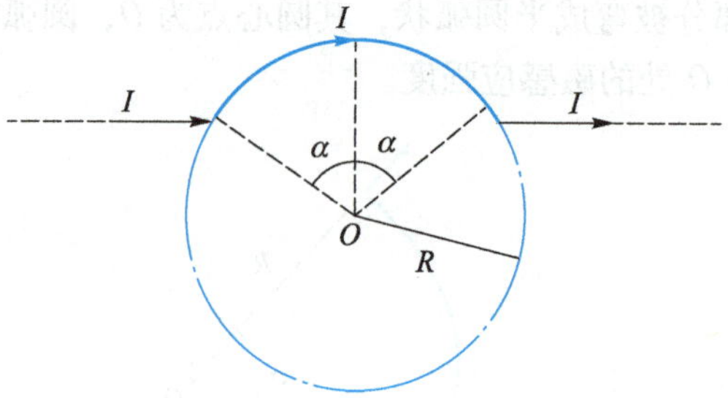

习题 7-10 图

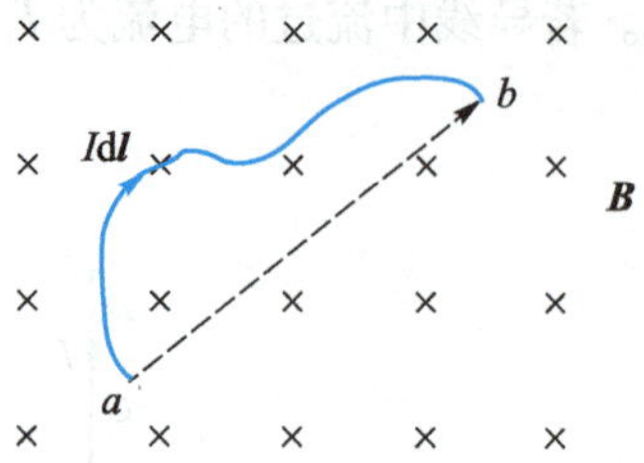

习题 7-11 图

7-12　无限长载流导线 I_1 与直线电流 I_2 共面且垂直，几何位置如图所示，计算载流导线 I_2 受到电流 I_1 磁场的作用力和关于点 O 的力矩。

7-13　如图为一半径为 R_2 的带电薄圆盘，其中半径为 R_1 的阴影部分均匀带正电荷，电荷面密度为 $+\sigma$，其余部分均匀带负电荷，电荷面密度为 $-\sigma$，当圆盘以角速度 ω 旋转时，测得圆盘中心点 O 处的磁感应强度为零，问 R_1 与 R_2 满足什么条件？

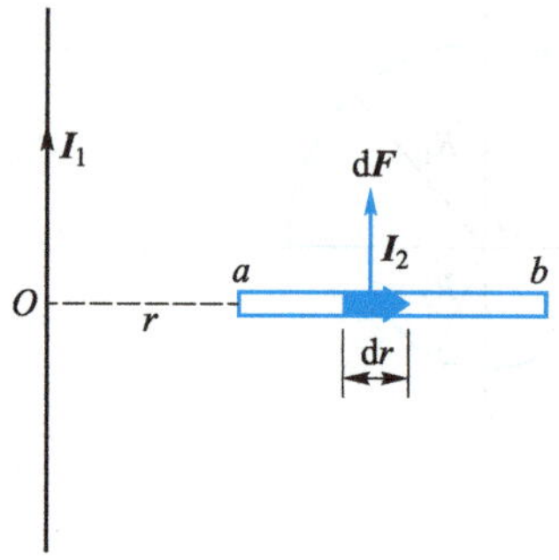

习题 7-12 图

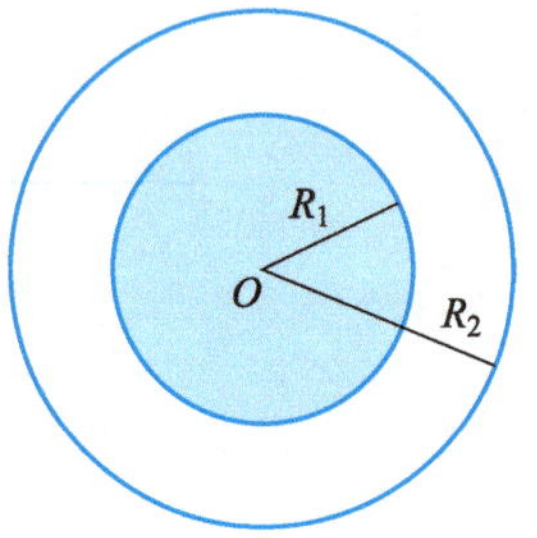

习题 7-13 图

7-14　有一对同轴的无限长空心导体圆筒，其内、外半径分别为 R_1 和 R_2（筒壁厚度可以忽略不计），电流 I 沿内筒流出，沿外筒流回，如图所示。（1）计算两圆筒间的磁感应强度；（2）求通过长度为 l 的一段截面（图中斜线部分）的磁通量。

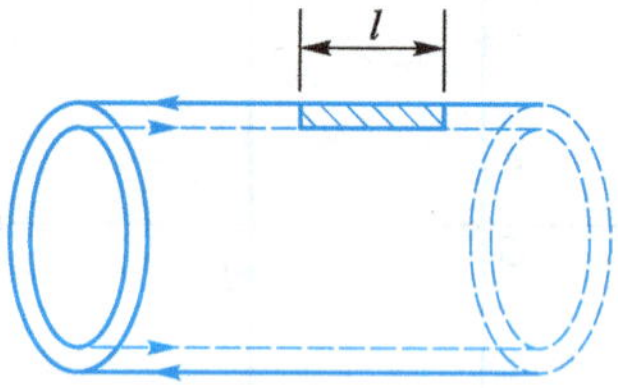

习题 7-14 图

习题答案

第八章　电磁感应与电磁场

本章资源

电磁感应现象是电磁学中的重大发现之一，它显示了电、磁现象之间的相互联系和转化，关于电磁感应现象本质的深入研究所揭示的电、磁场之间的联系，对麦克斯韦电磁场理论的建立具有重大意义。电磁感应现象在电工技术、电子技术以及电磁测量等方面都有广泛的应用。本章主要内容有电磁感应现象及其基本规律、自感和互感、磁场能量、位移电流以及麦克斯韦方程组等。

第一节　法拉第电磁感应定律

一、电磁感应现象

如图 8-1 所示，一线圈与检流计 G 串联构成回路，若将一磁铁插入线圈或从线圈中抽出，或者磁铁不动，线圈向着（或远离）磁铁运动，即两者发生相对运动，检流计的指针都将发生偏转。检流计指针的偏转方向，与两者的相对运动情况有关。

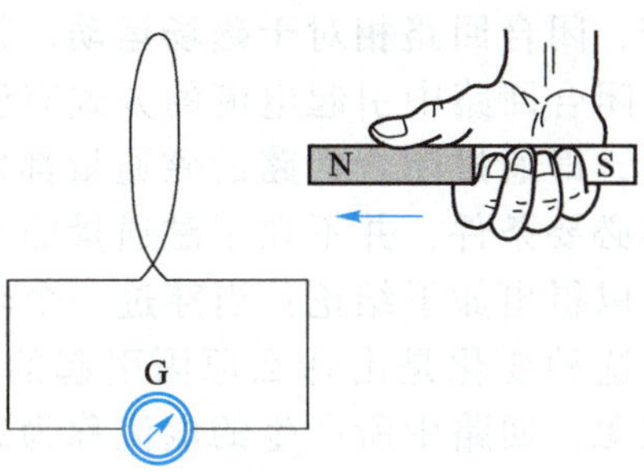

图 8-1　电磁感应实验之一

如图 8-2 所示，线圈 A 和 B 绕在一环形铁芯上，A 与开关 S 和电源相接，B 与检流计 G 串联。在开关 S 闭合和打开的瞬间，与线圈 B 连接的检流计的指针将发生偏转，但在开关闭合与打开两种情况下电流的方向相反。

如图 8-3 所示，在磁场中放置一个由导线组成的矩形回路 $abcd$。回路平面与磁场方向垂直，导线 ab 可以滑动，回路中接有检流计 G。当导线 ab 在磁场中向右移动时，检流计的指针就会发生偏转，表明回路中产生了电流。当导线 ab 停止移动时，检流计的指针又回到零点，表明回路中的电流也随之消失。如果使导线向左移动，则检流计指针向相反方向偏转，表明回路中也有电流产生，但其方向与导线向右移动时的电流方向相反。

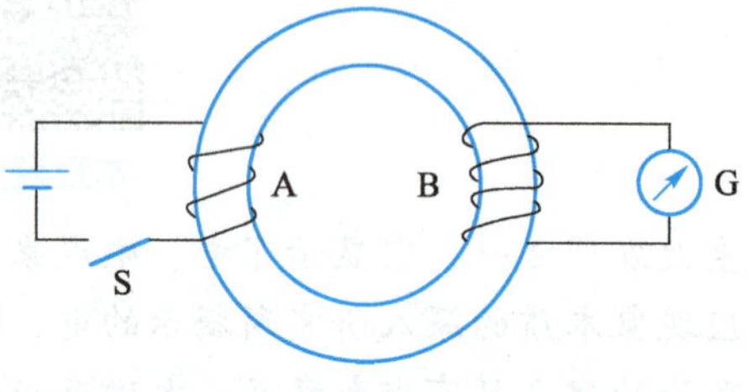

图 8-2 电磁感应实验之二

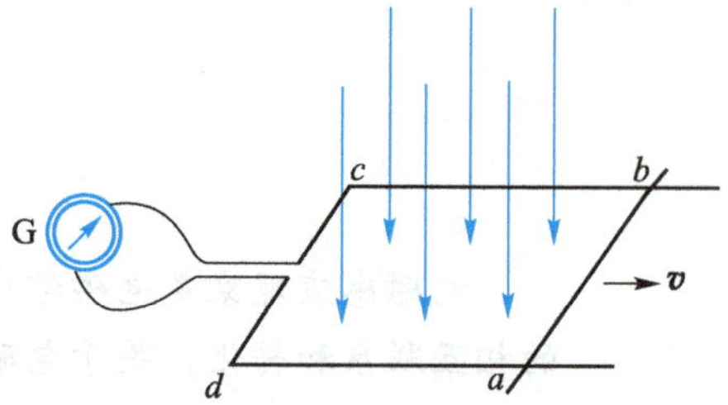

图 8-3 电磁感应实验之三

如图 8-4 所示，在磁场中有一线圈可以绕轴 OO' 转动，线圈两端与检流计连接。当线圈绕轴转动时，检流计指针发生偏转。这表明线圈在磁场中转动时，线圈中有电流通过。

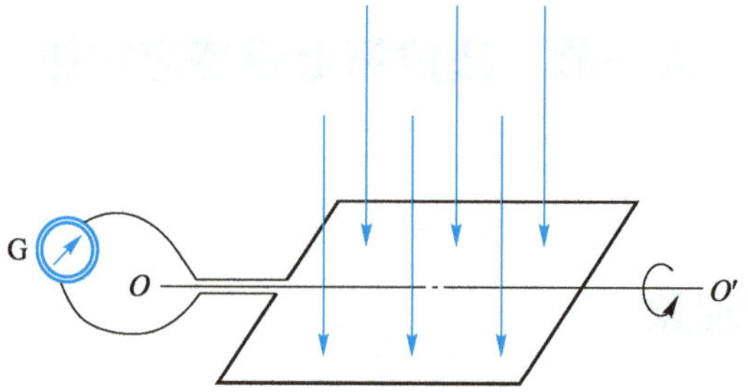

图 8-4 电磁感应实验之四

从上述实验可以看出，无论是闭合回路保持不动，穿过闭合回路的磁场发生变化，还是磁场保持不变，闭合回路相对于磁场运动，都可以在闭合回路中引起电流。也就是说，尽管在闭合回路中引起电流的方式有所不同，但都可总结归纳出不同方式的一个共同点，即通过闭合回路的磁通量都发生了变化。需要强调的是，引发电磁感应现象的必要条件，并不在于磁通量的大小，而在于磁通量的变化。通过上述实验我们可以得出如下结论：当穿过一个闭合导体回路所围面积的磁通量发生变化时，不管这种变化是由什么原因引起的，回路中都有电流产生，这种现象称为电磁感应现象，回路中所产生的电流称为感应电流。在回路中有电流产生，表明回路中有电动势存在。这种在回路中由磁通量的变化引起的电动势，称为感应电动势。

二、电磁感应定律

法拉第通过许多实验认识了电磁感应现象的本质，并由此总结出一条基本定律，称为法拉第电磁感应定律。表述如下：无论什么原因使通过回路所包围面积的磁通量

变化时，回路中产生的感应电动势等于磁通量对时间的变化率的负值，即

$$\mathcal{E}_i=-\frac{d\Phi_m}{dt} \tag{8-1}$$

式中，$\mathcal{E}_i$为感应电动势，负号确定了电动势的方向，Φ_m为磁通量。

如果闭合回路的电阻为R，则由欧姆定律可计算出感应电流，为

$$I_i=\frac{\mathcal{E}_i}{R}=-\frac{1}{R}\frac{d\Phi_m}{dt} \tag{8-2}$$

请注意，感应电动势是分布在回路的每一个线元上的。如果回路由N匝线圈组成，则式（8-1）和式（8-2）中的Φ_m为穿过各匝线圈的磁通量的代数和。

三、楞次定律

下面说明式（8-1）中的负号的物理意义。以图8-1为例，为了说明感应电流的方向，我们采用右手螺旋定则确定回路的正方向。规定若各匝线圈所包围的面积的法线正方向与该处磁感应强度$\boldsymbol{B}$方向一致，则穿过线圈的磁通量为正值，即$\Phi_m>0$。当磁铁靠近线圈时，穿过线圈的磁通量增加，$\frac{d\Phi_m}{dt}>0$。根据法拉第电磁感应定律，这时$\mathcal{E}_i<0$，因此在线圈中产生的感应电流的方向与线圈绕行方向相反。但我们知道，载流线圈等效于一根磁铁，在我们讨论的情况中，线圈的左端等效于磁铁的S极，右端等效于N极。因此当磁铁靠近线圈时，由于电磁感应作用在线圈中引起了感应电流，其作用是阻碍磁铁的运动。就磁通量而言，感应电流的作用是使它自己产生的穿过线圈的磁通量抵消引起感应电流的磁通量的增加。当线圈靠近磁铁时，情况与上述类似。

当磁铁和线圈相互远离时，穿过线圈的磁通量减小，$\frac{d\Phi_m}{dt}<0$，根据法拉第电磁感应定律可知，这时$\mathcal{E}_i>0$，因此，在线圈中产生的感应电流的方向与线圈绕行方向相同。这时线圈的左端等效于磁铁的N极，右端等效于S极。因此当磁铁远离线圈时，由于电磁感应作用在线圈中引起的感应电流同样也阻碍磁铁与线圈之间的相对运动。就磁通量而言，这时感应电流的作用是使它自己产生的穿过线圈的磁通量补偿引起感应电流的磁通量的减少。在其他电磁感应实验中也体现了类似的规律，请读者自己分析。

综上所述，我们可以得出如下规律：当穿过闭合回路所包围的面积的磁通量发生变化时，在回路中就会产生感应电流，此感应电流的方向是使它自己产生的磁场穿过回路面积的磁通量，抵消或补偿引起感应电流的磁通量的改变。或者用另一种形式表述：闭合电路中的感应电流总是使它自己产生的磁场反抗任何引起电磁感应的变化（反抗相对运动、磁场变化或线圈变形等），这个规律称为楞次定律。它是楞次在1834年发现的，楞次定律反映了能量守恒与转化的规律。

第二节 动生电动势 感生电动势

虽然引起穿过一个回路所包围面积的磁通量变化的原因有多种，但一般可将电磁感应现象分成两类情况：一类是在恒定磁场中运动的导体内产生的感应电动势；另一类是因磁场变化而在回路内产生的感应电动势。由于情况不一样，所以我们将这两种情况下产生的感应电动势分别称为动生电动势和感生电动势。

一、动生电动势

当一个导电线圈或者一段导线在恒定磁场中运动时，在线圈或导线中会产生感应电动势，这种感应电动势称为动生电动势。动生电动势的产生可以用洛伦兹力来解释。为讨论简便，以如图 8-5 所示的装置为例。在一恒定的均匀磁场 $\boldsymbol{B}$ 中有一矩形金属框架，其中长度为 l 的金属杆与矩形金属框架接触良好并且可以在其上滑动。假定金属框架在纸面内，磁场的方向垂直于纸面向里。当金属杆 ab 以恒定的速度 $\boldsymbol{v}$ 向右滑动时，杆中每个自由电子都随杆一起以速度 $\boldsymbol{v}$ 运动，因而受到磁场 $\boldsymbol{B}$ 施加的洛伦兹力为

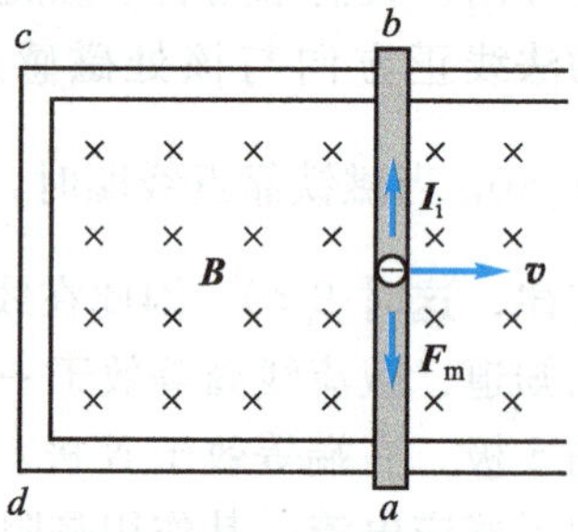

图 8-5 动生电动势的产生示意图

$$\boldsymbol{F}_{\mathrm{m}}=-e(\boldsymbol{v}\times\boldsymbol{B}) \tag{8-3}$$

式中，e 是电子电荷量的绝对值。由于电子带负电，$\boldsymbol{F}_{\mathrm{m}}$ 的方向与 $\boldsymbol{v}\times\boldsymbol{B}$ 的方向相反。在图 8-5 中，$\boldsymbol{F}_{\mathrm{m}}$ 的方向为由金属杆的 b 端指向 a 端。在洛伦兹力作用下，电子沿杆自 b 端向 a 端作定向运动，这样，在金属杆中就产生一个方向由 a 到 b 的感应电流 I_i。

对整个金属框架的闭合回路 $abcda$ 来说，在上述磁场中运动的金属杆 ab 相当于一个电源，a 端是负极，b 端是正极。电源电动势的定义为电源内部非静电力将单位正电荷从负极移到正极所做的功。在这里，非静电力就是洛伦兹力，与之对应的非静电场的电场强度为

$$\boldsymbol{E}_{\mathrm{k}}=\frac{\boldsymbol{F}_{\mathrm{m}}}{-e}=\boldsymbol{v}\times\boldsymbol{B}$$

则动生电动势为

$$\mathscr{E}_{\mathrm{i}}=\int_a^b \boldsymbol{E}_{\mathrm{k}}\cdot\mathrm{d}\boldsymbol{l}=\int_a^b(\boldsymbol{v}\times\boldsymbol{B})\cdot\mathrm{d}\boldsymbol{l} \tag{8-4a}$$

电动势的方向为由 a 到 b。

一般情况下，运动导体的各小段处可能会有不同的速度 $\boldsymbol{v}$，磁场 $\boldsymbol{B}$ 也可能是不均匀的，这时计算动生电动势要根据式（8-4a）进行积分运算。如果闭合回路的各部分都

在磁场中运动，求动生电动势时应该沿闭合回路 L 积分一周，即

$$\mathcal{E}_i = \oint_L (\boldsymbol{v} \times \boldsymbol{B}) \cdot \mathrm{d}\boldsymbol{l} \tag{8-4b}$$

在图 8-5 中，由于$\boldsymbol{v}$ 、$\boldsymbol{B}$ 和 $\mathrm{d}\boldsymbol{l}$ 三者两两垂直，且$\boldsymbol{v}$ 和 $\boldsymbol{B}$ 都是常量，可以提到积分号之外，因此式（8-4a）可以写成

$$\mathcal{E}_i = vB\int_a^b \mathrm{d}l = Blv \tag{8-5a}$$

如果金属杆运动的速度$\boldsymbol{v}$ 与磁场 $\boldsymbol{B}$ 不垂直，设它们之间夹角为 θ，因 $|\boldsymbol{v} \times \boldsymbol{B}| = vB\sin\theta$，故动生电动势为

$$\mathcal{E}_i = Blv\sin\theta \tag{8-5b}$$

当电路断开时，其两极间的电势差就等于电动势，即如果运动的金属杆 ab 不是在框架上滑动，也就是不与其他导体形成闭合回路，则杆的两端有一电势差 $U_{ba} = Blv\sin\theta$。其实，式（8-4）或式（8-5）只是从一个方面解释了电磁感应现象的本质，而不是独立于电磁感应定律表达式（8-1）的新规律。

能量守恒定律是自然界的普遍规律，电磁感应现象也应服从这一规律。当闭合回路中有感应电流时，电能的来源是其他的外力所做的功。例如在图 8-5 中，因有感应电流 I_i 而使金属杆 ab 受到一个水平向左的安培力 BI_il，要使金属杆以恒定的速度向右滑动，它就必须同时受到与安培力平衡的其他外力，正是这种外力做的功被转化成了回路中的电能。由$\boldsymbol{v}$ 决定的这部分洛伦兹力做的功只不过起到传递能量的作用。

［例 8-1］ 如图 8-6（a）所示，一长为 L 的导体棒在磁感应强度为 $\boldsymbol{B}$ 的均匀磁场中以角速度 ω 在与磁场方向垂直的平面上绕棒的一端转动，求导体棒两端的感应电动势。

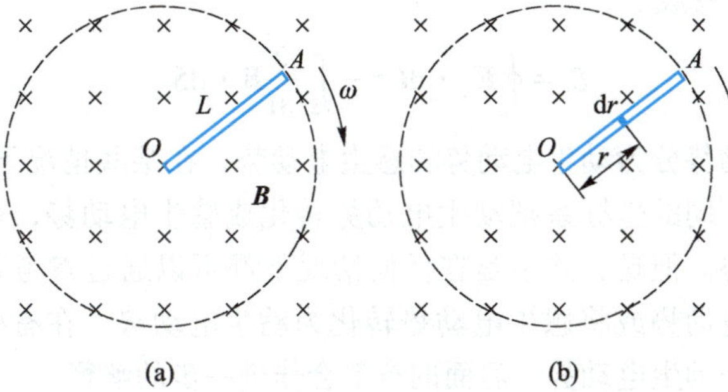

图 8-6 转动的导体棒

解 如图 8-6（b）所示，在与点 O 距离为 r 处选一小段导体棒 $\mathrm{d}r$ 为研究对象，由于$\boldsymbol{v}$ 、$\boldsymbol{B}$ 和 $\mathrm{d}\boldsymbol{r}$ 三者两两垂直，因此所研究的小段导体棒上的感应电动势为

$$\mathrm{d}\mathcal{E}_i = vB\mathrm{d}r$$

整个导体棒上的电动势为

$$\mathcal{E}_i = \int_0^L vB\mathrm{d}r = \int_0^L \omega rB\mathrm{d}r = \frac{1}{2}B\omega L^2$$

方向为 $O \to A$。

二、感生电动势 感生电场

1. 感生电场

通过前面的学习，我们知道了导体在磁场中的运动会产生动生电动势，非静电力来源于洛伦兹力。当磁场变化而线圈不动时所产生的感应电动势也服从法拉第电磁感应定律［式（8-1）］，但一般来说，非静电力的来源还不能用已学过的电磁学知识解释。

麦克斯韦于1861年深入地分析了因磁场变化而产生感生电动势的现象后，敏锐地认识到感生电动势的现象预示着有关电磁场的新效应。麦克斯韦提出了感生电场的假设，他认为变化的磁场在其周围空间能激发出一种电场，称为感生电场或者涡旋电场。线圈中的自由电子受到感生电场对它的作用力，这就是产生感生电动势的非静电力，用 $\boldsymbol{E}_k$ 表示感生电场的电场强度，则有

$$\mathcal{E}_i = \oint_L \boldsymbol{E}_k \cdot d\boldsymbol{l} \tag{8-6}$$

根据法拉第电磁感应定律 $\mathcal{E}_i = -\dfrac{d\Phi_m}{dt}$，而 $\Phi_m = \int_S \boldsymbol{B} \cdot d\boldsymbol{S}$，因此

$$\mathcal{E}_i = \oint_L \boldsymbol{E}_k \cdot d\boldsymbol{l} = -\frac{d}{dt}\int_S \boldsymbol{B} \cdot d\boldsymbol{S} \tag{8-7}$$

式中，S 是以回路 L 为边界的曲面。当回路 L 不随时间变化时，磁通量的变化只是由磁场 $\boldsymbol{B}$ 随时间的变化引起的，这时对时间微分和对曲面积分两种运算的次序可以对调，因此式（8-7）可以写成

$$\mathcal{E}_i = \oint_L \boldsymbol{E}_k \cdot d\boldsymbol{l} = -\int_S \frac{\partial}{\partial t}\boldsymbol{B} \cdot d\boldsymbol{S} \tag{8-8}$$

人为将感应电动势分为动生电动势和感生电动势，在某些情况下只有相对的意义，我们可以通过选择不同的坐标系把动生电动势转化成感生电动势，也可以把感生电动势转化成动生电动势。但是，并不是在任何情况下都可以通过参考系的选择而将动生电动势转化为感生电动势或将感生电动势转化为动生电动势。在有些情况下，感生电动势不可能被转化为动生电动势，后面的章节会作进一步的解释。

2. 感生电场的性质

一般我们可从两方面认识场的性质：一方面是电场强度对任意一个闭合曲面的通量，另一方面是电场强度对任意一个闭合回路的环流。静电场是静止的电荷基于库仑定律产生的场，它服从高斯定理和环路定理，即

$$\oint_S \boldsymbol{E} \cdot d\boldsymbol{S} = \frac{1}{\varepsilon_0}\int_V \rho dV$$

$$\oint_L \boldsymbol{E} \cdot d\boldsymbol{l} = 0$$

这说明静电场是有势场，可以引入电势的概念。而磁场是由电流或运动电荷产生的，磁场中的高斯定理和环路定理分别写成

$$\oint_S \boldsymbol{B} \cdot d\boldsymbol{S} = 0$$

$$\oint_L \boldsymbol{B} \cdot d\boldsymbol{l} = \mu_0 \oint_S \boldsymbol{j} \cdot d\boldsymbol{S}$$

这说明磁场是涡旋场，不能引入标量势的概念。

本节引入了感生电场。首先，它不是由某种电荷分布产生的，而是由变化的磁场产生的。其次，其电场强度 $\boldsymbol{E}_R$ 的环流不等于 0。与安培环路定理对比可知，感生电场是涡旋场，其电场线和磁感线一样是闭合曲线。磁场是涡旋场，服从磁场中的高斯定理 $\oint_S \boldsymbol{B} \cdot d\boldsymbol{S} = 0$，而感生电场也是涡旋场，因此可以得到推论：感生电场 $\boldsymbol{E}_R$ 对任意闭合曲面的通量也为 0，即

$$\oint_S \boldsymbol{E}_R \cdot d\boldsymbol{S} = 0$$

实验证明这个推论是正确的。

感生电场在理论上和实践中都很重要。例如，涡电流和由此制成的电磁灶、机场安检的金属探测器、电子感应加速器等都是根据感生电场原理制成的。

［例 8-2］ 真空中有一根无限长载流直导线，通以变化的电流 $i = I_m \sin\omega t$，其中 I_m 为常量。如图 8-7（a）所示，导线附近、距离为 r_0 处有一矩形单匝线圈，求此线圈中的感应电动势。

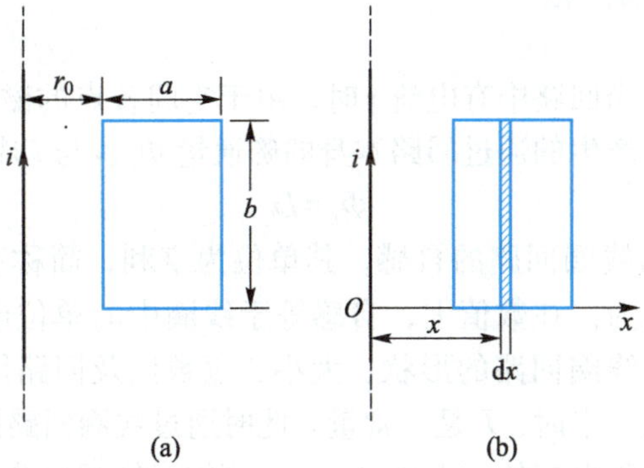

图 8-7　无限长载流导线和矩形线圈

解　建立如图 8-7（b）所示的坐标系，在距离 O 点 x 处取宽度为 dx 的面积元。根据安培环路定理可得无限长载流导线周围的磁感应强度大小为

$$B = \frac{\mu_0 i}{2\pi x} = \frac{\mu_0 I_m}{2\pi x}\sin\omega t$$

如图 8-7（b）所示，所选的面积元的磁通量为

$$d\Phi_m = B dS = \frac{\mu_0 I_m}{2\pi x}\sin\omega t b dx$$

通过矩形线圈的磁通量为

$$\Phi_m = \int_{r_0}^{r_0+a} \frac{\mu_0 I_m b}{2\pi}\sin\omega t \frac{dx}{x}$$

$$=\frac{\mu_0 I_m b}{2\pi}\sin\omega t\ \ln\left(1+\frac{a}{r_0}\right)$$

由法拉第电磁感应定律得

$$\mathcal{E}_i=-\frac{d\Phi_m}{dt}=-\frac{\mu_0 I_m b\omega}{2\pi}\ln\left(1+\frac{a}{r_0}\right)\cos\omega t$$

式中，负号表示感应电动势的方向，可以根据楞次定律来判断。

第三节 自感与互感

在电磁感应中，有两种现象较为常见，即自感现象和互感现象。如果由于回路本身的电流变化而在回路中激起感应电动势，则这种现象称为自感现象，所产生的电动势称为自感电动势。当两个靠得比较近的通电回路中的电流发生变化时，相互在对方回路中激起感应电动势的现象，称为互感现象，所产生的电动势称为互感电动势。下面分别讨论自感现象和互感现象。

一、自感现象和自感

考虑一线圈回路，当回路中有电流 i 时，由于空间各点的磁感应强度 $\boldsymbol{B}$ 的大小与 i 成正比，所以，由电流产生的通过回路本身的磁通量 Φ_L 也与 i 成正比，即

$$\Phi_L=Li \tag{8-9}$$

式中，比例系数 L 称为线圈回路的自感，其单位为亨利，简称亨，符号为 H。由此可见，线圈的自感可定义为：在数值上，自感等于线圈中的单位电流所产生的通过线圈本身的磁通量。自感与线圈回路的形状、大小、匝数以及回路周围磁介质的磁导率等因素有关。当这些因素一定时，L 是一常量。此时通过线圈回路的磁通量的变化只是由线圈回路中电流的变化所引起的。由式（8-1）可知，线圈回路中的自感电动势为

$$\mathcal{E}_L=-\frac{d\Phi_L}{dt}=-L\frac{di}{dt} \tag{8-10}$$

上式说明，线圈具有维持原电路电磁状态的能力，L 就是这种能力大小的量度，它表征了回路电磁惯性的大小。自感现象在电工学和电子技术中的应用非常广泛。线圈的自感有阻碍电流变化的作用，可以稳定电路中的电流，也可以和电容器一起组成调谐电路和滤波器。荧光灯上的镇流器是利用自感现象的典型例子。镇流器是有铁芯的自感很大的线圈，在接通电源后，利用启动器的断路作用而产生自感电动势，此时会有很大的电压加到灯管上，把荧光灯点亮。灯管点亮后，镇流器起到限制和稳定电流的作用，以防止过大的电流通过点亮后的荧光灯而使灯管烧坏，同时也减小了电流的脉冲而使灯管发光平稳。

自感现象也有不利的一面。例如，具有很大自感的电路在断开时，由于电流变化很快，能产生很大的自感电动势，这会击穿线圈的绝缘层，也会在开关的缝隙处产生

强电弧而烧坏开关。所以，大电流电力系统的开关常附有灭弧装置，以免烧坏开关。又如在用电阻丝绕制的电阻器中，为避免自感现象的干扰，通常将电阻线双折后紧密绕制，使流过电阻线的电流方向处处相反，电流所产生的磁场基本相互抵消，这样，自感现象就很微弱了。

一般情况下，自感要用实验测定。但对于一些简单的理想情况，自感可以通过计算求得。下面以无限长直螺线管为例，说明自感的计算方法。

［例 8-3］ 如图 8-8 所示，有一长直密绕螺线管，已知介质磁导率为 μ，线圈截面积为 S，匝数为 N，长度为 l。求其自感。

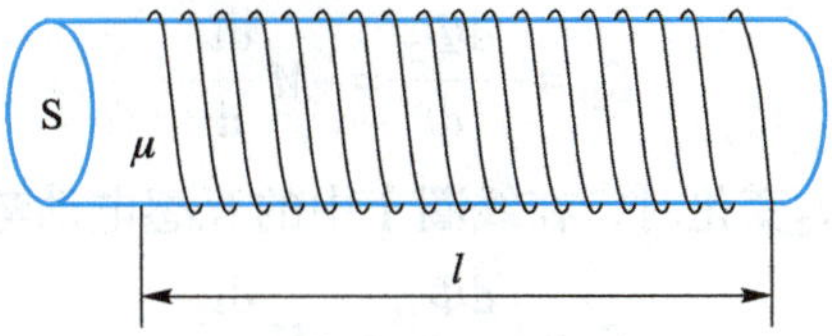

图 8-8 长直螺线管示意图

解 假设线圈中通有电流 I，由安培环路定理得

$$B=\mu nI$$

其中 $n=\dfrac{N}{l}$。

通过 N 匝线圈的总磁通量为

$$\Phi_m=NBS=N\mu nIS$$

螺线管的自感为

$$L=\frac{\Phi_m}{I}=N\mu nS=\frac{N}{l}\mu nlS=\mu n^2V$$

在上述例题的计算中，忽略了螺线管两端的边缘效应，但计算结果仍能说明自感只和线圈的形状、大小、匝数及磁介质的磁导率等因素有关，与线圈中是否通电无关，即自感是描述线圈本身电磁性质的物理量。

二、互感现象和互感

设有线圈Ⅰ和线圈Ⅱ，如图 8-9 所示。当线圈Ⅰ中通有电流 i_1时，空间各点磁感应强度的大小 B_1与 i_1成正比，因此，由 i_1产生的通过线圈Ⅱ中的磁通量 Φ_{21}也与 i_1成正比，即

$$\Phi_{21}=M_{21}i_1$$

式中，比例系数 M_{21}称为线圈Ⅰ对线圈Ⅱ的互感。同理，当线圈Ⅱ中通有电流 i_2时，由 i_2产生的通过线圈Ⅰ中的磁通量 Φ_{12}与 i_2成正比，即

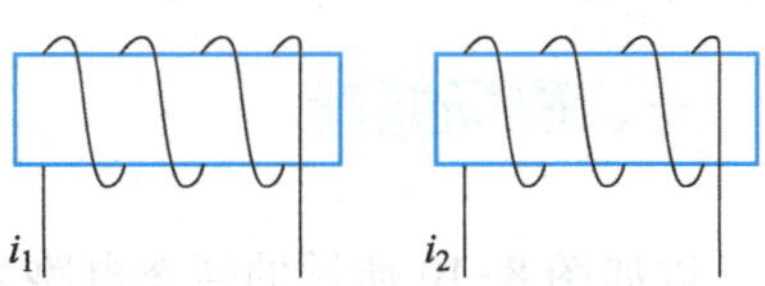

图 8-9 互感线圈示意图

$$\Phi_{12}=M_{12}i_2$$

式中，比例系数 M_{12}称为线圈Ⅱ对线圈Ⅰ的互感。理论和实验都可证明，当两个线圈的结构、相对位置及周围介质的磁导率都保持不变时，M_{12}和 M_{21}在数值上相等。令 $M_{12}=$

$M_{21}=M$，则上面两式可写成

$$\Phi_{21}=Mi_1$$

$$\Phi_{12}=Mi_2$$

上式表明，两线圈之间的互感 M 定义为：在数值上，互感等于一个线圈中的单位电流所产生的通过另一个线圈的磁通量。根据上面的讨论我们还可以知道，互感 M 与两线圈的形状、大小、匝数、相对位置及周围磁介质的磁导率等因素有关。当这些因素一定时，M 是一常量。这时，磁通量的变化只是由电流的变化而引起的。例如，当线圈Ⅰ中的电流 i_1 变化时，在线圈Ⅱ中的互感电动势大小为

$$\mathcal{E}_{21}=-\frac{\mathrm{d}\Phi_{21}}{\mathrm{d}t}=-M\frac{\mathrm{d}i_1}{\mathrm{d}t} \tag{8-11a}$$

同理，当线圈Ⅱ中的电流 i_2 变化时，在线圈Ⅰ中的互感电动势大小为

$$\mathcal{E}_{12}=-\frac{\mathrm{d}\Phi_{12}}{\mathrm{d}t}=-M\frac{\mathrm{d}i_2}{\mathrm{d}t} \tag{8-11b}$$

当一个线圈中的电流变化率一定时，互感越大，在另一线圈中的互感电动势就越大；互感越小，在另一线圈中的互感电动势就越小。从这个意义上说，互感的大小表明两线圈之间耦合的紧密程度。互感的单位与自感的单位一样，都是 H。

互感现象在电工学和电子学中有广泛的应用。变压器是一个重要的例子，它在电能传输中可用来升高或降低交变电压。在实验室中，为从低压直流电流获得高电压，我们常用感应圈。感应圈与变压器的结构相似，主要差别在于，低压直流电流通过断续器连接到匝数很少的原线圈，使电流时断时续，从而在匝数很多的副线圈中得到很高的电压。

互感现象有时也给我们带来麻烦，这时应设法消除或减弱互感现象。例如，因电话线路之间的互感而引起串音，电子仪器中因各种元件之间的互感而影响正常工作等。

第四节　磁场的能量

电场具有能量，磁场也具有能量。下面我们讨论一个通电的线圈也能储存能量的例子，而且线圈所储存的能量也是以一定的能量密度分布在磁场中的。

一、磁场能量

以如图 8-10 所示的暂态电路为例，电源接通后，在灯泡 A 的电路中由于有自感线圈 L 而产生自感电动势 $\mathcal{E}_L$，电路中的电流由零经过一定的时间增大到稳定值。在这段时间内，外电源不仅要供给电路中因放出热量所需的这部分电能，还要反抗自感电动势 $\mathcal{E}_L$ 做功以增大电流。电源的功率表示为电动势与电流的乘积，因此，在 $\mathrm{d}t$ 时间内，外电源克服自感电动势所做的功为

$$dW=-\mathcal{E}_L i dt=L\frac{di}{dt}i dt=Li di$$

在电流 i 由零增大到稳定值的整个过程中，外电源克服自感电动势所做的总功为

$$W=\int_0^I Li di=\frac{1}{2}LI^2$$

外电源所做的功，将以能量形式储存在线圈中。

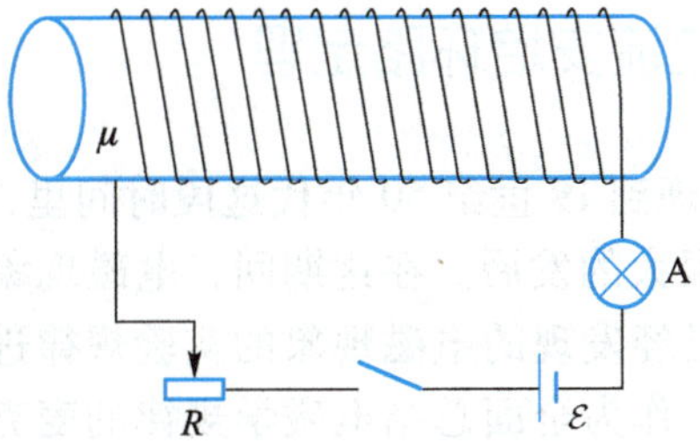

图 8-10　*RL* 暂态电路

以上的讨论可推广到一般情况，要在一自感为 L 的线圈中产生电流 I，外电源克服自感电动势所做的功为 W，而线圈中储存的能量为

$$W_m=W=\frac{1}{2}LI^2 \tag{8-12}$$

如果切断外电源，在线圈中电流减小的过程中，这部分能量又通过自感电动势做功而在电路中释放出来。

二、磁场能量密度

由式（8-12）看来，似乎线圈中储存的磁能是和电流紧密联系着的。实际上正如充电电容器所储存的能量是分布在电场中一样，通有电流的线圈所储存的能量也是分布在电流周围的磁场中的。根据例 8-3 可知，$L=\mu n^2V$，将其代入磁能的表达式（8-12），那么磁场能量就可以用磁感应强度来表示。为简单起见，假设螺线管忽略边缘效应，则磁场的能量可以表示为

$$W_m=\frac{1}{2}\mu n^2VI^2=\frac{1}{2\mu}\mu^2n^2I^2V=\frac{B^2}{2\mu}V$$

因为螺线管内是均匀磁场，所以磁场的能量密度（单位体积内的磁场能量）是

$$w_m=\frac{W_m}{V}=\frac{B^2}{2\mu}=\frac{1}{2}BH=\frac{1}{2}\mu H^2 \tag{8-13}$$

式（8-13）虽然是从螺线管内的均匀磁场这个特殊情况下导出的，但是可以证明，它也适用于一般的情况。对于非均匀磁场，能量密度在磁场中各点不相同，与该点的磁感应强度和磁介质的性质有关。在体积元 dV 内磁场能量为 $dW_m=w_m dV$，在区域 V 内磁场能量为

$$W_m=\int_V w_m dV=\int_V \frac{B^2}{2\mu}dV \tag{8-14}$$

式中，积分范围包括在区域 V 内磁场所占有的空间。

第五节 麦克斯韦电磁场理论简介

一、位移电流 全电流安培环路定理

从 1820 年奥斯特的发现到 19 世纪 50 年代这段时间里，法拉第、安培、亨利等人的工作使电磁学理论有了很大的发展。在这期间，电磁现象的实际应用也有了明显的进步。在这种情况下，对已经发现的电磁现象的实验规律进行理论总结，不仅有了可能，而且成了迫切的需要。作为全面总结电磁学规律的麦克斯韦电磁场理论，就是在这样的历史条件下产生的。

1. 麦克斯韦假设

麦克斯韦对电磁场理论重大贡献的核心是他提出的关于位移电流的假设。根据麦克斯韦关于变化的磁场产生感生电场的假设，我们已经将法拉第电磁感应定律写成

$$\oint_L \boldsymbol{E}_{\mathrm{k}} \cdot \mathrm{d}\boldsymbol{l} = -\int_S \frac{\partial \boldsymbol{B}}{\partial t} \cdot \mathrm{d}\boldsymbol{S} \tag{8-15}$$

式中，S 是以回路 L 为周界的曲面。感应电场的存在已被实验所证实，正如在奥斯特关于电流磁效应实验的启示下法拉第发现电磁感应现象一样，既然变化的磁场能产生电场，那么变化的电场也应该能产生磁场，而且也应该有与式（8-15）相似的方程，以表示电场变化时所产生的感生磁场。最后人们发现，这种方程可以写成

$$\oint_L \boldsymbol{H}_{\mathrm{i}} \cdot \mathrm{d}\boldsymbol{l} = \int_S \frac{\partial \boldsymbol{D}}{\partial t} \cdot \mathrm{d}\boldsymbol{S} \tag{8-16}$$

将上式与安培环路定理

$$\oint_L \boldsymbol{H}_0 \cdot \mathrm{d}\boldsymbol{l} = \int_S \boldsymbol{j} \cdot \mathrm{d}\boldsymbol{S}$$

相比较可知，$\dfrac{\partial \boldsymbol{D}}{\partial t}$具有电流密度的意义。麦克斯韦称

$$\boldsymbol{j}_{\mathrm{d}} = \frac{\partial \boldsymbol{D}}{\partial t} \tag{8-17}$$

为位移电流密度，而称

$$I_{\mathrm{d}} = \int_S \frac{\partial \boldsymbol{D}}{\partial t} \cdot \mathrm{d}\boldsymbol{S} \tag{8-18}$$

为位移电流。对于以不随时间变化的回路 L 周界的某一曲面 S 来说

$$I_{\mathrm{d}} = \int_S \frac{\partial \boldsymbol{D}}{\partial t} \cdot \mathrm{d}\boldsymbol{S} = \frac{\mathrm{d}}{\mathrm{d}t}\int_S \boldsymbol{D} \cdot \mathrm{d}\boldsymbol{S} = \frac{\mathrm{d}\Phi_{\mathrm{d}}}{\mathrm{d}t}$$

式中，$\Phi_{\mathrm{d}} = \int_S \boldsymbol{D} \cdot \mathrm{d}\boldsymbol{S}$ 是 S 面上的电位移通量。故由式（8-17）和式（8-18）可知，某点的位移电流密度，等于该点电位移的时间变化率；通过某面 S 上的位移电流，等于通

过该曲面上电位移通量的时间变化率。

需要注意，位移电流只有在产生磁场这方面与传导电流等效，本质上它与传导电流完全不一样。传导电流是电荷的宏观定向运动，位移电流则是电场的变化；传导电流能产生热效应，位移电流则不会。也就是说，位移电流和传导电流是两个不同的概念，它们共同的性质是都能产生磁场，其他方面则完全不同。

2. 全电流安培环路定理

由于传导电流 I_0 和位移电流 I_d 均能激发磁场，所以安培环路定理的一般形式应表示为

$$\oint_L \boldsymbol{H} \cdot \mathrm{d}\boldsymbol{l} = \int_S \boldsymbol{j}_0 \cdot \mathrm{d}\boldsymbol{S} + \int_S \frac{\partial \boldsymbol{D}}{\partial t} \cdot \mathrm{d}\boldsymbol{S} \tag{8-19}$$

在恒定电路中 $\frac{\partial \boldsymbol{D}}{\partial t}=\boldsymbol{0}$，磁场仅由传导电流激发；在非恒定电路中，磁场除了由传导电流激发外，还由位移电流激发。式（8-19）称为全电流安培环路定理。

当时麦克斯韦引入位移电流的概念是为了消除将安培环路定理推广到非恒定情况下所出现的矛盾，并且他认为只有电流才能激发磁场。位移电流这个概念直接地揭示了“变化电场 $\frac{\partial \boldsymbol{D}}{\partial t}$ 激发磁场”的实质。这样一来，我们可以认为电磁现象是“对称的”，即：变化的磁场能在其周围激发电场，而变化电场也能在其周围激发磁场。

二、电磁场理论的基本概念

电磁场理论的基本概念，就是麦克斯韦关于变化的磁场产生涡旋电场和位移电流这两个假设。麦克斯韦在分析电磁感应现象后提出了“即使不存在导体回路，在变化的磁场周围也产生涡旋电场”的假设。在分析安培环路定理时他又引入了位移电流的论点，其实质是说明变化的电场也能产生涡旋磁场。这两个假设深刻地揭示了电场和磁场的内在联系，反映了电现象和磁现象的对称性，说明交变的电场和交变的磁场不可能是彼此孤立的，它们之间相互联系、相互激发，组成统一的电磁场。

麦克斯韦电磁场理论还预言，电磁场是以一定的速度向周围空间传播的，形成电磁波。电磁波的存在已在无线电广播、微波通信、射电天文学等各领域中得到证明，从而也就证明了麦克斯韦电磁场理论的正确性。

三、麦克斯韦方程组的积分形式

麦克斯韦总结了电场和磁场的基本规律，结合他引入的位移电流和涡旋电场的概念，于 1864 年提出了电磁场的基本方程组，将电磁场理论概括为四个方程，称为麦克斯韦方程组。麦克斯韦方程组是电场和磁场基本规律的总结，这里我们只讨论它的积分形式。

1. 关于电场的基本规律

首先，我们有高斯定理

$$\oint_S \boldsymbol{D}_0 \cdot \mathrm{d}\boldsymbol{S} = \int_V \rho \mathrm{d}V$$

此式说明电荷所产生的电场的电位移线不是闭合的。除电荷产生的电场外，还有变化的磁场产生的涡旋电场。涡旋电场的电位移线是闭合的，因而有

$$\oint_S \boldsymbol{D}_\mathrm{R} \cdot \mathrm{d}\boldsymbol{S} = 0$$

将上面两式相加，得

$$\oint_S \boldsymbol{D} \cdot \mathrm{d}\boldsymbol{S} = \int_V \rho \mathrm{d}V \tag{8-20}$$

式中，$\boldsymbol{D}=\boldsymbol{D}_0+\boldsymbol{D}_\mathrm{R}$。上式说明，在任何电场中，通过闭合面 S 的电位移通量等于闭合面内自由电荷的代数和。

然后，静电场的环路定理为

$$\oint_L \boldsymbol{E}_0 \cdot \mathrm{d}\boldsymbol{l} = 0$$

此式表明静电场是有势场，这对恒定电场也适用。磁场变化产生的涡旋电场 $\boldsymbol{E}_\mathrm{R}$ 满足式（8-15）。将式（8-15）和上式相加得

$$\oint_L \boldsymbol{E} \cdot \mathrm{d}\boldsymbol{l} = -\int_S \frac{\partial \boldsymbol{B}}{\partial t} \cdot \mathrm{d}\boldsymbol{S} \tag{8-21}$$

式中，$\boldsymbol{E}=\boldsymbol{E}_0+\boldsymbol{E}_\mathrm{R}$。此式表明，在任何电场中，电场强度沿任意闭合回路的积分，等于通过回路中的磁通量对时间变化率的负值。

2. 关于磁场的基本规律

磁场的高斯定理为

$$\oint_S \boldsymbol{B}_0 \cdot \mathrm{d}\boldsymbol{S} = 0$$

此式说明，电流所产生磁场的磁感线是闭合曲线。根据麦克斯韦的假设，位移电流和传导电流一样，所产生磁场的磁感线也是闭合曲线，即

$$\oint_S \boldsymbol{B}_\mathrm{i} \cdot \mathrm{d}\boldsymbol{S} = 0$$

将上面两式相加，得

$$\oint_S \boldsymbol{B} \cdot \mathrm{d}\boldsymbol{S} = 0 \tag{8-22}$$

式中，$\boldsymbol{B}=\boldsymbol{B}_0+\boldsymbol{B}_\mathrm{i}$。此式表明，在任何磁场中，通过任意闭合面的磁通量等于零。

磁场的安培环路定理为

$$\oint_L \boldsymbol{H}_0 \cdot \mathrm{d}\boldsymbol{l} = \int_S \boldsymbol{j} \cdot \mathrm{d}\boldsymbol{S}$$

此式表明，电流的磁场是涡旋场。电场变化所产生的磁场满足式（8-16）。将式（8-16）与上式相加，得

$$\oint_L \boldsymbol{H} \cdot \mathrm{d}\boldsymbol{l} = \int_S \left(\boldsymbol{j} + \frac{\partial \boldsymbol{D}}{\partial t}\right) \cdot \mathrm{d}\boldsymbol{S} \tag{8-23}$$

式中，$\boldsymbol{H}=\boldsymbol{H}_0+\boldsymbol{H}_\mathrm{i}$，右边为全电流。上式表明，在任何磁场中磁场强度 $\boldsymbol{H}$ 沿着任何闭合回路的积分等于通过以该回路为周界的曲面 S 上的全电流，这就是全电流安培环路定理。

式（8-20）、式（8-21）、式（8-22）和式（8-23）四式就是麦克斯韦方程组的积分形式，这四个方程再加上描述介质性质的 $\boldsymbol{D}=\varepsilon\boldsymbol{E}$、$\boldsymbol{B}=\mu\boldsymbol{H}$ 和 $\boldsymbol{j}=\sigma\boldsymbol{E}$ 全面总结了电磁场的规律，可用来解决各种宏观电磁学问题。

麦克斯韦方程组是从电磁现象的宏观规律总结出来的静电电磁场理论。这个理论经受了实验的检验，并成为现代电子学和无线电电子学等不可缺少的理论基础。但和经典力学一样，经典电磁场理论也有一定的适用范围。将麦克斯韦方程组推广到高速运动的领域，发现仍然是正确的，可用来研究高速运动电荷的电磁场及一般辐射问题。洛伦兹将麦克斯韦方程组应用到分子和原子等微观领域，虽取得一定成就，但遇到了不可克服的困难，这说明宏观电磁场理论在微观领域不完全适用。近代建立起来的量子电动力学是研究微观带电粒子与电磁场相互作用的量子理论，而宏观电磁场理论可看成量子电动力学在一定条件下的近似。

小　结

1. 电磁感应现象

当通过回路（不管回路是否闭合）所包围面积的磁通量发生变化时，回路中就要产生感应电动势，这种现象称为电磁感应现象。

2. 法拉第电磁感应定律

不论什么原因使通过回路所包围面积的磁通量发生变化时，回路中产生的感应电动势与磁通量对时间的变化律成正比，即

$$\mathcal{E}_{\mathrm{i}}=-\frac{\mathrm{d}\Phi_{\mathrm{m}}}{\mathrm{d}t}$$

式中，负号表明了感应电动势的方向，也是楞次定律的体现。

3. 楞次定律

闭合回路中感应电流的方向，总是使得它所激发的磁场来阻碍引起感应电流的磁通量的变化。

4. 动生电动势

导体回路整体或回路的一部分在恒定磁场中作切割磁感线运动时而产生的感应电动势，称为动生电动势。引起动生电动势的非静电力是洛伦兹力。动生电动势的一般表达式为

$$\mathcal{E}_{\mathrm{i}}=\int_a^b(\boldsymbol{v}\times\boldsymbol{B})\cdot\mathrm{d}\boldsymbol{l}$$

5. 感生电动势

当相对于参考系是静止的一段导体或一导体回路处在变化的磁场中时，在导体上或导体回路中也会产生感应电动势，称为感生电动势。感生电动势的一般表达式为

$$\mathcal{E}_{\mathrm{i}}=\oint_L\boldsymbol{E}_{\mathrm{R}}\cdot\mathrm{d}\boldsymbol{l}=-\int_S\frac{\partial\boldsymbol{B}}{\partial t}\cdot\mathrm{d}\boldsymbol{S}$$

式中，对面积积分的区间 S 是以环路 L 为边界的曲面。

6. 自感、互感

回路中电流变化时所激发的变化磁场在自身回路中产生感应电动势的现象称为自感现象。所产生的电动势称为自感电动势。

$$\mathcal{E}_L=-L\frac{\mathrm{d}i}{\mathrm{d}t}$$

当一回路中的电流发生变化时，在邻近的另一个回路中产生感应电动势的现象，称为互感现象。所产生的电动势称为互感电动势

$$\mathcal{E}_{21}=-\frac{\mathrm{d}\Phi_{21}}{\mathrm{d}t}=-M\frac{\mathrm{d}i_1}{\mathrm{d}t}$$

$$\mathcal{E}_{12}=-\frac{\mathrm{d}\Phi_{12}}{\mathrm{d}t}=-M\frac{\mathrm{d}i_2}{\mathrm{d}t}$$

7. 磁场的能量和能量密度

磁场中单位体积内的磁场能量，称为磁能密度。在各向同性的非铁磁质中，磁能密度为

$$w_m=\frac{W_m}{V}=\frac{B^2}{2\mu}=\frac{1}{2}BH=\frac{1}{2}\mu H^2$$

8. 麦克斯韦电磁理论的基本假设

（1）涡旋电场

变化磁场产生感生电场，空间任一点的电场是静电场和感生电场的矢量和，即 $\boldsymbol{E}=\boldsymbol{E}_{静}+\boldsymbol{E}_{感}$，则有

$$\oint_L \boldsymbol{E}\cdot d\boldsymbol{l}=-\int_S \frac{\partial \boldsymbol{B}}{\partial t}\cdot d\boldsymbol{S}$$

（2）位移电流

变化的电场产生磁场，变化的电场所对应的电流即位移电流，它等于电位移通量对时间的变化率，即

$$I_d=\frac{d\Phi_d}{dt}$$

位移电流密度为

$$\boldsymbol{j}_d=\frac{\partial \boldsymbol{D}}{\partial t}$$

空间任一点的磁场应是传导电流 I 和位移电流 I_d 共同产生的磁场的矢量和。全电流安培环路定理为

$$\oint_L \boldsymbol{H}\cdot d\boldsymbol{l}=\int_S \boldsymbol{j}_0\cdot d\boldsymbol{S}+\int_S \frac{\partial \boldsymbol{D}}{\partial t}\cdot d\boldsymbol{S}$$

9. 麦克斯韦方程组

$$\oint_S \boldsymbol{D}\cdot d\boldsymbol{S}=\int_V \rho dV$$

$$\oint_L \boldsymbol{E}\cdot d\boldsymbol{l}=-\int_S \frac{\partial \boldsymbol{B}}{\partial t}\cdot d\boldsymbol{S}$$

$$\oint_S \boldsymbol{B}\cdot d\boldsymbol{S}=0$$

$$\oint_L \boldsymbol{H}\cdot d\boldsymbol{l}=\int_S\left(\boldsymbol{j}+\frac{\partial \boldsymbol{D}}{\partial t}\right)\cdot d\boldsymbol{S}$$

习 题

8-1 如图所示，在一长直导线 L 中通有电流 I，$ABCD$ 为一矩形线圈，它与 L 皆在纸面内，且 AB 边与 L 平行。当矩形线圈在纸面内向右移动时，线圈中感应电动势方向为____________；当线圈绕 AD 旋转，BC 离开纸面向外运动时，线圈中感应动势的方向为____________。

8-2 半径为 r 的小绝缘圆环，置于半径为 R 的大导线圆环中心，二者在同一平面内，且 $r \ll R$，在大导线环中通有正弦电流（取逆时针方向为正）$I=I_0\sin\omega t$，其中 ω、I_0 为常量，t 为时间，则任一时刻小圆环中感应电动势（取逆时针方向为正）为____________。

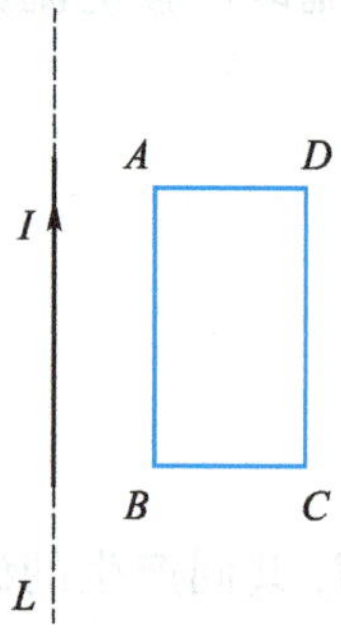

习题 8-1 图

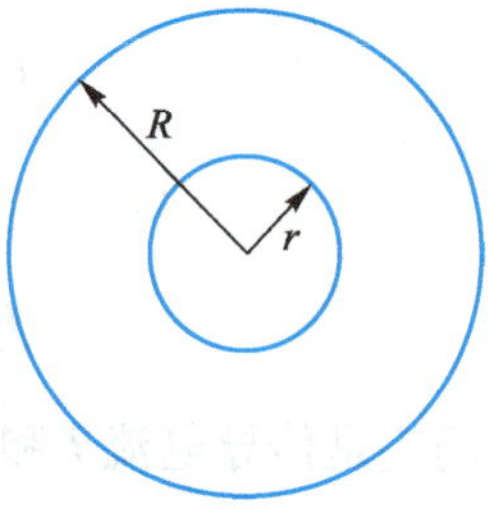

习题 8-2 图

8-3 长为 l 的金属直导线在垂直于均匀磁场的平面内以角速度 ω 转动。当转轴在导线上的位置在____________时，整个导线上的电动势为最大，其值为____________；当转轴位置在____________时，整个导线上的电动势为最小，其值为____________。

8-4 如图所示，半径为 R 的圆弧 abc 在磁感应强度为 $\boldsymbol{B}$ 的均匀磁场中沿 x 轴向右移动，已知 $\angle aOx=\angle cOx=150°$，若移动速度为 $\boldsymbol{v}$，则在圆弧 abc 中的感应电动势为____________。

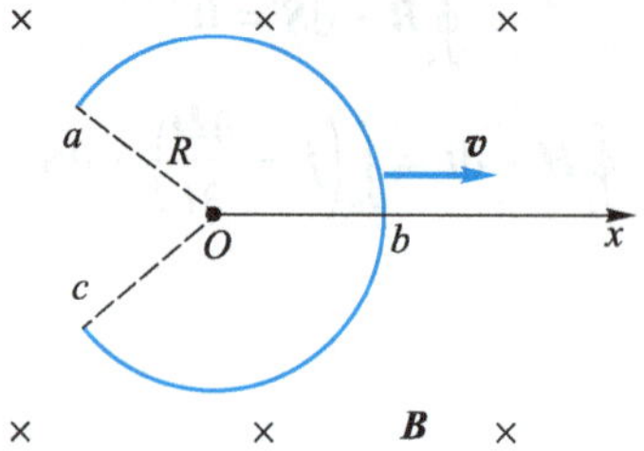

习题 8-4 图

8-5 在如图所示的电路中，导线 AC 在固定不动的导线上向右平移，$|AC|=5$ cm. 均匀磁场随时间的变化率 $\dfrac{\mathrm{d}B}{\mathrm{d}t}=-0.1$ T/s，某一时刻 AC 的速度大小 $v_0=2$ m/s，$B=0.5$ T，

$x = 10$ cm。则这时动生电动势的大小为________，总感生电动势的大小为________，之后，动生电动势的大小随 AC 的运动而________（填增大、减小或不变）。

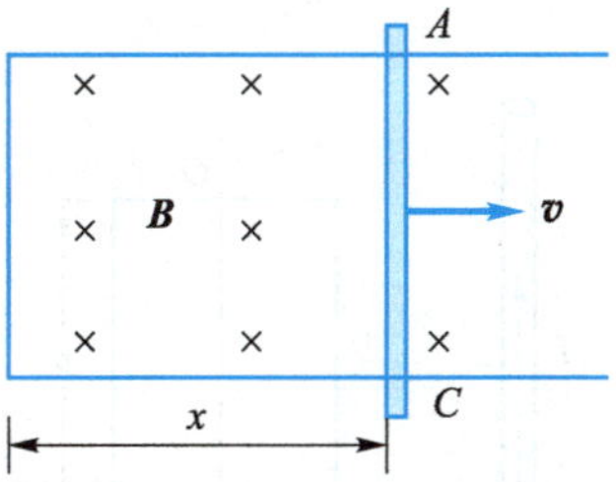

习题 8–5 图

8–6 如图所示，一段长度为 l 的直导线 ab，水平放置在电流为 I 的竖直长导线旁，与竖直导线共面，并由图示位置自由落下，则 t 时刻末，导线两端的电势差 $U_{ab}=$________。

8–7 如图所示，在长直导线近旁有一矩形平面线圈与长直导线共面，设线圈共有 N 匝，其边长分别为 a、b，线圈的一边与长直导线平行，相距为 d。则线圈与导线的互感为________。

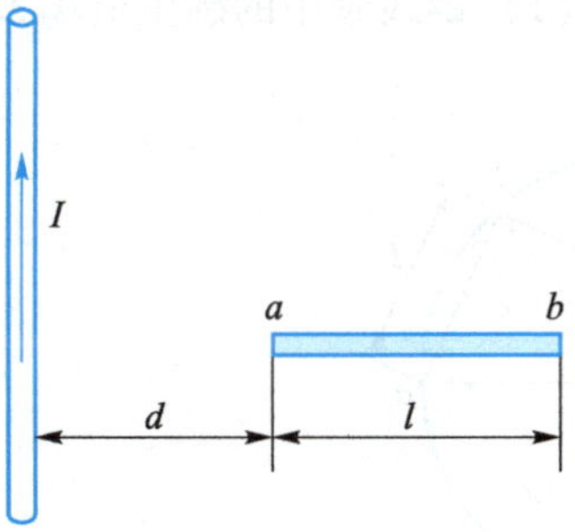

习题 8–6 图

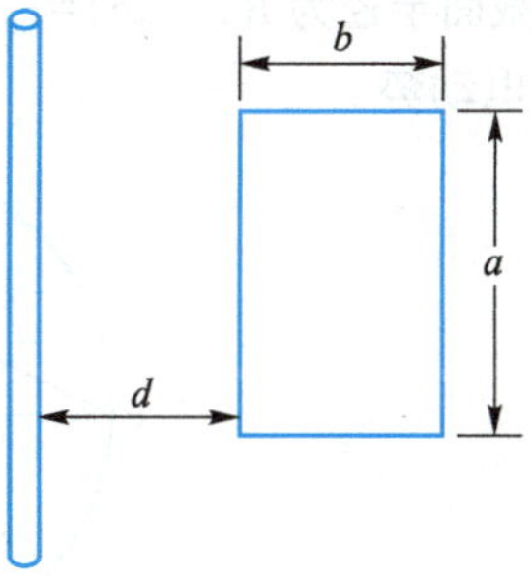

习题 8–7 图

8–8 长直导线 AB 中的电流 I 沿导线向上，并以 $\frac{dI}{dt}=2$ A/s 的变化率均匀增大。导线附近放一个与之同面的直角三角形线框，其一边与导线平行，位置及线框尺寸如图所示。求此线框中产生的感应电动势的大小和方向。($\mu_0=4\pi\times10^{-7}$ T·m/A)

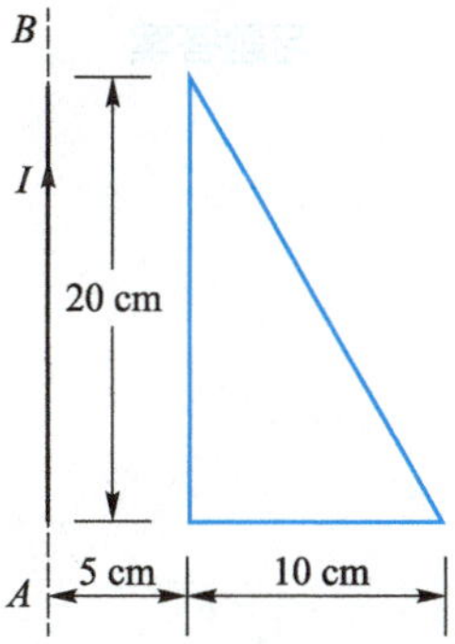

习题 8–8 图

8-9 一无限长直导线，通有电流为 I，旁边放有一矩形金属框，边长分别为 a 和 b，电阻为 R，如图所示。当线圈绕 OO' 轴转过 180°时，试求流过线框截面的感应电荷量。

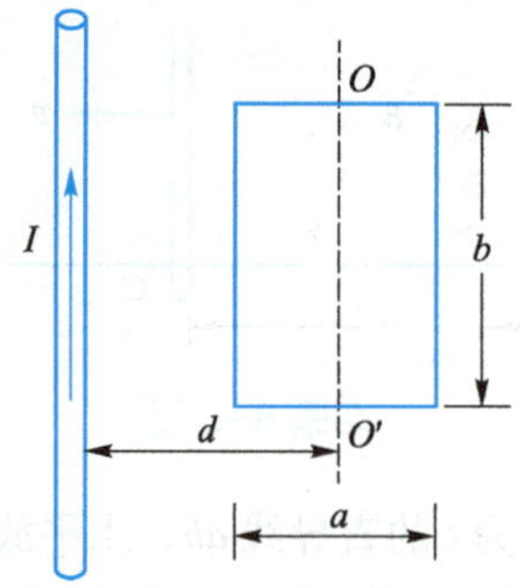

习题 8-9 图

8-10 在无限长螺线管中，有均匀分布变化的磁场 $\boldsymbol{B}(t)$。设 $\boldsymbol{B}$ 以速率 $\frac{\mathrm{d}B}{\mathrm{d}t}=k$ 变化（$k>0$，且为常量），方向与螺线管轴线平行，如图所示。现在其中放置一直角形导线 abc。若已知螺线管截面半径为 R，$|ab|=l$，试求：（1）螺线管中的感生电场 $\boldsymbol{E}$；（2）ab、bc 导线中的感生电动势。

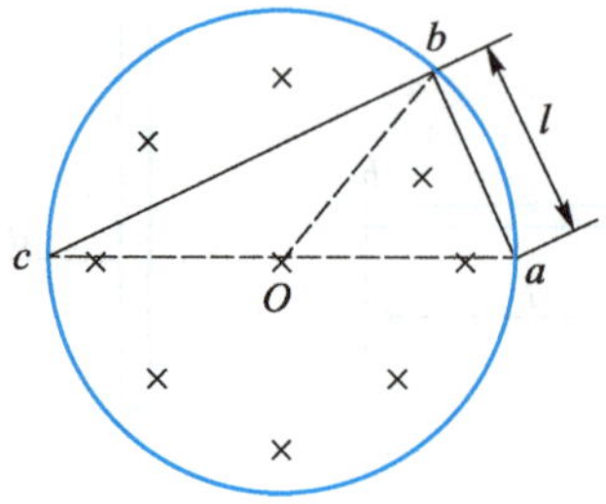

习题 8-10 图

习题答案

第九章　机械振动

本章资源

在前面的章节中，我们讨论了质点的运动、刚体的定轴转动以及电磁运动，在自然界中还存在一种普遍的物质运动形式，例如心脏的跳动、钟摆的摆动、琴弦的振动，再或者是机械设备的抖动、分子的振动、地震等，这些都属于振动。广义上，任意一个物理量，在某一定值附近的往复变化都是振动。而当一个物体在其稳定的平衡位置附近作往复运动时，则称为机械振动。在力学中，研究机械振动的规律具有重要意义，这是进一步研究机械波、波动光学、声学，以及地震学、建筑学甚至生物学的基础。因此掌握机械振动的规律也是进一步学习物理学其他分支的基础。

本章的主要内容有简谐振动的基本性质、简谐振动方程、简谐振动的能量问题以及两类基本的简谐振动的合成问题。

第一节　简谐振动

从运动形式上看，机械振动是多种多样的，它们可以是周期性的，也可以是非周期性的。但在各种机械振动中，最简单、最基本、最典型的形式就是简谐振动。当一个物体振动时，若其位置的坐标按余弦或正弦函数规律随时间变化，那么就可以称这样的振动为简谐振动。实验和理论都证明，一切复杂的振动都可以视为若干个简谐振动的合成；若干个简谐振动合成到一起，又可以形成一个复杂的振动。可见，简谐振动对于研究机械振动非常重要，简谐振动是研究一切复杂机械振动的基础。下面我们将从简谐振动入手，以简谐振动的理想化模型——弹簧振子以及小角度单摆为例，得出简谐振动的运动方程，并概括出简谐振动的特征。

一、简谐振动方程

1. 水平弹簧振子的运动

图 9-1 给出的是一个理想的弹簧振子系统，它由质量为 m 的小球和一个弹性系数为 k 的轻弹簧（即弹簧的质量忽略不计）组成。将弹簧置于光滑的水平面上，其左端固定，右端与小球相连。当弹簧处于自然伸长时，小球处于位置 O，如图 9-1（a）所示，此时小球静止不动，点 O 就是它的固定平衡位置。考虑弹簧在弹性形变的限度内，

小球所受到的弹性力满足胡克定律

$$F=-kx \tag{9-1}$$

即物体在任意位置所受的弹性力 F 与物体相对于平衡位置的位移大小 x 成正比，其中负号表示物体所受的弹性力始终与位移的方向相反，因此弹性力总是指向平衡位置，我们亦称其为回复力。下面我们分析一下振子作往复运动的原因。若把小球拉开（或压缩弹簧）使小球和平衡位置之间有一段很小的距离，然后撤掉外力［图 9-1（b）（c）］，小球会在回复力 F 的作用下向平衡位置点 O 运动，当小球运动到点 O 位置时，弹簧处于原长，其对小球的作用力为 0，但小球由于惯性将要继续沿着原来的方向运动一段距离，一旦小球偏离了平衡位置它又要受到弹簧回复力的作用，回复力始终要将小球拉回平衡位置点 O。由此可见，小球之所以会围绕平衡位置作往复运动，是因为其自身的惯性以及弹簧的弹性回复力的共同作用效果。

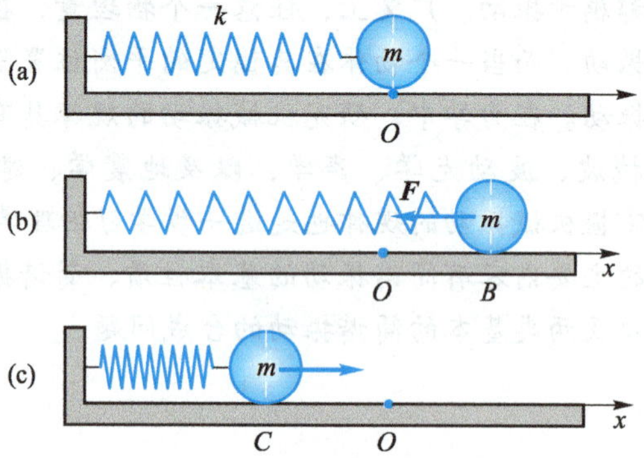

图 9-1　水平放置的弹簧振子

为了描述物体的运动，取平衡位置 O 为坐标原点，取水平向右为 x 轴的正方向。由于弹簧振子系统不受任何阻力，且弹簧的质量可忽略不计，根据牛顿第二定律，振子在弹性力作用下所获得的加速度的大小为

$$a=\frac{d^2x}{dt^2}=\frac{F}{m}=-\frac{k}{m}x \tag{9-2}$$

此式表明：振子的加速度的大小与位移的大小成正比，但加速度的方向与位移的方向相反。化简式（9-2），可得另一表达形式

$$\frac{d^2x}{dt^2}+\frac{k}{m}x=0 \tag{9-3}$$

这是一个一元二阶线性齐次常微分方程。

2. 小角度单摆的摆动

图 9-2 给出了一轻绳和一可视为质点的小球组成的单摆系统。绳的上端固定于点 A，下端与小球相连，小球自然下垂时静止于其固定平衡位置点 O。当小球在竖直面内被拉离平衡位置后，由于重力矩和惯性的作用，小球会围绕平衡位置来回摆动。若忽略空气阻力，这种摆动可以一直持续下去。这里的单摆可以是定轴转动的刚体，根据转动定律可列

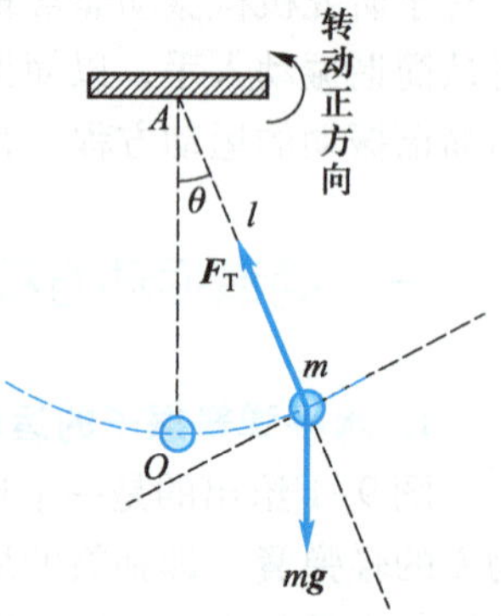

图 9-2　小角度摆动的单摆

出其动力学方程。可以假设被拉离平衡位置点 O 时的摆线与竖直方向的夹角为 θ（只考虑小角度摆动，一般 $\theta<5°$），并规定单摆逆时针方向转动时为正，则重力矩可写为

$$M=-mgl\sin\theta\approx-mgl\theta \tag{9-4}$$

式中，负号表示力矩的方向与角位移的方向相反，m、l 分别表示摆球的质量和摆线的长度，g 表示重力加速度。根据转动定律，其动力学方程为

$$-mgl\theta=J\frac{\mathrm{d}^2\theta}{\mathrm{d}t^2}=ml^2\frac{\mathrm{d}^2\theta}{\mathrm{d}t^2}$$

化简上式可得

$$\frac{\mathrm{d}^2\theta}{\mathrm{d}t^2}+\frac{g}{l}\theta=0 \tag{9-5}$$

与式（9-3）比较可知，两式在数学上是完全等价的。

对于一个给定的单摆系统，g 与 l 都是常量，而且都是正值，所以它们的比值可用另一个常量 ω^2 表示，即

$$\frac{g}{l}=\omega^2$$

同理，对于一个给定的弹簧振子，k 与 m 亦都是常量，且都是正值，所以它们的比值亦可用另一个常量 ω^2 表示，即

$$\frac{k}{m}=\omega^2$$

此时，如果统一用 x 代替式（9-3）中的 x 和式（9-5）中的 θ，那么式（9-3）和式（9-5）将具有相同的形式

$$\frac{\mathrm{d}^2x}{\mathrm{d}t^2}+\omega^2x=0 \tag{9-6}$$

这就是简谐振动方程的微分表达形式。前面曾提到，它是一个二阶线性齐次常微分方程，其通解为

$$x=A\cos(\omega t+\varphi) \tag{9-7a}$$

也可以写成

$$x=A\sin(\omega t+\varphi') \tag{9-7b}$$

上述两式称为简谐振动方程表达式，其中 A、φ、φ' 都是由初始条件确定的常量。这两种表达式是等同的，今后我们统一采用式（9-7a）的形式。

以上讨论告诉我们：物体在一个与位移大小成正比、方向始终指向平衡位置的回复力或力矩的作用下，将进行如式（9-7）所示的周期性振动，亦即物体离开平衡位置的位移按余弦或正弦函数随时间而变化，这就是简谐振动。式（9-6）是简谐振动的微分方程，式（9-1）和式（9-4）则可以表示简谐振动的动力学特征。根据简谐振动的动力学特征可知，振动物体的加速度（或角加速度）总是与位移（或角位移）大小成正比，与其方向相反。从受力的角度看，它们不是受到回复力就是受到与弹性力的规律完全类似的力矩作用，因此它们具有相同的动力学方程形式就是必然的了。广义地说，任何一个物理量，只要遵循式（9-6）或式（9-7）的关系而变化，那么就说这个物理量在作简谐振动。尽管不同物理量的本质有区别，但是简谐振动随时间遵从余弦

函数（或正弦函数）的数学规律是广泛适用的。

二、简谐振动的速度和加速度

根据速度及加速度的定义，由式（9-7a）可得到作简谐振动的物体在 t 时刻的速度及加速度的大小，分别为

$$v=\frac{\mathrm{d}x}{\mathrm{d}t}=-A\omega\sin(\omega t+\varphi) \tag{9-8a}$$

$$a=\frac{\mathrm{d}^2x}{\mathrm{d}t^2}=-A\omega^2\cos(\omega t+\varphi) \tag{9-8b}$$

式（9-7a）、式（9-8a）、式（9-8b）可用如图 9-3 所示的 $x-t$、$v-t$、$a-t$ 曲线来表示。这些曲线图表明作简谐振动的物体的位移、速度和加速度皆随时间作周期性变化。对比图 9-3（a）和图 9-3（b）可以发现，当位移达到极大值时速度为零，而当位移为零时速度有极大值。对比图 9-3（a）和图 9-3（c）可以发现，加速度的大小与位移的大小成正比，但加速度的方向与位移方向始终相反。

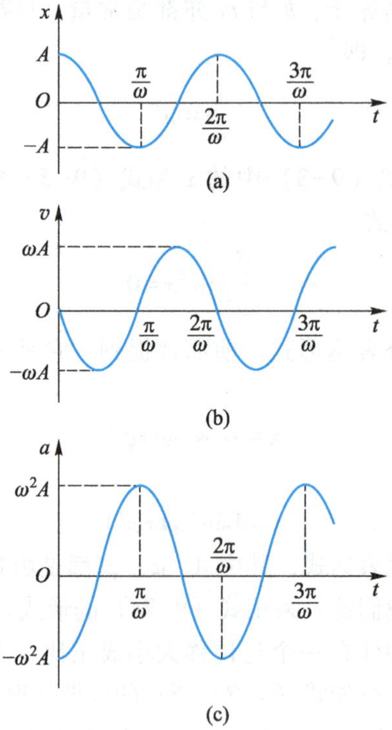

图 9-3　简谐振动的位移、速度、加速度随时间变化的曲线图

三、简谐振动的振幅、周期、频率和相位

下面将结合简谐振动的表达式 $x=A\cos(\omega t+\varphi)$ 来分析说明关于描述简谐振动性质的相关物理量——振幅、周期、频率和相位的物理意义。

1. 振幅

振幅描述的是作振动的物体离开平衡位置的最大位移的绝对值。式（9-7）中的 A 的大小就是振幅，记为 $|A|$。相应地，根据式（9-8a）可以看出振动速度也存在一个极大值，称为速度幅 $v_m=\omega A$；振动加速度也存在一个极大值［式（9-8b）］，称为加速度幅 $a_m=\omega^2 A$。

2. 周期

简谐振动的一个特点是具有周期性，即振动物体的运动状态每经过一固定时间后又回到原来的状态，这样就说它完成了一次完全振动。物体作一次完全振动所经历的时间称为振动周期，用 T 表示。例如在弹簧振子的示例中（图 9-1），物体自位置 B 经 O 到达 C，然后再回到 B；或者物体自位置 O 到达 B，再经过 O 到达 C，然后再回到 O，都表示振子作了一次完全振动，这个过程所经历的时间即是一个周期 T。由此，我们可以推断出，物体在任意时刻 t 的位置、速度和加速度，应与物体在时刻 $t+T$ 的位置、速度和加速度完全相同。因此，有

$$x=A\cos(\omega t+\varphi)=A\cos[\omega(t+T)+\varphi] \tag{9-9}$$

由于余弦函数的周期是 2π，有

$$\cos(\omega t+\varphi)=\cos(\omega t+\varphi+2\pi) \tag{9-10}$$

比较式（9-9）和式（9-10），可得

$$\omega T=2\pi$$

或写成

$$T=\frac{2\pi}{\omega} \tag{9-11}$$

这就是简谐振动的周期表达式。

有了简谐振动的周期，也可以得到简谐振动的频率。频率是振动物体在单位时间内完成完全振动的次数，通常用 ν 表示，频率和周期的关系式为

$$\nu=\frac{1}{T}=\frac{\omega}{2\pi} \tag{9-12}$$

在国际单位制中，频率的单位是赫兹，符号是 Hz。式（9-12）也可表示为 $\omega=2\pi\nu$，ω 称为角频率，单位是弧度每秒，符号是 $\mathrm{rad}\cdot\mathrm{s}^{-1}$，它在数值上等于频率 ν 的 2π 倍。

根据前面两个示例的讨论可知，对于弹簧振子，因为 $\omega=\sqrt{\frac{k}{m}}$，所以

$$T=2\pi\sqrt{\frac{m}{k}}$$

以及

$$\nu=\frac{1}{2\pi}\sqrt{\frac{k}{m}}$$

对于小角度的单摆系统，其 $\omega=\sqrt{\frac{g}{l}}$，则有

$$T=2\pi\sqrt{\frac{l}{g}}$$

以及

$$\nu=\frac{1}{2\pi}\sqrt{\frac{g}{l}}$$

由此可见，T、ν 只由系统本身的物理性质（m、k、g 或 l）决定，与振幅大小及其他因素无关，所以称为振动系统的固有周期和固有频率。

3. 相位

观察位移 x、速度 v 以及加速度 a 的表达式，会发现它们都包含 $\omega t+\varphi$，这一部分就称为振子在 t 时刻的相位，其中的 φ 是 $t=0$ 时刻的相位，也称为初相位或初相。

相位具有怎样的物理意义呢？在力学中，物体在某一时刻的运动状态，可以用位矢和速度来描述。对于某一简谐振动，当其振幅 A 及角频率 ω 一定时，由式（9-7）和式（9-8）可看出，相位 $\omega t+\varphi$ 决定了此振动在 t 时刻的运动状态。由于 $\cos(\omega t+\varphi)$ 是以 2π 为周期的函数，所以当相位改变 2π 的整数倍时，有 $\cos(\omega t+\varphi+2\pi n)=\cos(\omega t+\varphi)$，表示物体完成了 n 次全振动后又会回到原来的运动状态。初相 φ 则可以理解为决定 $t=0$ 时刻振动状态的量，通常 φ 的取值范围是$[-\pi,\pi]$或$[0,2\pi]$。

4. 初始条件

把 $t=0$ 分别代入式（9-7）和式（9-8），可得到初始时刻简谐振动的初位移 x_0 和初速度 v_0 的表达式。根据前面的讨论，ω、T 和 ν 均由振动系统本身的性质所决定。因此，对某一谐振子系统而言，在其角频率 ω 确定的条件下，如果测得了物体的初位移 x_0 和初速度 v_0，那么就可以联立它们的表达式确定简谐振动的振幅 A 和初相 φ。详细推导过程如下。

将 $t=0$ 分别代入式（9-7）和式（9-8a），可得

$$x_0=A\cos\varphi$$
$$v_0=-A\omega\sin\varphi$$

联立以上两式即可求得 A 和 φ 的唯一解为

$$A=\sqrt{x_0^2+\frac{v_0^2}{\omega^2}} \tag{9-13}$$

$$\tan\varphi=\frac{-v_0}{\omega x_0} \tag{9-14}$$

可见，简谐振动的振幅 A 及初相 φ 完全由初始条件 x_0 及 v_0 来决定。也就是说，对于给定的简谐振子，根据不同的初始条件，它将以不同的振幅和初相振动，但所具有的周期和频率是不会变的。

[例 9-1] 物体沿 x 轴作简谐振动，振幅为 12 cm，周期为 2 s，当 $t=0$ 时，物体的坐标为 6 cm，且向 x 轴正方向运动。（1）求初相；（2）求 $t=0.5$ s 时，物体的坐标、速度和加速度；（3）从物体在平衡位置，且向 x 轴负方向运动的时刻开始计时，求初相，并写出运动方程。

解 设向右为 x 轴的正方向，并设物体的运动方程为

$$x=A\cos(\omega t+\varphi)$$

（1）根据题意可知

$$T=\frac{2\pi}{\omega}=2\ \text{s}$$

所以 $\omega=2\pi\ \text{rad}\cdot\text{s}^{-1}$。

当 $t=0$ 时，$x_0=6\ \text{cm}$，$v_0>0$，有 $x_0=12\cos\varphi\ \text{cm}=6\ \text{cm}$，则 $\cos\varphi=1/2$，所以 $\varphi=\frac{\pi}{3}$或 $\frac{5}{3}\pi$。因为 $v_0>0$，所以取 $\varphi=\frac{5}{3}\pi$。其运动方程为

$$x=12\cos\left(\pi t+\frac{5}{3}\pi\right)\ \text{cm}$$

（2）$t=0.5\ \text{s}$ 时，坐标、速度和加速度分别为

$$x_{0.5\text{s}}=12\cos\left(\pi\times0.5+\frac{5}{3}\pi\right)\ \text{cm}=10.4\ \text{cm}$$

$$v_{0.5\text{s}}=-12\pi\sin\left(\pi\times0.5+\frac{5}{3}\pi\right)\ \text{cm}\cdot\text{s}^{-1}=-18.8\ \text{cm}\cdot\text{s}^{-1}$$

$$a_{0.5\text{s}}=-12\pi^2\cos\left(\pi\times0.5+\frac{5}{3}\pi\right)\ \text{cm}\cdot\text{s}^{-2}=-103\ \text{cm}\cdot\text{s}^{-2}$$

负号表示 $t=0.5\ \text{s}$ 时，物体的速度和加速度方向皆与 x 轴正方向相反。

（3）根据题意，当 $t=0$ 时，$x_0=0$，将其代入振动方程，得

$$x_0=0=12\cos\varphi\ \ \text{cm}$$

得 $\cos\varphi=0$，所以有 $\varphi=\frac{\pi}{2}$或$\frac{3}{2}\pi$。

又因为 $v_0<0$，所以取 $\varphi=\frac{\pi}{2}$，其运动方程为

$$x=12\cos\left(\pi t+\frac{\pi}{2}\right)\ \text{cm}$$

[例 9-2] 一轻弹簧的左端固定，其弹性系数 $k=1.60\ \text{N}\cdot\text{m}^{-1}$，弹簧的右端系一质量 $m=0.4\ \text{kg}$ 的物体，并放置在光滑的水平桌面上，参见图 9-1。今将物体从平衡位置沿桌面向右拉长到 $x_0=0.02\ \text{m}$ 处释放，试求：（1）简谐振动表达式；（2）物体从初始位置运动到第一次经过 $A/2$ 处时的速度。

解 （1）要确定一个物体的简谐振动表达式，需要确定角频率 ω（或频率 ν）、振幅 A 和初相 φ 三个物理量。

角频率

$$\omega=\sqrt{\frac{k}{m}}=\sqrt{\frac{1.6}{0.4}}\ \text{rad}\cdot\text{s}^{-1}=2.0\ \text{rad}\cdot\text{s}^{-1}$$

振幅和初相由初始条件 x_0 及 v_0 决定，已知 $x_0=0.02\ \text{m}$，$v_0=0$，则振幅

$$A=\sqrt{x_0^2+\frac{v_0^2}{\omega^2}}=x_0=0.02\ \text{m}$$

初相

$$\varphi=\arctan\left(\frac{-v_0}{\omega x_0}\right)$$

根据题设，x_0 为正，$v_0=0$，因此 $\varphi=0$。将 ω、A 和 φ 代入简谐振动表达式（9-7a）可得 $x_0=0.02\cos(2.0t)$　m。

（2）欲求 $x=A/2$ 处的速度，需先求出物体从初位置开始运动，第一次抵达 $A/2$ 处的相位。因为 $x=A\cos\omega t$，所以得

$$\omega t=\arccos\frac{x}{A}=\arccos\frac{A/2}{A}=\arccos\frac{1}{2}=\frac{\pi}{3}\text{或}\frac{5\pi}{3}$$

按题意物体由初位置 $x=A$ 第一次运动到 $x=A/2$ 处，相位 ωt 值应取第一象限，即取 $\omega t=\frac{\pi}{3}$。

将 A、ω 和 ωt 的值代入速度公式，可得

$$v=-A\omega\sin\omega t=\left[-0.02\times2.0\left(\sin\frac{\pi}{3}\right)\right]\ \mathrm{m\cdot s^{-1}}=-0.034\ \mathrm{m\cdot s^{-1}}$$

负号表示速度的方向沿 x 轴负方向。

四、旋转矢量

要表示一个简谐振动，可以给出它的振动表达式（9-7），或是用作图法作出简谐振动曲线（图 9-3），它们都可以给出简谐振动的运动状态及其特征信息。要描述简谐振动，除了这两种方法，还有一种方法称为旋转矢量法。这种方法利用几何图形可以更为形象、直观地描述简谐振动的运动规律，同时可以简化数学处理，利用图示让我们更加直观地领会简谐振动表达式中 A、ω 和 φ 的含义。

按照旋转矢量法，简谐振动与质点作匀速圆周运动时的轨迹圆相对应。如图 9-4 所示，从 x 轴的原点 O 作出一旋转矢量 $\boldsymbol{A}$，使 $|\boldsymbol{A}|=A$（简谐振动的振幅），令 $\boldsymbol{A}$ 绕原点 O 沿逆时针方向匀角速转动，其角速度等于简谐振动的角频率 ω。设 $t=0$ 时刻 $\boldsymbol{A}$ 与 x 轴之间的夹角为 φ，经过时间 t 后，$\boldsymbol{A}$ 转过的角度为 ωt，那么 t 时刻旋转矢量 $\boldsymbol{A}$ 的端点在 x 轴上的投影则为

$$x=A\cos(\omega t+\varphi)$$

这正是简谐振动的表达式。圆周运动的角速度 $\omega\left(\text{或周期 }T=\frac{2\pi}{\omega}\right)$ 就等于振动的角频率（或周期），圆周的半径就等于振动的振幅 $|\boldsymbol{A}|=A$。初始时刻作圆周运动的质点的径矢与 x 轴的夹角（即初始时刻旋转矢量 $\boldsymbol{A}$ 与 x 轴的夹角）就是振动的初相 φ。此外，根据质点圆周运动的知识，还可以得到旋转矢量 $\boldsymbol{A}$ 的端点 M 的运动速度和向心加速度的大小分别为 $v_m=A\omega$ 和 $a_n=A\omega^2$。由几何关系（图 9-5），还可得 t 时刻 v_m

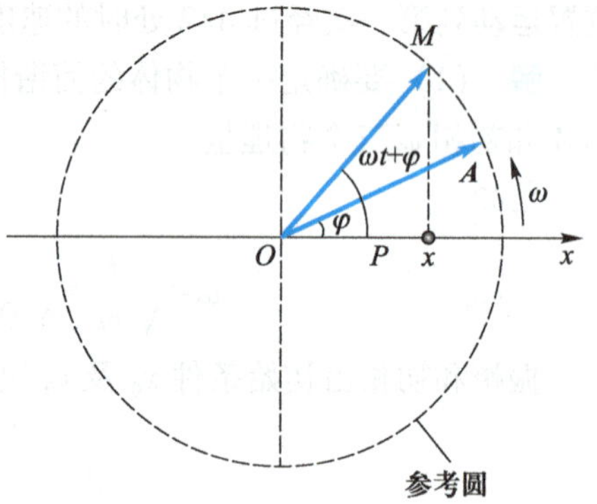

图 9-4　用旋转矢量表示简谐振动

和 a_n 在 x 轴上的投影分别为

$$v(t)=v_m\cos(\omega t+\varphi+\pi/2)=-A\omega\sin(\omega t+\varphi)$$

$$a(t)=-A\omega^2\cos(\omega t+\varphi)$$

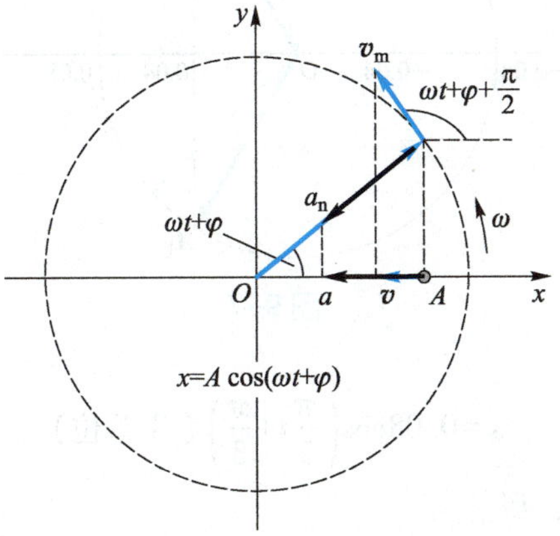

图 9-5　用旋转矢量大小表示简谐振动的速度和加速度

这也恰好是简谐振动的速度和加速度的表达式。可见，如果作图表示出作匀速圆周运动的质点的初始径矢的位置，转动的角速度为 ω（图 9-4），则相应的简谐振动的三个特征量都可以表示出来，因此这样一张图便可表示一个确定的简谐振动。此时，作匀速圆周运动的质点（旋转矢量 $\boldsymbol{A}$ 的端点 M）在某一轴（此处为 x 轴）上的投影的运动就是简谐振动，旋转矢量的运动是转动，它的端点 M 在 x 轴上的投影则围绕平衡位置点 O 作简谐振动。这种表示简谐振动的方法就是旋转矢量法。

[例 9-3] 一质量为 0.01 kg 的物体作简谐振动，其振幅为 0.08 m，周期为 4 s，起始时刻物体在 $x=0.04$ m 处，向 Ox 轴负方向运动（图 9-6）。求：(1) $t=1.0$ 时，物体所在的位置和所受的力；(2) 由起始位置运动到 $x=-0.04$ m 处所需要的最短时间。

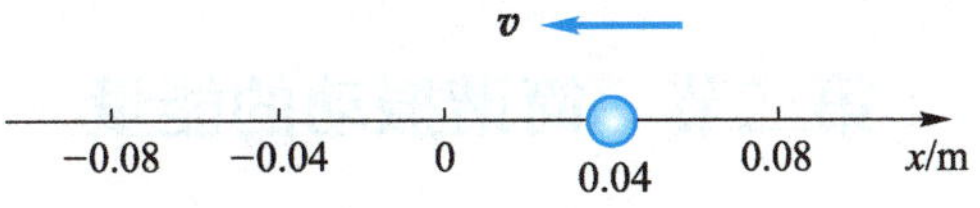

图 9-6

解　(1) 设简谐振动方程为

$$x=A\cos(\omega t+\varphi)$$

根据题意知，$T=4$ s，所以有

$$\omega=\frac{2\pi}{T}=\frac{\pi}{2}$$

又由于 $t=0$ 时，$x=0.04$ m，代入简谐振动方程得

$$0.04=0.08\cos\varphi \text{（SI 单位）}$$

因此 $\varphi=\pm\dfrac{\pi}{3}$，利用旋转矢量，如图 9-7 所示，对应于 $\boldsymbol{A}_1$ 或 $\boldsymbol{A}_2$。

又因 $t=0$ 时，$v<0$，则只能取 $\boldsymbol{A}_2$，因此 $\varphi=\dfrac{\pi}{3}$。简谐振动方程为

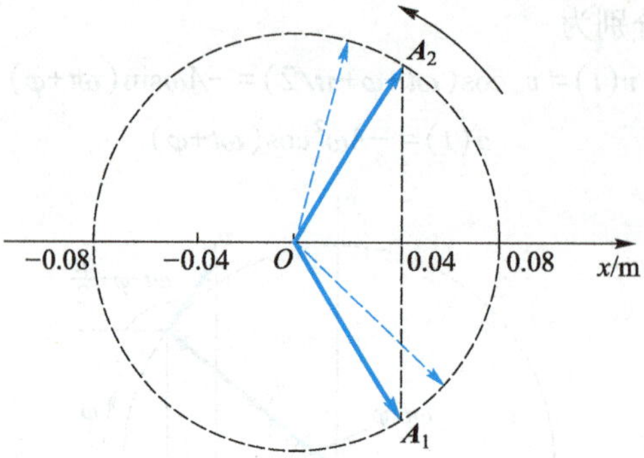

图 9-7

$$x = 0.08\cos\left(\frac{\pi}{2}t+\frac{\pi}{3}\right)\ (\text{SI 单位})$$

将 $t=1.0\,\text{s}$ 代入上式，得

$$x=-0.069\ \text{m}$$

所以

$$F=-kx=-m\omega^2 x=1.70\times10^{-3}\ \text{N}$$

（2）设由起始位置运动到 $x=-0.04\ \text{m}$ 处所需要的最短时间为 t。把 $x=-0.04\ \text{m}$ 代入简谐振动方程，得

$$-0.04=0.08\cos\left(\frac{\pi}{2}t+\frac{\pi}{3}\right)\ (\text{SI 单位})$$

可得 $t=\dfrac{\arccos\left(-\dfrac{1}{2}\right)-\dfrac{\pi}{3}}{\pi/2}\ \text{s}\approx0.667\ \text{s}$。

第二节 简谐振动的能量

简谐振动又称为无阻尼自由振动，由于系统不受任何阻力，所以系统遵循机械能守恒定律。对于机械振动，系统则遵守能量守恒定律。在简谐振动过程中，振动物体的速度是不断改变的，因此动能也在不断变化中。以弹簧振子来说，振动物体的动能为

$$E_k=\frac{1}{2}mv^2=\frac{1}{2}m\omega^2A^2\sin^2(\omega t+\varphi) \tag{9-15}$$

通常取物体在平衡位置时的势能为零，则弹性势能为

$$E_p=\frac{1}{2}kx^2=\frac{1}{2}kA^2\cos^2(\omega t+\varphi) \tag{9-16}$$

振子系统的总机械能为

$$E=E_{k}+E_{p}=\frac{1}{2}kA^{2}=\frac{1}{2}m\omega^{2}A^{2}=常量 \tag{9-17}$$

从上面的式（9-15）、式（9-16）可以看出，E_k、E_p 均是时间的周期性函数，它们的变化周期是振动周期的一半，而且最大值、最小值乃至对时间的平均值都相同，只是变化的步调（相位）不同。当动能达到最大（或最小）值时，势能则达到最小（或最大）值。尽管弹簧振子的动能和势能随时间而变化，但是由于简谐振动系统只有保守内力做功，所以系统的总能量不随时间发生变化，即在任一时刻系统的总机械能守恒，且与振幅的平方成正比［式（9-17）］。在每一周期内，动能和势能的平均值是相等的，都等于总能量的一半：

$$\overline{E}_{k}=\frac{1}{T}\int_{0}^{T}E_{k}(t)\,dt=\frac{1}{T}\int_{0}^{T}\frac{1}{2}kA^{2}\sin^{2}(\omega t+\varphi)\,dt=\frac{1}{4}kA^{2} \tag{9-18a}$$

$$\overline{E}_{p}=\frac{1}{T}\int_{0}^{T}\frac{1}{2}kx^{2}dt=\frac{1}{4}kA^{2} \tag{9-18b}$$

E_k、E_p 和 E 与时间或位移的关系分别如图 9-8、图 9-9 所示。

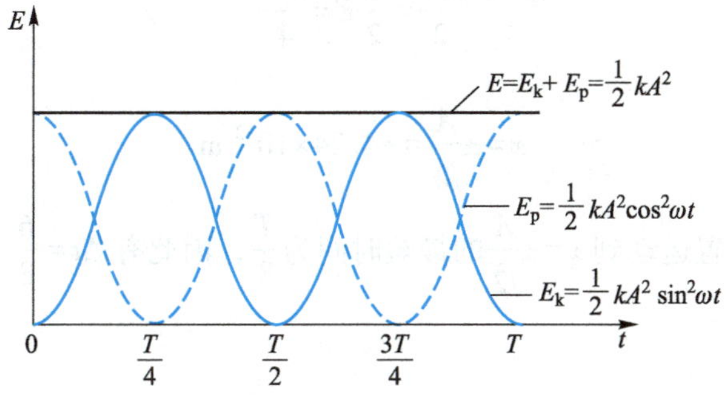

图 9-8 简谐振动中能量与时间的关系（$\varphi=0$）

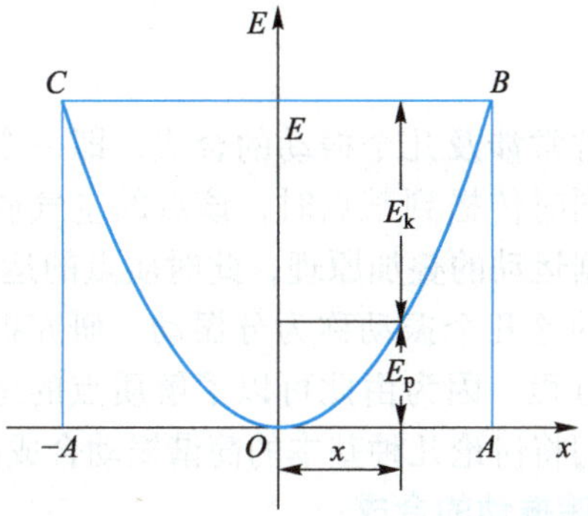

图 9-9 简谐振动的能量与位移的曲线

［例 9-4］一质点作简谐振动，其振动方程为 $x=6.0\times10^{-2}\cos\left(\frac{\pi t}{3}-\frac{\pi}{4}\right)$（SI 单位）。(1) 振幅、周期、频率及初相位各为多少？(2) 当 x 值为多大时，系统的势能为总能量的一半？(3) 质点从平衡位置移动到此位置所需最短时间为多少？

解 (1) 将题中振动方程与标准振动方程 $x=A\cos(\omega t+\varphi)$ 相比可知

$$\begin{cases}\varphi=-\dfrac{\pi}{4}\\ A=6\times10^{-2}\ \text{m}\\ \omega=\dfrac{\pi}{3}\ \text{rad}\cdot\text{s}^{-1}\end{cases}$$

因为 $\omega=\dfrac{\pi}{3}$，所以 $\nu=\dfrac{\omega}{2\pi}=\dfrac{1}{6}\ \text{Hz}$，$T=\dfrac{2\pi}{\omega}=\dfrac{1}{\nu}=6\ \text{s}$。

（2）总能量为

$$E=\frac{kA^2}{2}$$

势能为

$$E_p=\frac{kx^2}{2}$$

由题意，当系统的势能为总能量的一半时，有

$$\frac{kx^2}{2}=\frac{1}{2}E=\frac{kA^2}{4}$$

可得

$$x=\pm\frac{A}{\sqrt{2}}=\pm4.24\times10^{-2}\ \text{m}$$

（3）从平衡位置运动到 $x=\pm\dfrac{A}{\sqrt{2}}$ 的最短时间为 $\dfrac{T}{8}$，因此有 $\Delta t=\dfrac{6}{8}\ \text{s}=0.75\ \text{s}$。

第三节　简谐振动的合成

在很多实际情况中，常常涉及几个振动的合成，即一个质点往往同时参与两个或多个振动。例如两列声波同时传播到某点时，该点的空气质点就会同时参与这两列声波在该点引起的振动。根据运动的叠加原理，此时质点的运动就是这几个振动的合成，称为合振动，而参与合成的这几个振动称为分振动。研究振动的合成，主要是求出合振动的运动表达式或轨迹方程，因为由此可以了解质点的运动情况。一般讨论这个问题往往比较复杂，以下我们将讨论几种基本的简谐振动合成问题。

1. 同方向、同频率简谐振动的合成

设一质点同时参与沿 x 轴方向的两个同频率的简谐振动，它们的振动方程分别为

$$x_1=A_1\cos(\omega t+\varphi_1)$$
$$x_2=A_2\cos(\omega t+\varphi_2)$$

式中，ω 为角频率，A_1、A_2 和 φ_1、φ_2 分别是两个简谐振动的振幅和初相位。

它们的合振动为

$$\begin{aligned}x&=x_1+x_2=A_1\cos(\omega t+\varphi_1)+A_2\cos(\omega t+\varphi_2)\\&=(A_1\cos\varphi_1+A_2\cos\varphi_2)\cos\omega t-(A_1\sin\varphi_1+A_2\sin\varphi_2)\sin\omega t\end{aligned}$$

利用三角函数的性质可以证明，x_1 与 x_2 叠加得出的合振动 x 也是角频率为 ω 的简谐振动，即

$$x=A\cos(\omega t+\varphi)$$

式中，A 与 φ 分别是合振动的振幅与初相位，其值分别为

$$A=\sqrt{A_1^2+A_2^2+2A_1A_2\cos(\varphi_2-\varphi_1)} \tag{9-19}$$

$$\varphi=\arctan\frac{A_1\sin\varphi_1+A_2\sin\varphi_2}{A_1\cos\varphi_1+A_2\cos\varphi_2} \tag{9-20}$$

采用旋转矢量法也可以得出上述结论。如图 9-10 所示，两个分振动的旋转矢量分别为 $\boldsymbol{A}_1$ 和 $\boldsymbol{A}_2$，开始时（$t=0$），它们与 x 轴的夹角分别为 φ_1 和 φ_2，矢量的端点在 x 轴的投影分别为 x_1 及 x_2。由矢量合成的平行四边形法则，可得出合矢量 $\boldsymbol{A}=\boldsymbol{A}_1+\boldsymbol{A}_2$。由于 $\boldsymbol{A}_1$、$\boldsymbol{A}_2$ 以相同的角速度 ω 绕点 O 作逆时针旋转，它们的夹角 $\varphi_2-\varphi_1$ 在旋转过程中保持不变，并以相同的角速度 ω 和 $\boldsymbol{A}_1$、$\boldsymbol{A}_2$ 一起绕点 O 作逆时针旋转。从图 9-10 可以看出，任一时刻合矢量 $\boldsymbol{A}$ 在 x 轴上的投影 x，等于矢量 $\boldsymbol{A}_1$、$\boldsymbol{A}_2$ 在 x 轴上的投影 x_1、x_2 的代数和，即 $x=x_1+x_2$。因此合矢量 $\boldsymbol{A}$ 即为合振动所对应的旋转矢量，它的模即为合振动的振幅 A，开始时矢量 $\boldsymbol{A}$ 与 x 轴的夹角即为合振动的初相位 φ，由此可得合振动的位移为

$$x=A\cos(\omega t+\varphi)$$

而由余弦定理，亦可求得式（9-19），利用几何和三角关系也不难求得式（9-20）。

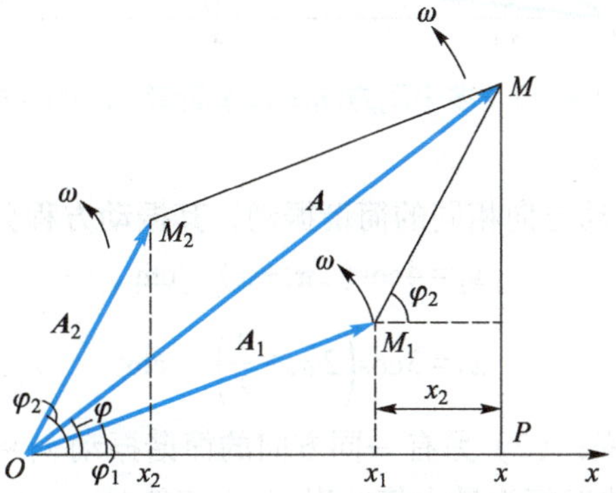

图 9-10 同频简谐振动的合成

由式（9-19）可见，合振幅的大小不但取决于两个分振幅 A_1 和 A_2，还与它们的相位差 $\varphi_2-\varphi_1$ 有关。下面我们分三种常见的情况进行讨论：

（1）若相位差$(\varphi_2-\varphi_1)=\pm2k\pi$，$k$ 为 0 或任意整数（即两个简谐振动的相位相同，或称同相位），则有

$$A=\sqrt{A_1^2+A_2^2+2A_1A_2}=A_1+A_2$$

即两个分振动同相时，合振动的振幅等于两分振动的振幅之和，合成的结果为互相加强。若 $A_1=A_2$，则 $A=A_1+A_2=2A_1$。

（2）若相位差$(\varphi_2-\varphi_1)=\pm(2k+1)\pi$，$k$ 为 0 或任意整数（即两个简谐振动的相位相反，或称反相位），则有

$$\cos(\varphi_2-\varphi_1)=-1$$

因此

$$A=\sqrt{A_1^2+A_2^2-2A_1A_2}=|A_1-A_2|$$

即当两分振动反相位时，合振动的振幅等于两分振动振幅之差的绝对值（振幅总是正的，故取绝对值），即合成的结果相互减弱。若 $A_1=A_2$，则 $A=0$。

(3) 以上是两种极端的情形。在一般情形下，相位差 $\varphi_2-\varphi_1$ 可取任意值，而合振动的振幅 A 的值则是 A_1+A_2 和 $|A_1-A_2|$ 之间的某个值。

以上这些讨论结果是很重要的，它们将在波的干涉问题中有重要的应用。

对于多个同方向、同频率简谐振动的合成，可用矢量合成的多边形法则进行研究。为此只要将代表每个简谐振动的旋转矢量按多边形法则相加，即可得到合振动的旋转矢量 $\boldsymbol{A}$ 和初相位 φ，如图 9-11 所示。可以证明：多个同方向、同频率简谐振动合成后的合振动，仍是简谐振动。

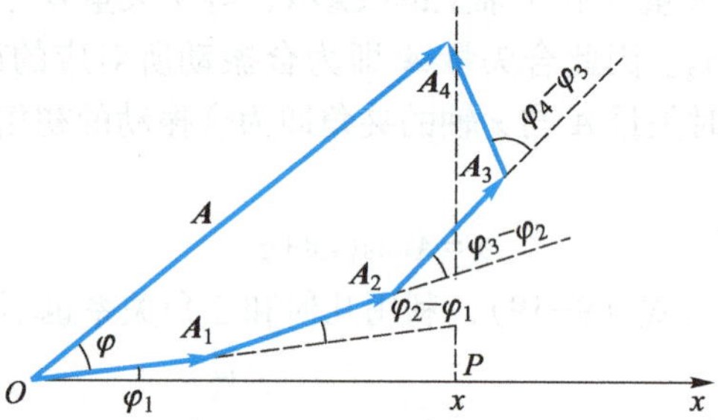

图 9-11　多个同方向同频率简谐振动的合成

[例 9-5] 有两个振动方向相同的简谐振动，其振动方程分别为

$$x_1=4\cos(2\pi t+\pi)\quad \text{cm}$$

$$x_2=3\cos\left(2\pi t+\frac{\pi}{2}\right)\quad \text{cm}$$

(1) 求它们的合振动方程；(2) 另有一同方向的简谐振动 $x_3=2\cos(2\pi t+\varphi_3)$ (cm)，问当 φ_3 为何值时，x_1+x_3 的振幅为最大值？当 φ_3 为何值时，x_1+x_3 的振幅为最小值？

解 (1) 由题意可知 x_1 和 x_2 是两个振动方向相同、频率也相同的简谐振动，其合振动也是简谐振动，设其合振动方程为 $x=A\cos(\omega t+\varphi_0)$，则合振动角频率与分振动的角频率相同，即

$$\omega=2\pi\ \text{rad}\cdot\text{s}^{-1}$$

合振动的振幅为

$$A=\sqrt{A_1^2+A_2^2+2A_1A_2\cos(\varphi_2-\varphi_1)}$$

$$=\sqrt{16+9+2\times4\times3\cos\left(-\frac{\pi}{2}\right)}\ \text{cm}=5\ \text{cm}$$

合振动的初相位为

$$\tan\varphi=\frac{A_1\sin\varphi_1+A_2\sin\varphi_2}{A_1\cos\varphi_1+A_2\cos\varphi_2}$$

$$=\frac{4\sin\pi+3\sin\dfrac{\pi}{2}}{4\cos\pi+3\cos\dfrac{\pi}{2}}=-\frac{3}{4}$$

由两旋转矢量的合成分解图（图 9-12）可知，所求的初相位 φ_0 应在第二象限，则

$$\varphi_0=\frac{4}{5}\pi$$

故所求的振动方程为

$$x=5\cos\left(2\pi t+\frac{4}{5}\pi\right)\ \mathrm{cm}$$

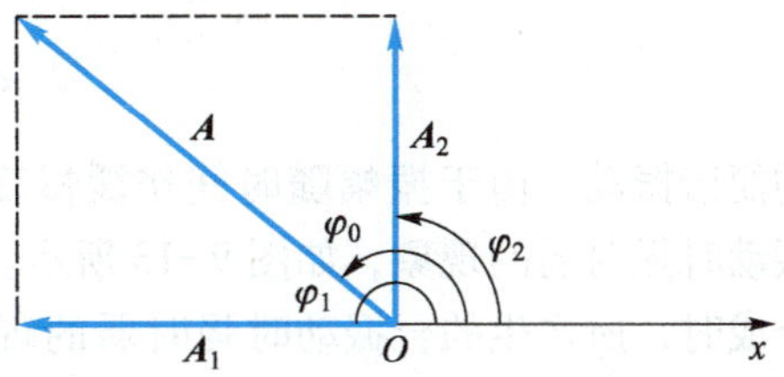

图 9-12

（2）当 $\varphi_3-\varphi_1=\pm2k\pi\quad(k=0,1,2,\cdots)$ 时，即 x_1 与 x_3 相位相同时，合振动的振幅最大，由于 $\varphi_1=\pi$，所以

$$\varphi_3=\pm2k\pi+\pi\quad(k=0,1,2,\cdots)$$

即

$$\varphi_3=\pm(2k+1)\pi\quad(k=0,1,2,\cdots)$$

当 $\varphi_3-\varphi_1=\pm(2k+1)\pi\quad(k=0,1,2,\cdots)$，即 x_1 与 x_3 相位相反时，合振动的振幅最小，由于 $\varphi_1=\pi$，故

$$\varphi_3=\pm(2k+1)\pi+\pi$$

即

$$\varphi_3=\pm2k\pi\quad(k=0,1,2,\cdots)$$

2. 同方向、不同频率简谐振动的合成 拍现象

在讨论了同方向、同频率简谐振动合成问题的基础上，为突出不同频率这一主要矛盾，下面为简单起见，考虑质点同时参与了两个方向、振幅、初相位都相同（$\varphi_1=\varphi_2=0$），但频率不同的简谐振动。这两个简谐振动分别为

$$x_1=A\cos\omega_1 t=A\cos2\pi\nu_1 t$$

$$x_2=A\cos\omega_2 t=A\cos2\pi\nu_2 t$$

由旋转矢量法可知，代表以上两个简谐振动的旋转矢量 $\boldsymbol{A}_1$、$\boldsymbol{A}_2$ 的角速度是不相同的，由此所得到的合矢量 $\boldsymbol{A}$ 的角速度 ω 也必定不同于 ω_1、ω_2。又由于 $\boldsymbol{A}_1$、$\boldsymbol{A}_2$ 的方向会随时间不断变化，所以 ω（或 ν）也会不断改变。因此合矢量 $\boldsymbol{A}$ 所代表的不再是简谐振动。

根据三角函数公式可求出合振动为

$$x=x_1+x_2=A\cos2\pi\nu_1 t+A\cos2\pi\nu_2 t$$

$$=\left(2A\cos2\pi\frac{\nu_2-\nu_1}{2}t\right)\cos2\pi\frac{\nu_2+\nu_1}{2}t$$

从上述公式可以明显看出，一般情况下，合振动的位移变化已看不出有严格的周期性。但当两个分振动的频率 ν_1、ν_2 都很大，而之差很小时，即

$$|\nu_2-\nu_1|<<\nu_1+\nu_2$$

在此条件下，我们可以近似地将合振动视为振幅为

$$\left|2A\cos 2\pi\frac{\nu_2-\nu_1}{2}t\right| \tag{9-21}$$

频率为

$$\nu=\frac{\nu_2+\nu_1}{2}$$

或角频率为

$$\omega=\frac{\omega_2+\omega_1}{2}$$

的简谐振动。由于振幅随时间作缓慢变化，并有周期性，所以会出现振幅时大时小、振动时强时弱的现象，如图 9-13 所示。这种频率都很大但之差很小的两个同方向振动合成时，所产生的合振动时强时弱的现象称为拍（现象）。拍现象发生时，由于振幅 $\left|2A\cos 2\pi\frac{\nu_2-\nu_1}{2}t\right|$ 取绝对值，其变化的频率应为函数 $\cos 2\pi\frac{\nu_2-\nu_1}{2}t$ 频率的 2 倍，振幅的变化频率为

$$\nu'=\nu_2-\nu_1 \tag{9-22}$$

此频率 ν' 称为拍频，它表示单位时间内振幅取极大值或极小值的次数。

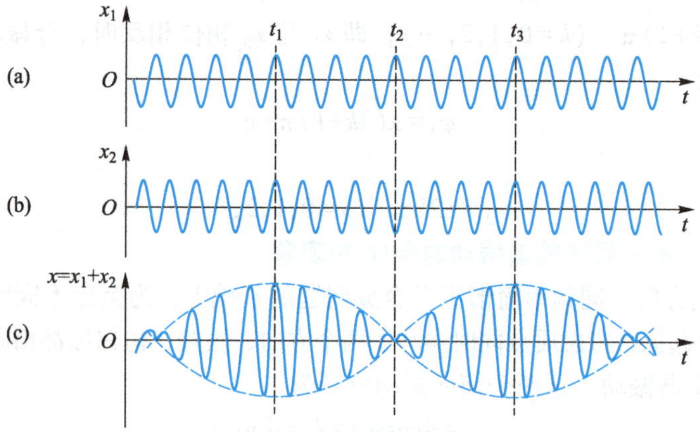

图 9-13　拍现象的形成

拍是一种很重要的现象，在声振动、电振动以及波动中会经常遇到。双簧管中由于发同一音的两个簧片的振动频率有微小的差别，因而可以发出悦耳的拍音。在校准钢琴、测定超声波频率时也要利用拍的规律。

小　　结

1. 简谐振动实例

弹簧振子 $$\frac{d^2x}{dt^2}+\frac{k}{m}x=0,\ \omega^2=\frac{k}{m}$$

小角度单摆 $$\frac{d^2\theta}{dt^2}+\frac{g}{l}\theta=0,\ \omega^2=\frac{g}{l}$$

2. 简谐振动方程

$$\frac{d^2x}{dt^2}+\omega^2x=0$$

简谐振动表达式 $$x=A\cos(\omega t+\varphi)$$

简谐振动的速度和加速度

$$v=\frac{dx}{dt}=-A\omega\sin(\omega t+\varphi)$$

$$a=\frac{d^2x}{dt^2}=-A\omega^2\cos(\omega t+\varphi)$$

三个特征量　振幅 A　决定了振动的能量

角频率 ω　取决于振动系统的性质 $\omega=\frac{2\pi}{T}=2\pi\nu$

初相位 φ　取决于初始条件的选择

$$A=\sqrt{x_0^2+\frac{v_0^2}{\omega^2}},\quad \tan\varphi=\frac{-v_0}{\omega x_0}$$

3. 简谐振动的能量

动能 $$E_k=\frac{1}{2}mv^2=\frac{1}{2}m\omega^2A^2\sin^2(\omega t+\varphi)$$

势能 $$E_p=\frac{1}{2}kx^2=\frac{1}{2}kA^2\cos^2(\omega t+\varphi)$$

总机械能 $$E=E_k+E_p=\frac{1}{2}kA^2=\frac{1}{2}m\omega^2A^2=\text{常量}$$

4. 两个简谐振动的合成

（1）同一直线上两个同方向、同频率简谐振动的合成仍为同向同频的简谐振动。合振动的振幅取决于两分振动的振幅和相位差：同相时，$\varphi_2-\varphi_1=\pm2k\pi$，$A=A_1+A_2$，此时合振动加强；反相时，$\varphi_2-\varphi_1=\pm(2k+1)\pi$，$A=|A_1-A_2|$，此时合振动减弱。

（2）同一直线上两个同方向、不同频率的简谐振动，合成后不再为简谐振动。但是当两分振动频率都很大而频率差很小时，会产生振幅时大时小的拍现象。拍频等于两个分振动的频率差 $\nu'=\nu_2-\nu_1$。

习　题

9-1 一质点作简谐振动的方程为 $x=A\cos(\omega t+\varphi)$，当时间 $t=T/4$（T 为周期）时，质点的速度为（　　）。

（A）$-A\omega\sin\varphi$　　（B）$A\omega\sin\varphi$　　（C）$-A\omega\cos\varphi$　　（D）$A\omega\cos\varphi$

9-2 如图所示，一物体作简谐振动，振幅为 A，在起始时刻质点的位移为 $-A/2$ 且向 x 轴的正方向运动，代表此简谐振动的旋转矢量图为（　　）。

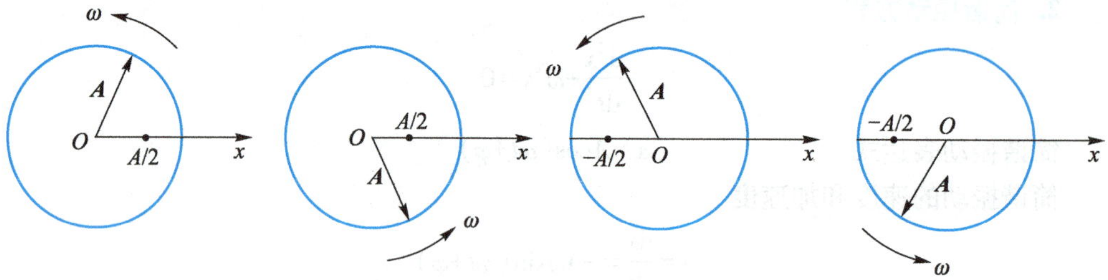

(A)　(B)　(C)　(D)

习题 9-2 图

9-3 如图所示，一质量为 m 的滑块，两边分别与弹性系数为 k_1 和 k_2 的轻弹簧连接，两弹簧的另外两端分别固定在墙上。滑块 m 可在光滑的水平面上滑动，点 O 为平衡位置。将滑块 m 向左移动距离 x_0，然后自静止释放，从释放时开始计时，所取坐标如图所示，则振动方程为（　　）。

（A）$x=x_0\cos[\sqrt{(k_1+k_2)/m}\cdot t]$

（B）$x=x_0\cos[\sqrt{k_1k_2/m(k_1+k_2)}\cdot t+\pi]$

（C）$x=x_0\cos[\sqrt{(k_1+k_2)/m}\cdot t+\pi]$

（D）$x=x_0\cos[(k_1+k_2)/m\cdot t+\pi]$

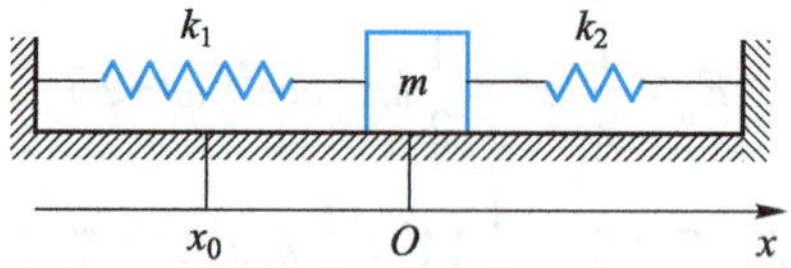

习题 9-3 图

9-4 有一单摆，把它从平衡位置拉开，使摆线与竖直方向成一微小角度 θ，然后由静止放手任其摆动，若自放手时开始计时，如用余弦函数表示其振动方程，则该单摆振动的初相位为（　　）。

（A）θ　　（B）π　　（C）0　　（D）$\pi/2$

9-5 如图所示，有两个用完全相同的弹簧和小重物构成的弹簧振子，分别按图中所示的位置放置，空气和斜面的阻力均忽略不计。当两振子以相同的振幅作简谐振动时（　　）。

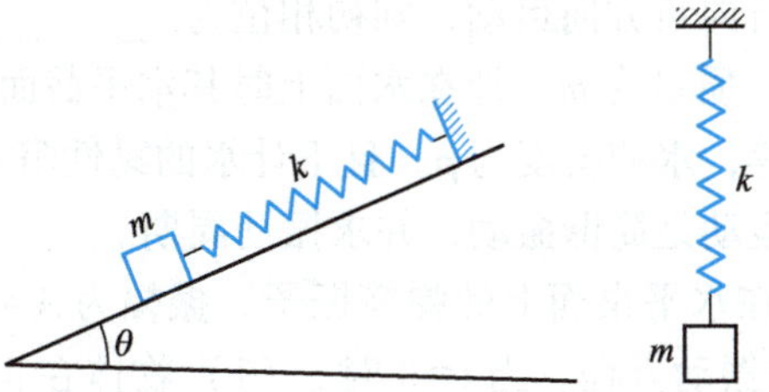

习题 9-5 图

（A）它们的角频率不同

（B）它们的最大动能不同

（C）它们到达各自的平衡位置时弹簧形变不同

（D）以上结论都不对

9-6 一质点作简谐振动，振幅为 A，周期为 T，其振动方程用余弦函数表示。当 $t=0$ 时，如果：

（1）质点在正的最大位移处，则其初相位为____________；

（2）质点在平衡位置处向负方向运动，则其初相位为____________；

（3）质点在位移为 $A/2$ 处，且向正方向运动，则其初相位为____________。

9-7 有一由弹性系数为 $100\ \mathrm{N\cdot m^{-1}}$ 的轻弹簧和质量为 10 g 的小球组成的弹簧振子，第一次将小球拉离平衡位置 4 cm，由静止释放，任其振动；第二次将小球拉离平衡位置 2 cm 并给以 $2\ \mathrm{m\cdot s^{-1}}$ 的初速度任其振动，这两次振动能量之比为 $E_1:E_2=$____________。

9-8 两个同频率简谐振动 $x_1(t)$ 和 $x_2(t)$ 的振动曲线如图所示，则相位差 $\varphi_2-\varphi_1=$____________。

9-9 两个同方向、同频率的简谐振动曲线如图所示，其频率为 ω，则合振动的振幅为____________；合振动的振动方程为____________。

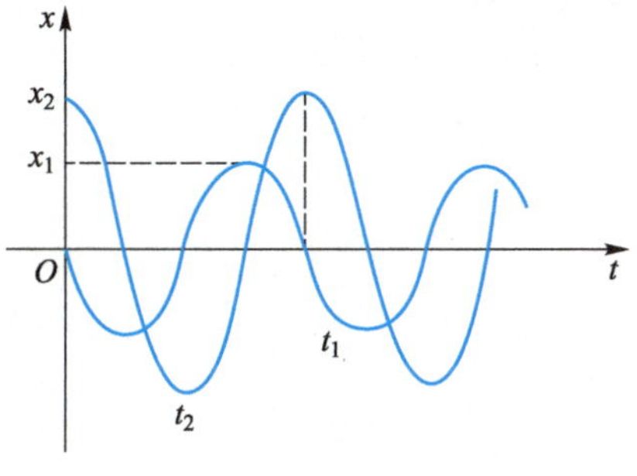

习题 9-8 图

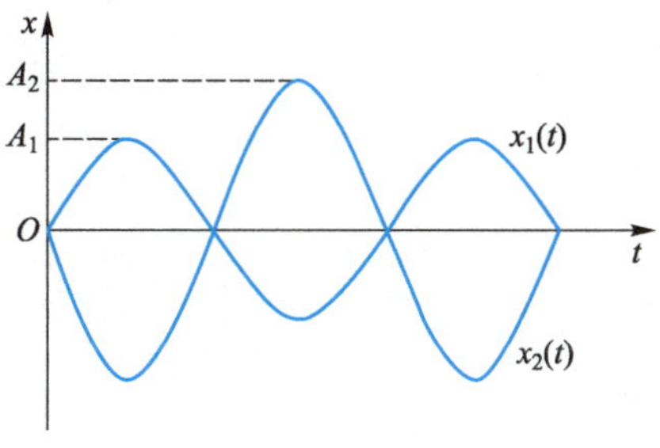

习题 9-9 图

9-10 示波管的电子束受到两个互相垂直的电场作用，若电子在两个方向上的位移分别为 $x=A\cos\omega t$ 和 $y=A\cos(\omega t+\varphi)$，则当 $\varphi=0$ 时，电子在荧光屏上的轨迹方程为____________________；而当 $\varphi=90°$时，其轨迹方程为____________。

9-11 一弹簧振子作简谐振动，振幅为 A，周期为 T，其振动方程用余弦函数表示，若 $t=0$ 时，振子在平衡位置向正方向运动，则初相位为__________；若 $t=0$ 时，振子在位移为 $A/2$ 处，且向负方向运动，则初相位为__________。

9-12　一远洋货轮，质量为 m，浮在水面上时其水平截面积为 S。设在水面附近货轮的水平截面积近似相等，水的密度为 ρ，且不计水的黏性阻力，证明货轮在水中所作的振幅较小的竖直自由运动是简谐振动，并求振动周期。

9-13　一水平放置在水平桌面上的弹簧振子，振幅为 $A=2.0\times10^{-2}$ m，周期为 $T=0.50$ s，求下列情况下的振动方程。当 $t=0$ 时，（1）物体在正方向端点处；（2）物体在平衡位置处，向负方向运动；（3）物体在 $x=1.0\times10^{-2}$ m 处，向负方向运动。

9-14　某振动质点的 $x-t$ 曲线如图所示，试求：（1）振动方程；（2）点 P 对应的相位；（3）到达点 P 相应位置所需的时间。

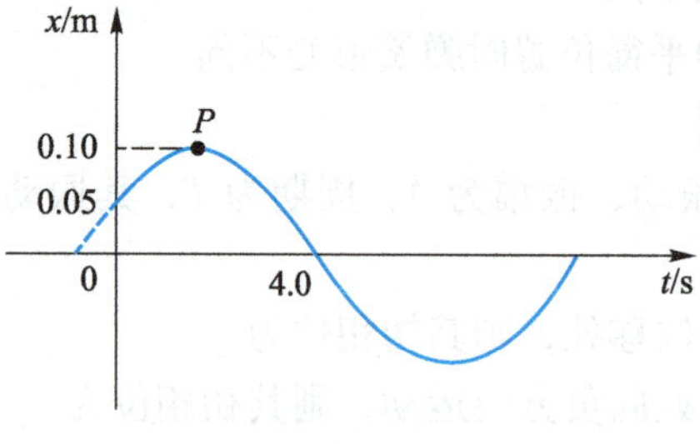

习题 9-14 图

习题答案

第十章　机械波

本章资源

波动是一种常见的物质运动形式，在自然界中随处可以观察到。振动的传播过程就称为波动。机械振动在介质中的传播过程则称为机械波，如绳子上的波动、投石入水在水面上激起的圆形水面波、我们说话时声带振动在空气中激起的声波以及地震波等。但是，波动不限于机械波，无线电波、光波等也是波动，这类波是交变电磁场在空间的传播过程，称为电磁波。此外，科学家们从理论上和实践中都已确定，电子、α粒子等实物粒子也具有波动性，这类波称为物质波。虽然各类波的本质不同，有其各自的性质，但它们在形式上具有波的一般规律和特征，如：它们都有波源，有一定的传播速度，都伴随着能量的传播，能产生反射、折射、干涉和衍射等现象，还都可以用相似的数学方法加以描述等。

本章将从最常见、最形象的机械波入手，介绍波动的一些基本概念和一般规律。包括机械波的产生条件、描述平面简谐波的波函数、波的衍射、波的干涉、驻波、机械波的多普勒效应等。

第一节　机械波的产生和传播

一、机械波的产生条件

要想产生机械波，首先要有一个作机械振动的物体，引起波动的最先振动的物体称为波源。然后，波源的周围还要存在能够随波源振动的连续介质。机械波就是机械振动在连续介质中的传播。如果连续介质各部分振动的回复力为弹性力，则机械波称为弹性波，此时介质称为弹性介质，它可以是气体，也可以是液体或固体。当弹性介质中任意质元离开平衡位置时，由于形变，邻近的质元将对它产生弹性力的作用，使它在平衡位置附近作振动。与此同时，这个质元将对邻近的质元施加弹性力的作用，使邻近的质元也在平衡位置附近振动。这样，当弹性介质的一部分发生振动时，由于介质各部分间的弹性联系，振动将由近及远地在介质中传播出去，形成机械波。显然，产生机械波的条件有两个，即波源和介质。

需要注意的是，机械波不一定都是弹性波。像我们熟悉的水面波，就不属于弹性波，它是由质元的重力和表面张力的共同作用而形成的。

波的传播只是振动状态的传播，或者说是振动能量的传播。波动到达的区域中，介质中的质元只是在各自平衡位置附近作振动，它们并不会“随波逐流”。根据介质中各质元的振动方向与波的传播方向的关系，波可分为横波和纵波。当质元的振动方向与波的传播方向互相垂直时，这种波称为横波。例如，绳上激起的向前传播的机械波就是横波。当质元的振动方向与波的传播方向相同时，此种波称为纵波。例如，声波在空气中的传播就是纵波。

研究表明：机械波的横波在介质中传播的条件是介质必须具有切变弹性。固体具有切变弹性，液体和气体没有切变弹性，因此机械波的横波只能在固体中传播，而不能在液体或气体中传播。机械波的纵波在介质中传播的条件是介质必须具有体变弹性。固体、液体、气体都具有体变弹性，因此机械波的纵波可以在它们之中传播。

二、机械波的几何描述

当波源在介质中振动时，振动产生的能量将向各个方向传播。为了直观形象地描述波在介质中的传播情况，常用几何图形描述各质元的传播方向和相位关系。通常我们沿波的传播方向画一些带有箭头的线，将其称为波射线，简称波线。在波传播时，介质中各质元都在其平衡位置附近振动，我们把振动相位相同的各点所连成的曲面，称为同相面或波面。在任一时刻，波面可以有任意多个，一般只画少数几个作为代表，如图 10-1 所示。某一时刻波所到达的最前面各点组成的曲面称为波阵面或波前。显然，波前是波面的特例，波前是最前面的那个波面。在任一时刻，只有一个波前。根据波前的形状，可以将波分成平面波和球面波等。波前是平面的波称为平面波，波前是球面的波称为球面波。在实际中，还有波前是柱面波的情形。在各向同性的介质中，波线恒与波面垂直，且指向振动相位减小的方向。

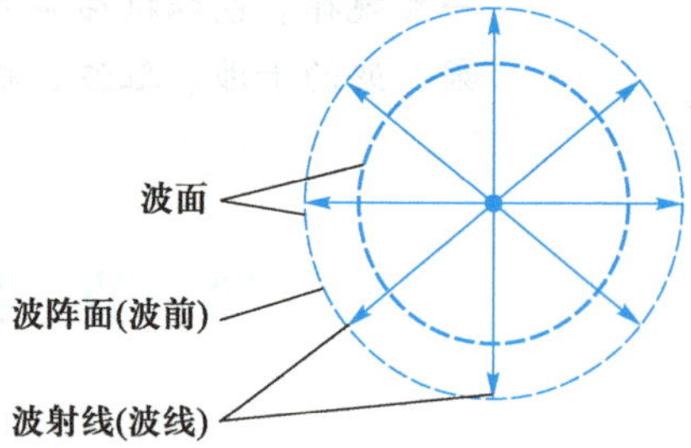

图 10-1　波线、波面与波前

有些时候，在无限大各向同性的均匀介质中，对于离开波源很远地方的球面波，其波面的曲率已经很小，在不大范围内可以被当成平面波处理。

三、波长、周期、频率和波速的关系

在波动过程中，波源的振动是逐点向周围传播的，介质中各质元开始振动的时刻先后不同，因而各质元振动的相位不同。为了描述波动，下面引入波长、波的周期、波的频率、波速这几个重要的物理量。

1. 波长

由于介质中各个质元是依次先后被带动而振动的，所以沿着波传播方向的各质元的振动相位是依次落后的，在同一条波线上相位差为 2π 的两质元之间的距离，即一个完整波形的长度，称为波长，用 λ 表示。

在横波情形下，波长等于同一波线上相邻两个波峰或相邻两个波谷间的距离；在纵波情形下，波长等于同一波线上相邻两个密集部分中心或相邻两个稀疏部分中心的距离。由此可见，在波的传播方向上，每隔一个波长 λ，振动状态就重复一次。因此，波长是描述波动空间周期性的物理量。

2. 周期和频率

波传播一个波长所需要的时间，或一个完整的波形通过波线上某点所需要的时间，称为波的周期，用 T 表示。也就是波在时间上的周期性即用周期 T 描述。周期的倒数为频率，用 ν 表示，$\nu=1/T$。显然，单位时间内波通过介质中某一点的完整波形的数目就是频率。由于波源每完成一次全振动，就有一个完整的波形被发送出去，所以，当波源相对于介质静止时，波动的周期即为波源振动的周期，波动的频率即为波源振动的频率。因此，波的周期和频率就等于介质中每个质元振动的周期和频率，在波的传播过程中，介质中各个质元都在作受迫振动，且处于稳定状态，所以它们的振动周期和频率也都与波源的振动周期和频率相同。

3. 波速

波动是振动状态（相位）的传播过程，某一振动状态在单位时间内所传播的距离称为波速，用 u 表示。如果考虑一定的振动状态在一个周期 T 内，在空间的传播距离就是 λ，因此有

$$u=\frac{\lambda}{T}$$

上式表明了波在时间上的周期性和空间上的周期性之间的联系。

需要注意的是，机械波的波速的大小与介质的性质及波的类型都有关。对弹性波而言，波的传播速度取决于介质的惯性和弹性。可以证明，固体内的横波和纵波的传播速度 u 的大小分别为

$$u=\sqrt{\frac{G}{\rho}}\text{（对应横波）}$$

$$u=\sqrt{\frac{E}{\rho}}\text{（对应纵波）}$$

式中，G 和 E 分别为固体的切变模量和弹性模量，ρ 是固体介质的密度。

在液体和气体中，由于不可能发生切向形变，所以不能传播横波。但它们具有体变弹性，所以能传播纵波。液体和气体中的纵波的传播速度的大小为

$$u=\sqrt{\frac{K}{\rho}}$$

式中，K 是体积模量，ρ 是液体或气体介质的密度。

可见，在同一介质中，不同频率的波的波长不同；同一波源发出的波在不同介质中传播时，波长也是不同的。波长 λ、周期 T（或频率 ν）、波速 u 是描述波动基本特性的物理量，它们之间的关系为

$$\lambda=uT=\frac{u}{\nu}$$

上式表明，在 1 s 内通过波线上一点的完整波形的数目乘以波长，就等于波向前前进的速度，也就是波的传播速度。另外，由于振动状态由相位决定，所以波速 u 也是波的相位的传播速度，称为相速。

［例 10-1］在室温下，已知空气中的声速 u_1 为 340 m · s^{-1}，水中的声速 u_2 为 1 450 m · s^{-1}。试问：频率为 200 Hz 和 2 000 Hz 的声波在空气中和水中的波长各为多少？

解 由 $\lambda=\dfrac{u}{\nu}$，可得频率为 200 Hz 和 2 000 Hz 的声波在空气中的波长分别为

$$\lambda_1=\frac{u_1}{\nu_1}=\frac{340}{200}\ \text{m}=1.7\ \text{m}$$

$$\lambda_2=\frac{u_1}{\nu_2}=\frac{340}{2\,000}\ \text{m}=0.17\ \text{m}$$

频率为 200 Hz 和 2 000 Hz 的声波在水中的波长分别为

$$\lambda_1'=\frac{u_2}{\nu_1}=\frac{1\,450}{200}\ \text{m}=7.25\ \text{m},\quad \lambda_2'=\frac{u_2}{\nu_2}=\frac{1\,450}{2\,000}\ \text{m}=0.725\ \text{m}$$

第二节 平面简谐波

当介质中存在波动时，各质元的振动往往很复杂。如果简谐振动在介质中传播，便形成了简谐波，此时波场中的所有质元都作简谐振动。如果简谐波的波面是平面的，就称为平面简谐波。平面简谐波存在于各向同性、均匀无限大且无吸收的连续弹性介质中。任何复杂的波都可以分解为若干个简谐波的叠加，因此，研究简谐波具有十分重要的意义。本节将建立平面简谐波的数学表达式，并讨论其物理意义。

一、平面简谐波的表达式

如图 10-2 所示，设波动是在无限大、均匀且无吸收的理想介质中以速度 u 沿 x 轴正方向传播的，波线就是 x 轴，令 O（波线上任一点）为坐标原点。为了清楚地描述波线上各质元的振动，用 x 表示各个质元在波线上的平衡位置，用 y 表示它们的振动位移（必须注意，每一质元的振动位移是对它自己的平衡位置而言的）。y 的方向与波的类型有关，如果是横波，位移 y 垂直于 x 轴；如果是纵波，则位移 y 沿着 x 轴方向。y 是质元振动的位移，也就是质元偏离其振动平衡位置的位移。

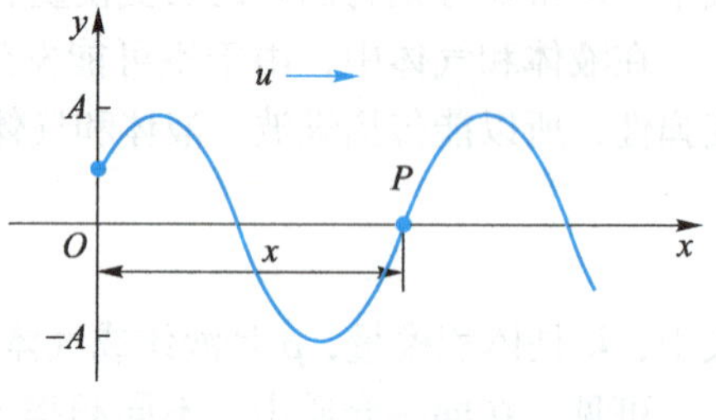

图 10-2 平面简谐波示意图

由第九章的知识可知，如果点 O（$x=0$）处质元的振动表达式为

$$y_O=A\cos(\omega t+\varphi_0) \tag{10-1}$$

其中 A 是振幅，ω 是角频率，φ_0 是 $t=0$ 时刻点 O 处质元的振动初相位，则 y_O 是点 O 处质元在时刻 t 离开其平衡位置的位移。设 P 为波线上另一任意点，且距点 O 为 x，如图 10-2 所示。现在要确定点 P 处的质元在任意时刻 t 的位移。因为振动是从点 O 传播到点 P 的，所以点 O 处的质元要比点 P 处的质元先振动。或者说，点 O 处的质元要比点 P 处的质元先振动 x/u 的时间。因此，点 P 处质元在时刻 t 的振动状态应是点 O 处质元在时刻$\left(t-\dfrac{x}{u}\right)$的振动状态，点 P 处质元在时刻 t 的位移等于点 O 处质元在时刻$\left(t-\dfrac{x}{u}\right)$的位移，即

$$y_P=A\cos\left[\omega\left(t-\frac{x}{u}\right)+\varphi_0\right] \tag{10-2a}$$

点 P 是任意选取的一质元，所以下标 P 可以省略，那么式（10-2a）就代表波在介质中传播时，介质中任意点的质元在任意时刻的位移，式（10-2a）称为沿 x 轴的正方向传播的平面简谐波表达式（或平面简谐波波动方程）。利用关系式 $\lambda=uT$ 以及 $\omega=\dfrac{2\pi}{T}=2\pi\nu$，可以将平面简谐波的表达式改写为多种形式：

$$y=A\cos\left[2\pi\left(\frac{t}{T}-\frac{x}{\lambda}\right)+\varphi_0\right] \tag{10-2b}$$

$$y=A\cos\left[2\pi\left(\nu t-\frac{x}{\lambda}\right)+\varphi_0\right] \tag{10-2c}$$

如果波沿 x 轴的负方向传播，则图 10-2 中的点 P 处的质元的振动要比点 O 处质元的振动超前 x/u 的时间。在其他条件不变的情况下，式（10-2）括号中的负号应改为正号。于是，向 x 轴负方向传播的平面简谐波表达式是

$$y=A\cos\left[\omega\left(t+\frac{x}{u}\right)+\varphi_0\right] \tag{10-3a}$$

$$y=A\cos\left[2\pi\left(\frac{t}{T}+\frac{x}{\lambda}\right)+\varphi_0\right] \tag{10-3b}$$

或

$$y=A\cos\left[2\pi\left(\nu t+\frac{x}{\lambda}\right)+\varphi_0\right] \tag{10-3c}$$

式（10-2）和式（10-3）都表明在波的传播过程中，介质中任意质元的振动位移 y 是该质元的空间位置 x 和时间 t 的函数，即 $y=y(x,t)$。为了帮助读者深刻理解平面简谐波波动方程的物理意义，我们以式（10-2a）为例，分下面几种情况进行分析讨论。

1. x 是常量，t 变化

当 x 一定（即考察介质中波线上的某一点）时，那么该处质元的位移，将只是时间 t 的函数，$y=y(x,t)$ 变为 $y=y(t)$，这时的波动表达式表示距原点为 x 处的质元在各个不同时刻的位移，所以它是坐标为 x 处这一质元的振动方程，即

$$y(t)=A\cos\left(\omega t-\omega\frac{x}{u}+\varphi_0\right)=A\cos(\omega t+\varphi)$$

式中，$\varphi=-\omega\dfrac{x}{u}+\varphi_0=-2\pi\dfrac{x}{\lambda}+\varphi_0$，表示在 x 处质元的振动初相位，x 取不同的值，质元的初相位就不同。

2. t 是常量，x 变化

在确定的某一时刻 t_0，各质元的位移将仅是质元所在处的坐标 x 的函数，即此时 $y=y(x,t)$ 变为 $y=y(x)$。由式（10-2a）可得 t_0 时刻的平面简谐波的波形方程为

$$y=A\cos\left(\omega t_0-\omega\frac{x}{u}+\varphi_0\right)=A\cos\left(\omega t_0-2\pi\frac{x}{\lambda}+\varphi_0\right)$$

上式也给出了 t_0 时刻不同位置的振动相位差为 $\Delta\varphi=-\dfrac{2\pi}{\lambda}(x_2-x_1)$，其中 x_2-x_1 称为波程差。如果以 x 为横坐标、y 为纵坐标，作 y-x 曲线图，得到的即是该时刻的波形图，如图 10-3 所示。对于横波，各质点的排列就如图 10-3 所示。需要注意的是，如果是对于纵波，此曲线只表示各质元的位移大小和正负，绝不能认为质点就排列在此曲线上。

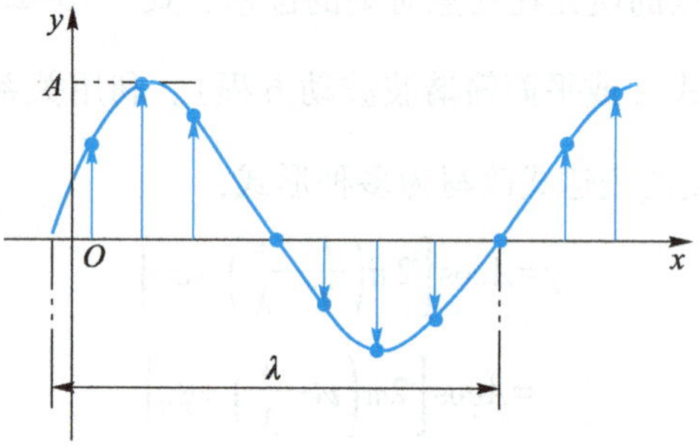

图 10-3 波形图

3. x 和 t 都在变化

如果 x 和 t 都在变化，$y=y(x,t)$ 描述了波线上不同位置的质元在不同时刻相对其各自平衡位置的位移，即描述了不同时刻的波形，也就像给出了不同时刻波形的照片。而随着 (x,t) 的变化，波动的图形是动态的，犹如将波形照片连续放映，表现为波形以波速 u 沿着波线的行进波。我们仍以 x 为横坐标、y 为纵坐标，分别用实线与虚线画出 t 和 $t+\Delta t$ 两时刻的波形，如图 10-4 所示。可以看到，在 $t+\Delta t$ 时刻，$x+\Delta x$ 处的质元 b 的位移，与 t 时刻、x 处的质元 a 的位移相同，即

$$y=A\cos\left\{\omega\left[(t+\Delta t)-\frac{x+\Delta x}{u}\right]+\varphi_0\right\}=A\cos\left[\omega\left(t-\frac{x}{u}\right)+\varphi_0\right]$$

显然

$$\Delta t=\frac{\Delta x}{u}$$

或

$$\Delta x=u\Delta t$$

则在 Δt 时间内，整个波形向前推进了 $\Delta x=u\Delta t$ 的距离，即波形以速度 u 沿 x 轴正方向前进。

由平面简谐波表达式（10-2），还可以求得介质中各质元的振动速度 v 和振动加速

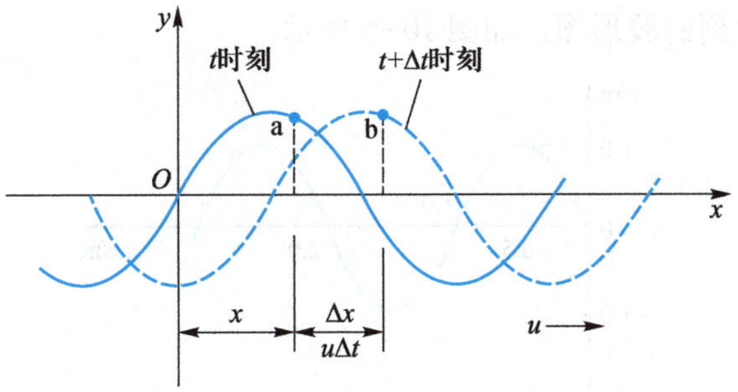

图 10-4 波的传播

度 a，即

$$v=\frac{\partial y}{\partial t}=-\omega A\sin\left[\omega\left(t-\frac{x}{u}\right)+\varphi_0\right] \tag{10-4}$$

$$a=\frac{\partial^2 y}{\partial t^2}=-\omega^2 A\cos\left[\omega\left(t-\frac{x}{u}\right)+\varphi_0\right] \tag{10-5}$$

要注意区分波的传播速度（相速）u 与介质中各质元的振动速度 v。相速 u 仅由介质本身的性质决定，而质元振动速度 v 与初始条件有关。

还需指出，对于沿 x 轴正向传播的波，若我们并不知道 $x=0$ 处质元的振动表达式，而是已知 x_0 处质元的振动表达式为 $y=A\cos(\omega t+\varphi)$，那么，同样可以得到此波的表达式为

$$y=A\cos\left[\omega\left(t-\frac{x-x_0}{u}\right)+\varphi\right] \tag{10-6}$$

此式即为一般情况时的波动方程。

[例 10-2] 一平面简谐波沿 Ox 轴正方向传播，已知振幅 $A=1.0\,\text{m}$，$T=2.0\,\text{s}$，$\lambda=2.0\,\text{m}$，在 $t=0$ 时坐标原点处的质点在平衡位置沿 Oy 轴正向运动。求：(1) 波动方程；(2) $t=1.0\,\text{s}$ 时的波形图；(3) $x=0.5\,\text{m}$ 处质点的振动规律并作图。

解 本题中，各量均取 SI 单位。

(1) 根据波动方程的标准形式

$$y=A\cos\left[2\pi\left(\frac{t}{T}-\frac{x}{\lambda}\right)+\varphi\right]$$

将初始条件 $t=0$，$x=0$，$y=0$ 代入上式得

$$\cos\varphi=0$$

则 $\varphi=\pm\frac{\pi}{2}$，又因为 $v_0=\frac{\partial y}{\partial t}>0$，所以 $\varphi=-\frac{\pi}{2}$，波动方程为

$$y=\cos\left[2\pi\left(\frac{t}{2.0}-\frac{x}{2.0}\right)-\frac{\pi}{2}\right]\ \text{(SI 单位)}$$

(2) 将 $t=1.0\,\text{s}$ 代入波动方程，可得

$$y=(1.0)\cos\left[2\pi\left(\frac{t}{2.0}-\frac{x}{2.0}\right)-\frac{\pi}{2}\right]$$

$$=(1.0)\cos\left(\frac{\pi}{2}-\pi x\right)=\sin\pi x\quad \text{(SI 单位)}$$

可以画出 $t=1.0\,\text{s}$ 时刻的波形图，如图 10-5 所示。

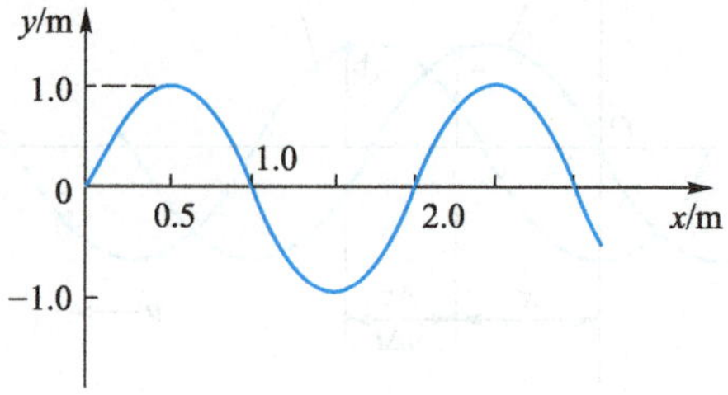

图 10-5　$t=1.0\,\text{s}$ 时刻的波形图

（3）将 $x=0.5\,\text{m}$ 代入波动方程 $y=\cos\left[2\pi\left(\frac{t}{2.0}-\frac{x}{2.0}\right)-\frac{\pi}{2}\right]$（SI 单位），得

$$y=\cos(\pi t-\pi)\ (\text{SI 单位})$$

$x=0.5\,\text{m}$ 处质点的振动曲线见图 10-6。

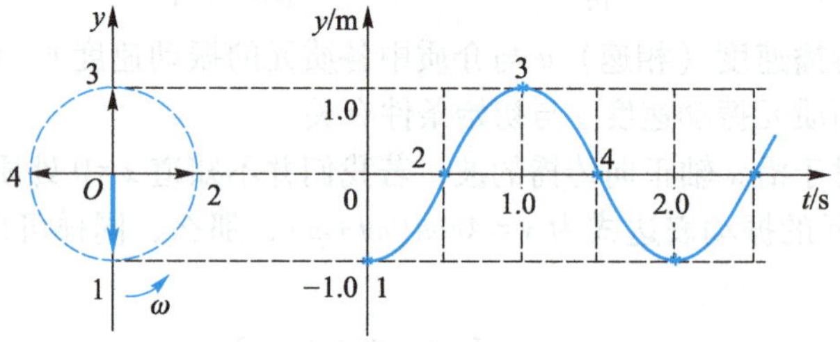

图 10-6　$x=0.5\,\text{m}$ 处质点的振动曲线

二、平面简谐波的能量、能流

在波动过程中，波源的振动是通过连续介质由近及远地传播出去的，使介质中原本静止的各质元都依次在各自的平衡位置附近开始振动，因此介质中振动的质元就具有动能，同时发生振动处的介质也将产生形变，因而也会具有势能。所以，波动过程也是能量的传播过程。不同的波，传播能量的多少是不同的，能量大的波可以在海上掀翻万吨巨轮，在陆上可以震坍一座城市，而能量小的波只是激起波光涟漪。我们把波动过程中介质各部分所具有的动能和势能的总和称为波的能量。

下面我们以在均匀细杆中沿杆长方向传播的平面简谐纵波为例（如图 10-7 所示），来对波的能量传播作简单分析。注意，在波动过程中，杆中的每一小段（质元）将不断地被压缩和拉伸（为了与质元的长度 $\mathrm{d}x$ 区分，质元被压缩或拉伸的元变化量用 $\mathrm{d}y$ 来表示）。

1. 能量和能量密度

设均匀细杆的密度为 ρ，在其上取一体积为 $\mathrm{d}V$ 的质元，它的质量为 $\mathrm{d}m=\rho\mathrm{d}V$。质元应选得很小，以至可以认为整个质元的振动状态完全一致，即它的位移及振动速度分别为

$$y=A\cos\left[\omega\left(t-\frac{x}{u}\right)+\varphi_0\right]$$

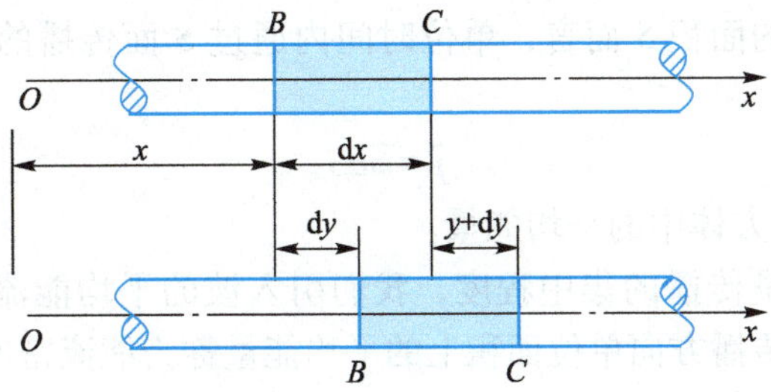

图 10-7 均匀细杆中的平面简谐纵波

$$v=\frac{\partial y}{\partial t}=-A\omega\sin\left[\omega\left(t-\frac{x}{u}\right)+\varphi_0\right]$$

所以，此质元的动能为

$$\mathrm{d}E_{\mathrm{k}}=\frac{1}{2}(\mathrm{d}m)v^2=\frac{1}{2}\rho\mathrm{d}V\omega^2A^2\sin^2\left[\omega\left(t-\frac{x}{u}\right)+\varphi_0\right] \tag{10-7}$$

可以证明，质元的弹性势能 $\mathrm{d}E_{\mathrm{p}}$ 与其动能 $\mathrm{d}E_{\mathrm{k}}$ 是相等的。这样，体积为 $\mathrm{d}V$ 的质元，其总机械能 $\mathrm{d}E$ 为

$$\mathrm{d}E=\mathrm{d}E_{\mathrm{k}}+\mathrm{d}E_{\mathrm{p}}=\rho\mathrm{d}V\omega^2A^2\sin^2\left[\omega\left(t-\frac{x}{u}\right)+\varphi_0\right] \tag{10-8}$$

单位体积介质所具有的能量为波的能量密度，用 w 表示，即

$$w=\frac{\mathrm{d}E}{\mathrm{d}V}=\rho\omega^2A^2\sin^2\left[\omega\left(t-\frac{x}{u}\right)+\varphi_0\right] \tag{10-9}$$

比较式（10-8）与式（9-17）不难发现，简谐波的能量和简谐振动的能量有显著的不同。在单一的简谐振动系统中，动能和势能相互转化，动能达到最大时势能为零，势能达到最大时动能为零，系统的总机械能守恒。在波动的情况下，由式（10-7）和式（10-8）可以看出，在任意时刻质元的动能、势能与总能量都随时间 t 作周期性的变化，且动能和势能的变化是同相位的，在任一时刻动能和势能都相等。在某一时刻它们同时达到最大值，在另一时刻又同时达到最小值。可见在波动过程中，对任意质元来说，它的机械能是不守恒的。不守恒的原因是，每个质元都不是独立地作简谐振动，它与相邻的质元间有着相互作用，因而相邻质元间有能量传递。沿着波的传播方向，某质元从前面介质的质元获得能量，又把能量传递给后面质元，它不断地接收和放出能量。因此，波动传播时，能量由近及远地向外传播。

在波动过程中，描述所传播的能量还常用到平均能量密度，即

$$\overline{w}=\frac{2}{T}\int_0^{T/2}w\mathrm{d}t=\frac{1}{2}\rho\omega^2A^2 \tag{10-10}$$

从上面的分析可见，波的能量、能量密度和平均能量密度都与振幅的平方、频率的平方及介质的密度成正比。这一结论也适用于非平面简谐波的其他机械波。

2. 能流和能流密度

由上述分析可知，波的传播过程必然伴随着能量的流动，因此就涉及研究能量传播的多少和快慢的问题。通常把单位时间内通过介质中垂直于波传播方向的某一面积的能量，称为通过该面积的能流，用 p 表示。能量的传播速度就是波速 u，对于介质中

垂直于波的传播方向的面积 S 而言，单位时间内通过 S 面传播的平均能量称为平均能流$\bar{p}$，因此有

$$\bar{p}=\bar{w}uS \tag{10-11}$$

它等于体积为 uS 的长方体中的平均能量。

为了研究波动能量传播的集中程度，我们引入波的平均能流密度。定义：单位时间内通过垂直于波的传播方向单位面积上的平均能量称为能流密度，用 I 表示，有

$$I=\frac{\bar{p}}{S}=\bar{w}u=\frac{1}{2}\rho\omega^2A^2u \tag{10-12}$$

能流密度也称为波的强度。上式可写成矢量式

$$\boldsymbol{I}=\frac{\bar{p}}{S}=\bar{w}\boldsymbol{u}=\frac{1}{2}\rho\omega^2A^2\boldsymbol{u} \tag{10-13}$$

能流密度的单位是瓦每二次方米，符号为 $\mathrm{W\cdot m^{-2}}$。

对于球面波，随着传播距离 r 的增大，从波源发出的能量将通过越来越大的球面向外传播，如图 10-8 所示，因而能流密度将随着 r 的增大而减小。对于无吸收的理想介质，根据能量守恒定律可知，由波源 O 发出的波，通过球面 $S_1=4\pi r_1^2$ 和 $S_2=4\pi r_2^2$ 的能流应该相等，且等于波源的平均功率。由式（10-12）可计算得到通过 S_1 和 S_2 面的平均能流，即$\bar{p}_1$ 和$\bar{p}_2$ 分别为

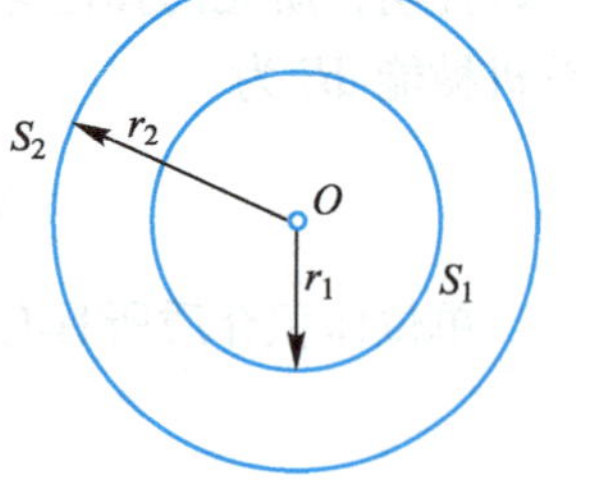

图 10-8 球面波的波面

$$\bar{p}_1=\frac{1}{2}\rho\omega^2A_1^2u\cdot4\pi r_1^2$$

$$\bar{p}_2=\frac{1}{2}\rho\omega^2A_2^2u\cdot4\pi r_2^2$$

式中，A_1 和 A_2 分别是 S_1 面、S_2 面上波的振幅。由$\bar{p}_1=\bar{p}_2$ 可得

$$\frac{A_1}{A_2}=\frac{r_2}{r_1}$$

即介质质元的振幅与质元离开波源的距离成反比。因此，球面简谐波表达式可以写为

$$y=\frac{A}{r}\cos\left[\omega\left(t-\frac{r}{u}\right)+\varphi_0\right]$$

式中，r 是离开波源的距离；常量 A 的物理意义是距波源单位长度处介质质元的振幅。如果是对平面波而言，介质质元的振幅不随其离开波源的距离而变，为一常量。

[例 10-3] 一平面简谐波，波速为 $340\ \mathrm{m\cdot s^{-1}}$，频率为 300 Hz，在横截面积为 $3.00\times10^{-2}\ \mathrm{m^2}$ 的管内的空气中传播，若在 10 s 内通过截面的能量为 2.70×10^{-2} J，求：（1）通过截面的平均能流；（2）波的平均能流密度；（3）波的平均能量密度。

解 （1）平均能流为

$$\bar{p}=\frac{\bar{E}}{t}=2.70\times10^{-3}\ \mathrm{J\cdot s^{-1}}$$

（2）平均能流密度为

$$I=\frac{\bar{p}}{S}=9.00\times10^{-2}\ \mathrm{J\cdot s^{-1}\cdot m^{-2}}$$

（3）由公式$\bar{I}=\frac{\bar{p}}{S}=\bar{w}u$，可得平均能量密度为

$$\bar{w}=\frac{\bar{I}}{u}=2.65\times10^{-4}\ \mathrm{J\cdot s^{-2}}$$

第三节 波的衍射

一、惠更斯原理

在上节中已经谈到，波的传播依赖于介质中各质点之间的相互作用。距离波源近的质点的振动将引起邻近的较远的质点振动，较远质点的振动又会引起邻近的更远的质点振动，这表明波动中的相互作用是通过各质点的直接接触来实现的。按照这个观点，波传播的时候，介质中任何一点后面的波，都可以看成是由这些点对其后各点的作用而产生的。也就是说，介质中任何一点相对于其后面的点来说，都可以看成波源。因此，我们可以做这样一个小实验：在一个大盆中盛上水，然后将一块中间开有小孔（直径为 a）的薄木板［图 10-9a］竖直放在盆内，将水隔成两部分，当我们搅动其中一部分，使波在其中传播时将看到，只要小孔的孔径足够小，通过小孔后的波总是以小孔为中心的球面波，与原来波的形状无关。这样，小孔可以视为一个发出新波的波源。改变小孔在板上的位置，仍出现上述现象。1690 年，英国物理学家惠更斯（C. Huygens）在总结了上述现象后，发表了关于波传播的一条重要原理——惠更斯原理。根据这个原理，我们可以从某一时刻的波阵面，求出其后任意时刻波阵面的新位置与形状。

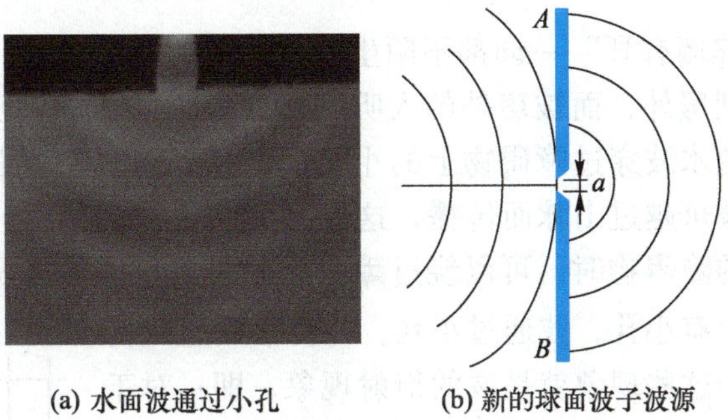

(a) 水面波通过小孔　　(b) 新的球面波子波源

图 10-9

惠更斯原理指出：在波的传播过程中，波阵面（波前）上的每一点都可以看成发射子波的波源，在其后的任一时刻，这些子波的包络面就成为新的波阵面。惠更斯原理适用于任何波动过程，无论是机械波还是电磁波。根据这一原理所提供的方法，只要知道某一时刻的波阵面，就可用几何作图方法来确定下一时刻的波阵面。在各向同性介质中，只要知道了波阵面的形状，就可以按照波射线与波阵面垂直的规律，作出

波射线来。因而惠更斯原理在很大程度上解决了波的传播方向问题。

下面以球面波和平面波为例，说明惠更斯原理的应用。如图 10-10（a）所示，波源发出的球面波以波速 u 在均匀各向同性介质中传播，若在 t 时刻波阵面是半径为 R_1 的球面 S_1，根据惠更斯原理，S_1 面上的各点都是新的子波源，每一个子波源都发射一个球面子波。经过 Δt 时间后，每个子波传播的距离均为 $r=u\Delta t$。如果以 S_1 面上的各点为中心，以 r 为半径作一些半球形子波，那么，这些子波的包络面 S_2 即为 $t+\Delta t$ 时刻的新的波阵面。显然，S_2 是以 O 为中心，以 $R_2=R_1+u\Delta t$ 为半径的球面。平面波在传播过程中，也可以用同样的方法求得新波阵面的位置，如图 10-10（b）所示。

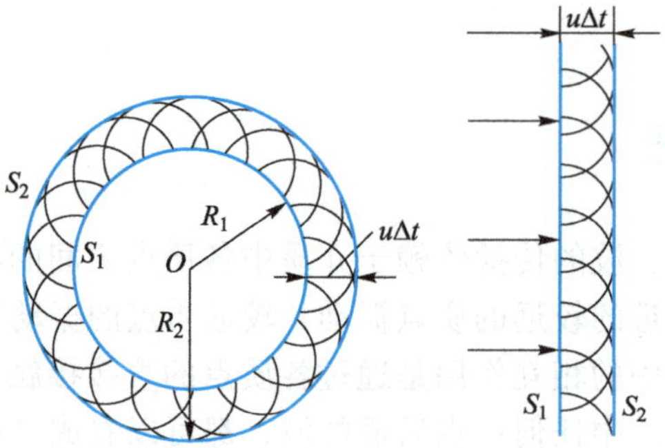

图 10-10 波面推进示意图

惠更斯原理还可以说明波在传播过程中发生的反射、折射和衍射等现象。必须指出，惠更斯原理亦有其不够完善之处：它不能说明各个子波在传播中对某一点处的质元的振动有多少贡献，也不能说明为什么波不能往后传播等问题。

二、波的衍射

相信大家对“隔墙有耳”一词都不陌生，从物理的角度来看，它指的就是声音能够从门缝由房内传到房外，而被房外的人听到，这种现象就是声波的衍射。上面讨论惠更斯原理时提到的水波穿过障碍物上的小孔而传播到障碍物背面的现象，是水波的衍射。又如无线电波可越过山脉而传播，这便是无线电波的衍射。可见，当波在传播过程中遇到有限大的障碍物时，可以绕过障碍物而传到直线传播所传不到的地方；或者在较大的障碍物上有小孔，波通过小孔，并传播到直线传播所传不到的地方。这些现象就是波的衍射现象，即：对于任意波动，能绕过障碍物而传播的现象称为波的衍射。

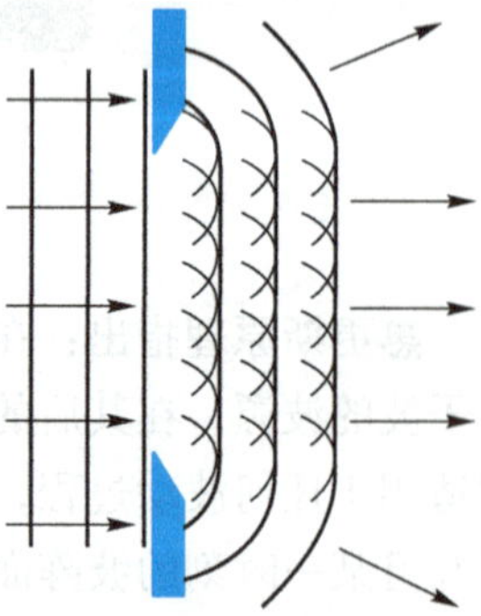

图 10-11 波的衍射

进一步的研究表明，当障碍物或小孔的线度与波的波长差不多时，衍射现象相当明显，反之，则不明显。不过，即使衍射现象在某些情况下甚至观察不到，只要是波动，就一定会存在衍射现象。衍射现象是波动的一个重要特性。

波的衍射现象可以用惠更斯原理作定性说明。如图 10-11 所示，平面波传播到一个宽度与波长相近的缝时，狭缝处介质各点处的质元都可视为发射子波的波源。在其后的时间，作出这些子波的包络面，就是新的波阵面。很明显，此时的波阵面已不再保持原来的平面了，在边缘附近波阵面发生弯曲，波的传播方向在该处有了改变。以上只是定性说明，若要定量计算则需应用惠更斯-菲涅耳原理。

第四节 波的干涉

上一节所讨论的是一列波在介质中传播的情况。如果有几列波同时在介质中传播，那会产生什么现象呢？人们在长期观察后，总结出波的叠加原理。

一、波的叠加原理

生活中常会见到，当两个小石块同时落入很大的平静水面上的邻近两点时，从石头落点发出的两圆形波会互相穿过，在它们分开之后仍然是以石块落点为中心的两圆形波。又如在说话时我们能同时听到几个人的声音，或在音乐会上我们能同时听到多种乐器的演奏，虽然各个乐器都产生声波，在空气中有多列声波同时传播，但是各种乐器的声波依然各自独立地传播（我们可分辨出不同乐器的声音），也就是各声波的波长、频率和传播方向不变。大量的观察和研究表明，几列波可以保持各自的特点（频率、波长、振幅、振动方向等）同时通过同一介质，好像在各自的传播过程中没有遇到其他波一样，这称为波传播的独立性。而在相遇处质元的振动是各个波单独存在时在该点引起的振动的合成，或者说在任一时刻质元的位移是各个波在该点所引起的位移的矢量和。这种波动传播过程中出现的各振动独立地参加叠加的事实，称为波的叠加原理。

应注意，上述叠加原理只有当几列波的强度都不太大时才成立，当波的强度很大时，波动方程将为非线性的，叠加原理将不再成立。

二、波的干涉

像波的衍射一样，波的干涉也是波动的一个重要特性。一般来说，频率不同、振动方向不同的几列波在相遇各点的合振动是很复杂且不稳定的。但是当频率相同、振动方向相同、相位相同或相位差恒定的两列波相遇（叠加）时，会使介质中某些地方振动始终加强，使另一些地方振动始终减弱，这种现象称为波的干涉。这两列能够产生干涉的波称为相干波，它们的波源称为相干波源。

波的干涉可用水面波来演示。在一平静的湖面上同步地用两个一样的球敲击水面［图 10-12（a）］，便可以看到强弱分布稳定的水面波形［图 10-12（b）］，这就是水面波产生的干涉现象。下面我们将从波的叠加原理出发，应用同方向、同频率的简谐振动合成的结论，来定量分析干涉加强和减弱的条件及其分布。

假设有两列频率相同、振动方向相同、相位相同或相位差恒定的简谐波在同一介

质空间中的任一点相遇，如图 10-13 所示，两个相干波源 S_1 和 S_2 的振动表达式分别为

$$y_1=A_{10}\cos(\omega t+\varphi_{10})$$

$$y_2=A_{20}\cos(\omega t+\varphi_{20})$$

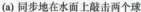

(a) 同步地在水面上敲击两个球 (b) 强弱分布稳定的水面波形

图 10-12

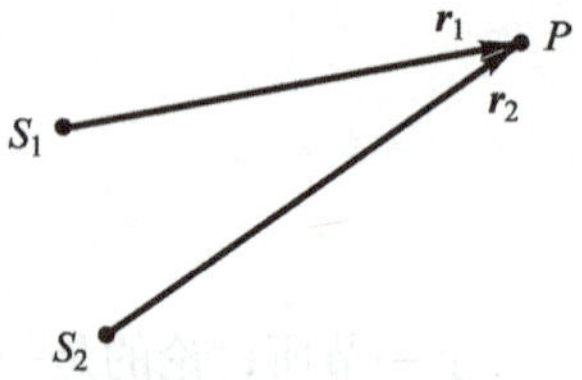

图 10-13 两列波的干涉

式中，ω 为两波源作简谐振动的角频率，A_{10} 和 A_{20} 分别为它们的振幅，φ_{10} 和 φ_{20} 分别为它们的初相位。若两波源发出的两列波在分别经过 r_1 和 r_2 的距离后到达空间同一点 P，相遇时两波的振幅分别为 A_1 和 A_2，波长为 λ，则这两列波在点 P 所引起的质元振动表达式分别为

$$y_1=A_1\cos\left(\omega t+\varphi_{10}-\frac{2\pi}{\lambda}r_1\right)$$

$$y_2=A_2\cos\left(\omega t+\varphi_{20}-\frac{2\pi}{\lambda}r_2\right)$$

根据振动的合成可知，点 P 的振动也是简谐振动，且有

$$y=y_1+y_2=A\cos(\omega t+\varphi) \tag{10-14}$$

式中

$$A=\sqrt{A_1^2+A_2^2+2A_1A_2\cos\Delta\varphi} \tag{10-15}$$

$$\Delta\varphi=\left(\omega t+\varphi_{20}-2\pi\frac{r_2}{\lambda}\right)-\left(\omega t+\varphi_{10}-2\pi\frac{r_1}{\lambda}\right)=(\varphi_{20}-\varphi_{10})-2\pi\frac{r_2-r_1}{\lambda} \tag{10-16}$$

$$\varphi=\arctan\frac{A_1\sin\left(\varphi_{10}-\frac{2\pi}{\lambda}r_1\right)+A_2\sin\left(\varphi_{20}-\frac{2\pi}{\lambda}r_2\right)}{A_1\cos\left(\varphi_{10}-\frac{2\pi}{\lambda}r_1\right)+A_2\cos\left(\varphi_{20}-\frac{2\pi}{\lambda}r_2\right)} \tag{10-17}$$

根据式（10-16）可知，对于观察的空间中确定的一点，其相位差 $\Delta\varphi$ 为一常量，所以合振动的振幅 A 也是一个常量。但是，根据式（10-15）可得，随着空间各点位置的改变，也就是各点到两波源的距离差 r_2-r_1 可以取不同的值，那么空间各点的振幅 A 也会不同。

下面讨论振动加强和减弱时振幅在空间的分布情况。

1. 第一种情况

由式（10-16）可知，当相位差满足

$$\Delta\varphi=(\varphi_{20}-\varphi_{10})-2\pi\frac{r_2-r_1}{\lambda}=\pm 2k\pi \quad (k=0,1,2,\cdots)$$

时，有 $\cos\Delta\varphi=1$，这时 $A=A_1+A_2$，合振幅最大，称为干涉加强。

若令 $\delta=r_1-r_2$，为两相干波从各自波源到达点 P 时所经过的波程差，则上述条件可改写为

$$\delta=r_1-r_2=\pm k\lambda-\frac{\lambda}{2\pi}(\varphi_{20}-\varphi_{10}) \quad (k=0,1,2,\cdots) \tag{10-18a}$$

当相位差 $\varphi_{10}-\varphi_{20}=0$ 时，两波源的振动是同相的，则式（10-18a）可化简为

$$\delta=\pm k\lambda \quad (k=0,1,2,\cdots) \tag{10-18b}$$

此时，对应两列波的相位差等于零或 2π 的整数倍的空间各点，或者说在波程差等于零或波长的整数倍的空间各点，质元的合振动的振幅最大。

但是当 $\varphi_{10}-\varphi_{20}=\pi$ 时，两波源的振动是反相的，由式（10-18a）可得

$$\delta=\pm(2k+1)\frac{\lambda}{2} \quad (k=0,1,2,\cdots) \tag{10-18c}$$

此时，两列波干涉加强的相位差条件并未改变，但是对应的波程差为半波长的奇数倍的空间各点，质元的合振动的振幅才达到最大值。

2. 第二种情况

当相位差满足

$$\Delta\varphi=(\varphi_{20}-\varphi_{10})-2\pi\frac{r_2-r_1}{\lambda}=\pm(2k+1)\pi \quad (k=0,1,2,\cdots)$$

的空间各点的质元的合振动的振幅最小，且其值为 $A=|A_1-A_2|$。

上述相位差条件也可用波程差条件来表示，即

$$\delta=r_1-r_2=\pm(2k+1)\frac{\lambda}{2}-\frac{\lambda}{2\pi}(\varphi_{20}-\varphi_{10}) \quad (k=0,1,2,\cdots) \tag{10-19a}$$

当 $\varphi_{10}-\varphi_{20}=0$ 时，两波源的振动是同相的，则式（10-19a）可化简为

$$\delta=\pm(2k+1)\frac{\lambda}{2} \quad (k=0,1,2,\cdots) \tag{10-19b}$$

此时，对应两列波的相位差等于 π 的奇数倍的空间各点，或者说在波程差等于半波长的奇数倍的空间各点，质元的合振动的振幅最小。

但是当 $\varphi_{10}-\varphi_{20}=\pi$ 时，两波源的振动是反相的，由式（10-19a）可得

$$\delta=\pm k\lambda \quad (k=0,1,2,\cdots) \tag{10-19c}$$

此时，两列波干涉减弱的相位差条件也并未改变，但是对应的波程差为零或波长的整数倍的空间各点，质元的合振动的振幅最小。

3. 第三种情况

除上述两种情况外，还有第三种情况，即在两列波的相位差不等于 π 的整数倍的空间各点，质元的合振动的振幅的数值是在最大值 $A=A_1+A_2$ 和最小值 $A=|A_1-A_2|$ 之间的某一确定值。

由上述讨论可知，若两相干波源是同相的，当两列波干涉时，在波程差等于波长的整数倍的各点，将出现干涉加强；在波程差等于半波长的奇数倍的各点，将出现干涉减弱。如果两波源的振动是反相的，那么当两列波干涉时，对应的干涉加强和干涉减弱的波程差条件正好与波源为同相的波程差条件相反。如果用相位差条件来判断两相干波源发生干涉的情况，则是：相位差等于零或 2π 的整数倍的空间各点，干涉加

强；相位差等于 π 的奇数倍的空间各点，干涉减弱。注意，如果两列波不是相干波，将观察不到干涉现象。

［例 10-4］如图 10-14 所示，A、B 两点为同一介质中两相干波源。频率皆为 100 Hz，但当点 A 为波峰时，点 B 恰为波谷。设波速为 10 m/s，试写出由 A、B 发出的两列波传到点 P 时干涉的结果。

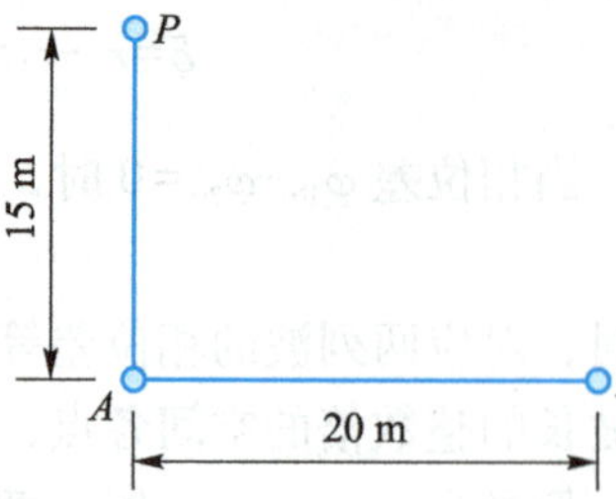

图 10-14 例 10-4 图

解 由图 10-14 中的几何关系可以得到

$$|BP|=\sqrt{15^2+20^2}\ \text{m}=25\ \text{m}$$

又

$$\lambda=\frac{u}{\nu}=\frac{10}{100}=0.10\ \text{m}$$

下面我们分别用两种方法来求解点 P 的干涉结果。

根据已知条件可知，A、B 两点的相位相差 π。假设 A 的相位较 B 超前，即 $\varphi_A-\varphi_B=\pi$。

方法一：求出点 A 和点 B 的波传播到点 P 时的相位差，再根据相位差条件判断干涉的情况，因此有

$$\Delta\varphi=\varphi_B-\varphi_A-2\pi\frac{|BP|-|AP|}{\lambda}=-\pi-2\pi\frac{25-15}{0.1}=-201\pi$$

所以点 P 合振幅 $A=|A_1-A_2|=0$，对应于**干涉相消**。

方法二：求出点 A 和点 B 的波传播到点 P 时的波程差，再根据波程差条件判断干涉的情况，因此有

$$\delta=|BP|-|AP|=(25-15)\ \text{m}=10\ \text{m}=100\lambda$$

即两波源到点 P 的波程差为波长的整数倍。

由于两相干波源的振动是反相的，符合式（10-18c）的情况，且两波源振幅相等，所以点 P 对应于**干涉相消**。

三、驻波

驻波是一种特殊的干涉现象，它是在一定条件下由两列振动方向相同、振幅相等的相干波在同一直线上沿相反方向传播时叠加而成的。驻波与行波不同，它并不向前传播，故称驻波。许多乐器，如琵琶或笛子在发出稳定的声调时，在琴弦上或管腔中就会形成声音的振动驻波。在实验室中，常通过如图 10-15 的实验装置来观察驻波现象。其中弦线的一端固定于音叉的一臂上（点 A），另一端经过固定支点 B 再经过一滑轮 P 后挂一重物（其质量为 m），这样就使弦线中有一定的张力。当弦线静止时可以平直稳定，而当音叉振动后，在弦线上会产生一列自左向右传播的行波，该行波遇到支点 B 后会被反射，会在弦线中产生一反向（自右向左）传播的行波，调节支点 B 至适当位置后，可以观察到两列波叠加后在弦线 A、B 之间形成的稳定的振动状态，即驻波。

下面我们对驻波的形成作定量分析。设有两列振幅相同、频率相同、振动方向相同的平面简谐波，分别沿 x 轴正、负方向传播（注意，这里的沿负方向传播的波并不是正向传播波的反射波）。它们的波动表达式分别为

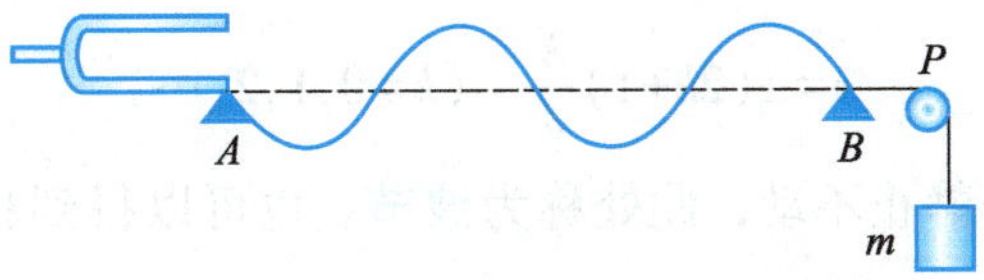

图 10-15 驻波实验

$$y_1=A\cos\left[2\pi\left(\nu t-\frac{x}{\lambda}\right)+\varphi_{10}\right]$$

$$y_2=A\cos\left[2\pi\left(\nu t+\frac{x}{\lambda}\right)+\varphi_{20}\right]$$

式中，A 为振幅，ν 为频率，λ 为波长。

根据波的叠加原理，在两列波相遇处各点的位移为两波各自引起的位移的合成，即

$$y=y_1+y_2=A\cos\left[2\pi\left(\nu t-\frac{x}{\lambda}\right)+\varphi_{10}\right]+A\cos\left[2\pi\left(\nu t+\frac{x}{\lambda}\right)+\varphi_{20}\right]$$

$$=\left[2A\cos\left(2\pi\frac{x}{\lambda}+\frac{\varphi_{20}-\varphi_{10}}{2}\right)\right]\cos\left(2\pi\nu t+\frac{\varphi_{20}+\varphi_{10}}{2}\right) \tag{10-20a}$$

如果令 $\varphi_{20}=\varphi_{10}=0$，式（10-20a）可以化简为

$$y=2A\cos\left(2\pi\frac{x}{\lambda}\right)\cos(2\pi\nu t) \tag{10-20b}$$

式（10-20）就是驻波表达式或称驻波函数。从式（10-20b）中可以看出，$2A\cos\left(2\pi\frac{x}{\lambda}\right)$ 与时间无关，它只与 x 有关，即波线上不同位置处的各质元的振幅是不同的。波线上各质元作振幅为 $\left|2A\cos\left(2\pi\frac{x}{\lambda}\right)\right|$、频率为 ν 的简谐振动。可见驻波函数中的空间变量 x 和时间变量 t 彼此分开，完全失去了行波的特征，所以驻波不是行波，它的相位和能量都不传播。对此我们可以作进一步讨论：

（1）凡满足

$$\left|\cos\left(2\pi\frac{x}{\lambda}\right)\right|=1$$

即波线上位置满足

$$x=\pm 2k\frac{\lambda}{4}\quad(k=0,1,2,\cdots) \tag{10-21}$$

的各质元，振幅最大，其值为 $2A$，此处称为**波腹**，由式（10-21）也可以求出相邻两波腹之间的距离 Δx 为

$$\Delta x=x_{n+1}-x_n=2(n+1)\frac{\lambda}{4}-2n\frac{\lambda}{4}=\frac{\lambda}{2}$$

（2）凡满足

$$\left|\cos\left(2\pi\frac{x}{\lambda}\right)\right|=0$$

即波线上位置满足

$$x=\pm(2k+1)\frac{\lambda}{4}\quad(k=0,1,2,\cdots)\tag{10-22}$$

的各质元，振幅为零，静止不动，此处称为**波节**。也可以得到相邻两波节之间的距离 $\Delta x'$ 为

$$\Delta x'=x_{n+1}-x_n=[2(n+1)+1]\frac{\lambda}{4}-(2n+1)\frac{\lambda}{4}=\frac{\lambda}{2}$$

而相邻波腹与波节之间的距离为

$$\Delta x''=x_{n波节}-x_{n波腹}=(2n+1)\frac{\lambda}{4}-2n\frac{\lambda}{4}=\frac{\lambda}{4}$$

可见，波腹和波节是沿 x 轴等距、相间分布的。相邻两波腹或相邻两波节之间的距离都是$\frac{\lambda}{2}$，即半个波长；而相邻波节和波腹之间的距离都是$\frac{\lambda}{4}$，即四分之一的波长。在波腹与波节之间的各质元的振幅显然是介于 0 和 $2A$ 之间的某个值，其值的大小与 x 有关。这一结果是驻波与行波不同之处。

（3）驻波还具有分段振动的特点。各点振动的相位与 $\cos\left(2\pi\frac{x}{\lambda}\right)$ 的正负有关，凡是使 $\cos\left(2\pi\frac{x}{\lambda}\right)$ 为正的各点的相位均相同，凡是使 $\cos\left(2\pi\frac{x}{\lambda}\right)$ 为负的各点的相位也都相同，并且上述二者的相位相反。波节两边各点，$\cos\left(2\pi\frac{x}{\lambda}\right)$ 有相反的符号，因此波节两边各点处质元振动相位相反；在两波节之间各点，$\cos\left(2\pi\frac{x}{\lambda}\right)$ 具有相同的符号，因此两波节之间各点处质元振动相位相同。也就是说，驻波是以波节划分的分段振动，在相邻波节之间，各点处质元的振动相位相同；在波节的两侧，各点处质元振动反相。因此，驻波的相位也并不传播。

在每一时刻，驻波都有一定的波形，但此波形既不左移，也不右移，各点处质元以确定的振幅在各自的平衡位置附近振动，介质中既没有向前也没有向后的相位和能量传递，因此称为驻波。由于驻波的波形、相位和能量都不“传播”，因此，可以说驻波并不是一个波动，而是一种特殊形式的振动。

最后，需要说的是，弦线上产生驻波时，在弦线的固定端一定形成波节。这一事实说明，波的反射点固定时，反射波与入射波在反射点的相位相反，即反射波要改变 π 的相位。这相当于反射波少了半个波长。通常我们把反射时的这种相位改变称为**半波损失**（或**相位跃变**）。如果反射点是自由端，则在反射点形成波腹，即反射波的相位不变化，就没有半波损失。

第五节　多普勒效应

在前面讨论的各种波动现象中，其实都暗含了一个前提条件，即：假定波源、介

质和观察者三者都是相对静止的。但是，事实上会经常遇到波源、观察者或是这两者同时相对于介质运动的情况，此时，观察者会发现所接收到的波的频率和波源的频率不同。这种因为波源或观察者相对于介质有相对运动而使观察者接收到的波的频率有所变化的现象，称为**多普勒效应**。它是奥地利物理学家及数学家多普勒（C. Doppler）于 1842 年首先提出的。下面我们以机械波为例对多普勒效应作一简单分析。

设波源和观察者的运动在同一条直线上。波在介质中的传播速度为 u，波源相对于介质的运动速度为 v_S，观察者相对于介质的运动速度为 v_A。当波源的振动频率为 ν_0 时，在相对静止的介质中的波长为 $\lambda_0=\dfrac{u}{\nu_0}$。

下面我们仿照控制变量法，把波源、介质和观察者三者之间的相对运动分为三种不同的情况进行讨论。

1. 波源不动（即相对于介质静止，$v_S=0$），观察者以速度 v_A 相对于介质运动

若观察者向着波源运动，即观察者以速度 v_A 接近静止的波源（v_A 与 u 反方向），那么，单位时间内观察者所接收到的波数（也就是接收到的频率）是在 $u+v_A$ 的长度内的波数，即有

$$\nu'=\frac{u+v_A}{\lambda_0}=\frac{u+v_A}{u}\nu_0=\left(1+\frac{v_A}{u}\right)\nu_0$$

可见，此时观察者接收到的频率高于波源的频率，是其 $\left(1+\dfrac{v_A}{u}\right)$ 倍。

若观察者以速度 v_A 离开静止的波源，与上式类似，可得

$$\nu'=\frac{u-v_A}{\lambda_0}=\frac{u-v_A}{u}\nu_0=\left(1-\frac{v_A}{u}\right)\nu_0$$

此时，观察者接收到的频率低于波源的频率。需要注意的是，当 $v_A=-u$，也就是观察者随着波的传播以波速 u 远离波源运动时，观察者就接收不到波动了。

合并上述两式，可得到在波源相对于介质静止，而观察者在运动时所接收到的波的频率为

$$\nu'=\frac{u\pm v_A}{u}\nu_0 \tag{10-23}$$

其中，当观察者向着波源运动时取正号，当观察者背离波源运动时取负号。

2. 观察者不动（即相对于介质静止，$v_A=0$），波源以速度 v_S 相对于介质运动

当波源向着观察者运动时，虽然波源的运动不影响波速 u，但影响到波在介质中的分布。波源的每一次振动向外传播时，就在各向同性均匀介质中形成一个球面波。由于波源的移动，每次振动形成的波阵面的球心都相对前一个波阵面的球心前移距离 v_ST，于是各个波阵面都向前“压缩”了［如图 10-16（a）所示］。这样，在一个周期的时间内波源在波的传播方向上被压缩了一段路程 v_ST［如图 10-16（b）所示］，因此观察者接收到的波的波长变小了（$\lambda<\lambda_0$），其值为

$$\lambda=|S'A|=\lambda_0-v_ST=uT-v_ST=(u-v_S)T$$

由于波速不变，只是波长变短，所以观察者接收到的频率变为

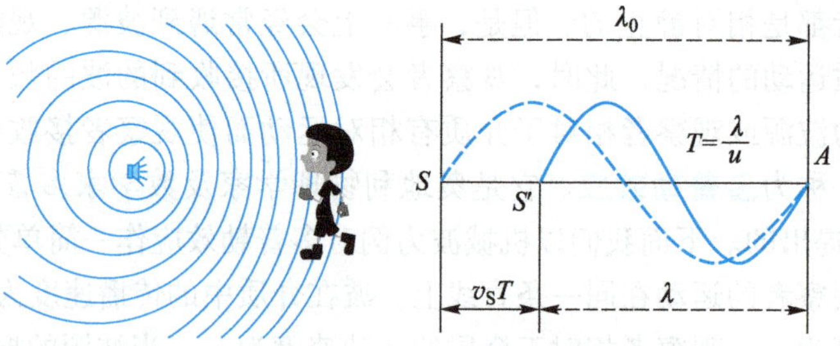

(a) 波源向着观察者运动　(b) 观察者接收到的波长变小

图 10-16

$$\nu''=\frac{u}{\lambda}=\frac{u}{u-v_S}\nu_0 \tag{10-24}$$

这时，观察者接收到的频率高于波源的频率（$\nu''>\nu_0$）。

同理，如果波源远离观察者运动，只要将 v_S 以负值代入即可。这时，观察者接收到的频率低于波源的频率（$\nu''<\nu_0$）。

3. 观察者与波源同时相对于介质运动

根据对以上两种情况的讨论，可以很容易证明，当观察者和波源同时相对介质运动时，观察者接收到的波的频率为

$$\nu=\frac{u\pm v_A}{u\mp v_S}\nu_0 \tag{10-25}$$

根据式（10-25）可知，如果 v_A、v_S 中有一个为零时，就可以得出式（10-23）或式（10-24）。此外，如果观察者和波源的运动不在同一条直线上，将速度在它们连线上的分量作为 v_A、v_S 代入式（10-25）讨论即可。

多普勒效应也是波动的特征之一，其应用日益广泛，在测量一些物体的运动速度时，精度较高。对于包括光在内的电磁波，多普勒效应也存在，但由于它们以光速传播，还需考虑相对论效应，情况较为复杂，这里只简要介绍结论。当光源和观察者的相对速度为 v 时，光在真空中的传播速度为 c、频率为 ν_0。观察者接收到的光的频率为

$$\nu=\nu_0\sqrt{\frac{c-v}{c+v}}$$

由此可知，当光源离开观察者运动时，v 为正，$\nu<\nu_0$；当光源接近观察者而运动时，v 为负，$\nu>\nu_0$。天文学家哈勃（E. Hubble）根据多普勒效应得出了宇宙正在膨胀的结论。他发现远离银河系的天体发射的光线频率变低，即移向光谱的红端，即发生了红移，天体离开银河系的速度越快，红移越大，这说明这些天体在远离银河系。反之，如果天体正移向银河系，则光线会发生蓝移。

多普勒效应在科学技术上有许多应用。例如，利用光的多普勒效应可测定宇宙中星体的运动情况、测定人造地球卫星的位置变化、测定流体的流速等。

小　　结

1. 产生机械波的条件

产生机械波的条件：波源和介质。

2. 横波与纵波

根据介质中各质元的振动方向与波的传播方向的关系，波可分为横波和纵波。当质元的振动方向与波的传播方向互相垂直时，此种波称为横波。当质元的振动方向与波的传播方向相同时，此种波称为纵波。

3. 波动的描述

几何描述：波面、波前、波线。

特征量：波长、波速、周期和频率。

4. 平面简谐波的波函数

$$y = A\cos\left[\omega\left(t \mp \frac{x}{u}\right) + \varphi_0\right]$$

$$= A\cos\left[2\pi\left(\frac{t}{T} \mp \frac{x}{\lambda}\right) + \varphi_0\right] = A\cos\left[2\pi\left(\nu t \mp \frac{x}{\lambda}\right) + \varphi_0\right]$$

其中“∓”中的负号表示沿 x 轴的正方向传播的平面简谐波，正号表示沿 x 轴的负方向传播的平面简谐波。

5. 平面简谐波的能量、能流

质元的动能 $\mathrm{d}E_{\mathrm{p}}$ 和其弹性形变势能 $\mathrm{d}E_{\mathrm{k}}$ 相等。

总机械能　　$\mathrm{d}E = \mathrm{d}E_{\mathrm{k}} + \mathrm{d}E_{\mathrm{p}} = \rho \mathrm{d}V\omega^2 A^2 \sin^2\left[\omega\left(t - \frac{x}{u}\right) + \varphi_0\right]$

波的能量密度：$w = \frac{\mathrm{d}E}{\mathrm{d}V} = \rho\omega^2 A^2 \sin^2\left[\omega\left(t - \frac{x}{u}\right) + \varphi_0\right]$

平均能量密度：$\overline{w} = \frac{2}{T}\int_0^{T/2} w\mathrm{d}t = \frac{1}{2}\rho\omega^2 A^2$

平均能流：$\overline{p} = \overline{w}uS$

能流密度：$I = \frac{\overline{p}}{S} = \overline{w}u = \frac{1}{2}\rho\omega^2 A^2 u$

6. 波的衍射

惠更斯原理：在波的传播过程中，波阵面（波前）上的每一点都可以看成发射子波的波源，在其后的任一时刻，这些子波的包络面就成为新的波阵面。

波的衍射：波动绕过障碍物而传播的现象。

7. 波的干涉

波的相干条件：频率相同、振动方向相同、相位差恒定。

两列相干波 $y_1 = A_1\cos\left(\omega t + \varphi_{10} - \frac{2\pi}{\lambda}r_1\right)$ 和 $y_2 = A_2\cos\left(\omega t + \varphi_{20} - \frac{2\pi}{\lambda}r_2\right)$ 叠加时，在相遇点

的合振动也是简谐振动：

$$y=y_1+y_2=A\cos(\omega t+\varphi)$$

式中

$$A=\sqrt{A_1^2+A_2^2+2A_1A_2\cos\Delta\varphi}$$

$$\Delta\varphi=(\varphi_{20}-\varphi_{10})-2\pi\frac{r_2-r_1}{\lambda}$$

当 $\Delta\varphi=\pm2k\pi(k=0,1,2,\cdots)$ 时，合振幅最大（$A=A_1+A_2$），称为干涉加强。

当 $\Delta\varphi=\pm(2k+1)\pi(k=0,1,2,\cdots)$ 时，合振幅最小（$A=|A_1-A_2|$），称为干涉减弱。

8. 驻波

驻波是一种特殊的干涉现象，由两列振动方向相同、振幅相等、传播方向相反的波叠加形成，其表达式为

$$y=2A\cos\left(2\pi\frac{x}{\lambda}\right)\cos(2\pi\nu t)$$

驻波的相邻波腹（或波节）间的距离为半个波长。

9. 多普勒效应

多普勒效应指由于声源与观察者的相对运动，接收到的频率发生变化的现象，可用下式表示：

$$\nu=\frac{u\pm v_{\mathrm{A}}}{u\mp v_{\mathrm{S}}}\nu_0$$

习 题

10-1 在下面几种说法中，正确的说法是（ ）。

（A）波源不动时，波源的振动频率与波动的频率在数值上是不同的

（B）波源振动的速度与波速相同

（C）在波传播方向上的任一质点的振动相位总是比波源的相位滞后

（D）在波传播方向上的任一质点的振动相位总是比波源的相位超前

10-2 一简谐波沿 x 轴正方向传播，图中所示为 $t=T/4$ 时的波形曲线。若振动以余弦函数表示，且各点振动的初相位取 $-\pi$ 到 π 之间的值，则（ ）。

（A）点 0 的初相位为 $\varphi_0=0$ （B）点 1 的初相位为 $\varphi_1=-\pi/2$

（C）点 2 的初相位为 $\varphi_2=\pi$ （D）点 3 的初相位为 $\varphi_3=-\pi/2$

10-3 一平面简谐波的波动方程为 $y=0.1\cos(3\pi t-\pi x+\pi)$（SI 单位），$t=0$ 时的波形曲线如图所示，则（ ）。

（A）点 a 的振幅为 -0.1 m （B）波长为 4 m

（C）a、b 两点间相位差为 $\pi/2$ （D）波速为 $6\ \text{m}\cdot\text{s}^{-1}$

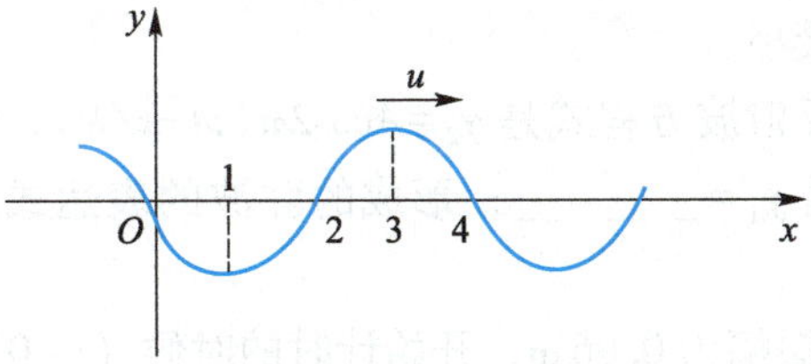

习题 10-2 图

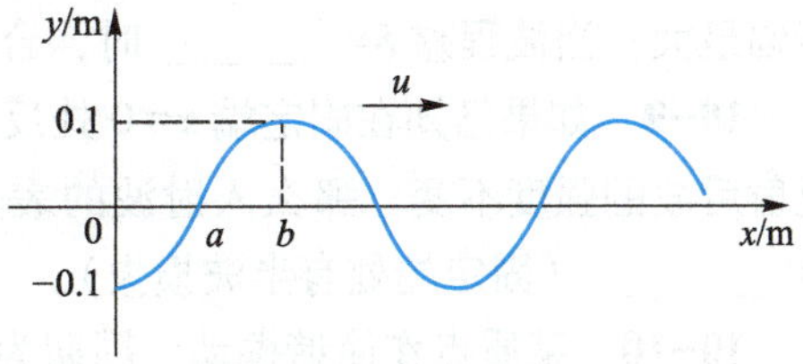

习题 10-3 图

10-4 有两列相干波，其波动方程分别为 $y_1=A\cos2\pi(\nu t-x/\lambda)$ 和 $y_2=A\cos2\pi(\nu t+x/\lambda)$，它们沿相反方向传播叠加形成的驻波中，各处的振幅是（ ）。

（A）$2A$ （B）$|2A\cos(2\pi\nu t)|$

（C）$2A\cos(2\pi x/\lambda)$ （D）$|2A\cos(2\pi x/\lambda)|$

10-5 设声波在介质中的传播速度为 u，声源的频率为 ν_S，若声源 S 不动，而接收器 R 相对于介质以速度 v_R 沿 S、R 连线向着声源 S 运动，则接收器 R 接受到的信号频率为（ ）。

（A）ν_S （B）$\dfrac{u+v_R}{u}\nu_S$

（C）$\dfrac{u-v_R}{u}\nu_S$ （D）$\dfrac{u}{u-v_R}\nu_S$

10-6 如图所示，一波长为 λ 的平面简谐波沿 Ox 轴正方向传播，若点 P_1 处质点的振动方程为 $y_1=A\cos(2\pi\nu t+\varphi)$，则点 P_2 处质点的振动方程为________，与点 P_1 振动

状态相同的点的位置为________。

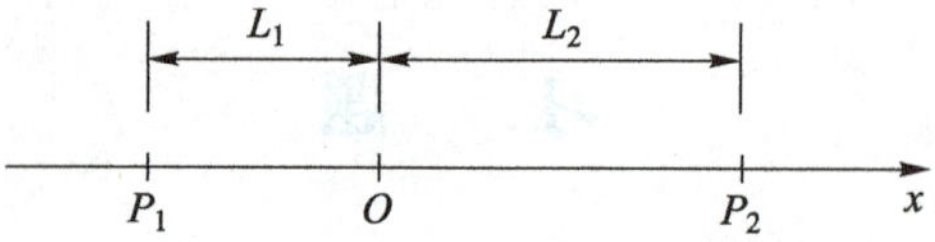

习题 10-6 图

10-7 如图所示为一平面简谐波在 $t=t_1$ 时刻的波形图，该简谐波的波动方程是________；点 P 处质点的振动方程是________。（该波的振幅 A、波速 u 与波长 λ 为已知量）

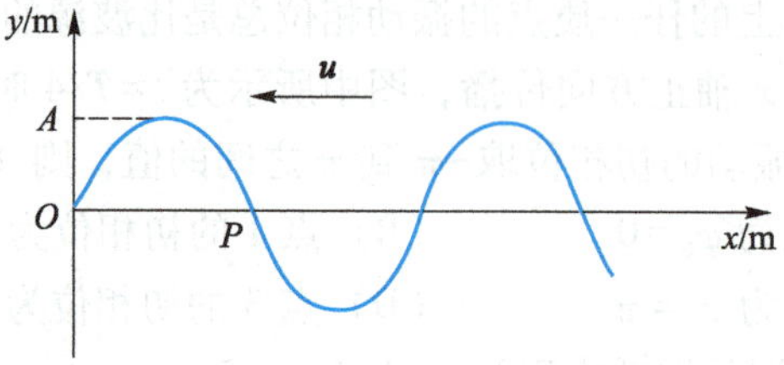

习题 10-7 图

10-8 两列相干波初相位分别为 φ_1 和 φ_2，当相位差 $\Delta\varphi=$________时，合振幅最大；当相位差 $\Delta\varphi=$________时，合振幅最小。若 $\varphi_1=\varphi_2$，当波程差 $\delta=$________时，合振幅最大；当波程差 $\delta=$________时，合振幅最小。

10-9 如果已知在固定端 $x=0$ 处反射的反射波方程式是 $y_2=A\cos 2\pi(\nu t-x/\lambda)$，设反射后波的强度不变，那么入射波的表达式是 $y_1=$________；形成的驻波的表达式是 $y=$________（固定端处有半波损失）。

10-10 某质点作简谐振动，周期为 2 s，振幅为 0.06 m，开始计时的时候（$t=0$），质点恰好处在 $A/2$ 处且向负方向运动，求：(1) 该质点的振动方程；(2) 此振动以速度 $u=2\ \mathrm{m\cdot s^{-1}}$ 沿 x 轴正方向传播时，形成的平面简谐波的波动方程；(3) 该波的波长。

10-11 一平面简谐波在介质中以速度 $u=20\ \mathrm{m\cdot s^{-1}}$ 自左向右传播，已知在波线上的某点 A 的振动方程为 $y=3\cos(4\pi t-\pi)$（SI 单位），另一点 D 在点 A 右方 18 m 处。(1) 若取 x 轴方向向左并以 A 为坐标原点，试写出波动方程，并求出点 D 的振动方程；(2) 若取 x 轴方向向右以点 A 左方 10 m 处的点 O 为 x 坐标原点，重新写出波动方程及

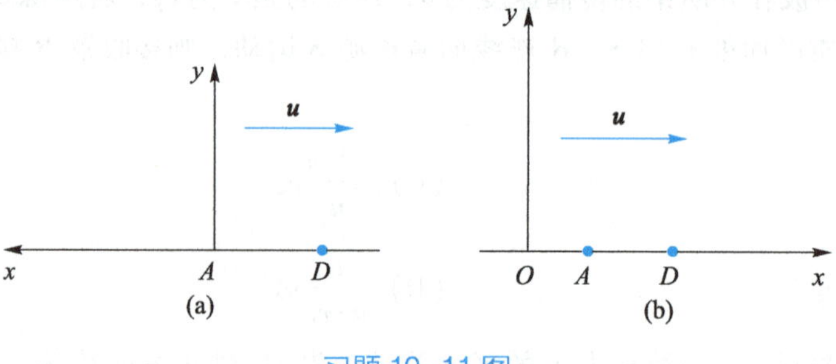

习题 10-11 图

点 D 的振动方程。

10-12 如图所示为平面简谐波在 $t=0$ 时的波形图，设此简谐波的频率为 250 Hz，且此时图中质点 P 的运动方向向上。求：(1) 该波的波动方程；(2) 在与原点 O 距离为 7.5 m 处质点的运动方程与 $t=0$ 时该点的振动速度。

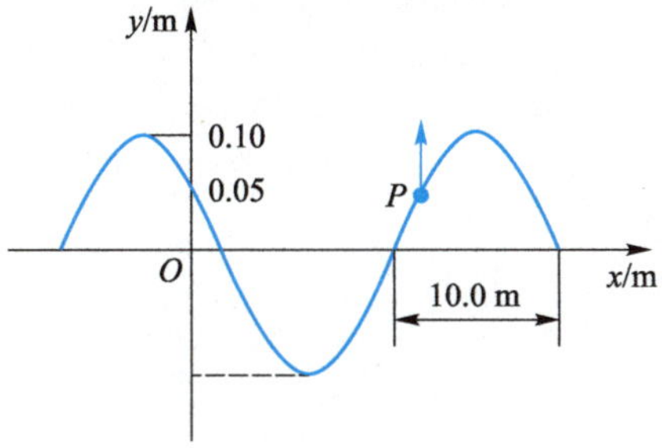

习题 10-12 图

10-13 一平面简谐波，波速为 $340\ \mathrm{m\cdot s^{-1}}$，频率为 300 Hz，在横截面积为 $3.00\times10^{-2}\ \mathrm{m^2}$ 的管内的空气中传播，若在 10 s 内通过截面的能量为 2.70×10^{-2} J，求：(1) 通过截面的平均能流；(2) 波的平均能流密度；(3) 波的平均能量密度。

习题答案

第十一章　波动光学

本章资源

光学是物理学的一个重要组成部分。人们对光的研究至少有两千多年的历史，世界上最早的关于光学知识的文字记载，见于我国的《墨经》(公元前400年前后)。最早人们是以光的直线传播性质和折射、反射定律为基础，研究光在透明介质中的传播规律。到了17世纪，人们就光的本质提出了两种观点，一种观点认为光是从光源飞出来的微粒流，另一种观点认为光是一种机械波。这两种观点各自都能解释一些现象，但是，也存在一些难以说明的问题。直到19世纪中期，电磁理论获得了很大发展，人们才从干涉、衍射和偏振现象及其规律中，认识到光是一种电磁波。从光具有波动性的观点出发，可以认为光的直线传播只是一种近似情况。当涉及光与物质的相互作用问题时，人们又发现了一些无法用光的波动理论解释的新现象，只有从光的量子性角度出发才能说明，即假定光是由具有一定质量、能量和动量的粒子所组成的粒子流，这种粒子称为光子。自19世纪末到20世纪初，光一方面被确认是电磁波，具有波动的特性，另一方面又被确认具有量子性。这是有关光的本质的完全不能统一的两个概念，由此产生了关于光的本质的最新认识——光具有波粒二象性，即光既有波动性又有粒子性。

20世纪60年代，激光的发现使光学的发展又获得了新的活力。激光具有方向性好、单色性好、亮度高和相干性优异四个特点，因此激光技术与相关学科的结合，促进了光全息技术、光信息处理技术、光纤技术等的飞跃发展，特别是光纤的发展为光通信等创造了条件。非线性光学、傅里叶光学等现代光学分支也逐渐形成，带动了物理学及其相关学科的快速发展。

在光学中，一般把以光的直线传播、反射、折射以及成像等规律为基础的部分称为几何光学；把研究光的干涉、衍射和偏振等规律的部分称为波动光学；把以光和物质相互作用时显示的粒子性为基础的部分称为量子光学。波动光学与量子光学又统称为物理光学。本章仅以光的波动性为基础，研究光的传播及其规律，着重研究光的干涉、衍射和偏振等方面的规律和应用。

19世纪下半叶，麦克斯韦认识到光是电磁波的一种形式，而且电磁波是横波。后来，人们确定可见光是波长范围在400~760 nm之间的电磁波，波长大于760 nm的电磁波称为红外线，波长小于400 nm的电磁波称为紫外线。日常人们熟知的七种可见光的波长范围见表11-1。

表 11-1　可见光波长范围

颜色	中心波长 λ_0/nm	波长范围/nm	颜色	中心波长 λ_0/nm	波长范围/nm
红	660	760~647	青	480	492~470
橙	611	647~585	蓝	430	470~424
黄	580	585~575	紫	411	424~400
绿	540	575~492			

具有单一频率（或波长）的光称为单色光，包含多个频率（或波长）的光称为复色光，白光就是一种复色光。实际使用的单色光都是频率在某一数值附近极窄范围内的光。能够发光的物体称为光源。

第一节　相干光　光程　光程差

一、光的相干性

根据波的叠加原理，只要两列波频率相同、振动方向相同、相位相同或相位差保持恒定，在两波相遇的空间区域就会产生稳定的振动强弱分布，形成干涉现象。例如，使两个频率相同的音叉在房间内振动，可以发现房间内有些位置处的声振动始终很强，而另一些位置处的声振动始终很弱。

若两束光的光矢量满足相干条件，则它们是相干光，相对应的光源叫相干光源。但是，两个普通光源或同一普通光源的两个部分发出的光，即使频率相同，也不会产生干涉。例如使两盏钠灯所发出的光同时照射到屏幕上，虽说两盏灯发出的光波的频率相同，却很难得到干涉条纹。这表明，两个独立的光源即使频率相同，也不能构成相干光源，这是由普通光源的发光机制所决定的。

光是由光源中分子或原子的运动状态发生变化时的辐射产生的。分子或原子所发出的光是一个短短的波列，每次发光的持续时间为 10^{-11}~10^{-8} s，人眼感觉到的光波是大量原子或分子发光的总的结果。一方面，每个原子或分子的辐射是偶然的，彼此之间没有联系，所以在同一时刻，各个分子或原子所发出的光波即使频率相同，振动方向和相位也不一定相同。另一方面，原子或分子的发光是间歇的，一个分子或原子在发出一列光波后，要间隔一段时间才发出下一列光波。所以，同一分子或原子发出的前一波列和后一个波列的频率即使相同，其振动方向和相位也不一定相同。因此，对于两个独立的光源，产生干涉的条件（特别是相位或相位差恒定）是得不到满足的。两个独立的普通光源不是相干光源，同一个普通光源上不同部分发出的光也不能构成相干光，而只有来自同一波列的光才是相干的。

二、获得相干光的方法

获得相干光的方法主要有分波面法和分振幅法，如图 11-1 所示。把光源上同一点（如图中的点 S，可视为点光源）发出的光用某种方法分成两束，然后再使它们相遇，才能保证两束光频率相同、振动方向相同、相位差恒定，进而产生干涉。

图 11-1（a）所示的方法实质上是将一原子发出的同一光波波列按其传播方向不同，在同一波面上分成两部分或若干部分（如图中 A 和 B），使之构成两个或者若干个相干的子波源而获得相干光。这个方法通常称为分波面法。图 11-1（b）所示的方法是利用一块透明介质两界面上的反射和折射，将入射的同一波列的光振动按其能量（或振幅）分成两个部分（如图中的 a_1 和 a_1'），从而构成相干光。这种方法称为分振幅法。

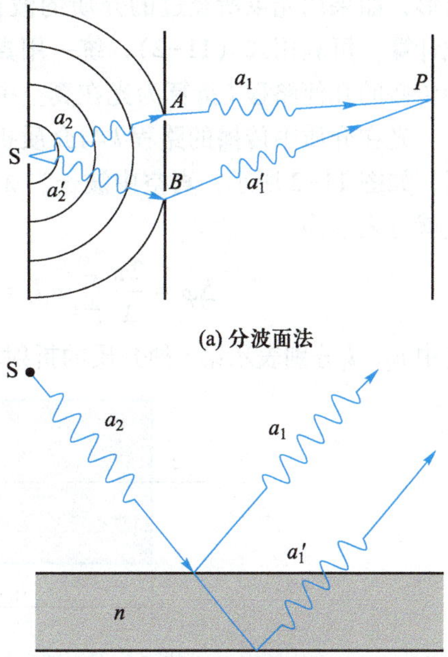

图 11-1 获得相干光的方法

由于图 11-1 中光源 S 发出的每一个波列被分成了两个独立传播的成分，它们有相同的初相位，因此在相遇处任一点的相位差 $\Delta\varphi=\frac{2\pi}{\lambda}\delta$，仅与它们自分开处至相遇处的波程差 δ 有关，而与振源的初相位无关，并且不随时间变化。因此，由各列波“一分为二”得到的两束光在相遇区域的同一点都有相同的、恒定的相位差，从而可获得稳定清晰的干涉图样。

三、光程 光程差

根据波的干涉理论，两束相干光在相遇处干涉加强还是减弱取决于它们在会聚点的相位差，而每一束光自光源至会聚点经距离 l 的传播后，其相位改变量可由波动学公式 $\Delta\varphi=2\pi\frac{l}{\lambda}$ 确定。某一确定单色光，其频率 ν 在不同介质中是恒定不变的。当光进入折射率为 n 的介质时，光速 u 是真空中光速 c 的 $1/n$，即 $u=c/n$，则在这种介质中传播的单色光波长

$$\lambda_n=\frac{u}{\nu}=\frac{c}{n\nu}=\frac{\lambda}{n} \tag{11-1}$$

由此可见，光由真空进入较密的介质（其折射率恒大于 1）时，它的波长变成真空中波长的 $1/n$。因而此单色光在上述介质中传播距离 l 后的相位改变量应为

$$\Delta\varphi = 2\pi \frac{l}{\lambda_n} = 2\pi \frac{nl}{\lambda} \tag{11-2}$$

由上式可以看到，光在折射率为 n 的介质中传播距离 l 后，其相位改变量与它在真空中传播距离 nl 后的相位改变量相同。实际问题中，常有一束光连续通过几种不同介质的情形，如果用光束所经过的介质的波长来计算各段的相位变化，显然较为麻烦。为简化计算，可利用式（11-2），统一用真空中的波长计算相位差。此时，只需将光在介质中传播的几何路程 l 折算为光在真空中传播的路程 nl。

光在介质中传播的路程 l 与介质折射率 n 的乘积 nl 被定义为光程。引入光程概念后，如图 11-2 所示，真空中波长为 λ 的单色光连续通过几种不同介质后，其相位改变量就可表示为

$$\Delta\varphi = \frac{2\pi}{\lambda}\sum_{i=1}^{k} n_i l_i = \frac{2\pi}{\lambda}(n_1 l_1 + n_2 l_2 + \cdots + n_k l_k) \tag{11-3}$$

其中 n_i、l_i 分别表示第 i 种介质的折射率与光在该介质中传播的几何路程。

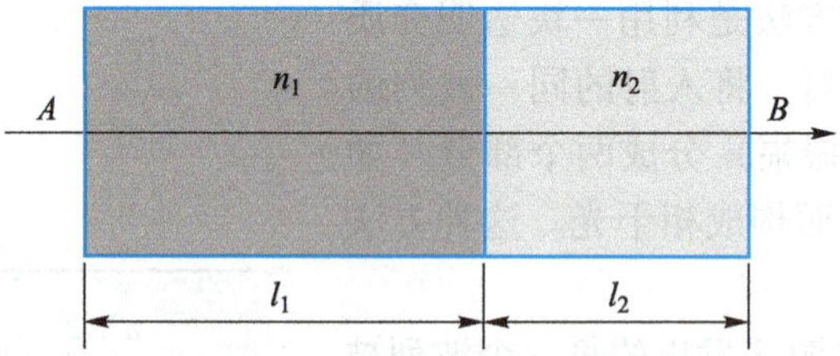

图 11-2　单色光连续通过几种介质的总光程

利用光程概念也可简洁地表示出两束相干光在会聚点的相位差及其干涉加强或减弱的条件，如图 11-3 所示，由两个初相位均为 φ_0 的相干光源 S_1、S_2 发出的光在点 P 会聚，它们在点 P 的相位差为

$$\Delta\varphi = \left(\varphi_0 - 2\pi\frac{n_2 r_2}{\lambda}\right) - \left(\varphi_0 - 2\pi\frac{n_1 r_1}{\lambda}\right) = \frac{2\pi}{\lambda}(n_1 r_1 - n_2 r_2)$$

令上式中 $n_1 r_1 - n_2 r_2 = \delta$，$\delta$ 称为两束光的光程差，则上式可表示为

$$\Delta\varphi = \frac{2\pi}{\lambda}\delta \tag{11-4}$$

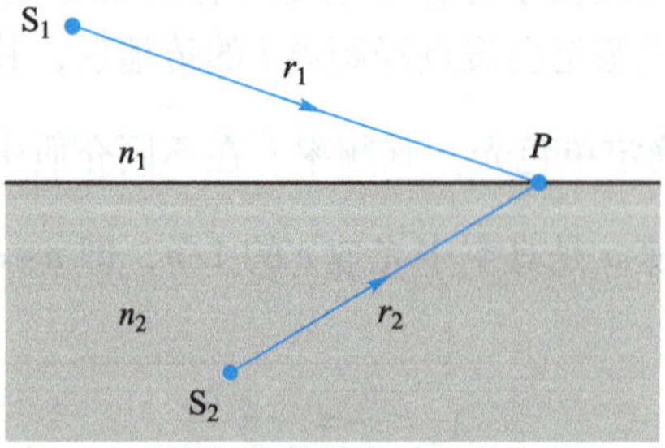

图 11-3　用光程差计算相位差

可见，两束初相位相同的相干光在会聚点的相位差 $\Delta\varphi$ 直接由它们所经历的光程差 δ 决定。

在相干光干涉现象中，一般出现明条纹处称为相干加强，出现暗条纹处称为相干减弱。从同一光源发出的两相干光，当它们在空间相遇时，相干加强（明条纹）或相干减弱（暗条纹）的条件为

$$\Delta\varphi=\frac{2\pi}{\lambda}\delta=\begin{cases}\pm 2k\pi & (k=0,1,2,\cdots) \quad \text{明条纹}\\ \pm(2k+1)\pi & (k=0,1,2,\cdots) \quad \text{暗条纹}\end{cases} \tag{11-5}$$

用光程差直接表示为

$$\delta=\begin{cases}\pm k\lambda & (k=0,1,2,\cdots) \quad \text{相干加强}\\ \pm(2k+1)\dfrac{\lambda}{2} & (k=0,1,2,\cdots) \quad \text{相干减弱}\end{cases} \tag{11-6}$$

式（11-6）是讨论光波干涉问题的基本公式。它表明，两束相干光干涉的光强分布，在初相位相同的条件下，仅由光程差决定。因此，由光程差出发分析干涉条纹的分布及变化规律是处理干涉问题的基本方法。

四、透镜不引起附加光程差

下面，简单说明光波通过薄透镜传播时的光程情况。一束平行光通过透镜后，会聚于其焦平面上［图 11-4（a）］，相互加强成一亮点。这是由于在平行光束波阵面上各点（如图中点 A、B、C、D、E）的相位相同，到达焦平面后相位仍然相同，因而相互加强。可见，从 A、B、C、D、E 等各点到点 F 的光程相等。也就是说，虽然光线 AaF 比光线 CcF 经过的几何路程长，但是前者在透镜内的几何路程小于后者在透镜内的几何路程，由于透镜的折射率大于 1，因此折算成光程后，AaF 的光程与 CcF 的光程相等。对于斜入射的平行光，会聚于焦平面上点 F'，通过类似讨论可知 AaF'、BbF'等的光程依然都相等［图 11-4（b）］。因此，在干涉的相关实验中，使用透镜不会引起附加的光程差，只需要考虑光束在空间中的几何路程所引起的光程差即可。

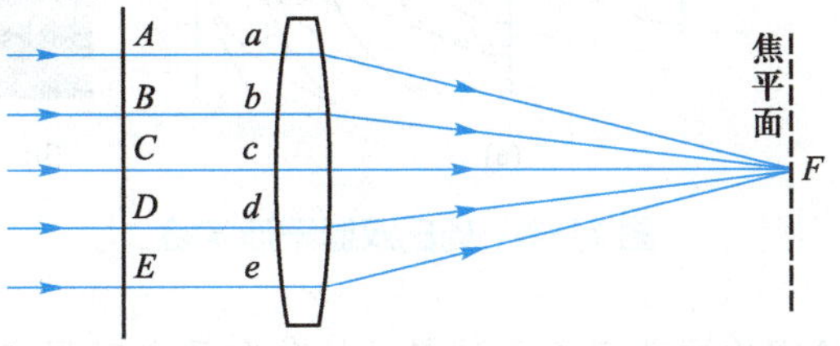

(a)

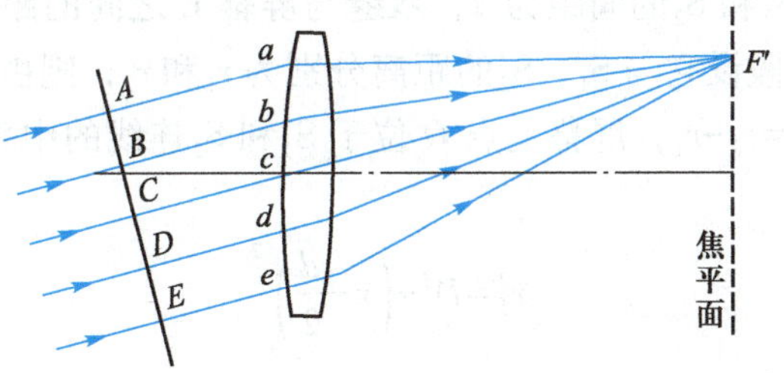

(b)

图 11-4 通过薄透镜时的光程

第二节　杨氏双缝干涉

一、杨氏双缝干涉

19 世纪初，年轻的物理学家托马斯·杨用实验的方法巧妙地研究了光的干涉现象。这是最早利用单一光源通过分波面法形成两束相干光，产生干涉现象的典型实验。

杨氏双缝干涉实验如图 11-5（a）所示，由光源发出的单色光照射在狭缝 S 上（S 相当于缝光源）。在 S 前放置两个相距很近的狭缝 S_1和 S_2，S_1、S_2与 S 平行，且与 S 等距离。根据惠更斯原理，S_1、S_2可以看成两个新的子波源，它们发出的光波的波长假设为 λ。由于它们来自同一光源 S，满足振动方向相同、频率相同、相位差恒定的相干条件，故 S_1、S_2为相干光源。这样，由 S_1和 S_2发出的光波在空间相遇，产生干涉加强和干涉减弱的现象，在 S_1和 S_2前面放置的屏幕 E 上将出现明暗相间的等间距的干涉条纹，如图 11-5（b）所示。

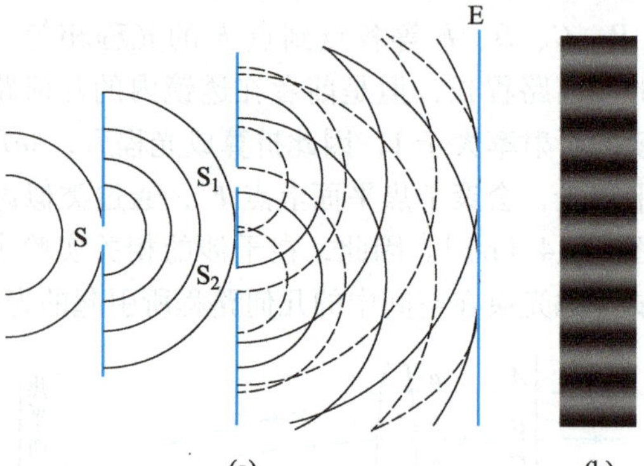

图 11-5　杨氏双缝干涉实验

下面通过定量讨论得出屏幕 E 上干涉条纹的分布及出现明暗条纹需要满足的条件。如图 11-6 所示，设 S_1和 S_2的间距为 d，双缝与屏幕 E 之间的距离为 D，且 $D\gg d$。在屏幕上任取一点 P，假设它与 S_1、S_2的距离分别为 r_1和 r_2，则由 S_1和 S_2发出的光束到达点 P 的光程差为 $\delta=r_2-r_1$，屏幕上点 O 位于 S_1和 S_2连线的中垂线上，$|OP|=x$，则由图 11-6 可知

$$r_1^2=D^2+\left(x-\frac{d}{2}\right)^2$$

$$r_2^2=D^2+\left(x+\frac{d}{2}\right)^2$$

将上述两式相减得

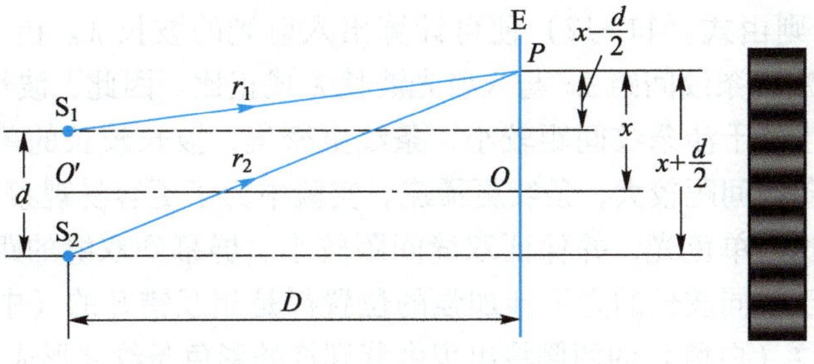

图 11-6 干涉条纹的计算

$$r_2^2-r_1^2=(r_2+r_1)(r_2-r_1)=2dx$$

在通常情况下，$D\gg d$，且 x 一般较小，从图中可看出 $r_2+r_1\approx 2D$，则由上式可得

$$\delta=r_2-r_1=\frac{dx}{D} \tag{11-7}$$

由波动理论可知，两束光干涉加强，产生明条纹的条件是光程差 δ 为半波长的偶数倍，即

$$\delta=\frac{dx}{D}=\pm 2k\frac{\lambda}{2}\quad (k=0,1,2,\cdots) \tag{11-8}$$

两束光干涉减弱，产生暗条纹的条件是光程差 δ 为半波长的奇数倍，即

$$\delta=\frac{dx}{D}=\pm(2k+1)\frac{\lambda}{2}\quad (k=0,1,2,\cdots) \tag{11-9}$$

在屏幕 E 上对应的明暗条纹的中心位置分别为

$$x_{明}=\pm k\frac{D}{d}\lambda\quad (k=0,1,2,\cdots) \tag{11-10}$$

$$x_{暗}=\pm(2k+1)\frac{D}{d}\lambda\quad (k=0,1,2,\cdots) \tag{11-11}$$

式中 x 的正、负号表示干涉条纹在点 O 两侧对称分布。对于点 O，$x=0$，故 $\delta=0$，即 $k=0$，因此点 O 为明条纹的中心，该明条纹称为中央明条纹。在点 O 两侧，与 $k=1,2,\cdots$ 对应的 x 为 $\pm\frac{D}{d}\lambda,\pm\frac{D}{d}2\lambda,\cdots$ 处，其光程差 δ 为 $\pm\lambda,\pm 2\lambda,\cdots$，均为明条纹中心，这些明条纹分别称为第一级、第二级……明条纹，它们对称地分布在中央明条纹两侧。$k=0,1,\cdots$ 对应的 x 为 $\pm\frac{D}{2d}\lambda,\pm\frac{3D}{2d}\lambda,\cdots$ 处为暗条纹中心。这些暗条纹分别称为第一级、第二级……暗条纹。若 S_1 和 S_2 在点 P 处的光程差既不满足式（11-8），也不满足式（11-9），则点 P 处既不是最亮，也不是最暗，一般而言，可以认为两条相邻暗条纹中心之间的距离为一条明条纹的宽度。

根据式（11-10）和式（11-11），我们可以分别计算出干涉图样中任何两条相邻明条纹或暗条纹的间距，即

$$\Delta x=x_{k+1}-x_k=\frac{D}{d}\lambda \tag{11-12}$$

式（11-12）表明，任意相邻的干涉明、暗条纹是等间距分布的。若已知 d 与 D，

又可以测得 Δx，则由式（11-12）便可计算出入射光的波长 λ。由上式还可以看出，若 d 与 D 的值一定，条纹间距 Δx 与入射光波长 λ 成正比。因此，波长较短的单色光入射到双缝时，产生的干涉条纹间距较小，条纹更密集；波长较长的单色光入射到双缝时，产生的干涉条纹间距较大，条纹更稀疏。实验中为了更容易观察和测量干涉条纹，通常采用波长较长的单色光，并保证双缝间距较小、屏幕到双缝的距离较远。若用白光照射双缝，由于不同波长的光干涉加强的位置都是相互错开的（中央明条纹除外），所以在中央明条纹（白色）的两侧将出现由紫到红的彩色条纹并形成连续的光谱。

综上所述，在杨氏双缝干涉实验中，从屏幕上可以看到，在中央明条纹两侧，对称地分布着明暗相间的干涉条纹，这些干涉条纹基本上是与缝平行的等间距的直条纹。

[例 11-1] 如图 11-7 所示，在杨氏双缝干涉装置中，若在下缝后放一折射率为 n、厚度为 l 的透明介质薄片。（1）试写出两束相干光到达屏上任一点 P 的光程差；（2）分析加上介质薄片前后干涉条纹的变化情况。

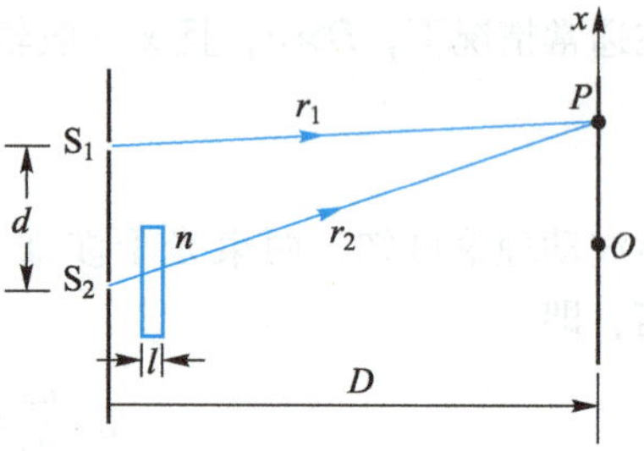

图 11-7 例 11-1 图

解 （1）设 $|S_1P|=r_1$，$|S_2P|=r_2$，点 P 的坐标为 x。加上介质薄片后两光束到达点 P 的光程差为

$$\delta=[(r_2-l)+nl]-r_1=r_2-r_1+(n-1)l$$

将此结果与未加介质薄片时比较，可见此时屏上每一点的光程差都发生了变化，故干涉条纹亦将发生变化。

（2）考察第 k 级明条纹的位置。由明条纹条件

$$\delta=r_2-r_1+(n-1)l=\pm k\lambda\,(k=0,1,2,\cdots)$$

当 $D\gg d$ 时，将式 $r_2-r_1=\dfrac{dx}{D}$ 代入上式，可求得第 k 级明条纹的位置为

$$x_k'=\pm k\frac{D}{d}\lambda-(n-1)\frac{D}{d}l$$

与未加介质片时的 $x_k=\pm k\dfrac{D}{d}\lambda$ 比较，加介质片后第 k 级明条纹的位移为

$$\Delta s_k=x_k'-x_k=-(n-1)\frac{D}{d}l$$

因 Δs_k 与 k 无关，可知所有条纹都向 x 轴负向移动了相同的距离，即整个干涉图样向下平移，条纹间距不变。

[例 11-2] 在杨氏双缝干涉实验中，单色光照射到相距 $d=0.30\,\text{mm}$ 的双缝 S_1 和 S_2 上，双缝到屏幕 E 的垂直距离 $D=1.0\,\text{m}$。（1）若第三级明条纹距中心点的距离为 6.0 mm，求此单色光的波长；（2）求相邻两条暗条纹之间的距离；（3）若入射光波长为 520 nm，求相邻两明条纹之间的距离。

解 （1）根据题意可知 $k=3$，$d=0.30\,\text{mm}$，$D=1.0\,\text{m}$，$x=6.0\,\text{mm}$。

杨氏双缝干涉实验中的明条纹位置

$$x=\pm k\frac{D}{d}\lambda$$

将已知的数据代入上式可得

$$\lambda=\frac{dx}{kD}=\frac{0.30\times10^{-3}\ \mathrm{m}\times6.0\times10^{-3}\ \mathrm{m}}{3\times1.0\ \mathrm{m}}=6.0\times10^{-7}\ \mathrm{m}=600\ \mathrm{nm}$$

（2）根据相邻两条暗条纹的间距公式［式（11-12）］可知

$$\Delta x=\frac{D}{d}\lambda=\frac{1.0\times6.0\times10^{-7}}{0.30\times10^{-3}}\ \mathrm{m}=2.0\times10^{-3}\ \mathrm{m}=2.0\ \mathrm{mm}$$

（3）当 $\lambda=540\ \mathrm{nm}$ 时，相邻两明条纹的间距为

$$\Delta x=\frac{D}{d}\lambda=\frac{1.0\times5.40\times10^{-7}}{0.30\times10^{-3}}\ \mathrm{m}=1.8\times10^{-3}\ \mathrm{m}=1.8\ \mathrm{mm}$$

通过上述分析可知，在杨氏双缝干涉实验中，干涉区域是双缝后面的整个空间。另外，缝 S_1、S_2 和 S 都必须很窄，才能保证 S_1 和 S_2 处光波的振动有相同的相位，但此时通过狭缝的光太弱，因而干涉图样不够清晰。同时，由于狭缝过窄也有衍射现象发生，使得图样较模糊。为此一些科学家尝试了一些其他方法，比如菲涅耳双面镜实验、双棱镜实验和劳埃德镜实验等，可以改善这一现象。这里只介绍劳埃德镜实验。

二、劳埃德镜实验

劳埃德镜实验不仅说明光能发生干涉，还能充分说明光由光疏介质（折射率较小的介质）射向光密介质（折射率较大的介质）被反射回来时会发生相位突变。图 11-8 所示为劳埃德镜实验装置的示意图。由狭缝光源 S_1 发出的单色光，一部分沿直线传播到屏幕上，另一部分光以接近 90° 的入射角掠射到平面镜 *KL* 上，然后被反射到屏幕上，平面镜边缘的反射光线反向延长相交于 S_2，所以 S_2 可以视为一个虚光源，这样光线好像是从 S_2 发出的，S_2 与 S_1 就构成了一对相干光源。这样，当这两束光线在空间相遇时即可产生干涉现象，而在这两束光线叠加区域中放置的屏幕 E 上会看到明暗相间的等间距的干涉条纹。所以，劳埃德镜实验中虽然仅用一块平面镜 *KL* 却可产生光的干涉现象。

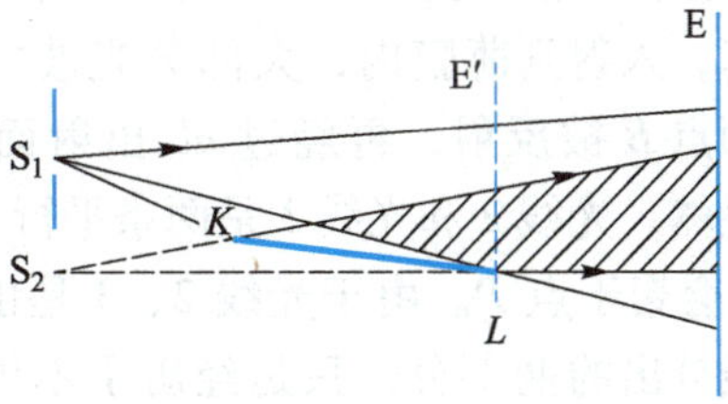

图 11-8 劳埃德镜实验装置简图

在上述实验中，若把屏幕放到 E′ 位置，这时屏幕与镜面一端 *L* 刚好接触。在接触处，从 S_1 和 S_2 发出的光线的路程相等，根据干涉加强的条件，在接触处应该出现干涉明条纹，但是实验结果是在屏幕和镜面的接触处为一暗纹。这就意味着，直接入射到屏幕上的光线与由镜面反射的光线在镜面与屏幕接触处相位相反，即相位差为 π。由于入射光不可能发生相位变化，所以只能是光线从空气射向玻璃被反射时，反射光存在大小为 π 的相位跃变。由波动理论可知，当相位差为 π 时，相当于光波在行进中相差了半个波长的距离，这即为波动理论中学习过的“半波损失”。

进一步实验表明，光波由光疏介质（折射率较小）入射到光密介质（折射率较大）时，在本书所讨论的一些情况中，反射光的相位相比入射光的相位跃变了 π，即发生了半波损失。

第三节　薄膜干涉

上一节讨论了由分波面法产生干涉的典型实验——杨氏双缝干涉，本节介绍一种常见的分振幅干涉——薄膜干涉。这种干涉现象广泛存在于自然界和人们的生活中，例如在阳光下经常能见到水面上漂浮的油膜以及肥皂泡的膜面上的美丽色彩，一些金属工件的表面因有氧化层也会呈现彩色等，这些都是光线在薄膜两个表面上反射后相互叠加产生的干涉条纹，即薄膜干涉条纹。

我们首先讨论光线入射到上下表面平行的薄膜时产生的干涉现象。

一、薄膜干涉

如图 11-9 所示，折射率为 n_2 的平行平面薄膜，其上、下介质层的折射率分别为 n_1 和 n_3，设 $n_1 < n_2$ 且 $n_2 > n_3$，ab、cd 分别为薄膜的上、下两个表面。由扩展光源（具有一定宽度的光源）上点 S 发出的光线 1，以入射角 i 入射到薄膜上表面的点 A 后，分为两部分，一部分在点 A 被反射，成为光线 2；另一部分发生折射，入射到薄膜内，大部分光波能量又在下表面点 B 被反射，再经过 ab 出射面成为光线 3。显然，光线 2 和光线 3 是两条平行光线，经透镜 L 会聚于点 P。由于光线 2、3 是由同一入射光线分出的两部分，只是经历了不同的路径产生了恒定的光程差，亦即具有恒定的相位差，因此它们是相干光，会聚到点 P 会产生干涉现象。

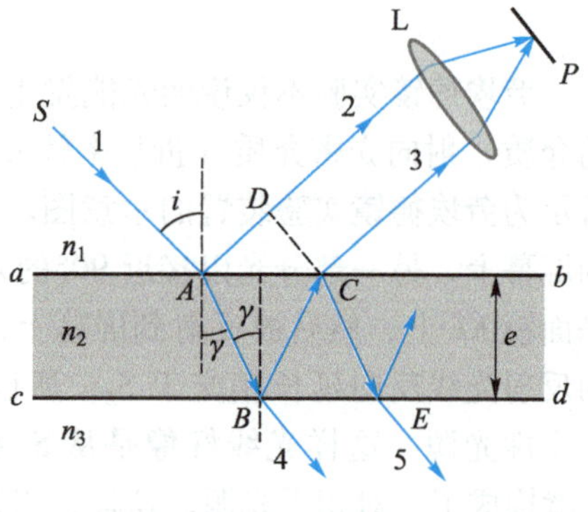

图 11-9　薄膜干涉

由光线 1 分成的两条光线 2、3 到点 P 的光程差决定了点 P 干涉图样的明暗，现在我们计算光线 2 和光线 3 的光程差，同时讨论在点 P 干涉加强或减弱的条件。

令 $CD \perp AD$，由于 D 到点 P 和 C 到点 P 的光程相等，所以，上述两条光线的光程差为

$$\delta = n_2(|AB| + |BC|) - n_1|AD| + \frac{\lambda}{2}$$

其中，$\frac{\lambda}{2}$ 这一项是由光线 1 经由光疏介质射向光密介质时在界面反射形成光线 2 时造成的半波损失引起的附加光程差。设薄膜厚度为 e，γ 为折射角，由图 11-9 可以看出

$$|AB| = |BC| = \frac{e}{\cos\gamma}$$

$$|AD| = |AC|\sin i = 2e\tan\gamma\sin i$$

根据折射定律 $n_1\sin i=n_2\sin\gamma$，则

$$\delta=2n_2|AB|-n_1|AD|+\frac{\lambda}{2}=2n_2\frac{e}{\cos\gamma}-2n_1e\tan\gamma\sin i+\frac{\lambda}{2}$$

$$=\frac{2n_2e}{\cos\gamma}(1-\sin^2\gamma)+\frac{\lambda}{2}=2n_2e\cos\gamma+\frac{\lambda}{2} \quad (11-13)$$

$$=2e\sqrt{n_2^2-n_1^2\sin^2 i}+\frac{\lambda}{2}$$

于是干涉加强或减弱的条件为

$$\delta=2e\sqrt{n_2^2-n_1^2\sin^2 i}+\frac{\lambda}{2}=k\lambda \quad (k=1,2,\cdots)(\text{干涉加强}) \quad (11-14a)$$

$$\delta=2e\sqrt{n_2^2-n_1^2\sin^2 i}+\frac{\lambda}{2}=(2k+1)\frac{\lambda}{2} \quad (k=0,1,2,\cdots)(\text{干涉减弱}) \quad (11-14b)$$

由此式可知，入射角不同时，会产生不同级次的明、暗同心圆条纹。而相同级次的条纹对应的入射光线与薄膜表面所成的倾角相同，这种干涉条纹称为等倾干涉条纹。

当光垂直入射（即 $i=0$）时

干涉加强 $$\delta=2en_2+\frac{\lambda}{2}=k\lambda \quad (k=1,2,3,\cdots) \quad (11-15a)$$

干涉减弱 $$\delta=2en_2+\frac{\lambda}{2}=(2k+1)\frac{\lambda}{2} \quad (k=1,2,3,\cdots) \quad (11-15b)$$

对透射光来说，也同样会发生干涉现象。如图 11-9 所示，对于 $n_1<n_2$ 且 $n_2>n_3$ 的情况来说，光线 AB 中有一部分直接从点 B 折射出薄膜，成为光线 4，同时还有一部分光经点 B 和点 C 两次反射后由点 E 折射出薄膜，成为光线 5。由于 $n_1<n_2$ 且 $n_2>n_3$，所以光在薄膜表面点 B 和点 C 两次反射时无附加的半波损失，因而光线 4、5 的光程差为

$$\delta'=2e\sqrt{n_2^2-n_1^2\sin^2 i} \quad (11-16)$$

式（11-16）与式（11-13）相比，仅仅相差一个 $\lambda/2$。可见当反射光相互加强时，透射光将相互减弱，二者形成"互补"的干涉图样。

若用白光光源，则能观察到彩色的干涉条纹。

利用薄膜干涉不仅可以测定波长或薄膜的厚度，而且还可以提高或降低光学器件的透射率。光在两介质分界面上的反射，将减少透射光的强度。例如，照相机镜头或其他光学元件，常采用透镜组合。对于一个具有四个玻璃-空气界面的透镜系统，由于反射而损失的能量约为入射光能量的 20%。随着界面数目的增加，因反射而损失的能量还会增多。为了减小因反射而损失的光能，一般是在透镜表面上镀一层厚度均匀的透明薄膜。当入射光在薄膜的上下界面的反射由于干涉减弱时，根据能量守恒定律可知，透射光一定是增强了。这种能减少反射光强度而增加透射光强度的薄膜，称为增透膜。例如，照相机镜头的表面通常镀有增透膜。

在现代光学仪器中也常常需要有高反射率的界面，而应用光的干涉作用恰恰能实现这一点。光学仪器的表面镀膜材料折射率越大，反射率也越大，这种镀膜称为反射膜。对于反射膜，一般利用多层膜可制成高反膜，其反射率可达 99% 以上。例如，激

光器谐振腔两端的反射镜就属于多层高反膜。

［例 11-3］ 为了利用光的干涉作用减少玻璃表面对入射光的反射，以增大透射光的强度，现在仪器镜头（折射率为 $n_3 = 1.50$）表面涂敷一层折射率为 $n_2 = 1.38$ 的 MgF_2 透明介质膜，起到增透膜的作用。若使镜头对人眼和照相机底片最敏感的黄绿光（$\lambda = 550\ nm$）反射作用最小，试求介质膜的最小厚度。

解 根据题意，要求介质薄膜对 $\lambda = 550\ nm$ 的黄绿光是增透膜。在图 11-10（b）中，$n_1 = 1.00$，$n_2 = 1.38$，$n_3 = 1.50$，$n_1 < n_2 < n_3$，根据薄膜干涉产生半波损失的规律，在 MgF_2 薄膜上下两界面的反射光 a 和 b 都具有 π 的相位跃变，光程差公式中不应有 $\lambda/2$ 项。所以当光线正入射时，入射角 $i = 0$，反射光 2 和 3 之间的光程差为

$$\delta = 2n_2 e$$

光线 2 和光线 3 要干涉相消，其光程差应满足

$$\delta = 2n_2 e = (2k+1)\frac{\lambda}{2} \quad (k = 0, 1, 2, \cdots)$$

(a) 照相机镜头

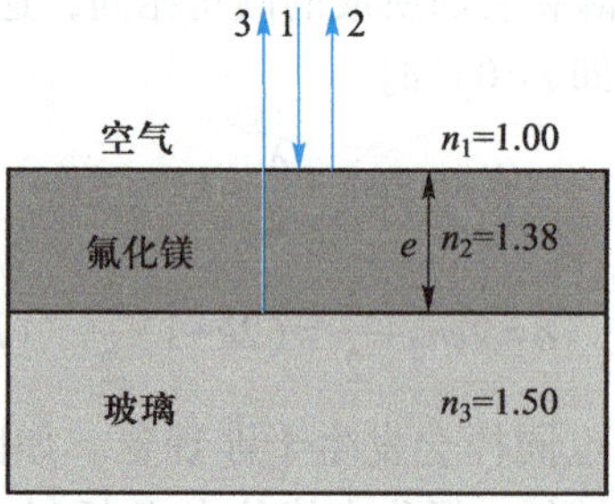

(b) 镜头增透膜示意图

图 11-10

由上式可解出 MgF_2 薄膜厚度为

$$e = \frac{2k+1}{2n_2}\frac{\lambda}{2} = \frac{(2k+1)\lambda}{4n_2}$$

根据题意要求 MgF_2 薄膜厚度的最小值，故应取 $k = 0$，并将 $\lambda = 550\times10^{-9}\ m$，$n_2 = 1.38$ 代入上式即可得到

$$e = \frac{550\times10^{-9}}{4\times1.38}\ m = 9.96\times10^{-8}\ m$$

二、劈尖　牛顿环

前面讨论了单色光照射厚度一定的薄膜的情况，根据光程差公式可知薄膜厚度一定时，光程差只与光的入射角有关，即对于厚度均匀的薄膜，具有相同入射角的各光线的光程差相同。显然，这些光学的干涉情况相同，即同时干涉增强（或减弱），这就是等倾干涉，等倾干涉形成的条纹，称为等倾干涉条纹。而在厚度不均匀的薄膜上所产生的干涉现象也是常见的，劈尖干涉和牛顿环就属于这一类型。

1. 劈尖

如图 11-11（a）所示，G_1、G_2为两片叠放在一起的平板玻璃，其一端的棱边相接触，另一端被一直径为 D 的细丝隔开，故在 G_1的下表面和 G_2的上表面之间形成一空气薄层，称为空气劈尖。图中 M 为倾斜 45°角放置的半透明半反射平面镜，L 为透镜，T 为显微镜。单色光源 S 发出的光经透镜 L 后成为平行光，经 M 反射后垂直射向劈尖（入射角 $i=0$）。自空气劈尖上下两面反射的光相互干涉，从显微镜 T 中可观察到明暗交替、均匀分布的干涉条纹，也可用眼睛（相当于透镜和屏幕）直接观察到，如图 11-11（b）所示。图中相邻两暗条纹（或明条纹）的中心间距 b 称为劈尖干涉的条纹宽度。

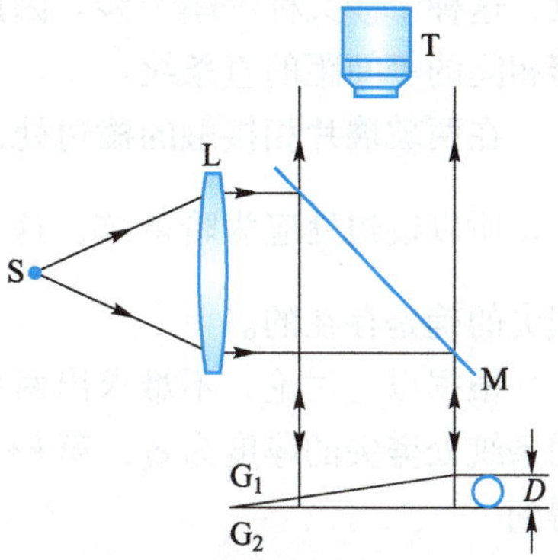

(a) 观察劈尖干涉的装置

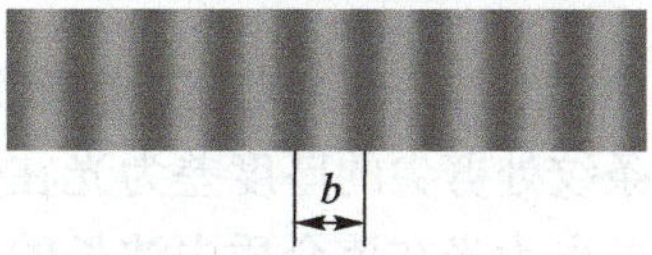

(b) 干涉条纹

图 11-11 劈尖干涉

下面定量讨论劈尖干涉条纹的形成原理。在图 11-12中 D 为细丝直径，L 为玻璃平板长度。θ 为两片玻璃间的夹角。由于 θ 实际很小（图 11-12 中为便于查看，θ 被夸大了），所以在劈尖的上表面处反射的光线和在劈尖下表面处反射的光线都可视为垂直于劈尖表面，它们在劈尖表面处相遇并相干叠加。由于劈尖层空气的折射率 n 比玻璃的折射率 n_1小，所以光在劈尖下表面反射时因有相位跃变而产生附加光程差 $\lambda/2$。这样，由式（11-15）可得劈尖厚度为 e 处上下表面反射的两相干光的总光程差为

$$\delta=2ne+\frac{\lambda}{2}$$

式中 e 为劈尖上下表面间的距离，n 为空气折射率，$\lambda/2$ 是由于光线在劈尖下表面反射时具有半波损失而产生的附加光程差。因此，反射光的产生明暗条纹的条件为

明条纹 $$\delta=2ne+\frac{\lambda}{2}=k\lambda \quad (k=1,2,3,\cdots) \qquad (11\text{-}17a)$$

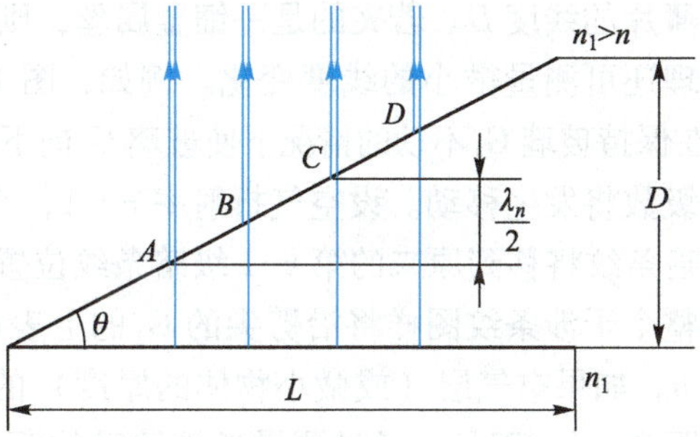

图 11-12 劈尖干涉条纹的形成

暗条纹 $$\delta=2ne+\frac{\lambda}{2}=(2k+1)\frac{\lambda}{2} \quad (k=0,1,2,\cdots) \qquad (11\text{-}17b)$$

由上面两式可见，对应于劈尖厚度 e 相同的地方，相干光的光程差都是一样的，干涉条纹级数 k 相同，称这种与劈尖某一位置的膜厚度相对应的干涉条纹为等厚干涉条纹，这种干涉又称等厚干涉。因此，劈尖的干涉条纹应是一系列平行于劈尖棱边的明暗相间的等间距的直条纹。

在两玻璃片相接触的棱边处，劈尖厚度 $e=0$，由于存在半波损失，所以光程差 $\delta=\frac{\lambda}{2}$，所以棱边处应为暗条纹，这与实际观察到的现象是相符的，反过来也证明了半波损失的确是存在的。

根据以上讨论，不难求出两相邻明条纹（或暗条纹）处劈尖的厚度差，设第 k 级明条纹处劈尖的厚度为 e_k，第 $k+1$ 级明条纹处的劈尖厚度为 e_{k+1}，由式（11-17a）即可得到

$$e_{k+1}-e_k=\frac{(k+1)\lambda}{2n}-\frac{k\lambda}{2n}=\frac{\lambda}{2n}=\frac{\lambda_n}{2} \tag{11-18}$$

式中 $\lambda_n(=\lambda/n)$ 为光在折射率为 n 的劈尖介质中的波长。由式（11-18）可知，相邻两明条纹处劈尖的厚度差为光在劈尖介质中波长的 1/2；同理，两相邻暗条纹处劈尖的厚度差也为光在该介质中波长的 1/2；而相邻的明、暗条纹（即同一 k 值的明条纹和暗条纹中心）处劈尖的厚度差，可由式（11-17a）和式（11-17b）算得，为光在劈尖介质中波长的 1/4。

一般劈尖的夹角 θ 很小（$\sin\theta\approx\theta$），从图 11-12 可以看出，若相邻两明（或暗）条纹间的距离为 b，则有

$$\theta\approx\frac{D}{L},\quad \theta\approx\frac{\lambda_n}{2b}$$

得

$$D=\frac{\lambda_n}{2b}L=\frac{\lambda}{2nb}L \tag{11-19}$$

根据上述推导，可知可以应用劈尖干涉的原理测量微小物体的线度。若已知入射单色光波长 λ 和劈尖折射率 n，再测出条纹间距 b 和劈尖宽度 L，则根据式（11-19）便可求出两片玻璃所夹薄片的线度 D。若夹的是一细金属丝，则可求得金属丝的直径。

应用劈尖干涉的原理还可测量微小的线度变化。例如，图 11-11（a）中的空气劈尖的夹角 θ 不变，亦即在保持玻璃 G_1 不动的情况下使玻璃 G_2 向下平移，则由式（11-17）可知，等厚干涉条纹的级数将发生移动。设空气折射率 $n\approx1$，当 G_2 向下平移 $\lambda/2$ 距离时，原来的第 k 级干涉暗条纹将移到原来的第 $k-1$ 级暗条纹位置处，第 $k-1$ 级移到 $k-2$ 级位置处，依此类推，整个干涉条纹图样将沿劈尖的 G_1 的上表面向空气层厚度较薄的方向移动一个条纹间距 b。如果空气层（或微小物体的厚度）的厚度增加了 m 个 $\lambda/2$，则整个条纹图样移动了距离 mb。于是，通过测量条纹移动的距离，或数出越过视场中某一刻度线的明条纹或暗条纹的数目 m，即可由公式 $\Delta e=mb\sin\theta=m\frac{\lambda}{2}$，求得空气层厚度（或微小物体的厚度）的微小变化。利用这个原理制成的干涉膨胀仪，可用于测量很小的固体样品的线膨胀系数。

在实际工作中还可应用劈尖干涉的原理检测工件表面的平整度，设图 11-11（a）中的 G_2为被检测的工件表面，G_1为一光学平面的标准平板玻璃。如果被检测工件表面也是光学平面，则干涉条纹为间距相等的平行直条纹。如果 G_2玻璃板的表面稍有凹凸不平，则在相应处的干涉条纹将发生畸变，不再是平行直条纹，而是疏密不均的畸形条纹。在表面凹陷处，干涉条纹向空气层厚度薄的方向畸变；在表面凸起处，则相反。

［例 11-4］ 用波长 $\lambda=680\,\text{nm}$ 的平行光照射在长 $L=12\,\text{cm}$ 的两块玻璃上，两玻璃的一边相互接触，另一边被厚度 $D=0.048\,\text{mm}$ 的纸片隔开。试问在这 12 cm 长度内将呈现多少条暗条纹？

解 根据题意可知这是空气劈尖的问题。两块玻璃形成了空气劈尖薄膜。由空气膜上下表面反射的光相遇、发生干涉，在薄膜上看到干涉条纹。其暗条纹条件为

$$2e+\frac{\lambda}{2}=(2k+1)\frac{\lambda}{2}\quad(k=0,1,2,\cdots)$$

对应最大膜厚 D 处，将形成最大级数 k_m的暗条纹，于是

$$2D+\frac{\lambda}{2}=(2k_m+1)\frac{\lambda}{2}$$

解得

$$k_m=\frac{2D}{\lambda}=\frac{2\times0.048\,\text{mm}}{680\times10^{-6}\,\text{mm}}=141.2$$

取整数，$k_m=141$。注意：$e=0$ 处出现的是 $k=0$ 的暗条纹，因此一共有 142 条暗条纹。

［例 11-5］ 在检测某工件表面平整度时，观察到如图 11-13 所示的干涉条纹。如果用 $\lambda=550.0\,\text{nm}$ 的单色光照射时，观察到正常条纹间距 $\Delta l=2.25\,\text{mm}$，条纹弯曲处最大畸变量 $b=1.54\,\text{mm}$。问该工件表面有怎样的缺陷？其深度（或高度）如何？

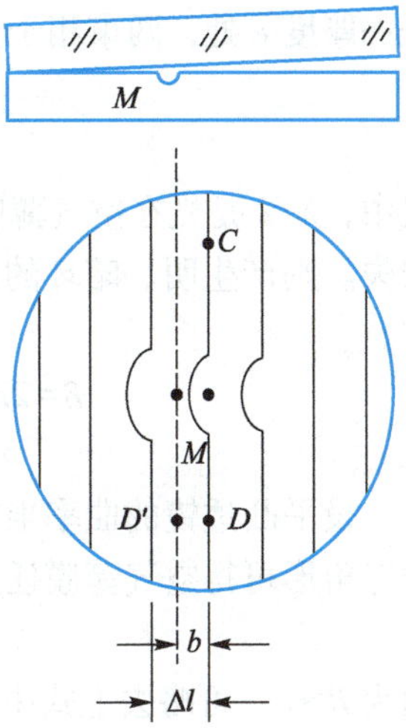

图 11-13

解 过条纹最大畸变处 M 作直线 MD'平行于其他平直条纹。如平面无缺陷，点 M 处空气厚度应与 D'处相等。而现在 M 与 C、D 在同一条纹即同一等厚线上，因 D 处膜厚大于 D'处，即 M 处膜厚大于 D 处，故 M 处为凹陷。其深度可从 D 与 D'处空气膜厚度差求出。因水平方向相隔一个条纹，膜厚变化为$\frac{\lambda}{2}$，故凹陷深度

$$\Delta h=\frac{b}{\Delta l}\frac{\lambda}{2}=\frac{1.54\times5.5\times10^{-4}}{2.25\times2}\text{mm}=1.88\times10^{-4}\,\text{mm}=0.188\,\mu\text{m}$$

2. 牛顿环

将一曲率半径很大的平凸透镜 A 的凸面，放在一块光学平板玻璃 B 的上面，如图 11-14（a）所示。在 A、B 之间形成了环状劈尖形空气薄层。当一束单色平行光经倾斜 45°角的半透明的平面镜 M 反射后，垂直照射到平凸透镜的表面上时，将在空气薄层的上下两个界面（透镜的凸面和平板玻璃的上表面）上反射的两束光线为相干光线，

通过透镜 T 可以观察到在透镜的凸面和空气薄层的交界面上产生以接触点 O 为中心的明暗相间的干涉条纹，如图 11-14（b）所示，我们可看出它们是以接触点 O 为中心的同心圆环，这就是牛顿环。从接触 O 点向外，空气薄层的厚度非均匀增大，但是在以接触点 O 为中心的任一圆周上的各点处，空气薄层的厚度都相等，所以牛顿环也是等厚干涉。

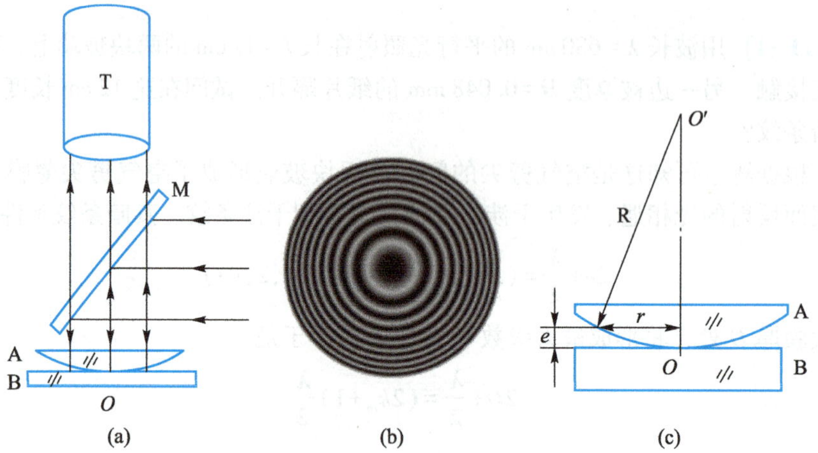

图 11-14　牛顿环实验

下面定量地计算牛顿环的半径 r、光波波长 λ 和平凸透镜的曲率半径 R 之间的关系。由于透镜及玻璃的折射率都比空气的折射率 n（通常 $n=1$）大，则对应空气薄膜任一厚度 e 处，两束相干光的光程差为

$$\delta=2ne+\frac{\lambda}{2}$$

式中，$\lambda/2$ 是光在空气薄膜的下表面（即和平板玻璃的分界面）上反射时产生的半波损失。则产生明、暗环的条件为

$$\delta=2ne+\frac{\lambda}{2}=\begin{cases}k\lambda \quad (k=1,2,3) & \text{明环}\\(2k+1)\dfrac{\lambda}{2} \quad (k=0,1,2,3) & \text{暗环}\end{cases} \tag{11-20}$$

设平凸透镜的曲率半径为 R，某一级牛顿环的半径为 r，从图 11-14（c）中的直角三角形可得空气薄膜任意一点处膜厚 e 与 R、r 的关系为

$$r^2=R^2-(R-e)^2=2Re-e^2$$

因为 $R\gg e$，可略去上式中的 e^2，于是得

$$r^2=2Re$$

由式（11-20）解出明、暗环对应的空气层厚度 e，代入上式可求得明环和暗环的半径分别为

明环半径 $$r=\sqrt{(2k-1)\frac{R\lambda}{2}} \quad (k=1,2,3,\cdots) \tag{11-21a}$$

暗环半径 $$r=\sqrt{kR\lambda} \quad (k=0,1,2,\cdots) \tag{11-21b}$$

在平凸透镜的凸面与平板玻璃的接触点 O 处，因为 $e=0$，由式（11-20）可知，两

条反射光线的光程差 $\delta=\dfrac{\lambda}{2}$，所以牛顿环的中心点是一暗点（实际上是一个暗圆面，因为接触点实际上不是点而是圆面）。

根据式（11-21）可以看出，当第 k 级明环或暗环半径 r 测得后，若已知入射光的波长 λ，便可算得平凸透镜的曲率半径 R；反之，若 R 为已知，则可算得入射光的波长 λ。

牛顿环干涉图样中任何两相邻明环或暗环之间的半径之差 $r_{k+1}-r_k$ 与圆环半径之间的关系都可由式（11-21）之一推导出来，即

$$r_{k+1}^2-r_k^2=R\lambda$$

因此

$$r_{k+1}-r_k=\frac{R\lambda}{r_{k+1}+r_k}$$

从上式可以看出，k 越大，相邻两明环或暗环的半径之差越小，这意味着随着干涉圆环半径的逐步增大，牛顿环变得更加密集，如图 11-14（b）所示。

如果用白光照射到平凸透镜的表面上，由式（11-21）可以看出，不同波长的光对应同一级数 k 产生的明环半径 r_k 不同，干涉条纹是彩色的环谱。

以上我们讨论了反射光的干涉问题，透射光也可以产生牛顿环，只是其明暗情形与反射光的明暗情形恰好相反，透射光干涉产生的牛顿环中心处是一亮圆面。除了可以用牛顿环测定平凸透镜的曲率半径及未知入射单色光的波长外，在制作光学元件时，常常根据牛顿环环形干涉条纹接近圆形的程度来检验平面玻璃是否为一光学平面或透镜的曲率半径是否均匀。

[例 11-6] 用波长为 0.400 μm 的紫光进行牛顿环实验，观察到第 k 级暗环的半径为 4.00 mm，第 $k+5$ 级暗环的半径为 6.00 mm。求平凸透镜的曲率半径 R 和 k 的数值。

解 根据式（11-21b）可以得到两个关系式：

$$r_k^2=kR\lambda \quad 和 \quad r_{k+5}^2=(k+5)R\lambda$$

将两式联立，解得

$$r_{k+5}^2-r_k^2=5R\lambda$$

由上式求得透镜的曲率半径为

$$R=\frac{r_{k+5}^2-r_k^2}{5\lambda}=\frac{(6.00^2-4.00^2)\times(10^{-3})^2}{5\times0.400\times10^{-6}}\ \text{m}$$

将 R 值代回原联立方程中的任意一个，可得 $k=4$。

三、迈克耳孙干涉仪

利用干涉原理进行精密测量的仪器称为干涉仪。迈克耳孙干涉仪是最常用、最早制成的干涉仪。近代许多干涉仪都由它发展而来，它的制成和应用对现代物理学的发展曾发挥过重要作用。

图 11-15 为迈克耳孙干涉仪的结构和光路示意图。M_1 和 M_2 是两块精密磨光、相互

垂直地放置的平面镜，其中 M_1 是固定的，M_2 用一组螺旋钮控制，可前后作微小移动。G_1 和 G_2 是由相同材料制成的两块厚薄均匀且相等的平行平板玻璃。在 G_1 的一个表面上镀有半透明的薄银层（图中用粗线标出），使照射在它上面的光一部分被反射，一部分发生透射。G_1 和 G_2 平行放置，并与 M_1 和 M_2 成 45°的倾角。

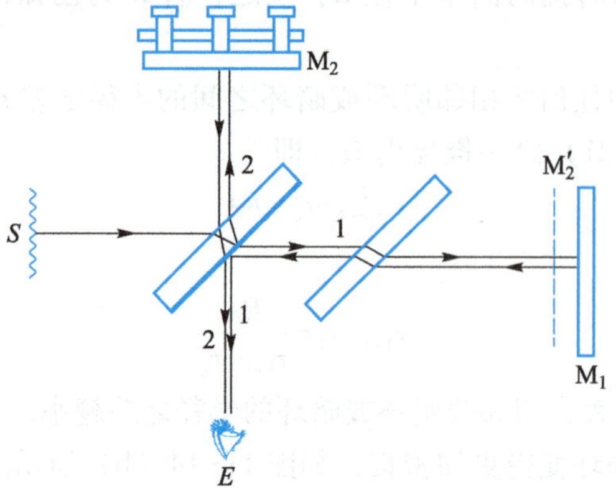

图 11-15 迈克耳孙干涉仪

由扩展光源上一点 S 发出的光线经过半透射半反射的玻璃 G_1 后分成两束，分别为反射光 2 和透射光 1，因而 G_1 又称为分光板。光线 2 向 M_2 传播，经 M_2 反射后再透过 G_1，射到 E 处的观察者眼睛中或照相机物镜上；光线 1 穿过 G_2 后，向 M_1 传播，经 M_1 反射后，再穿过 G_2，并经薄银层反射，也射到 E 处。两束相干光线 1 和 2 在 E 处发生干涉。装置中放置 G_2 的目的是使光线 1 和光线 2 都穿过同样厚度的玻璃片三次，以补偿光线 1 只通过 G_1 一次而引起的与光线 2 的较大附加光程差，因此，常把 G_2 称为补偿板。

图 11-15 中 M_2' 为 M_2 在镀银层中所成的虚像，因而来自 M_2 反射的光线 2 可以视为从 M_2' 反射的。如果 M_2 和 M_1 并不严格垂直，则 M_2' 与 M_1 也就不严格地平行，这样便在 M_2' 和 M_1 之间形成一个空气劈尖。此时，来自 M_2' 和 M_1 的反射光线 2 和光线 1 与前面讨论的劈尖干涉一样，形成明暗相间的、等间距的干涉条纹。如果 M_2 作微小移动，则其像 M_2' 也作微小移动，此时，要引起等厚干涉条纹的移动。设空气折射率近似为 1，当 M_2 平移距离 $\lambda/2$ 时，则观察者将看到一级明条纹（或暗条纹）移过视场中的某一刻度位置。如果能数出视场中移过某一刻度位置的明（或暗）条纹的数目 m，则可以计算出 M_2 平移的距离为

$$\Delta d=m\frac{\lambda}{2} \tag{11-22}$$

如果 M_1 和 M_2 严格地相互垂直，则 M_2' 与 M_1 平行，这样便在 M_2' 与 M_1 之间形成一等厚空气薄膜。结果 E 处观察者的视场中将看到环形的干涉条纹。如果 M_2 作微小平移，则环形条纹将由中心“冒出”或向中心收聚并“淹没”。每有一级条纹冒出或淹没，表示 M_2 平移了距离 $\lambda/2$，因而当能数出中心处条纹变化的数目 m 时，便可知 M_2 所平移的距离，见式（11-22）。

由式（11-22）可知，应用迈克耳孙干涉仪，可以由已知波长的光束来测定微小长

度，也可由已知的微小长度来测定某光波的波长。

1881 年，迈克耳孙和莫雷应用迈克耳孙干涉仪试图通过实验来测定地球在“以太”（人们设想的宇宙中一种能传播光波的介质）中运动的相对速度，实验中所得到的结果与经典的伽利略变换相抵触，但却成为爱因斯坦狭义相对论的实验基础。1907 年，迈克耳孙因为这个实验获得诺贝尔物理学奖。

第四节 单缝衍射

一、光的衍射

在上一章中，我们已讲过，波的衍射是指波在其传播路径上遇到障碍物时，绕过障碍物的边缘而传到直线传播传不到的“阴影”区域的现象。作为电磁波的光波也存在这种现象，这称为光的衍射现象。衍射也是波动的重要特征之一。

如图 11-16（a）所示，一束平行光通过一个宽度可调节的狭缝 K 以后，在屏幕 P 上将呈现光斑。若狭缝的宽度比光波波长大得多，则屏幕 P 上的光斑和狭缝宽度相同，亮度均匀，如图 11-16（a）中屏幕 E 所示，此时即为光的直线传播。调节 K，使缝的宽度逐渐缩小，当缝宽缩小到可以与光波波长相比拟时，在屏幕 P 上出现的光斑在其亮度下降的同时，其宽度范围反而拓宽，并且缝宽越小，宽度越大，并形成明暗相间的条纹，如图 11-16（b）中 F 所示。

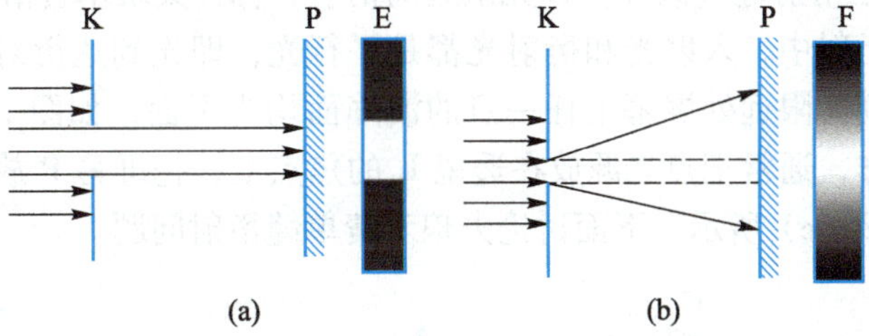

图 11-16 光的衍射

如果光波在传播过程中遇到直径小到一定程度的小圆孔，则可在屏幕上得到明暗相间的圆形条纹。

如果在光源和屏幕之间，放一个很细的障碍物，如细线、针、刀片等，则由于光的衍射，在屏幕上也会出现明暗相间的条纹。

如果用白光光源，则条纹将是彩色的。

二、惠更斯-菲涅耳原理

在研究波的传播时，惠更斯曾指出，波在介质中传播时所到达的各点都可视为发射子波的波源，其后任意时刻，这些子波的包络线所在的波面就是新的波前，这就是惠更斯原理。惠更斯原理可以用于确定波的传播方向，它说明了在衍射中波“绕弯”的行为，却不能解释在波的衍射区域中能量非均匀分布的现象。

菲涅耳用“子波相干叠加”的思想充实并完善了惠更斯原理。他假定：从同一波前上各点发出的子波在空间相遇时会相干叠加，空间任一点的振动就是这些子波相干叠加的结果。这就是惠更斯-菲涅耳原理。

惠更斯-菲涅耳原理可将某时刻的波前 S 分割成无数面元 dS，如图 11-17 所示，每一面元可视为一子波源。所有面元发出的子波在空间某点 P 的叠加结果决定了该点的振动情况，也就决定了该点的振幅或光强度。因此。根据惠更斯-菲涅耳原理，我们可进一步定量讨论衍射区的光强分布，这为解决衍射问题奠定了理论基础。由上述分析也可看到，衍射问题实际上是波面 S 发出的无数子波的相干叠加问题，其相应的数学处理应为积分运算。由于一般情况下，此积分十分复杂，在讨论夫琅禾费单缝衍射时，我们将采用菲涅耳半波带法作近似处理。

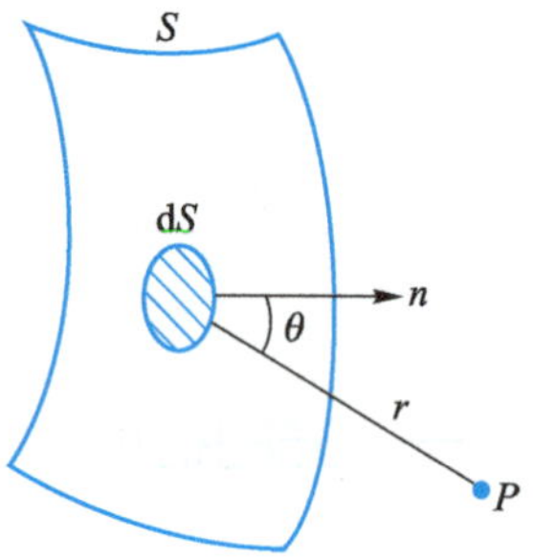

图 11-17　惠更斯-菲涅耳原理

三、夫琅禾费单缝衍射

根据光源、衍射缝（或孔）、接收衍射图样的屏幕三者之间的位置关系，可以把衍射分成两类。一类是光源 S 和显示衍射图样的屏幕 P 二者或二者之一与衍射缝（或孔）K 之间的距离为有限远的衍射，称为菲涅耳衍射，如图 11-18（a）所示。另一类是光源 S 和屏幕 P 皆距衍射缝（或孔）K 无限远的衍射，称为夫琅禾费衍射。

在夫琅禾费衍射中，入射光和衍射光都是平行光，即光到达衍射缝（或孔）的波阵面及衍射光波到无限远处屏幕上任一点的波阵面均为平面，如图 11-18（b）所示。为了得到衍射图样，通常把点光源放在透镜 L_1 的焦点上，把屏幕 P 放在透镜 L_2 的焦平面处，如图 11-18（c）所示。下面讨论夫琅禾费单缝衍射问题。

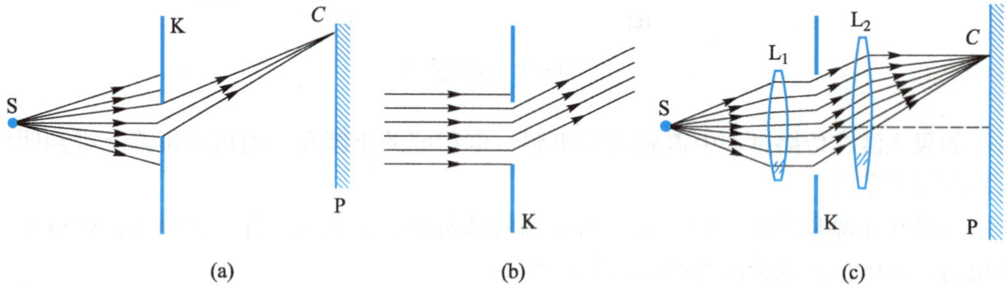

图 11-18　衍射的分类

图 11-19 为夫琅禾费单缝衍射的实验装置图。当单缝 AB 的宽度 a 和入射单色光波长可以比拟时，从点光源 S 发出的光经过透镜 L_1 变成一束平行光照射在单缝 K 上，经过单缝后有一部分光线偏离了原来的传播方向，称为衍射光线，衍射光线与入射光线

之间的夹角 φ，称为衍射角，光线经过透镜 L_2 会聚于焦平面处的屏幕上，如图 11-20 所示。在屏幕上将出现关于中心对称分布的明暗相间的衍射图样，且中央条纹又宽又亮。这就是夫琅禾费单缝衍射（简称单缝衍射）。

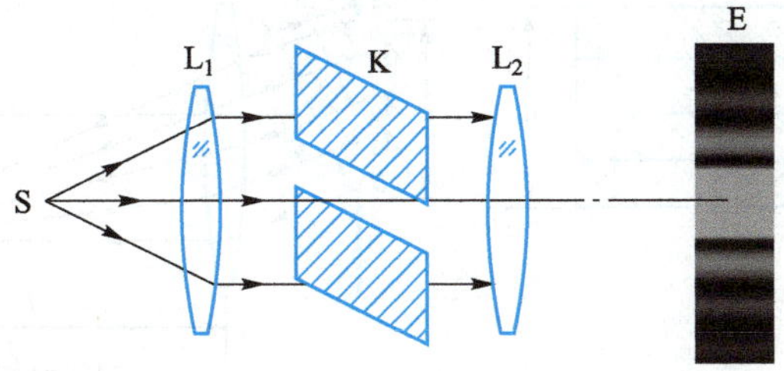

图 11-19 夫琅禾费单缝衍射装置图

这里用惠更斯-菲涅耳原理为理论基础的菲涅耳半波带法解释单缝衍射图样的光强分布。首先作一些平行于 BC 的平面，使任何两相邻平面间的距离等于入射光的半波长 $\lambda/2$（这种方法称为半波带法），假定所作的这些平面将单缝处的波阵面 AB 分成 AA_1，A_1A_2 等整数个半波带，如图 11-21（a）、（b）所示。由于各个半波带的面积相等，所以在点 P 引起的光振动振幅近似相等；又由于两相邻半波带上，任何两个对应点所发出的光线的光程差总是 $\lambda/2$，即相位差总是 π。所以，任何两个相邻半波带所发出的光线在点 P 干涉相消。若 $|AC|$ 恰好是半波长的偶数倍，则相应于某给定的衍射角 φ，单缝可以分成偶数个半波带，如图 11-21（a）所示，所有半波带的作用将成对地相互抵消，在点 P 处出现暗条纹；若 $|AC|$ 是半波长的奇数倍，如图 11-21（b）所示，所有半波带的作用成对地相互抵消后，还将留下一个半波带的作用，则在点 P 处出现明条纹。

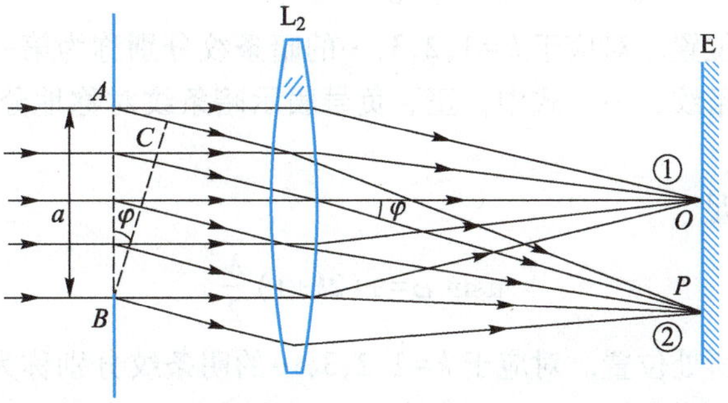

图 11-20 单缝处新的子波源及其衍射光线方向说明

根据惠更斯-菲涅耳原理，AB 上各点都可以视为新的子波源，并发出向前传播的球面子波，在空间某处，这些子波相遇时会叠加而产生干涉。

若衍射角 $\varphi=0$，则衍射光线与入射光方向相同。由于所有光线来自同一波前 AB，所以它们的相位相同。另外，由于透镜不引起附加的光程差，所以它们在点 O 的相位差为零，干涉加强，在正对狭缝中心的 O 处形成平行于狭缝的明条纹，称为中央明条纹。

当衍射角为其他任意值时，具有相同衍射角 φ 的光线会聚于屏幕 E 上某点 P，如图 11-21 所示。由缝上各点发出的衍射光线到点 P 光程不等，这束光线两边缘的光线

之间的光程差为 $|AC|=a\sin\varphi$，$|AC|$ 显然是沿 φ 角方向各子波光线间的最大光程差。根据菲涅耳半波带理论，可得到明暗条纹满足的关系。

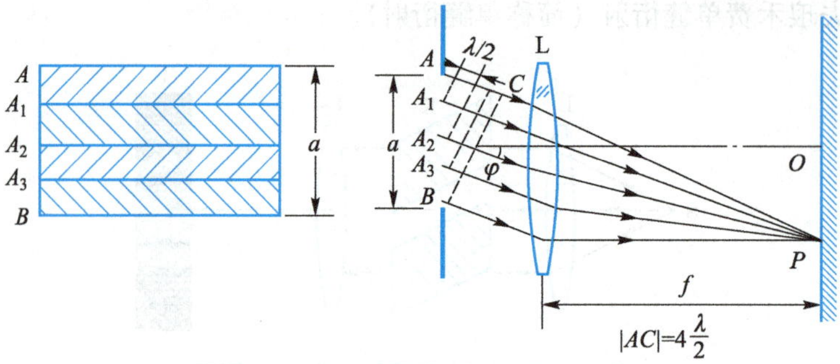

(a) 四个波带

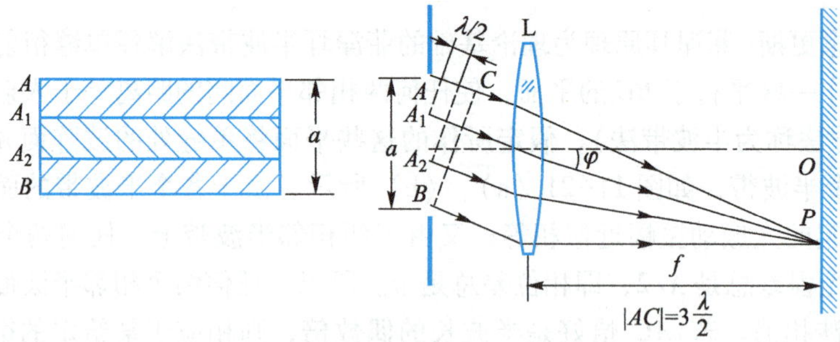

(b) 三个波带

图 11-21 菲涅耳半波带法

当衍射角 φ 满足

$$a\sin\varphi=\pm 2k\frac{\lambda}{2}\quad(k=1,2,3,\cdots)\tag{11-23}$$

时，为暗条纹所处位置。对应于 $k=1,2,3,\cdots$ 的暗条纹分别称为第一级暗条纹、第二级暗条纹、第三级暗条纹、……式中，正、负号表示暗条纹对称地分布在点 O 处的中央明条纹两侧。

当衍射角 φ 满足

$$a\sin\varphi=\pm(2k+1)\frac{\lambda}{2}\tag{11-24}$$

时，为明条纹中心所处位置。对应于 $k=1,2,3,\cdots$ 的明条纹分别称为第一级明条纹、第二级明条纹、第三级明条纹、……。应当指出，式（11-23）和式（11-24）均不包括 $k=0$ 的情形。因为对式（11-23）来说，$k=0$ 对应着 $\theta=0$，但这却是中央明纹的中心，不符合该式的含义。而对式（11-24）来说，$k=0$ 虽对应于一个半波带形成的亮点，但仍处在中央明纹的范围内，仅是中央明纹的一个组成部分，无法呈现出单独的明纹。另外，上述两式与杨氏干涉条纹的条件在形式上正好相反，切勿混淆。

如果 k 取非整数，对任意的衍射角 φ，波阵面 AB 一般不能恰好被分成整数个半波带，即 $|AC|$ 不等于 $\lambda/2$ 的整数倍。此时，衍射光线经透镜会聚后，形成屏幕上明暗条纹中心之间的过渡区域。

下面进一步分析衍射图样的特点。

（1）条纹以及光强分布

夫琅禾费单缝衍射图样中光强的分布如图 11-22 所示。由图中可以看出，由中央到两侧，条纹级数由低到高，光强迅速下降，中央明条纹集中了绝大部分光能。其他明条纹则由上一级暗条纹中心位置开始逐渐变亮，到该级明条纹中心位置时最亮，然后开始逐渐变暗，到下一级暗条纹中心位置时变得最暗。光强如此分布，是因为衍射级数越高，波阵面 *AB* 被分成的半波带个数越多，而未被抵消的半波带面积占波阵面 *AB* 的比例也越小。

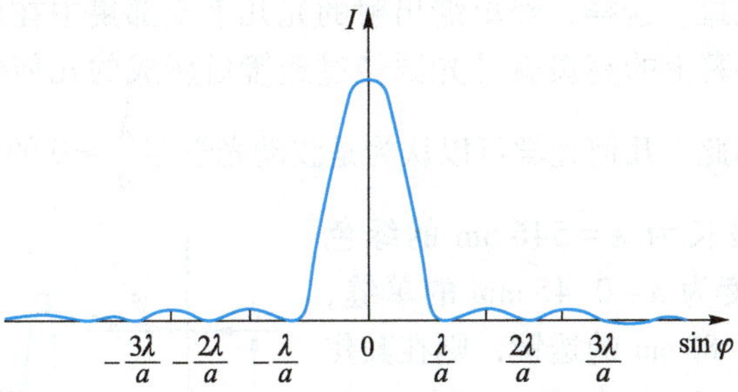

图 11-22 单缝夫琅禾费衍射光强分布

（2）条纹分布

条纹对透镜 L_2 光心的张角称为条纹的角宽度。因中央明条纹介于两个第一级极小之间，其角位置满足

$$-\lambda<a\sin\varphi<\lambda$$

夫琅禾费单缝衍射中，φ 一般很小，因此 $\sin\varphi\approx\varphi$，上式可以写成

$$-\frac{\lambda}{a}<\varphi<\frac{\lambda}{a}$$

中央明条纹的角宽度为

$$\Delta\varphi_0=\frac{\lambda}{a}-\left(-\frac{\lambda}{a}\right)=\frac{2\lambda}{a}$$

第 k 级明条纹介于第 k 级和第 $k+1$ 级暗条纹之间，其角位置 φ 满足

$$\frac{k\lambda}{a}<\sin\varphi<\frac{(k+1)\lambda}{a}$$

当 φ 很小时，其他明条纹的角宽度为

$$\Delta\varphi=\frac{(k+1)\lambda}{a}-\frac{k\lambda}{a}=\frac{\lambda}{a}$$

因此中央明条纹的角宽度是其他明条纹的两倍。

（3）波长对条纹的影响

根据明暗条纹公式［式（11-23）和式（11-24）］可以看出，当单缝的宽度 a 一定时，对于同一级衍射条纹而言，入射光的波长越长，则衍射角 φ 越大。如果入射光为白光，衍射图样的中央是白色的中央明条纹，在其两侧，由于不同波长的光对应的衍射角 φ 不同，在同一级条纹中出现了由紫到红的彩色条纹分布；对于较高的级数，彩色条纹还可能发生级数重叠，即后一级的紫光条纹可以分布于前一级红光条纹之前。

这种由于衍射而产生的彩色条纹称为衍射光谱。

(4) 缝宽对衍射图样的影响

根据明暗条纹公式［式 (11-23) 和式 (11-24)］还可以看出，对于波长一定的单色入射光，单缝的宽度 a 越小，与各级衍射条纹相对应的衍射角 φ 就越大，衍射条纹的间隔就越宽，衍射作用也就越明显。相反，如果单缝的宽度 a 比入射的单色光的波长大得多，亦即 $a \gg \lambda$，则与各级衍射条纹相对应的衍射角 φ 就非常小，各级衍射条纹的间距也就非常小，甚至无法分辨，所有各级条纹均“并入”中央明条纹，因而在屏中央形成单一的亮斑。这样，经单缝出射的光几乎全部集中在原入射方向上，呈现出光的直线传播。屏幕上的亮斑就是光源经过透镜后所成的几何像，光的传播遵从光的直线传播规律，因此，几何光学可以认为是波动光学在 $\dfrac{\lambda}{a} \approx 0$ 的极限情形。

［例 11-7］用波长为 $\lambda = 546$ nm 的绿色平行光垂直照射宽度为 $a = 0.45$ mm 的单缝，缝后放置一焦距为 $f = 80$ cm 的透镜，则在其焦平面处的屏幕 E 上出现衍射条纹，如图 11-23 所示。试求：(1) 接收屏上接收到的中央明条纹的宽度；(2) 第一级暗条纹和第二级暗条纹之间的距离。

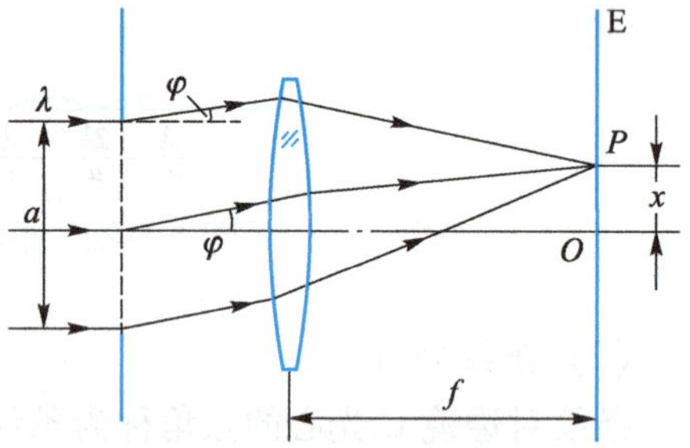

图 11-23 例 11-7 图

解 已知单缝衍射暗条纹公式 (11-23) 为

$$a\sin\varphi = \pm 2k\frac{\lambda}{2}$$

因此

$$\sin\varphi = \frac{k\lambda}{a}$$

由图 11-23 可知

$$\tan\varphi = \frac{x}{f}$$

由于 φ 很小，$\sin\varphi \approx \tan\varphi$，所以 $x = k\dfrac{\lambda f}{a}$。

(1) 正负第一级暗条纹中心间的距离就是中央明条纹的宽度。由上述推导可知一级暗条纹 ($k=1$) 与中央明条纹中心点 O 的距离为

$$x_1 = \frac{\lambda f}{a}$$

因此，中央明条纹的宽度为

$$\Delta x = 2x_1 = \frac{2\lambda f}{a} = \frac{2\times 5.46\times 10^{-7}\times 0.80}{0.45\times 10^{-3}}\ \text{m} = 1.94\times 10^{-3}\ \text{m}$$

由上式可见，在衍射角很小的情况下，中央明条纹宽度与单缝的宽度 a 成反比。

(2) 根据 $x = k\dfrac{\lambda f}{a}$，令 $k=2$，则可得到第二级暗条纹到中央明条纹中心点 O 的距离为

$$x_2=\frac{2\lambda f}{a}$$

因此第一级和第二级暗条纹间的距离为

$$\Delta x=x_2-x_1=\frac{2\lambda f}{a}-\frac{\lambda f}{a}=\frac{\lambda f}{a}=\frac{5.46\times10^{-7}\times0.80}{0.45\times10^{-3}}\ \mathrm{m}=9.71\times10^{-4}\ \mathrm{m}$$

可见，在衍射角很小的情况下，单缝衍射的中央明条纹宽度为其他明条纹宽度的两倍。

第五节 光栅衍射

在单缝衍射中，若缝较宽，明条纹亮度虽较强，但各级明条纹间的距离较小而不易分辨；若缝很窄，虽说各级明条纹分得很开，但明条纹的亮度却显著减小，使得条纹不够清晰。在这两种情况下，都很难精确地测定条纹宽度，所以利用单缝衍射不能精确测定光波波长。那么，我们是否可以获得亮度很大、分得很开，而本身宽度又很窄的明条纹呢？利用衍射光栅可以获得这样的条纹。

一、光栅衍射条纹的形成

我们在玻璃片上刻画出许多宽度和间距都相等的平行线条，刻痕处相当于毛玻璃不透光，而刻痕间可以透光，相当于一个单缝。这样平行排列的许多等间距、等宽度的狭缝就构成了透射式平面衍射光栅，如图 11-24 所示。a 表示每一狭缝的宽度，是光栅上透光的部分；b 表示间隔，是光栅上不透光的部分。光栅由大量这样的重复结构组成，这些重复的结构称为光栅周期 d，$d=a+b$。实际的光栅，通常在 1 cm 内刻有成千或上万条刻痕，所以光栅常量的数量级约为 $10^{-6}\sim10^{-5}$ m。

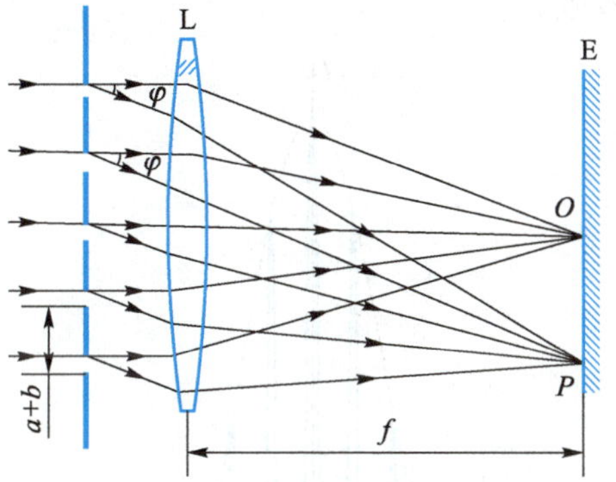

图 11-24 平面光栅衍射的实验装置

当一束平行单色光照射到光栅上时，每一狭缝都要产生衍射，它们各自在屏幕上产生强度分布相同和极值位置重合的单缝衍射图样。但是，由于光栅中含有一系列相等面积的平行狭缝，并且从各缝射出的光束相互间要发生干涉，所以最后形成的光栅衍射条纹并不只是由各个单缝所起的作用，而更重要的还有许多狭缝发出的光束之间的干涉，即多光束的干涉作用。因此光栅的衍射条纹应该视为衍射和干涉的总效果。

当一束平行单色光垂直照射在光栅上，透过光栅的光线通过透镜会聚在其焦平面处的屏幕 E 上时，在屏幕上将产生一组明暗相间的衍射条纹，这种条纹称为光栅衍射条纹。图 11-25 所示为缝数逐渐增加的光栅产生的衍射图样。可见，光栅衍射条纹同单缝衍射条纹有明显的差别，光栅衍射条纹很细很亮，明条纹之间有较宽的暗区。随着光栅单位宽度内缝数的增加，衍射图样中明条纹越细，其亮度越大，相应的明条纹之间的暗区也就越暗，衍射条纹之间明显分离开。

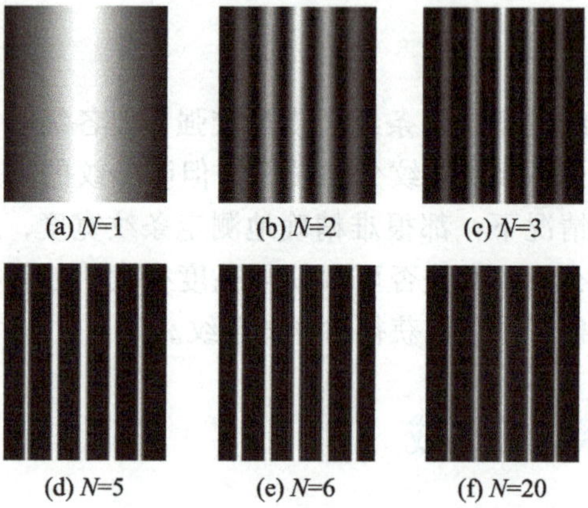

图 11-25　狭缝数 N 不同时光栅的衍射图样

图 11-26 所示为光栅衍射条纹的光强分布示意图。实线表示各缝的衍射光在相互干涉后的光强实际分布。虚线与单缝衍射光强分布曲线相似。可见，由于各缝衍射光束间的干涉作用，在原单缝衍射的两相邻极小之间又分裂出若干干涉极大和极小，而这些干涉极大值光强受到单缝衍射光强分布的调制，因而实际的光强分布体现了单缝衍射和多缝干涉的综合效应。

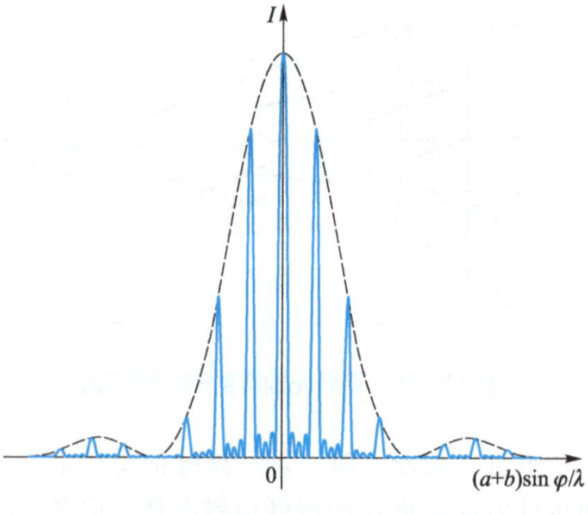

图 11-26　光栅衍射条纹的光强度分布

二、光栅方程

设一束平行单色光垂直照射在光栅上，通过每一狭缝向不同方向衍射的光通过透镜 L 聚焦在其焦平面处的屏幕 E 上的不同位置，如图 11-27 所示。以其中一束与光栅的法线方向的夹角为 θ 的衍射光线（即其衍射角为 θ）为例，当这束光线通过透镜后，会聚于屏幕上点 P，在什么条件下该点产生明条纹？

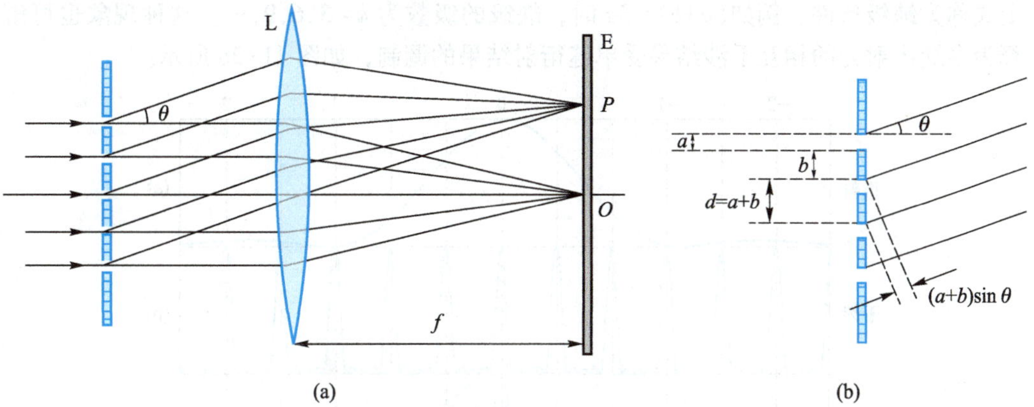

图 11-27 衍射光栅示意图

在图 11-27 中，任意选取两相邻缝发射出的沿衍射角 θ 方向的两束平行光线，它们被透镜会聚于点 P 时，如果二者的光程差 $(a+b)\sin\theta$ 恰好等于入射光波长 λ 的整数倍，则这两束光线在相会的点 P 相位相同，干涉叠加的结果为相互加强。由于光栅结构特点，其他任意两相邻缝发出的、沿平行方向的衍射光线的光程差也是 λ 的整数倍，它们会聚于点 P 时，也是干涉加强。这样，点 P 处便形成了衍射明条纹。因此，光栅衍射明条纹的条件是衍射角 θ 必须满足下式：

$$(a+b)\sin\theta=\pm k\lambda\ (k=0,1,2,\cdots) \tag{11-25}$$

上式称为光栅方程。

满足光栅方程的明条纹称为光栅衍射的主极大条纹，k 称为主极大级数。$k=0$ 时，$\theta=0$，相应的明条纹称为中央明条纹；$k=1,2,\cdots$ 对应的明条纹分别称为第一级、第二级、……主极大条纹。式（11-25）中的正、负号表示各级明条纹对称地分布在中央明条纹的两侧，如图 11-27 所示。由于衍射角 $|\theta|\leqslant\pi/2$，即 $|\sin\theta|\leqslant 1$，因而主极大级数 $k\leqslant(a+b)/\lambda$，它表示观察到的主极大数目是有限的。

上面给出的光栅方程相应于衍射图样中主极大明条纹出现的位置，这是产生主极大明条纹的必要条件。也就是说，在实际光栅衍射图样中，对应于光栅方程确定的主极大明条纹出现的位置并不都有主极大明条纹出现。其原因在于研究光栅方程时只注意了不同缝之间光的相互干涉，而未注意单缝的衍射作用对光栅衍射图样的影响。设想光栅上只留下一条缝透光，其余全部遮住，这时屏幕上呈现的是单缝衍射的图样，不论光栅上留下哪一条缝透光，屏幕上的单缝衍射条纹图样都一样，而且条纹位置也完全重合，这是因为同一衍射角 θ 的平行光经过透镜都聚焦于同一点。因此，若某一束衍射光线的衍射角 θ 在满足光栅方程的同时，也满足单缝衍射的暗条纹条件，即

$$(a+b)\sin\theta=\pm k\lambda \quad (k=0,1,2,\cdots)$$

$$a\sin\theta=\pm k'\lambda \quad (k'=1,2,3,\cdots)$$

则对应于这一衍射角 θ 方向的缝与缝间出射光干涉加强的主极大明条纹将不存在，即虽然满足光栅方程，但是相应的主极大明条纹并不出现，这种现象称为衍射光谱线的缺级。当已知光栅缝宽 a 及缝间隔 b 时，光栅衍射光谱线缺级的级数为

$$k=\pm k'\frac{a+b}{a} \tag{11-26}$$

上式称为缺级条件。例如 $(a+b)=3a$ 时，缺级的级数为 $k=3,6,9,\cdots$。这种现象也可解释为多缝出射光的相互干涉结果受单缝衍射结果的调制，如图 11-28 所示。

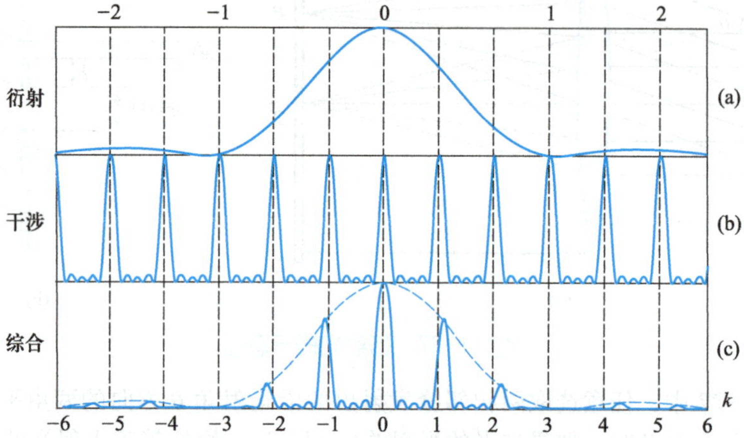

图 11-28 单缝衍射因子的调制和缺级现象

从光栅方程［式（11-25）］可以看出，如光波波长一定，对于给定光栅（d 为某常量），可确定各级明条纹的位置；而对给定波长，若 d 越小，各级明条纹就分得越开。利用衍射光栅可以获得亮度大、分得很开的、很细的条纹，因此能够用光栅精确地测量波长。

由光栅方程可知，在用一束含有各种波长的白光照射光栅时，各种波长的单色光将产生各自的衍射条纹。除中央明条纹由各色光混合仍为白光外，其两侧的各级明条纹都将形成由紫到红对称排列的彩色光带，称为光栅光谱。由于波长较短的光衍射角较小，波长较长的光衍射角较大，所以波长较短的紫光靠近中央明条纹，波长较长的红光则远离中央明条纹。级数较高的光谱中有部分谱线将会发生重叠。

白光的衍射光谱在光谱区内连成一片，称为连续谱。如果入射光是波长不连续的复色光，如汞灯，其光栅衍射光谱在光谱区将出现与各波长对应的各级线状光谱，称为线状谱或分立光谱。

经过分析可知，每一元素单质被激发后发出的光都有自己的特征光谱线。由一定物质发出的光，其衍射光谱是一定的，在工业技术上，也通过分析某种物质所产生光谱的谱线结构和特征谱线的相对强度来确定该物质的化学成分和含量，这种物质分析方法称为光谱分析。在固体物理中，还可以利用光栅衍射测定物质光谱线的精细结构，从而有助于人们深入理解物质的微观结构。因此，光栅作为获得衍射光谱的一种重要

光学元件，无论是在科学研究还是在工业技术上都有广泛的应用。

［例 11-8］ 用波长为 589.3 nm 的平行钠黄光垂直照射光栅，已知光栅上每毫米中有 500 条刻痕，且刻痕的宽度与其间距相等。试问平行光垂直入射时最多能观察到几条明条纹？并求第一级谱线和第三级谱线的衍射角。

解 根据 1 mm 内有 500 条刻痕，可以求得光栅常量为

$$d=\frac{1\times10^{-3}}{500}\ \mathrm{m}=2\times10^{-6}\ \mathrm{m}$$

由于刻痕的宽度等于刻痕的间距，所以

$$d=2a$$

最多能观察到谱线条数就是在一个无限大的接收屏上能出现的所有谱线的条数。应先根据光栅方程求出在无限大接收屏上应该出现的条纹总数，然后考虑光栅缺级现象，看哪些条纹属于因缺级而消失的。由于接收屏是无限大的，最大衍射角应在 $-\pi/2$ 到 $+\pi/2$ 之间。

由光栅方程

$$d\sin\left(\pm\frac{\pi}{2}\right)=k\lambda$$

可以从中求得 k 的极值为 ±3.4，取整数则为 ±3。这表示，按照光栅方程，在无限大接收屏上能够出现 k 值为 0、±1、±2 和 ±3 的七条谱线。

下面我们讨论缺级问题。由于缺级而在接收屏上消失的谱线的 k 值为

$$k=\frac{d}{a}k'=2k'\quad(k'=\pm1,\pm2,\pm3,\cdots)$$

k 最大等于 ±3，所以当 $k'=\pm1$ 时，k 等于 ±2，这表示 k 值等于 ±2 的谱线从接收屏上消失了。于是出现在接收屏上的谱线只有 5 条，其 k 值为 0、±1 和 ±3。

根据光栅方程，我们可以求出各级谱线所对应的衍射角。当 $k=\pm1$ 时，由光栅方程得

$$\sin\varphi_1=\pm\frac{\lambda}{d}=\pm\frac{589.3\times10^{-9}}{2.00\times10^{-6}}=\pm0.2947$$

从而得到 $\varphi_1=\pm17°8'$。

当 $k=\pm3$ 时，由光栅方程得

$$\sin\varphi_3=\pm\frac{3\lambda}{d}=\pm\frac{3\times589.3\times10^{-9}}{2.00\times10^{-6}}=\pm0.8840$$

从而得到 $\varphi_3=\pm62°8'$。

三、X 射线的衍射

X 射线是伦琴（W. C. Röntgen）于 1895 年发现的，故又称为伦琴射线。图 11-29 所示为一种产生 X 射线的真空管，通常称其为 X 光管或伦琴射线管。图中 G 是一抽成真空的玻璃泡，其中封存有电极 K 和 A。K 是热阴极，可以发射电子，A 是阳极，又称为对阴极，它由钼、钨或铜组成。当 A 和 K 两极间加数万伏的高电压时，阴极发射的

电子流，在强电场作用下加速，当其高速撞击阳极时，就从阳极发出一种贯穿本领很强的射线，由于最初人们尚未认识到该射线的本质，故称之为 X 射线。人眼无法直接看见 X 射线，但 X 射线可以使某些天然结晶物质（闪锌矿、钳氰化钡等）及人造的荧光粉发出可见的荧光，并可使照相底片感光，因此人们能够感知它的存在。

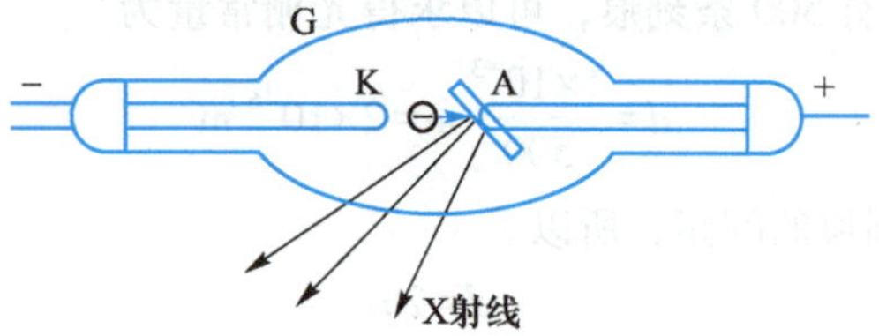

图 11-29　伦琴射线管

实验发现，X 射线不受电场和磁场的影响，因此在它被发现后不久，就被认为是和可见光一样的电磁波，但其波长极短，在 0.1 nm 的数量级。既然如此，X 射线也应该有干涉和衍射现象。但是当时人们无法用实验证实其波动性。

1912 年，德国物理学家劳厄（M. von Laue）由天然镜头的晶格点阵得到启示。晶格线度约为 0.1 nm 数量级，且晶体中的微粒是按一定规则排列的，按照衍射条件，则晶体可以作 X 射线的天然三维空间光栅。他完成了 X 射线的晶体衍射实验，实验装置如图 11-30（a）所示。在实验中成功地观察到了 X 射线的衍射图样，从而有力地证实了 X 射线的波动性。如图 11-30（b）所示，衍射图像为一组有规律分布的斑点。这些斑点正是由很强的 X 射线束使照相底片感光而形成的，称为劳厄斑。

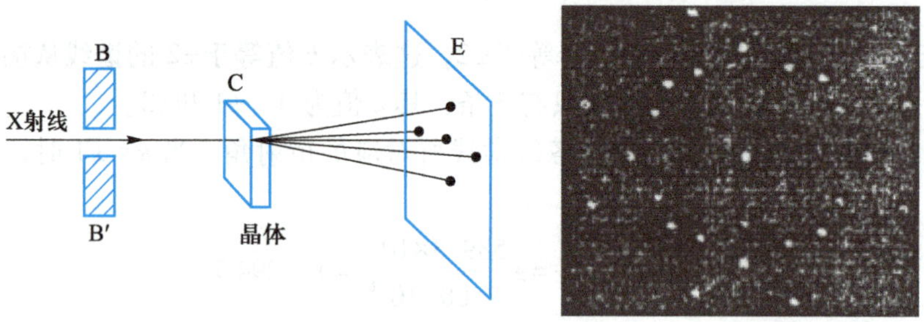

(a) X射线的衍射装置　　(b) 劳厄斑

图 11-30　X 射线衍射

英国的布拉格父子对 X 射线的衍射进行了定量研究。他们把晶体视为由一系列的平行晶面构成，各相邻晶面间距离称为晶面间距，用 d 表示，如图 11-31 所示。当一束平行相干的 X 射线以掠射角 φ 掠射到晶面上时，晶体中每一个原子（图中黑点）作为一个子波源向各方向发出散射波。同一晶面上的散射波中满足反射定律的散射波（也称反射线）彼此间光程差为零，因而相互干涉加强，强度最大。相邻两晶面间的反射线，其光程差由图 11-31 可知为

$$|AC|+|BC|=2d\sin\varphi$$

因此，各晶面的反射线相互干涉加强的条件为

$$2d\sin\varphi=k\lambda \tag{11-27}$$

上式称为布拉格公式。

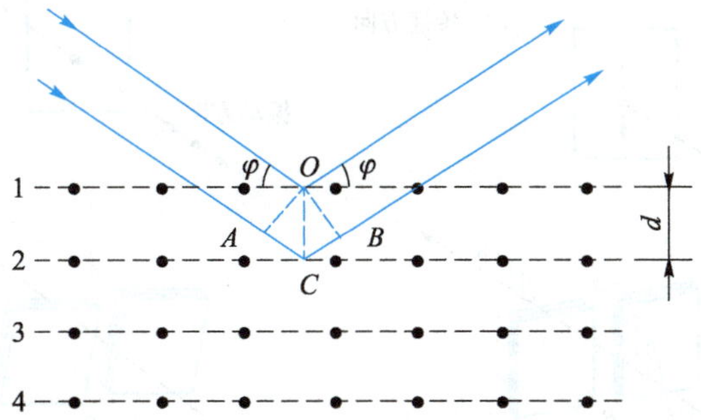

图 11-31 布拉格方法

应用布拉格公式也可以解释劳厄实验。因为晶体中原子是以空间点阵形式排列的，对于同一块晶体，从不同方向来看，可以看到点阵中的原子形成的平行晶面族取向各不相同、间距也各不相同，此时掠射角 φ 各不相同，晶面间距 d 也各不相同。因此，当 φ 和 d 满足式（11-27）时，从不同的平行晶面族散射出去的 X 射线就能相干加强而在照相底片上形成劳厄斑。

X 射线在研究物质的微观结构方面有着广泛的应用。由布拉格公式出发，若晶体的晶格常量已知，就可根据 X 射线衍射实验中测定的掠射角 φ 算出入射 X 射线的波长，从而研究 X 射线谱，进而研究原子的结构；若用已知波长的 X 射线入射到某种晶体的晶面上，根据 X 射线的衍射，相应于出现 X 射线衍射强度最大的掠射角 φ 就可以计算出这种晶体的晶格常量，从而研究晶体的结构。

第六节 光的偏振

光的干涉和衍射现象说明光具有波动性，光的偏振现象则进一步证实光是横波，充实了光的波动理论。

一、自然光和线偏振光

波动有横波与纵波之分。横波区别于纵波的主要特点在其振动方向对于传播方向不具有轴对称性，即在垂直于波传播方向的平面来看横波的振动矢量偏于某一方向，而纵波的振动矢量则在传播方向——对称轴上，如图 11-32 所示。横波的这种特性也叫偏振性。这一特性可用于鉴别一具体波动的类型。图 11-32 中的狭缝 AB 即为判别机械波的横波与纵波的简易装置。横波只有在其振动方向和缝一致时，才能继续传播［图 11-32（a）］，而对纵波，缝的方位不影响其继续传播［图 11-32（b）］。

光波是电磁波，任何电磁波都可由相互垂直的两个振动矢量来表征，即电场强度 $\boldsymbol{E}$ 和磁场强度 $\boldsymbol{H}$。这两个正交矢量同时垂直于传播方向，并不断地作周期性变化，如

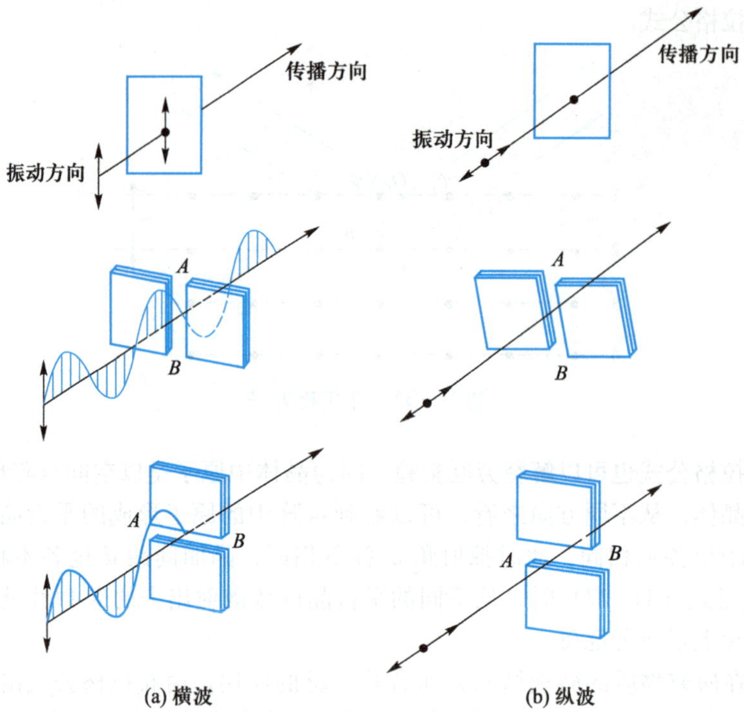

图 11-32　横波与纵波

图 11-33 所示，根据纵、横波的特点可知，电磁波（包括光波）是横波。实验表明，光波中引起感光作用及人眼视觉的是 $\boldsymbol{E}$ 振动，所以一般称为光矢量，$\boldsymbol{E}$ 振动为光振动。因此，在讨论光的有关现象时，只需讨论 $\boldsymbol{E}$ 振动。

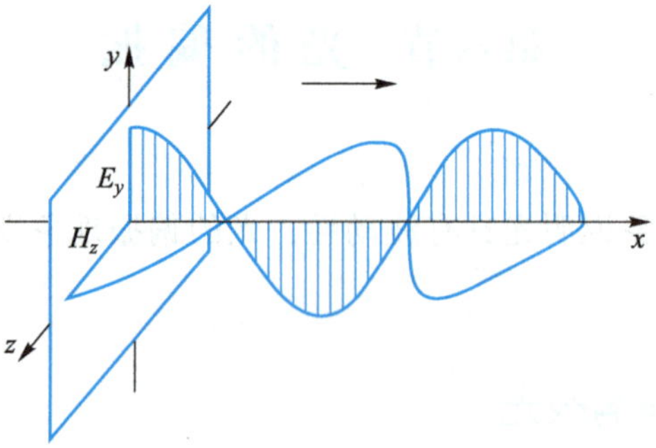

图 11-33　电磁波的传播

普通光源发出的光是大量分子、原子发光的总和。一原子先后发出的光以及大量原子同时发出的光彼此独立，包含了一切可能的振动方向。因此，平均来看，在垂直于传播方向的平面内沿各方向振动的概率相等，没有哪一个方向比其他方向占优势，同时振动能量也均匀分布在各振动方向上，因而普通光源发出的光不显示偏振性，这样的光称为自然光，如图 11-34（a）所示。在任一时刻，我们都可以把自然光分解成两个相互垂直、振幅相同的独立分振动，所以可以用图 11-34（b）所示的方法来表示自然光。由于自然光中光振动的无规则性，所以这两个相互垂直的光矢量之间并没有恒定的相位差。方便起见，通常用如图 11-34（c）所示的方法表示自然光。带箭头短线表示平行于平面且与传播方向垂直的光振动，圆点表示和纸面垂直的光振动，点线等距分布表示两振动振幅相等。显然，它们的光强各占自然光总光强的一半。

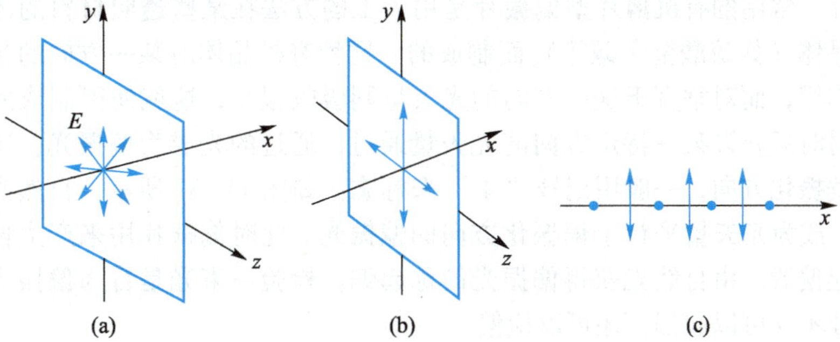

图 11-34　自然光

自然光经过某些物质反射、折射或吸收后，可能只保留某一方向的光振动。这种光振动只在某一固定方向的光，称为线偏振光，简称偏振光或完全偏振光。图 11-35（a）表示光矢量垂直于平面的线偏振光；图 11-35（b）表示光矢量在平面内的线偏振光。我们把光矢量与光的传播方向构成的平面称为振动面，把包含光的传播方向并与光矢量垂直的平面称为偏振面，偏振面总与振动面垂直。

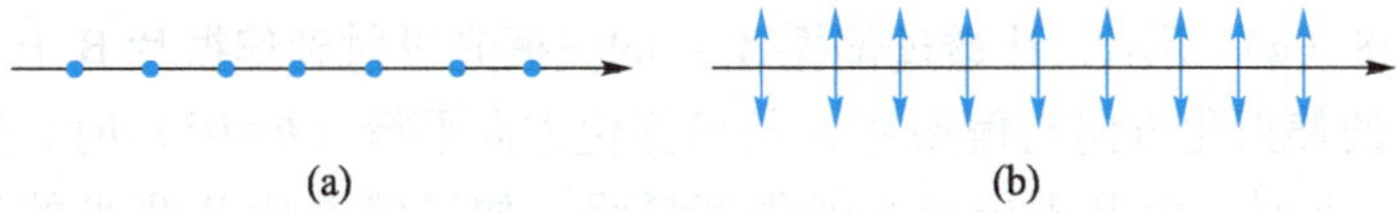

图 11-35　完全偏振光

如果在一种光线中，某一方向上光振动的振幅大于垂直于该方向上的振幅，且二者之间没有恒定的相位差，我们称这种光为部分偏振光，如图 11-36 所示。图 11-36（a）表示在纸面内光矢量较强的部分偏振光；图 11-36（b）表示光矢量在垂直于纸面方向较强的部分偏振光。

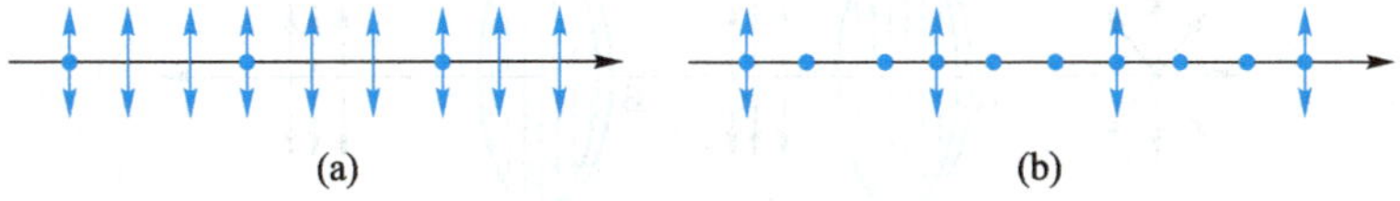

图 11-36　部分偏振光

还有一种偏振光，其光矢量在垂直于光传播方向的平面内按一定的频率旋转，光矢量末端的轨迹呈圆或椭圆，这种光称为圆偏振光或椭圆偏振光。

光的偏振特性在近代科学技术中应用广泛。例如，人们可用偏振光观测精密异形工件内部的应力分布（光测弹性学）。光的偏振还应用于激光技术中的光电调制。在精密测量方面，光的偏振应用于偏光干涉仪及偏光显微镜。在化学上，光的偏振应用于测量物质溶液浓度的旋光浓度计等。

二、起偏和检偏

从自然光中获得偏振光，以及检验一束光是否为偏振光，最常用、最简便的器件就是偏振片。常用的有机薄片型偏振片是用人工的方法在某些透明材料的薄片上涂上一层有机晶体（如硫酸奎宁碱等）而制成的。这种有机晶体对某一方向的光矢量有强烈的吸收作用，而对垂直于这一方向的光矢量则吸收很少，这就使得制成的偏振片在自然光照射时只允许某一特定方向的光矢量通过，通过的光成为偏振光，这一特定的方向称为偏振化方向，一般用记号“↕”来标志。如图 11-37 所示，自然光从偏振片 A 射出后，成为光矢量平行于偏振化方向的偏振光。此时偏振片用来产生偏振光，我们称它为起偏器。由自然光获得偏振光简称起偏。检验一束光是否为偏振光，简称检偏。偏振片不仅可以起偏，还可以检偏。

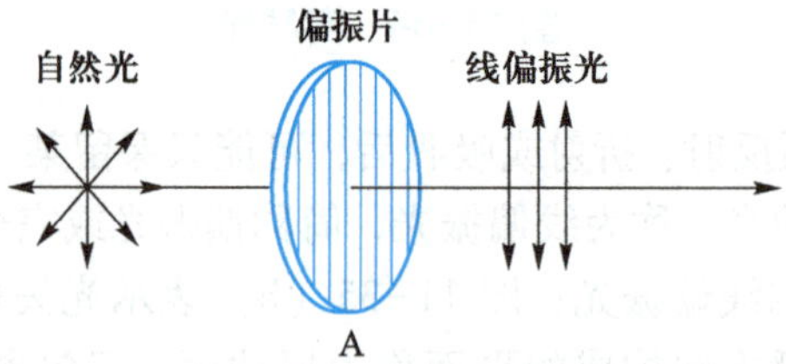

图 11-37 偏振片的起偏

如图 11-38（a）所示，让透过偏振片 A 的偏振光投射到偏振片 B 上，旋转 B 时发现当偏振片 B 的偏振化方向与偏振片 A 的偏振化方向平行（$\theta=0°$）时，透过 A 的偏振光也能透过 B，此时，由 B 射出的光的强度最强。如果偏振片 B 绕光的传播方向转过 90°，使 B 的偏振化方向与 A 的偏振化方向相垂直（$\theta=90°$），如图 11-38（b）所示，透过 A 的偏振光就不能透过 B，此时没有光从 B 射出。在偏振片 B 由 $\theta=0°$转到 $\theta=90°$ 的过程中，从 B 透射出的光的强度由最强逐渐变为零；如果偏振片 B 再由 $\theta=90°$转到 $\theta=180°$，则光强又由零逐渐变为最强。

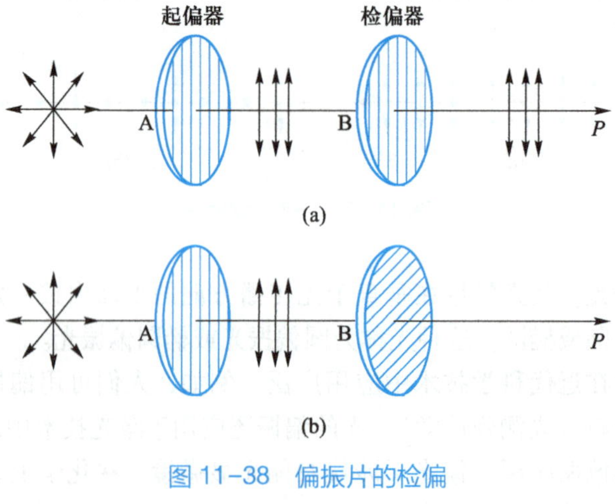

图 11-38 偏振片的检偏

综上所述，在转动偏振片 B 的过程中，如果出现上述现象，则认为射到 B 上的光是偏振光；如果在转动 B 的过程中，从 B 透射出的光的强度没有变化，则认为射到 B 上的光是自然光（也可能是圆偏振光），这便是利用偏振片检偏。起检偏作用的偏振片称为检偏器。

三、马吕斯定律

由起偏器产生的偏振光通过检偏器后，若两者的偏振化方向之间的夹角为 θ，则出射光的光强如何变化呢？1809 年马吕斯根据实验得出了如下结论：由起偏器起偏的强度为 I_0的偏振光，透过检偏器后，光的强度为

$$I=I_0\cos^2\theta \qquad (11-28)$$

这一结论称为马吕斯定律。该定律的证明如下：

如图 11-39 所示，A 和 B 分别为起偏器和检偏器，θ 为它们的偏振化方向的夹角。设 E_0 为通过起偏器后的偏振光的光矢量振幅。将 $\boldsymbol{E}_0$沿平行于偏振片 B 和垂直于偏振片 B 的方向分解，分量分别为 $E_0\cos\theta$ 和 $E_0\sin\theta$，显然只有分量 $E_0\cos\theta$ 可通过检偏器，而 $E_0\sin\theta$ 分量被检偏器吸收。由于光的强度正比于光矢量振幅的平方，即

$$\frac{I}{I_0}=\frac{(E_0\cos\theta)^2}{E_0^2}=\cos^2\theta$$

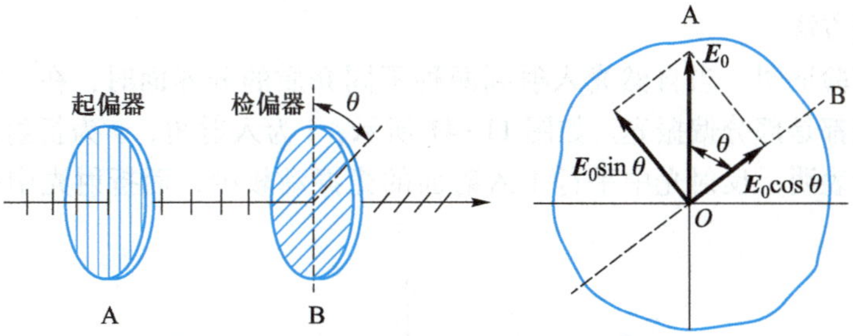

图 11-39　马吕斯定律的证明

故式（11-28）得证。当起偏器和检偏器的偏振化方向平行，即 $\theta=0°$时，$I=I_0$，光强最大。如果它们彼此正交，即 $\theta=90°$或 270°，则 $I=0$，光强最小，这时没有光从检偏器中射出。当 θ 取任意值时，从检偏器 B 出射的光强总是取 I_0与 0 之间的某一值。

[例 11-9] 假设偏振片 A 和偏振片 B 的偏振化方向间夹角为 60°，一束强度为 I_0的自然光垂直入射到偏振片 A 上，然后从偏振片 B 出射。求出射光的光强。

解　自然光通过偏振片 A 后，变成线偏振光，其光矢量振动方向平行于 A 的偏振化方向，其光强为原来光强的 1/2，即 $I_1=I_0/2$。

光强为 I_1的偏振光入射到偏振片 B 后透出，根据马吕斯定律可知出射光的光强为

$$I=I_1\cos^2\theta=\frac{I_0}{2}\cos^2 60°=\frac{I_0}{2}\times\frac{1}{4}=\frac{I_0}{8}$$

[例 11-10] 光强为 I_0的自然光连续通过两个偏振片后，光强变为 $I_0/4$，求这两个

偏振片的偏振化方向之间的夹角。

解　已知自然光可以分解为两个互相垂直的分振动，并且每个分振动各占自然光强的一半。当自然光通过第一个偏振片后，必定成为光强为 $I_0/2$ 的线偏振光，振动方向与该偏振片的偏振化方向相同。如果第二个偏振片的偏振化方向与第一个成 θ 角，如图 11-40 所示，那么根据马吕斯定律，应有

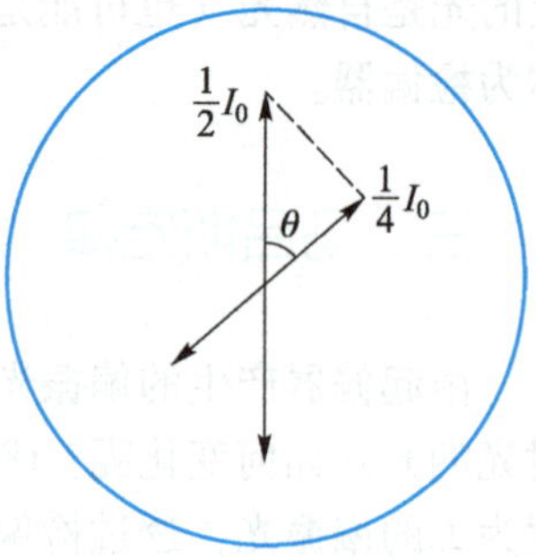

图 11-40

$$I=\frac{1}{2}I_0\cos^2\theta$$

由题意，已知 $I=I_0/4$，将其代入上式，得

$$\frac{1}{4}I_0=\frac{1}{2}I_0\cos^2\theta$$

$$\cos\theta=\pm\frac{\sqrt{2}}{2}$$

所以

$$\theta=\pm45°\text{或}\pm135°$$

四、布儒斯特定律

使用偏振片不是获得偏振光的唯一方法。这里我们介绍利用反射和折射由自然光获得偏振光的方法。

大量的实验证明：当自然光入射到两种不同介质的分界面时，在一般情况下，反射光和折射光都是部分偏振光。如图 11-41 所示，i 为入射角，γ 为折射角，入射光为自然光。实验表明，反射光中平行于入射面的光振动较少，而折射光中垂直于入射面的光振动较少。

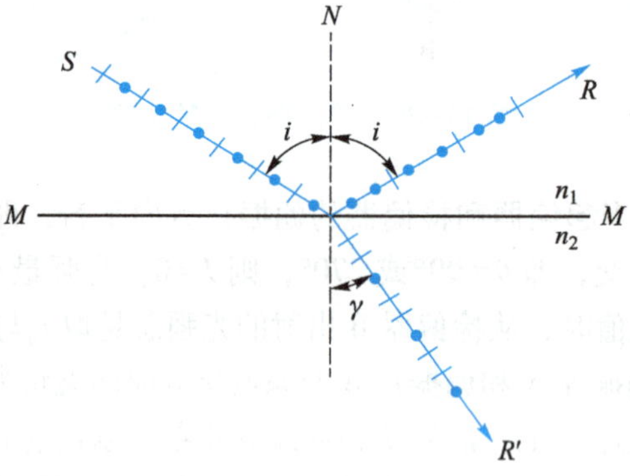

图 11-41　反射和折射后形成的部分偏振光

改变入射角 i 时，反射光的偏振化程度也随之改变。实验指出，当 i 等于某一特定的角度 i_0时，反射光中只有垂直于入射面的振动，表明这时的反射光为完全偏振光。这个特定的入射角称为起偏角，记作 i_0。

起偏角 i_0与两种介质的折射率之间存在一定的关系。我们设介质 I 的折射率 n_1，

介质Ⅱ的折射率为 n_2，则从介质Ⅰ向介质Ⅱ入射的起偏角满足

$$\tan i_0=\frac{n_2}{n_1} \tag{11-29}$$

这是 1812 年由布儒斯特从实验中得到的结论，称为布儒斯特定律，上式为其表达式。起偏角 i_0 也称为布儒斯特角。

当入射光以布儒斯特角 i_0 入射时，反射的偏振光与部分偏振的折射光线相互垂直，如图 11-42 所示，即 $i_0+\gamma=90°$。这一结论的证明如下：

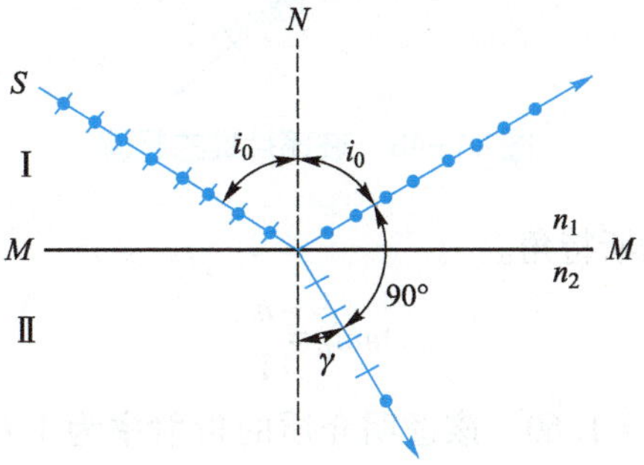

图 11-42 布儒斯特角

根据折射定律，入射角 i_0 与折射角 γ 存在下述关系：

$$\frac{\sin i_0}{\sin\gamma}=\frac{n_2}{n_1}$$

又根据布儒斯特定律，有

$$\tan i_0=\frac{\sin i_0}{\cos i_0}=\frac{n_2}{n_1}$$

比较上两式，故有

$$\sin\gamma=\cos i_0$$

即

$$i_0+\gamma=90°$$

由以上讨论可知，当入射角等于起偏角 i_0 时，反射光成为完全偏振光，其振动方向与入射面垂直。

当自然光以布儒斯特角入射到玻璃面上时，反射光虽然是完全偏振光，但光强很弱。对于单独的一个玻璃面来说，垂直于入射面的振动只被反射 15%，大部分光都经过折射进入玻璃了。折射光光强虽然较大，但它的偏振度很低。为了利用折射方法获得偏振度很高的偏振光，往往采用多次折射的方法。把足够多的玻璃片堆叠在一起，组成玻璃片堆，如图 11-43 所示，经过各层玻璃面的多次反射，使入射光中垂直于入射面的光振动几乎全部被反射，这样不仅使反射光的偏振光大大加强，而且最后透过玻璃片堆的折射光也近似于偏振光，其光振动平行于入射面。这就是玻璃片堆的起偏。

[例 11-11] 某透明介质在空气中的布儒斯特角 $i_0=58.0°$，求它在水中的布儒斯特角。已知水的折射率为 1.33。

解 首先应根据布儒斯特定律求出这种透明介质的折射率，然后再根据布儒斯特

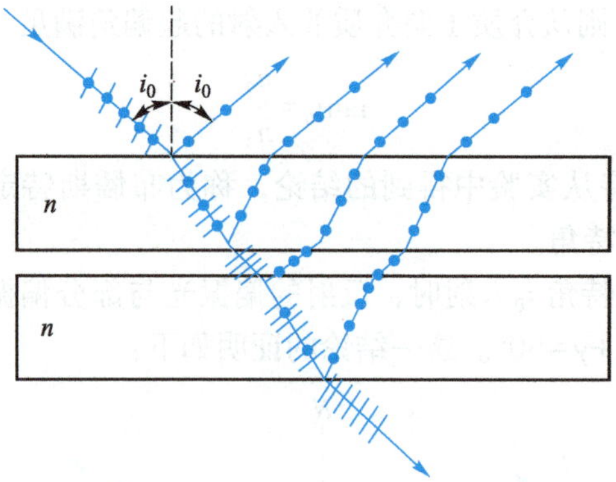

图 11-43 玻璃片堆的起偏

定律求出它在水中的布儒斯特角。

$$\tan i_0=\frac{n}{1}$$

所以有 $n=\tan i_0=\tan 58.0°=1.60$，该透明介质的折射率为 1.60。它在水中的布儒斯特角为

$$i_0'=\arctan\frac{1.60}{1.33}=50.3°$$

五、光的双折射

1. 光的双折射现象

我们知道一束光线在两种各向同性介质的分界面上发生折射时，只有一束折射光，且在入射面内，其方向遵守折射定律。例如一束光线从空气中射入水中，只见到一束光在水中传播。把一块玻璃放在有字的纸上，通过玻璃看到每一个字只有一个像。但是，如果把一块方解石晶体（$CaCO_3$）放在有字的纸上，通过方解石却可以看到每一个字都有两个像。这是因为方解石晶体是各向异性的介质。所以上述现象表明，当一束光线射入各向异性的介质时，在介质内部分裂成两束折射光，这种现象叫做双折射现象，如图 11-44 所示。

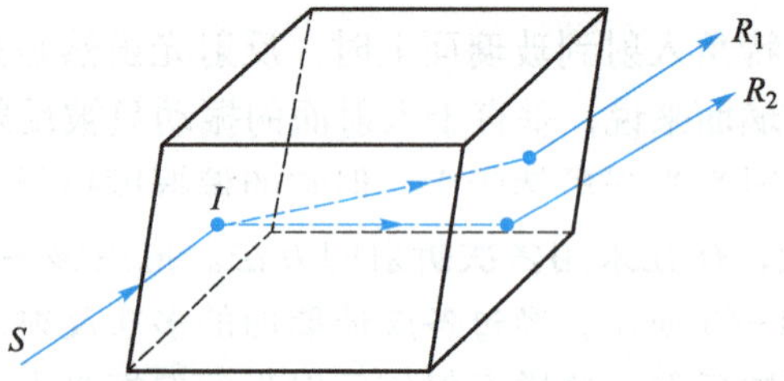

图 11-44 方解石的双折射现象

实验表明，当一束光垂直射入各向异性的晶体而产生双折射现象时，如果将晶体绕光的入射方向慢慢地转动时，其中一束折射光线的方向始终不变，并按入射光方向传播，而另一束折射光线随着晶体的转动绕前一束光线旋转，如图 11-45 所示。根据

折射定律，入射角 $i=0$ 时，折射光应沿着原来的方向传播，可见沿原来方向传播的光束是遵守折射定律的，而另一束却不遵守折射定律。更一般的实验表明，当入射角为 i 时，两束折射光线中的一束始终遵守折射定律，称这束光线为寻常光线，通常用 o 表示，简称 o 光。o 光的折射率用 n_o 表示，n_o 为一恒定值。另一束不遵守折射定律的光线称为非寻常光线，通常用 e 表示，简称 e 光。e 光的折射率用 n_e 表示，n_e 不是恒定值。

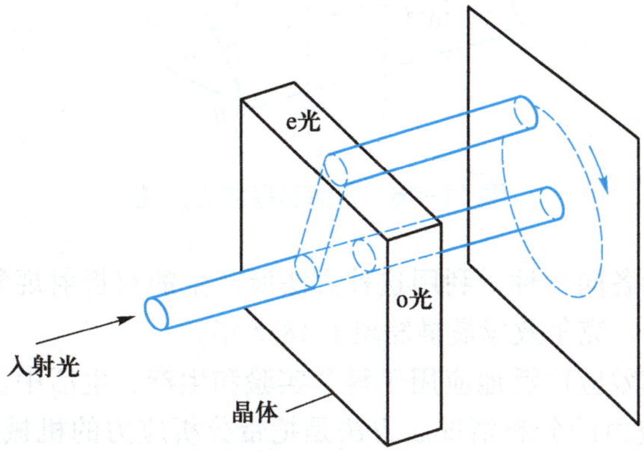

图 11-45 o 光和 e 光及其随晶体转动变化的演示

由介质的折射率 $n=\frac{\sin i}{\sin\gamma}=\frac{c}{v}$（$c$、$v$ 分别表示光在真空中和介质中的传播速度）可知，介质的折射率决定于光在介质中的传播速度。寻常光线在晶体内部各个方向上的传播速度相同，因此它在晶体内部各个方向上的折射率相等；非寻常光线在晶体内部的传播速度随着方向而变化，因此它在晶体内部各个方向上的折射率不相等。

2. 晶体的光轴 晶体的主截面

研究发现，在晶体内部存在着某些特殊的方向，光沿着这些特殊方向传播时，o 光和 e 光的折射率相等，二者的传播速度也相等，因此光沿着这些方向传播时，不发生双折射。晶体内部的这些特殊的方向称为晶体的光轴。应强调指出的是：光轴仅标志着一定的方向，并不限于某一条特殊的直线。

天然方解石是六面棱体，任意两棱之间的夹角或约为 78°，或约为 112°。从其三个钝角会合的顶点 A 引出一条直线，并使其与各临边成等角，这一直线方向就是方解石的光轴方向，如图 11-46 所示。在晶体中与这一直线平行的直线都是光轴。只有一个光轴的晶体称为单轴晶体，如方解石、石英、红宝石等。有两个光轴的晶体称为双轴晶体，如云母、硫黄、蓝宝石等。

3. 人工双折射现象

光通过天然晶体时，可以产生双折射现象。用人工的方法也可以使某些非晶体物质呈现双折射现象，称为人工双折射。

透明的玻璃或塑料等物质的光学性质是各向同性的，不具有双折射的性质。但是，若对它们施以机械力（压力或张力），就可以使这些物质具有与方解石等晶体相类似的各向异性的光学性质，即可以产生双折射现象。这种利用机械力使非晶体物质产生的双折射现象称为光弹效应。

另有一些物质，如二硫化碳、三氯甲烷等，在强大的电场作用下，其光学性质也

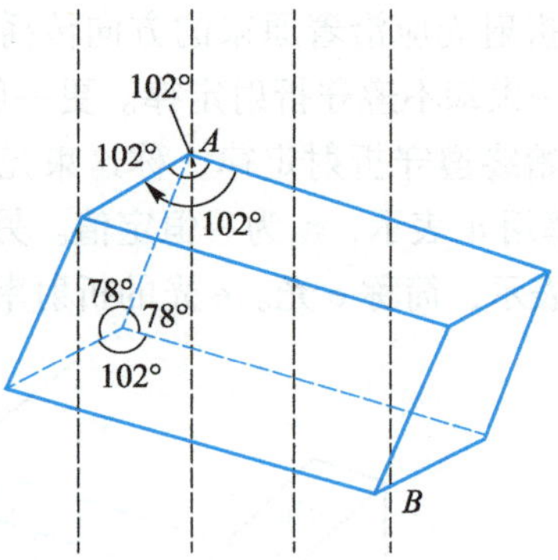

图 11-46　方解石晶体的光轴

会由各向同性改变为各向异性，利用这种方法所产生的双折射现象称为电光效应，也称克尔（Kerr）效应。克尔效应最早发现于 1875 年。

光弹效应和克尔效应广泛地应用于科学实验和生产、生活中。利用光弹效应可以研究机械构件内部应力的分布情况。方法是把带分析应力的机械构件（如齿轮的齿、锅炉壁、横梁等）用有机玻璃等材料制成透明模型，并按实际作用时的受力情况对模型施力，于是在各受力部分产生相应的双折射。观测和分析透明模型放在两正交的偏振片之间所产生的干涉条纹的形状，即可得出模型内应力的分布情况，这种方法称为光弹性方法。光弹性方法在工程技术上得到广泛应用，为设计机械部件和大型建筑提供了科学依据和实验手段。利用克尔效应可以制成由电控制的“光开关”（克尔开关）或光脉冲调制器（克尔调制器）。这种设备的最重要的特点是几乎没有惯性。克尔效应能随着电场的产生和消失很快地建立和消失，需时极短（约 10^{-9} s），因而可使光强的变化非常迅速。克尔开关作为高速开关现已广泛应用于高速摄影和各种激光装置中。

小　结

1. 光的干涉现象及相干条件

（1）光的干涉现象：两束光波相遇而引起光的强度重新分布的现象，称为光的干涉现象。

（2）相干条件：两束光波相遇产生干涉现象的必要条件是：① 频率相同；② 光矢量的振动方向相同；③ 在相遇处两束光的相位差恒定。

2. 光程、光程差与半波损失

（1）光程：光在介质中行进的几何路程与该介质的折射率 n 的乘积 nr 称为光程。

（2）光程差：两束光到达空间某点的光程之差，称为光程差，用 δ 表示，即

$$\delta = n_2 r_2 - n_1 r_1$$

两束光相位差 $\Delta\varphi$ 与光程差 δ 之间的关系为

$$\Delta\varphi = \frac{2\pi}{\lambda}\delta$$

（3）半波损失：当光从光疏介质射到光密介质，在两种介质的分界面反射时发生 π 的相位突变，称为半波损失。

3. 杨氏双缝干涉

条纹分布

$$\delta = \frac{d}{D}x = \begin{cases} \pm k\lambda & (k=0,1,2,\cdots) \quad 明条纹 \\ \pm(2k-1)\dfrac{\lambda}{2} & (k=1,2,3,\cdots) \quad 暗条纹 \end{cases}$$

相邻明条纹（或相邻暗条纹）间的距离为

$$\Delta x = \frac{D}{d}\lambda$$

在 $x=0$ 处出现零级明条纹（中央明条纹）。双缝干涉条纹是在中央明条纹两侧对称分布与缝平行的等间距、明暗相间的直条纹。

4. 薄膜干涉

当波长为 λ 的单色平行光从折射率为 n_1 的介质垂直照射到厚度为 e、折射率 n_2（$n_1 < n_2$）的平行薄膜上时，在薄膜的上表面附近形成干涉图样，出现明、暗条纹的条件为

$$\delta = 2e\sqrt{n_2^2 - n_1^2\sin^2 i} + \frac{\lambda}{2}$$

$$= \begin{cases} k\lambda & (k=1,2,3,\cdots) \quad 干涉加强 \\ (2k+1)\dfrac{\lambda}{2} & (k=0,1,2,\cdots) \quad 干涉减弱 \end{cases}$$

5. 劈尖干涉、牛顿环

（1）劈尖干涉：一束平行单色光垂直照射空气劈尖时，在空气劈尖上表面附近形

成干涉图样，出现明、暗条纹的条件为

$$\delta=2ne+\frac{\lambda}{2}=\begin{cases}k\lambda & (k=1,2,3,\cdots) \quad 干涉加强 \\ (2k+1)\frac{\lambda}{2} & (k=0,1,2,\cdots) \quad 干涉减弱\end{cases}$$

相邻明条纹（或暗条纹）的间距为 $b=\frac{\lambda}{2n\sin\theta}$。

（2）牛顿环：一束平行单色光垂直照射牛顿环空气薄膜时，在空气劈尖上表面附近形成干涉图样，出现明、暗条纹的条件为

$$\delta=2ne+\frac{\lambda}{2}=\begin{cases}k\lambda & (k=1,2,3,\cdots) \quad 干涉加强 \\ (2k+1)\frac{\lambda}{2} & (k=0,1,2,\cdots) \quad 干涉减弱\end{cases}$$

明环半径 $$r=\sqrt{(2k-1)\frac{\lambda}{2n}R} \quad (k=1,2,3,\cdots)$$

暗环半径 $$r=\sqrt{\frac{kR\lambda}{n}} \quad (k=0,1,2,\cdots)$$

6. 夫琅禾费单缝衍射

单缝衍射明暗条纹出现的条件

$$a\sin\varphi=0 \quad 中央明条纹$$

$$a\sin\varphi=\begin{cases}\pm 2k\frac{\lambda}{2} & (k=1,2,3,\cdots) \quad 暗条纹 \\ \pm(2k+1)\frac{\lambda}{2} & (k=1,2,3,\cdots) \quad 明条纹\end{cases}$$

7. 光栅衍射

光栅方程 $$(a+b)\sin\theta=\pm k\lambda \quad (k=0,1,2,\cdots)$$

8. 光的偏振

（1）马吕斯定律：强度为 I_0 的线偏振光，通过检偏器后，强度变为

$$I=I_0\cos^2\theta$$

式中，θ 是起偏器与检偏器偏振化方向的夹角。

（2）布儒斯特定律：当入射角 $i=i_0$，且 i_0 满足

$$\tan i_0=\frac{n_2}{n_1}$$

时，反射光成为线偏振光，其光矢量的振动方向与入射面垂直，且折射光线垂直于反射光线。

习　　题

11-1 在双缝干涉实验中，若单色光源 S 到两缝 S_1、S_2 距离相等，则观察屏上中央明条纹位于图中 O 处，现将光源 S 向下移动到示意图中的 S′位置，则（　　）。

（A）中央明纹向上移动，且条纹间距增大

（B）中央明纹向上移动，且条纹间距不变

（C）中央明纹向下移动，且条纹间距增大

（D）中央明纹向下移动，且条纹间距不变

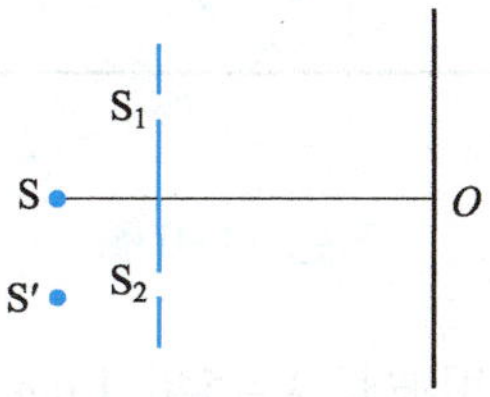

习题 11-1 图

11-2 如图所示，折射率为 n_2，厚度为 e 的透明介质薄膜的上方和下方的透明介质的折射率分别为 n_1 和 n_3，且 $n_1<n_2$，$n_2>n_3$，若使波长为 λ 的单色平行光垂直入射到该薄膜上，则从薄膜上、下两表面反射的光束的光程差是（　　）。

（A）$2n_2e$　（B）$2n_2e-\dfrac{\lambda}{2}$　（C）$2n_2e-\lambda$　（D）$2n_2e-\dfrac{\lambda}{2n_2}$

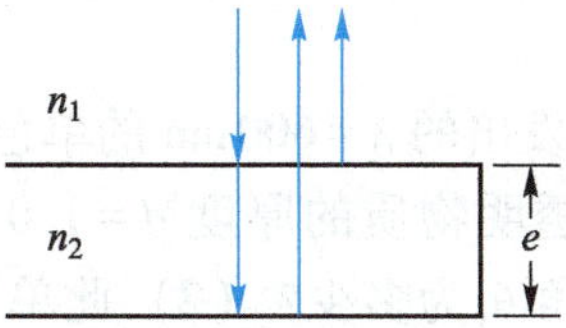

习题 11-2 图

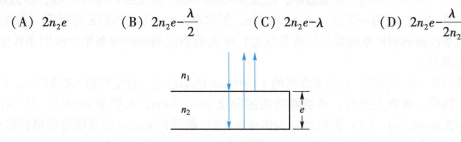

11-3 在迈克耳孙干涉仪的一条光路中放入一片 $n=1.4$ 的透明介质薄膜后，干涉条纹产生了 7.0 条条纹的移动。如果入射光波长为 589.0 nm，则透明介质薄膜的厚度为（　　）。

（A）11 307.5 nm　（B）1 472.5 nm　（C）5 153.8 nm　（D）2 945.0 nm

11-4 波长 $\lambda=550$ nm 的单色光垂直入射于光栅常量 $d=1.0\times10^{-4}$ cm 的光栅上，可能观察到的光谱线的最大级数为（　　）。

（A）4　（B）3　（C）2　（D）1

11-5 三个偏振片 P_1、P_2 与 P_3 堆叠在一起，P_1 与 P_3 的偏振化方向相互垂直，P_2 与 P_1 偏振化方向间的夹角为 45°，强度为 I_0 的自然光入射于偏振片 P_1，并依次透过偏振片

P_1、P_2与P_3，则通过三个偏振片后的光强为（　　）。

(A) $\frac{I_0}{16}$　　(B) $\frac{3I_0}{8}$　　(C) $\frac{I_0}{8}$　　(D) $\frac{I_0}{4}$

11-6　一束自然光自空气射向一块平板玻璃，如图所示，设入射角等于布儒斯特角 i_B，则在界面 2 的反射光（　　）。

(A) 是自然光

(B) 是线偏振光且光矢量的振动方向垂直于入射面

(C) 是线偏振光且光矢量的振动方向平行于入射面

(D) 是部分偏振光

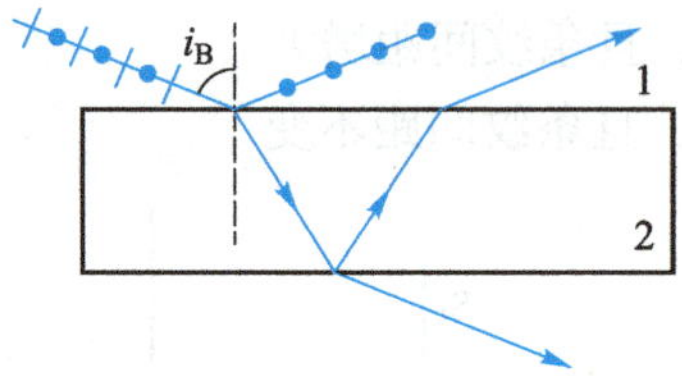

习题 11-6 图

11-7　在双缝干涉实验中，用波长 $\lambda=546.1$ nm 的单色光照射，双缝与屏的距离 $d'=300$ mm。测得中央明条纹两侧的两条第五级明条纹的间距为 12.2 mm，求双缝间的距离。

11-8　单色光照在两个相距 2.0×10^{-4} m 的狭缝上，在距缝 1 m 处的屏上，从第一级明条纹到第四级明条纹的距离为 7.5×10^{-3} m，求此单色光的波长。

11-9　在杨氏双缝干涉实验中，已知 $\lambda=550.0$ nm，缝间距 $d=2\times10^{-4}$ m，屏到双缝的距离 $D=2$ m。当用一厚度 $e=6.6\times10^{-6}$ m、折射率 $n=1.58$ 的透明云母覆盖一条缝后，中央明条纹将移到原来的第几级明条纹处？中央明条纹两侧的两条第十级明条纹中心间距为多少？

11-10　如图所示，由点 S 发出的 $\lambda=600$ nm 的单色光，自空气射入折射率 $n=1.23$ 的透明物质，再射入空气。若透明物质的厚度 $d=1.0$ cm，入射角 $\theta=30°$，且 $|SA|=|BC|=5.0$ cm，问：(1) 折射角 θ_1 为多少？(2) 此单色光在这层透明物质里的频率、速度和波长各为多少？(3) S 到 C 的几何路程为多少？光程又为多少？

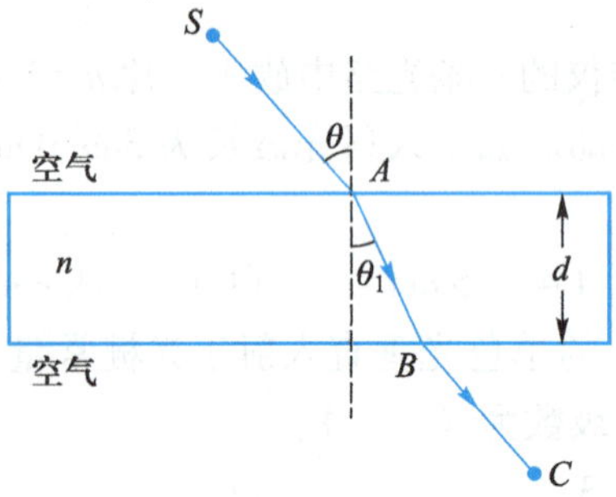

习题 11-10 图

11-11 白光垂直照射在空气中一厚度为 1.2×10^{-7} m 的肥皂膜上，当观察反射光时，在可见光范围内因干涉而加强的波长为多少（肥皂膜折射率 $n=1.33$）？

11-12 一油船发生泄漏，把大量石油（折射率 $n=1.2$）泄漏在海面上，形成了一个很大面积的油膜。试问：(1) 如果从飞机上竖直地向下看油膜厚度为 460 nm 的区域，哪些波长的可见光反射最强？(2) 如果从水下竖直向上看同一油膜区域，哪些波长的可见光透射最强（水的折射率为 1.33）？

11-13 如图所示，利用空气劈尖测细丝直径，已知 $\lambda=589.3$ nm，$L=2.888\times10^{-2}$ m，测得 30 条条纹的总宽度为 4.95×10^{-3} m，求细丝直径 d。

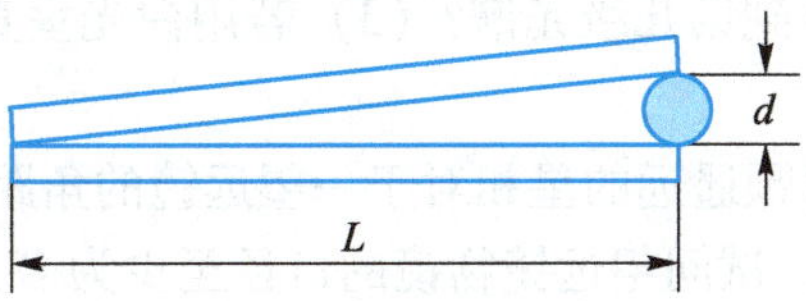

习题 11-13 图

11-14 折射率为 1.60 的两块标准平面玻璃板之间形成一个劈形膜（劈尖角 θ 很小）。使波长 $\lambda=600$ nm 的单色光垂直入射，产生等厚干涉条纹。假如在劈形膜内充满 $n=1.40$ 的液体时的相邻明条纹间距比劈形膜内是空气时的间距缩小 $\Delta l=0.5$ nm，那么劈尖角 θ 应是多少？

11-15 在利用牛顿环测未知单色光波长的实验中，当用波长为 589.3 nm 的钠黄光垂直照射时，测得第 1 级和第 4 级暗环的距离为 $\Delta r=4.00\times10^{-3}$ m；当用波长未知的单色光垂直照射时，测得第 1 级和第 4 级暗环的距离为 $\Delta r'=3.85\times10^{-3}$ m，求该单色光的波长。

11-16 如图所示，狭缝的宽度 $b=0.60$ mm，透镜焦距 $f=0.40$ m，有一与狭缝平行的屏放置在透镜的焦平面处。若以单色平行光垂直照射狭缝，则在屏上与点 O 距离为 $x=1.4$ mm的点 P 看到衍射明条纹。试求：(1) 该入射光的波长；(2) 点 P 处条纹的级数；(3) 从点 P 看，对该光波而言，狭缝处的波阵面可作半波带的数目。

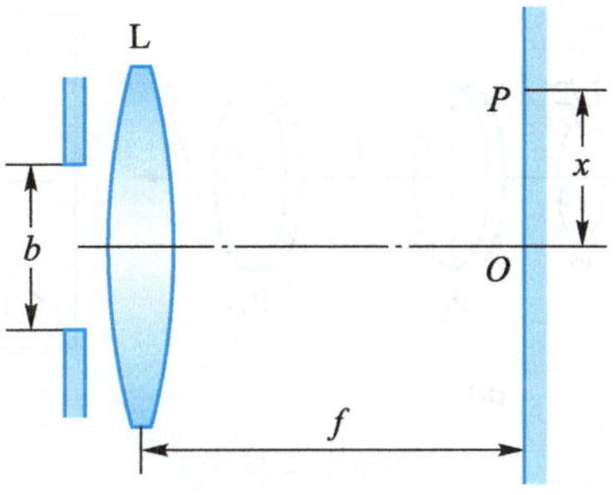

习题 11-16 图

11-17 单缝的宽度 $b=0.40$ mm，以波长 $\lambda=589$ nm 的单色光垂直照射，设透镜的焦距 $f=1.0$ m。求：(1) 第一级暗条纹距中心的距离；(2) 第二级明条纹距中心的距离；(3) 如单色光以入射角 $i=30°$ 斜射到单缝上，则上述结果有何变动。

11-18 已知单缝宽度 $b=1.0\times10^{-4}$ m，透镜焦距 $f=0.50$ m，用 $\lambda_1=400$ nm 和 $\lambda_2=760$ nm 的单色平行光分别垂直照射，求这两种光的第一级明条纹与屏中心的距离，以及这两条明条纹之间的距离。若用 1 cm 内刻有 1 000 条刻线的光栅代替这个单缝，则这两种单色光的第一级明条纹分别距屏中心多远？这两条明条纹之间的距离又是多少？

11-19 老鹰眼睛的瞳孔直径约为 6 mm，问其最多飞翔多高时可看清地面上身长为 5 cm 的小鼠？设光在空气中的波长为 600 nm。

11-20 用 1 mm 内有 500 条刻痕的平面透射光栅观察钠光谱（$\lambda_1=589$ nm），设透镜焦距 $f=1.00$ m。问：（1）光线垂直入射时，最多能看到第几级光谱？（2）光线以入射角 30°入射时，最多能看到第几级光谱？（3）若用白光垂直照射光栅，第一级光谱的线宽度是多少？

11-21 已知天空中两颗遥远的星相对于一望远镜的角距离为 4.84×10^{-6} rad，它们发出的光波波长为 550 nm，试问望远镜物镜的口径至少为多大，才能分辨出这两颗星？

11-22 自然光射在某玻璃上，当折射角为 30°时，反射光是完全偏振光，求玻璃折射率。

11-23 水的折射率为 1.33，玻璃的折射率为 1.50。当光从水中射向玻璃而发生反射时，起偏角为多少？当光由玻璃射向水中而反射时，起偏角又为多少？

11-24 一束光是自然光和平面线偏振光的混合，当它通过一偏振片时，透射光的强度取决于偏振片的取向，其强度可以变化 5 倍。求入射光中两种光的强度各占总入射光强度的几分之几。

11-25 自然光通过两个偏振化方向成 60°角的偏振片，透射光强为 I_1，在这两个偏振片之间再插入另一偏振片，它的偏振化方向与前两个偏振片均成 30°角，求透射光强。

11-26 有三个偏振片堆叠在一起，第一个与第三个的偏振化方向相互垂直，第二个和第一个的偏振化方向相互平行，然后第二个偏振片以恒定角速度 ω 绕光传播的方向旋转，如图所示。设入射自然光的光强为 I_0。试证明：此自然光通过这一系统后，出射光的光强为 $I=I_0[1-\cos(4\omega t)]/16$。

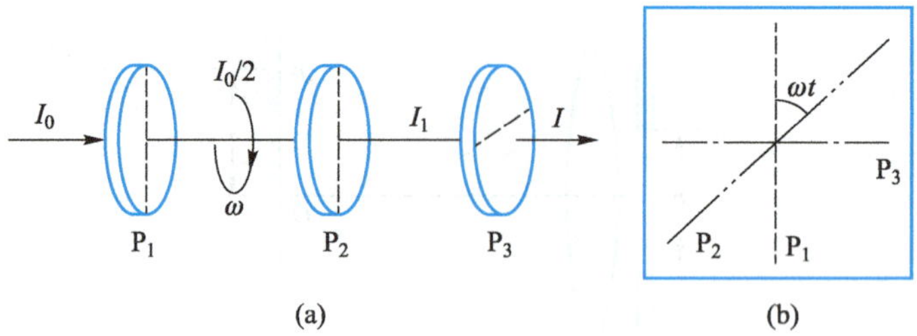

习题 11-26 图

习题答案

附 录

国际单位制与我国法定计量单位

1948 年召开的第 9 届国际计量大会作出了决定，要求国际计量委员会创立一种简单而科学的、供所有米制公约组织成员国均能使用的实用单位制。1954 年第 10 届国际计量大会决定，采用米（m）、千克（kg）、秒（s）、安培（A）、开尔文（K）和坎德拉（cd）作为基本单位。1960 年第 11 届国际计量大会决定，将以这六个单位为基本单位的实用计量单位制命名为“国际单位制”，并规定其国际简称为“SI”。1974 年第 14 届国际计量大会又决定，增加一个基本单位——“物质的量”的单位摩尔（mol）。因此，目前国际单位制共有七个基本单位（见表 1）。SI 导出单位是由 SI 基本单位按定义式导出的，以 SI 基本单位代数形式表示的单位，其数量很多，有些单位具有专门名称（见表 2）。SI 单位的倍数单位包括十进倍数单位与十进分数单位，它们由 SI 词头（见表 3）加上 SI 单位构成。

1985 年 9 月 6 日，我国第六届全国人民代表大会常务委员会第十二次会议通过了《中华人民共和国计量法》。这一法律明确规定国家实行法定计量单位制度。国际单位制计量单位和国家选定的其他计量单位（见表 4）为国家法定计量单位，国家法定计量单位的名称、符号由国务院公布。

2018 年第 26 届国际计量大会通过的“关于修订国际单位制的 1 号决议”将国际单位制的七个基本单位全部改为由常数定义。此决议自 2019 年 5 月 20 日（世界计量日）起生效。这是改变国际单位制采用实物基准的历史性变革，是人类科技发展进步中的一座里程碑。对国际单位制七个基本单位的中文定义的修订是我国科学技术研究中的一个重要活动，对于促进科技交流、支撑科技创新具有重要意义。

表 1　SI 基本单位及其定义

量的名称	单位名称	单位符号	单位定义
时间	秒	s	当铯频率 $\Delta\nu_{Cs}$，也就是铯-133 原子不受干扰的基态超精细跃迁频率，以单位 Hz 即 s^{-1} 表示时，将其固定数值取为 9 192 631 770 来定义秒。
长度	米	m	当真空中光速 c 以单位 $m \cdot s^{-1}$ 表示时，将其固定数值取为 299 792 458 来定义米，其中秒用 $\Delta\nu_{Cs}$ 定义。

续表

量的名称	单位名称	单位符号	单位定义
质量	千克（公斤）	kg	当普朗克常量 h 以单位 J · s 即 kg · m^2 · s^{-1}表示时，将其固定数值取为 6.626 070 15×10^{-34}来定义千克，其中米和秒分别用 c 和 $\Delta\nu_{Cs}$定义。
电流	安［培］	A	当元电荷 e 以单位 C 即 A · s 表示时，将其固定数值取为 1.602 176 634×10^{-19}来定义安培，其中秒用 $\Delta\nu_{Cs}$定义。
热力学温度	开［尔文］	K	当玻耳兹曼常量 k 以单位 J · K^{-1}即 kg · m^2 · s^{-2} · K^{-1}表示时，将其固定数值取为 1.380 649×10^{-23}来定义开尔文，其中千克、米和秒分别用 h、c 和 $\Delta\nu_{Cs}$定义。
物质的量	摩［尔］	mol	1 mol 精确包含 6.022 140 76×10^{23}个基本单元。该数称为阿伏伽德罗数，为以单位 mol^{-1}表示的阿伏伽德罗常量 N_A的固定数值。一个系统的物质的量，符号为 n，是该系统包含的特定基本单元数的量度。基本单元可以是原子、分子、离子、电子及其他任意粒子或粒子的特定组合。
发光强度	坎［德拉］	cd	当频率为 540×10^{12} Hz 的单色辐射的光视效能 K_{cd}以单位 lm · W^{-1}即 cd · sr · W^{-1}或 cd · sr · kg^{-1} · m^{-2} · s^{3}表示时，将其固定数值取为 683 来定义坎德拉，其中千克、米和秒分别用 h、c 和 $\Delta\nu_{Cs}$定义。

表 2　包括 SI 辅助单位在内的具有专门名称的 SI 导出单位

量的名称	单位名称	单位符号	用 SI 基本单位和 SI 导出单位表示
［平面］角	弧度	rad	1 rad = 1 m/m = 1
立体角	球面度	sr	1 sr = 1 m^2/m^2 = 1
频率	赫［兹］	Hz	1 Hz = 1 s^{-1}
力	牛［顿］	N	1 N = 1 kg · m/s^2
压强，应力	帕［斯卡］	Pa	1 Pa = 1 N/m^2
能［量］，功，热量	焦［耳］	J	1 J = 1 N · m
功率，辐［射能］通量	瓦［特］	W	1 W = 1 J/s
电荷［量］	库［仑］	C	1 C = 1 A · s
电压，电动势，电势（电位）	伏［特］	V	1 V = 1 W/A
电容	法［拉］	F	1 F = 1 C/V
电阻	欧［姆］	Ω	1 Ω = 1 V/A
电导	西［门子］	S	1 S = 1 Ω^{-1}

续表

量的名称	单位名称	单位符号	用 SI 基本单位和 SI 导出单位表示
磁通［量］	韦［伯］	Wb	1 Wb = 1 V · s
磁感应强度，磁通［量］密度	特［斯拉］	T	1 T = 1 Wb/m^2
电感	亨［利］	H	1 H = 1 Wb/A
摄氏温度	摄氏度	℃	1 ℃ = 1 K
光通量	流［明］	lm	1 lm = 1 cd · sr
［光］照度	勒［克斯］	lx	1 lx = 1 lm/m^2
［放射性］活度	贝可［勒尔］	Bq	1 Bq = 1 s^{-1}
吸收剂量	戈［瑞］	Gy	1 Gy = 1 J/kg
剂量当量	希［沃特］	Sv	1 Sv = 1 J/kg

表 3 SI 词头

因数	词头名称		符号	因数	词头名称		符号
	英文	中文			英文	中文	
10^{1}	deca	十	da	10^{-1}	deci	分	d
10^{2}	hecto	百	h	10^{-2}	centi	厘	c
10^{3}	kilo	千	k	10^{-3}	milli	毫	m
10^{6}	mega	兆	M	10^{-6}	micro	微	μ
10^{9}	giga	吉［咖］	G	10^{-9}	nano	纳［诺］	n
10^{12}	tera	太［拉］	T	10^{-12}	pico	皮［可］	p
10^{15}	peta	拍［它］	P	10^{-15}	femto	飞［母托］	f
10^{18}	exa	艾［可萨］	E	10^{-18}	atto	阿［托］	a
10^{21}	zetta	泽［它］	Z	10^{-21}	zepto	仄［普托］	z
10^{24}	yotta	尧［它］	Y	10^{-24}	yocto	幺［科托］	y
10^{27}	ronna	容［那］	R	10^{-27}	ronto	柔［托］	r
10^{30}	quetta	昆［它］	Q	10^{-30}	quecto	亏［科托］	q

表 4 国际单位制单位以外的我国法定计量单位

量的名称	单位名称	单位符号	与 SI 单位的关系
时间	分	min	1 min = 60 s
	［小］时	h	1 h = 60 min = 3 600 s
	日（天）	d	1 d = 24 h = 86 400 s

续表

量的名称	单位名称	单位符号	与 SI 单位的关系
［平面］角	度	°	1° = (π/180) rad
	［角］分	′	1′ = (1/60)° = (π/10 800) rad
	［角］秒	″	1″ = (1/60)′ = (π/648 000) rad
体积	升	L(l)	1 L = 1 dm^3 = 10^{-3} m^3
质量	吨 原子质量单位	t u	1 t = 10^3 kg 1 u ≈ 1.660 539×10^{-27} kg
旋转速度	转每分	r/min	1 r/min = (1/60) r/s
长度	海里	n mile	1 n mile = 1 852 m（只用于航行）
速度	节	kn	1 kn = 1 n mile/h = (1 852/3 600) m/s （只用于航行）
能［量］	电子伏	eV	1 eV ≈ 1.602 177×10^{-19} J
级差	分贝	dB	
线密度	特［克斯］	tex	1 tex = 10^{-6} kg/m
面积	公顷	hm^2	1 hm^2 = 10^4 m^2

常用物理常量

物理量	符号	数值	单位	相对标准不确定度
真空中的光速	c	299 792 458	m · s^{-1}	精确
普朗克常量	h	6.626 070 15×10^{-34}	J · s	精确
约化普朗克常量	$h/2\pi$	1.054 571 817…×10^{-34}	J · s	精确
元电荷	e	1.602 176 634×10^{-19}	C	精确
阿伏伽德罗常量	N_A	6.022 140 76×10^{23}	mol^{-1}	精确
玻耳兹曼常量	k	1.380 649×10^{-23}	J · K^{-1}	精确
摩尔气体常量	R	8.314 462 618…	J · mol^{-1} · K^{-1}	精确
理想气体的摩尔体积（标准状况下）	V_m	22.413 969 54…×10^{-3}	m^3 · mol^{-1}	精确

续表

物理量	符号	数值	单位	相对标准不确定度
斯特藩-玻耳兹曼常量	σ	$5.670\ 374\ 419\cdots\times10^{-8}$	$W\cdot m^{-2}\cdot K^{-4}$	精确
维恩位移定律常量	b	$2.897\ 771\ 955\times10^{-3}$	$m\cdot K$	精确
引力常量	G	$6.674\ 30(15)\times10^{-11}$	$m^3\cdot kg^{-1}\cdot s^{-2}$	2.2×10^{-5}
真空磁导率	μ_0	$1.256\ 637\ 062\ 12(19)\times10^{-6}$	$N\cdot A^{-2}$	1.5×10^{-10}
真空电容率	ε_0	$8.854\ 187\ 812\ 8(13)\times10^{-12}$	$F\cdot m^{-1}$	1.5×10^{-10}
电子质量	m_e	$9.109\ 383\ 701\ 5(28)\times10^{-31}$	kg	3.0×10^{-10}
电子荷质比	$-e/m_e$	$-1.758\ 820\ 010\ 76(53)\times10^{11}$	$C\cdot kg^{-1}$	3.0×10^{-10}
质子质量	m_p	$1.672\ 621\ 923\ 69(51)\times10^{-27}$	kg	3.1×10^{-10}
中子质量	m_n	$1.674\ 927\ 498\ 04(95)\times10^{-27}$	kg	5.7×10^{-10}
氘核质量	m_d	$3.343\ 583\ 772\ 4(10)\times10^{-27}$	kg	3.0×10^{-10}
氚核质量	m_t	$5.007\ 356\ 744\ 6(15)\times10^{-27}$	kg	3.0×10^{-10}
里德伯常量	R_∞	$1.097\ 373\ 156\ 816\ 0(21)\times10^{7}$	m^{-1}	1.9×10^{-12}
精细结构常数	α	$7.297\ 352\ 569\ 3(11)\times10^{-3}$		1.5×10^{-10}
玻尔磁子	μ_B	$9.274\ 010\ 078\ 3(28)\times10^{-24}$	$J\cdot T^{-1}$	3.0×10^{-10}
核磁子	μ_N	$5.050\ 783\ 746\ 1(15)\times10^{-27}$	$J\cdot T^{-1}$	3.1×10^{-10}
玻尔半径	a_0	$5.291\ 772\ 109\ 03(80)\times10^{-11}$	m	1.5×10^{-10}
康普顿波长	λ_C	$2.426\ 310\ 238\ 67(73)\times10^{-12}$	m	3.0×10^{-10}
原子质量常量	m_u	$1.660\ 539\ 066\ 60(50)\times10^{-27}$	kg	3.0×10^{-10}

注：① 表中数据为国际科学理事会（ISC）国际数据委员会（CODATA）2018 年的国际推荐值。
② 标准状况是指 $T=273.15\ K$，$p=101\ 325\ Pa$。